U0233842

人与自然和谐共生

——山水林田湖草生命共同体建设的理论与实践

刘谟炎◎著

人民出版社

前　言

习近平总书记在 2013 年 11 月 9 日《关于〈中共中央关于全面深化改革若干重大问题的决定〉的说明》报告中明确指出："山水林田湖是一个生命共同体，人的命脉在田，田的命脉在水，水的命脉在山，山的命脉在土，土的命脉在树。用途管制和生态修复必须遵循自然规律，如果种树的只管种树、治水的只管治水、护田的单纯护田，很容易顾此失彼，最终造成生态的系统性破坏。由一个部门负责领土范围内所有国土空间用途管制职责，对山水林田湖进行统一保护、统一修复是十分必要的"。为深入贯彻落实习近平总书记的重要思想，2014 年 6 月南昌工程学院成立了全国最早的山水林田湖研究院。根据党中央、国务院决策部署，财政部会同国土资源部、环境保护部于 2016 年正式组织开展"山水林田湖"生态保护修复工作。陕西、河北、甘肃、江西赣州 4 个省市确定为国家支持的首批项目试点。2017 年 7 月 19 日，习近平总书记主持召开中央全面深化改革领导小组第三十七次会议时说，坚持山水林田湖草是一个生命共同体。在党的十九大报告中，习近平总书记强调"人与自然是生命共同体"等理念，将"草"纳入"山水林田湖"体系，即"山水林田湖草是一个生命共同体"。在山水林田湖之后补充了"草"，这不仅是对"草"的地位的充分肯定，也使生命共同体的范畴更为完整，对推进生态文明建设具有里程碑式的重大意义。

山水林田湖草是国土的重要组成部分。在中国 960 万平方公里的陆地国土上，面积的 65% 是山地或丘陵、33% 是干旱或荒漠地区，平原和盆地加在一块只是 20% 左右。除了长江、黄河等 5800 多条源远流长的大小天然河流之外，还有分布在全国各地区的 2000 多个大小天然湖泊。中国还是一个拥有近 4 亿公顷天然草地的大草原国家，草地是森林面积的 2.5 倍，是耕地面积的 3.2 倍，占全国陆地面积的 41.7%。到目前全国"山水林田湖草"生态保护修复项目试点已批复三批，分布全国二十多个省（市、区）。江西地处我国中部地区，境内地理地貌"六山一水两分田，一分道路和庄园"，省行政区划与鄱阳湖流域生态系统基本吻合。全省森林覆盖率稳定在 60% 以上，鄱阳湖是全国第一大淡水湖，山水林田湖草浑然一体。《江西省山水林田湖草生命共同体建设三年行动计划（2018—2020 年)》，提出要为打造全国生态文明建设的"江西样板"助力。南昌工程学院是我国历史悠久的水利水电大学之一，地处英雄城"中国水都"南昌市高新区，毗邻全国第二大省会城市内陆湖泊——瑶湖，是一所水利特色鲜明的多科型大学，国内水资源开发、利用、治理、配置、节约与保护等专业设置齐全，形成工科为主，理、经、管、文、艺、农多学科协调发展的办学格局。适应新时代发展需要，不断突破水科学和水技术的前沿，围绕水问题形成的水生态、水景观、水经济、水文化、水安全、水修复等新的学科领域正在蓬勃发展。充分发挥高校党委领导的制度优势、政治境界、综合特色和系统思想，重视发挥高校智库的作用，积极为国家经济社会发展建言献策，应当是校党委书记的分内之事。那么，怎样建设好"山水林田湖草研究院"？如何开展"山水林田湖草生命共同体"建设内涵和本质的研究？对共同体自然资源进行综合管理利用的路径如何选择？

作者发扬敢为人先的创新精神，发挥曾经在省委农村工作综合部门统筹研究农、林、水、牧、副、渔，山、水、林、田、路、村，工、商、运、建、游、服等各业协调发展的传统优势，以山水林田湖草生命共同体建设方面的问题为导向，以服务于生产一线、科学研究、政府决策为重点，通过主动承担地方和国家政府部门委托的研究课题，聘请相关专家作为兼职研究人员参加课题组开展合作研究，鼓励研究院专兼职人员担任实际工作部门的顾问等措施，实现学科建设、人才培养、决策咨询的有机结合，利用水利水电大学教学科研的基础，"以水为媒"联合校外各种社会力量开展山水林田湖草研究。同时牢牢把握"节水优先、空间均衡、系统治理、两手发力"的基本思路，积极顺应自然规律、经济规律和社会发展规律，针对生态网络空间的不同分类、分级，从土地用途管制、项目准入原则、产业调整政策、城市村镇建设策略等方面，研究和制定不同生态网络空间的生态管制规则。重点围绕提升生态文明资源价值，促进山水林田湖草共享改革红利，实现"山水林田湖草"生态系统的良性循环，形成"以水带地、以地生财、以财兴水"的模式，实现水利工程、生态资源和经济开发的效益多赢，提出前瞻性的战略思路和对策。

按照中国特色新型高校智库建设要求，彰显地方水利大学"智库"特色，为山水林田湖草生命共同体建设提供的初步研究成果有，《山水林田湖草生命共同体研究的历史开端——山水林田湖草研究院的工作思路与目标任务》《出席"中国·丹江口水都论坛"考察报告》《水土保持的根本出路在于建立山水林田湖草生命共同体——在南方水土保持研究会成立30周年暨学术研讨会上的致辞》《发挥水库文化在山水林田湖草生命共同体中的支撑作用——江西省抚州市廖坊水库考察报告》《献给河长们的最新水文化产品——再论水库文化》《生态文明建设的示范样板——江西省峡江水利枢纽工程考察与理论分析》《建水库、开运河是建设山水林田湖草生命共同体的关键——埃及运河、大坝及灌溉工程考察报告》《论中国湖长制的制度创新》《解读山水林田湖草生命共同体建设——江西省生态文明试验区建设暨生态扶贫专题培训班上的讲话》《赣州市实施山水林田湖草生态保护修复试点报告》《把赣州市打造成为"全国山水林田湖草综合治理样板区"的调研报告》《赣县区山水林田湖草生态保护修复试点工作的成效及经验》《上犹县山水林田湖草生态保护修复试点，实现一江清水送赣江》《解决赣州市山水林田湖生态保护修复试点工作中稀土废矿治理的四个突出问题，再造青山绿水》《消除赣州市山水林田湖生态保护修护试点工作中水流域治理中的"卡脖子"问题，还章贡水系一江清水》《山水林田湖草生态保护修复的赣南探索——"2018 长江论坛"修复生态环境专题报告》《山水林田湖草生命共同体建设在长江经济带"共抓大保护"中的江西实践——"2019 长江论坛"生态优先推动绿色发展专题报告》。

由世界图书出版公司出版的《美丽中国——论山水林田湖草是一个生命共同体》，认为"美丽中国"是对我国生态文明建设目标的一种诗意表达。"美丽中国"是时代之美、社会之美、生活之美、百姓之美、环境之美的总和，也是山水林田湖草生命共同体中的山之美、水之美、林之美、田之美、湖之美、草之美的可视化。"美丽中国"不仅体现为环境美好，而且还体现在经济发展、政治昌明、文化繁荣、社会和谐之中。其中，以山水林田湖草生命共同体理念建设优美宜居的生态环境最为关键。该书分别突出"山、水、林、田（草）、湖"的主题，以掌握山水林田湖草生命共同体构成规律、确立水资源治理重点可持续利用目标、奠定林业在生命共同体中的战略定位、确保农田（草）在生命共同体中的基础地位、湖面临的重大问题与振兴策略为题，初步提出一个国内外高度关注、对于学者有意义的和对于决策者有用的看待生态文明建设的框架或范式，并用山水林田湖草生命共同体建设的中国实践，展现出"美丽中国"的生动画卷。

《人与自然和谐共生——山水林田湖草生命共同体建设的理论与实践》一书问世，旨在说明人与自然和谐共生作为一种新的发展理念必须体现在建设山水林田湖草生命共同体的实践中。强调山水林田湖草生命共同体建设不仅仅是简单的治山、理水、扩林、沃田、净湖、育草，简单地配置各种生物组合；而是要用习近平生态文明思想拓宽生物学、生态学视野，运用生态学竞争原则调节系统的多样性，尤其是要运用经济学、政治学、社会学和环境科学等学科，通过科学的规划、工程建设和管理，将单一的生物环节、物理环节、经济环节、社会环节等组装成一个有强大生命力的生态经济系统。要使人们都懂得，在地球表面多设立一些自然保护区，尽可能减少人类活动干预无疑是非常重要的，但人类社会总要继续向前发展，设想把地球表面恢复到原始状态是不现实的，出路在人与自然之间构建和谐共生关系，通过永保绿水青山、水生态文明、林业多功能、田管理权变、湖畔聚落圈、草生态产业等途径建设山水林田湖草生命共同体，做到相互利用和共生共赢。

目　　录

第一篇　葆绿水青山

习近平同志在《之江新语》"从'两座山'看生态环境"①等光辉篇章中，提出了绿水青山就是金山银山的"两山"理论，为新时代生态文明建设进一步明确了指导思想，为山水林田湖草生命共同体建设提出了构建指南。从理论上看，是马克思主义中国化在人与自然和谐发展方面的集中体现，更加全面发展了生产力概念的内涵和外延，丰富了马克思主义政治经济学生产力理论。从实践上看，是当代中国发展方式绿色化转型的本质体现，革新了把保护生态与发展生产力对立起来的僵化思维，把生态环境与社会生产力理解为一个总体性的存在而统一起来，是马克思主义生产力发展规律理论的具体化和发展。在理论与实践的结合上，坚持"绿水青山就是金山银山"已成为新时代推进生态文明建设的指导思想，要求决不能以牺牲环境、浪费资源为代价换取经济增长，决不能在问题发生之后再以更大的代价去弥补，而是要使良好的环境成为人们生活质量的增长点，使生态文明建设与经济发展相辅相成，让绿水青山永远成为金山银山。

---

① 习近平：《之江新语》，浙江人民出版社 2007 年版，第 186 页。

第一章　绿水青山就是金山银山

"绿水青山就是金山银山"是人类科学合理利用自然，推动社会经济和谐协调发展的新理念。它运用唯物辩证法，以实事求是的态度，遵循大自然生态系统规律，将"生态财富"等价值因素引入传统理论，形成绿水青山与金山银山的转化机制，构造符合当今人类发展需要的特色理论，为新时代生态文明建设和山水林田湖草生命共同体建设奠定了理论基石。要因地制宜，立足生态优势发展生态经济，实现绿色财富、绿色富国、绿色富民，在加强生态环境资源建设的同时，提高生态产品产出效率，将绿水青山创造更多具有经济价值的生态服务功能，造福人类。

第一节　既要绿水青山，也要金山银山

恩格斯阐述了从猿到人的进化过程，并提出了劳动创造人的科学结论。劳动作为生计的手段，自古以来就与人类的生活环境（山林）密切相关。绿水青山是自然生态所奉献给人类的财富，是人类赖以生存的基础。金银是人类自古至今沿用的货币，金山银山代表着人类所创造的财富。生产方式的转变加速了手工业和农业的形成，促进了社会的进步和发展，给人类的生活方式带来了巨大的变化。这种变化是现代工业形成的基础和条件。人力资本、加工资本、金融资本和自然资本已成为经济系统正常运行必须具有的四种类型资本，而不像传统资本理论一样仅关注前三种类型的资本，忽略了第四种类型的资本。未来经济必须关注自然资本——绿水青山。自然资本既包括为人类所利用的水土、矿物、木材等资源，而且还包括森林、湿地、草原等生态系统及生物多样性。随着自然资源的不断枯竭，其价值已经日益凸显。自然资本对其他三种资本的效率起着关键作用。

一、自然资本凸显

山区是人类文明的摇篮，是早期人类居住的场所。绿水青山是人类繁衍

进化的发源地。人类的产生和发展，一直与绿水青山伴随着。世界上没有任何一种自然资源像绿水青山那样在人类早期文明生活中具有广泛影响。在人类社会的发展过程中，对物质生活的需求，是先从对绿水青山的认识开始，经历了不断变化的过程。我国古代种桑养蚕、造纸、印刷、火药等，发展到现代科学文化，都蕴藏着绿水青山的作用以及对人类生活的渗透。人类衣、食、住、行都离不开绿水青山，经济和社会发展离不开青山绿水。现在，绿水青山虽然不能像远古和古代直接为人类提供衣、食、住、行的条件，但绿水青山功能的作用，以及绿水青山资源所积累的物质，为人类提供了无穷无尽的财富。

重视和善用自然资本，是新时代经济发展的一大特点。自然资本投资，未来将占据重要地位。自然资本的意义，不仅在于为中国的崛起，提供了一种深远的战略选择，亦在于其提供了切实可行的策略与实行工具；要在社会生活中让人们树立绿色生活方式观念的同时，在经济领域将绿水青山、自然资本、生态环境真正转变成可计量、可考核的金山银山，并且纳入宏观经济的统计核算体系以及微观经济的成本效益核算之中。中国是一个多山的国家，复杂的地质地貌和地理过程形成了复杂的山水系统，汇集了包括如青山绿水常在、自然资本丰富等许多特殊而又复杂的科学问题。要把中国建成一个绿水青山大国，必须从国土规划、地缘战略、全球环境与气候变化等角度统筹谋划考虑，从学科层面、国家需求和国际合作等方面建立科技支撑体系，始终将绿水青山置于国家战略性、世界国际性的层面予以关注。

用环境经济学的科学观点看，"绿水青山"并不仅仅指山水林草资源，而是指广义上的生态资源和良好生态环境，比如海浪沙滩、冰天雪地、蓝天白云等自然资源和现象都是"绿水青山"。在我国广大农村地区特别是丘陵山区，除了少数因水资源贫乏或工业化污染，生态环境遭受破坏外，大多数地区（西北地区除外）都呈现出"绿水青山"的景象。生态环境的"价值"，不仅仅指弥足珍贵的生态价值，更有可以变现的资源价值、可供消费的使用价值。"绿水青山"除了提供干净的水和呼吸的氧气，消纳废弃物，美化环境外，还生产经济产品。"绿水青山"不仅具有生态价值和社会价值，而且具有经济价值。

"两山"理论印证了深层生态学的思想。根据《朗文当代高级英语词典》

的解释，生态系统是指一定区域内所有的植物、动物和人类以及它们周围的环境，重点着眼于它们之间的相互关系。在生态系统中，生产者、消费者和分解者具有客观价值。生物和非生物因素是生态系统不可或缺的组成部分。人们想要估量大自然的价值，结果证明人类只是大自然中微不足道的部分。由此可见，价值不仅存在于人的心中，而且掌握在自然的手中。当人们评价自然时，应该在资源开发利用中将开发和保护结合起来。无论是农业社会，还是工业社会，生态价值科学转化利用，是自然规律发挥作用使然。在新常态经济发展的背景下，低碳发展、循环发展、绿色发展已成为经济社会发展的实践导向和主流基调，并且在生产方式、生活方式等方面都提出具体要求，"蓝天常在、青山常在、绿水常在"已成为绿色发展的基本理念，经济社会发展活动要符合自然规律、经济社会发展必须与生态建设相协调，人与自然和谐发展已成为现代化建设的自觉行动。

二、生态价值转化

经典的马克思劳动价值论阐释了人与人之间的关系。人的复杂的社会利益关系本质上是一种价值关系。就人与自然的关系而言，无论是作为自然世界的客体还是作为认识、开发、利用自然的主体，都体现了价值关系，它是人类社会关系的基础，是整个生态系统得以维系的核心。以绿水青山为形象指代的自然生态环境资源有其内在的价值循环，对维护生态系统的稳定和平衡发挥着作用。绿水青山蕴含宝贵的生态价值，是顺民心、得民意的善举、壮举。一个地区、一个省是一个系统，不同地区和区域承担了不同的功能，有些要发展，有些要保护。发展的承担责任，保护的需要补偿。绿水青山不仅关系到某个省的生态环境，更关系到美丽中国的整体生态安全。

然而，世界传统工业化的迅猛发展在创造巨大物质财富的同时，无节制地消耗资源，不计代价污染环境，尤其西方工业文明因其自身的规定性而必然引发全球性、区域性生态危机，其自身的规定性包括高度发达的科学技术与生产力，充分发育的市场机制，与生产资料私有制相适应的社会化大生产，以工具理性、唯利是图、享乐主义等为主要内容的价值观。这些规定性组合在一起，不仅极大膨胀了西方发达国家征服、掠夺自然的欲望，而且极大增强了其征服、掠夺自然的能力。它们对自然的征服、掠夺，在历史上是通过赤裸裸地对外扩张、侵略和殖民，通过对发展中国家进行压迫与剥削实现的，这决定了西方工业文明的模式既无普遍性，也无可持续性，必须而且必然被超越。如何在人与自然和谐相处的基础上发展生产力、发展经济、改善物质生活条件，实现山水愈美百姓更富山清水秀天蓝田地绿，绿水青山生态价值转化是基础。

"绿水青山就是金山银山""乡愁"等，不仅成为广为人知的习惯用语，而且已成为人们向往、追求和表达的时尚名词。特别是"生态产品"成为十八大报告提出的新概念以来，构成山水林田湖草生命共同体建设和生态文明建设的一个重要理念。从"生态省、生态市、生态县"到"生态经济、生态工业、生态工程""生态沟、生态园、生态社区"等。具有"生态"特征的时尚给人一种舒适、愉悦、安全、优雅和文明的感觉。在日常生活中，有吃"生态食品"，穿"生态衣服"，使用"生态电器"，生活在"生态住宅"，玩"生态公园"等，甚至化妆品有"生态"和"微生态"。还有生态旅游、生态酒店、生态健康疗养、生态度假村等。这些包括自然生态内容的经济活动，反映了人们追求的不仅是一个文化品位和时尚，更重要的是对高效、和谐的人与自然环境关系的追求。

"两山"理论印证了 20 世纪中叶以来全世界的经济学家、生态学家、环境学家和社会学家开始探讨研究、反思现实社会中的一些问题，得出的结论是：单纯追求生态目标并不能解决社会经济发展中产生的诸多问题，片面追求经济增长必然导致生态环境的崩溃。只有保证自然—经济—社会复合系统的持续、稳定、健康运行，才能同时实现这两个目标。只有良好的生态环境才能在直接提供生态产品的同时，又提高创造社会财富的能力。"两山"理论，使马克思主义生态经济学原理的内涵得到丰富和提升，是对生态文明时代基于自然资源资本新经济的提炼和阐述。生态产品来自自然生态系统，实质上是一种生态系统服务，具有价值多维性等特征。要充分认识生态产品的价值属性，激发绿色发展新动能，充分利用生态之美，发展生态产业。

三、绿色资源增值

绿色生态是最大财富，既能催绿生活空间，也可以丰富生态资产，为永续发展预留更大可能，创造的是买不来也借不到的绿色财富。中共中央国务院《关于加快推进生态文明建设的意见》在坚持推进新型城镇化、工业化、信息化、农业现代化的同时，又把"绿色化"摆在突出的位置上，这是我国经济社会发展全方位绿色转型的集中体现。绿色发展成为新时代的五大发展理念之一，包括加快生产方式转变，将绿色、循环、低碳发展作为绿色产业兴起的基本途径，促进传统能源安全绿色开发；加快绿色矿山建设，推广绿色信贷；大力发展绿色建筑，促进绿色生态城区建设，努力推进绿色城镇化；在国际化进程中将绿色发展作为国际竞争力、综合影响力和综合国力的新优势，开展绿色援助；推广绿色低碳出行，倡导绿色生活和休闲模式；牢固树立尊重自然、顺应自然、保护自然的理念，使生态文明成为社会的主流价值观等，实现思想观念的绿色化。

绿色道路是发展途径的必然选择。超越西方工业文明，拓展绿色、循环、低碳的生产力发展空间和文化发展空间，寻求山水林田湖草生命共同体建设的可持续发展与繁荣，走向生态文明新时代，它是一种革命性的变革，涉及生产方式、生活方式、思维方式和价值观。然而，中国的绿色资源还不够强大。国家能源效率仍然普遍偏低。在第十二个五年计划期间，中国的GDP占世界总量的8.6%，但能源消耗占世界总量的19.3%，单位GDP的能源消耗量仍然是世界平均水平的两倍以上。中国钢铁、建材、化工等单位产品的能源消耗比世界先进水平高10%—20%。但是这些成本大多被忽略在隐性成本、外部成本、长期成本和机会成本的形式中。传统的工业模式给我国社会带来巨大的进步，但其发展的可持续性不够理想。全国有50%左右的国土遭遇雾霾，资源环境瓶颈制约加剧，特别是环境承载能力已达到或接近上限。建立在生态文明基础上的绿色经济，不仅代表未来新型经济的发展方向，而且是一种现实可行的低成本、高效率的经济发展途径。随着全面深化改革制度红利在多领域释放，中国经济增长函数的核心参数已发生重大调整。中国经济社会在发展基础、发展动能和发展潜力上已经有了实质性的飞跃，具备迈向绿色发展之路的客观基础。

绿色转型是一个全面而深刻的系统性转型。作为"五化协同"的一个重要方面，"绿色化"最重要的一个方面是绿色布局，其中重要的一点就是生态环境质量是不是向好的方向转变。这对生态环境保护提出了更高更严要求，也提供了更加广阔空间和更大机遇①。要全面贯彻山水林田湖草生命共同体建设原则，以"美丽乡村"建设为总载体，统筹推进农房改造、生活污水治理等各项环境整治工作，通过环境整治，努力打造"天蓝、山青、水绿"的和谐秀美自然景观，突出水利灌溉、机耕道路等重点，不断改善农业生产基础设施建设。围绕发展特色产业，构建新型生态产业体系，让青山绿水充分发挥经济效益和社会效益，实现经济、社会和生态效益同步提升，实现财富与生态的有机统一。

"两山"理论生动、朴实和富含哲理地印证了生态环境生产力理论。"绿水青山可以源源不断地带来金山银山，绿水青山本身就是金山银山，我们种的常青树就是摇钱树，生态优势变成经济优势。""如果能够把这些生态环境优势转化为生态农业、生态工业、生态旅游等生态经济的优势，那么绿水青山也就变成了金山银山。"②

第二节　宁要绿水青山，不要金山银山

马克思和恩格斯指出，人类历史的首要前提，无疑是有生命的个人的存在……任何历史记录都应该从这些自然基础及其由于人类活动而使其在历史进程中发生的变更出发。只有在社会中，自然界才能表现为一种存在。只有在社会中，人的自然存在才能成为人的后人的存在。因此，无论是绿水青山还是金山银山，都是人类经济社会发展的重要因素，不能有偏颇，只是在人类社会发展进步的不同阶段，以主要矛盾和次要矛盾的表现形式、矛盾的主要方面和次要方面的相互转换形态不同而已。我国是占世界 1/5 人口的大国，生态保护与经济发展的矛盾突出。生态系统服务的使用价值决定了人类对其的利用，但它的非使用价值又决定了生态受保护的必要性，究其本身就是生态产品生产系统与物质生产系统之间的矛盾。我国资源总量丰富，但人均资源份额基本低于世界平均水平，人口、资源和环境的可持续发展和统筹

---

① 李干杰：《以习近平新时代中国特色社会主义思想为指导　奋力开创新时代生态环境保护新局面》，《环境保护》2018 年 3 月 15 日。

② 习近平：《之江新语》，浙江人民出版社 2007 年版，第 186 页。

协调发展的压力非常大，必须始终坚守生态底线和环境保护不动摇。一旦经济发展与生态保护发生冲突，就要毫不犹豫地将生态保护放在首位。

一、人与山水关系回归自然

中国古代文人在人生的价值取向上，常把回归自然、归隐山水田园作为追求理想人格的极境。他们与大自然融为一体，在回到淳朴的大自然的同时，也回归到了艺术的自然状态。随着社会的进步和人们意识的更新，和绿水青山融为一体已成为人类社会发展中的共同目标。不管人们从哪个角度认识理解绿水青山，都围绕着同一个核心问题：在生存发展中关注环境。从世界各大洲的面积和海拔的统计数据来看，欧亚大陆山区面积最大。全球有 53 个国家的山地面积超过其国土面积的 50% 以上，46 个国家的山地面积约占 25%。为国家发展提供了重要支撑，是人类的自然福祉。人与山水关系回归自然的主要的驱动力是地缘政治位置、科学传统和经济福利，而不仅仅是山区本身的发展所需。正如国际山地学会主席 J．D．丹弗斯教授所说："人与山的关系，从没有像最近四分之一世纪以来显得如此重要，人类未来的生存，取决于山地的开发与保护。"就山地研究而言，早在 1973 年联合国教科文组织《人与生物圈计划》就提出了"人类活动对山地生态系统的影响"的重大课题，这是山地研究首次在国际研究项目中引起关注。2002 年，联合国开展了"国际山地年"活动，并决定从 2003 年起，将每年的 12 月 11 日定为"国际山区日"，每年一个活动主题。这些活动不仅提高了各国对山区的认识，而且进一步促进了绿水青山的发展，使世界山地研究进入了一个国际合作的新阶段①。

美国实施"西部山地研究计划"的目的是了解和预测美国西部山区生态系统对气候可变性和气候变化的影响（强调敏感性、阈值、抵抗力和恢复力）。目前的研究重点在森林植被及其扰动、山地水文学以及生态水文学，目标是确定森林和水文过程对气候变化的脆弱性（例如，变化速度和幅度）；制定适合流域和区域尺度的适应方法。由于山地系统是一个复杂的自然、社

---

① 邓伟、熊永兰、赵纪东、邱敦莲、张志强、文安邦：《国际山地研究计划的启示》，《山地学报》2013 年 5 月 15 日。

会、经济、文化系统，因此山地研究的内容也涵盖了许多方面。山地研究的重要课题包括山地生物多样性、山地灾害、山地与全球变化以及山区发展。国际山地研究项目具有明确的计划性、针对性、系统性和综合性。新技术和新方法被广泛应用于山地研究中，包括建立全球山地网络长期观测系统，显示出明显的理论研究与实际应用紧密结合的目标性。要根据山区资源系统特殊的结构和功能特点，加强山区资源开发时序问题的研究。既要部署好一个地区的整个资源系统开发的轻重缓急及实施步骤；又要掌握好单项资源开发所要遵循资源本身变动的时序规律，根据现有的开发条件和不同资源及贮量水平安排好开发时序。

我国幅员辽阔，独特的气候和地貌特征孕育了森林、草原、湿地、荒漠、农田和城市等各类陆地生态系统，并有独特的青藏高原高寒湿地生态系统。以黄土高原—川滇生态屏障、青藏高原生态屏障、南方丘陵山地带、北方防沙带和东北森林带以及大江大河重要水系为骨架的"两屏三带"，在水源涵养、气候调节、生物多样性保护等方面发挥着极其重要生态安全屏障作用的同时，我国也存在土壤侵蚀、沙漠化、盐渍化、石漠化、冻融和酸雨等生态敏感性区域，这些地区生态环境变化最为剧烈，也最易发生生态问题，极易受到人为的不当发展活动的影响而导致难以恢复的负面生态效应，是区域生态系统的可持续发展和生态环境综合整治的关键地区，需要合理安排生态保护工作。我国已开始实施《国家主体功能区规划》，山区正面临着发展和保护之间的长期协调问题。如何确保山区开发中的地方利益与国家利益的协调，建立合理的国家生态系统补偿机制，现在有了学科依据。随着我国经济实力的不断增强，立足地学大国的风范，有目的、有计划地开展国际山地研究的科技合作，包括区域跨境的山地研究，多尺度地把握山区的关键问题，从全球山地变化、山区发展战略和实效，加强山地研究领域的国际合作导向，促进科学认识中国山地对全球变化的响应、挑战和适应等重大问题。把山区自然资源的可持续利用作为山区研究的核心，人口、资源、环境的关联性作为关键问题，山区经济、土地利用变化、生物多样性、人口、灾害等五大主题作为未来研究的重点，促进山地科学研究在更高、更广的层面产生重要影响和指导作用，同时更加关注全球变化的影响，极力推动自然科学与人文科学的交叉与融合发展。

人地关系研究是近代地理学产生的起源和发展的基础。地理学着重于探索人类活动与地理环境之间的相互影响及其反馈作用。诺贝尔奖获得者保罗·克鲁芩（Paul Jozef Crutzen）于21世纪初创立了"人类世"的概念，克鲁芩认为，"人类学的自然界"是"人类世"的时代。从此，人类进入了工业文明时代。工业文明无疑是人类历史上最伟大的成就，相较于漫长历史时期人类对地质作用力很有限的人类纪，人类世却是人与自然关系相互作用加剧、人类与自然界关系"逆向巨变"的时代。自工业革命以来，生态破坏、资源短缺等问题，使人类社会出现各种各样的"公害病"，区域性、全球性环境污染改变了整个地球生物的整体化学结构，导致地球生态环境濒临人类生存环境的极限。在这种情况下，在工业文明模式的背景下，西方发达国家率先在世界各地发起了各种环境保护运动，各国制定了环境保护政策。数十年来，西方主要发达国家花费了数亿美元，建立了庞大的工业设备，运用先进的科学技术，甚至不惜通过损坏第三世界或不发达国家的"绿水青山"反哺或试图换回自己的"绿水青山"。尽管损人利己的行为让人怀疑其道义，但毋庸置疑的是，宁要绿水青山，不要金山银山，正日益成为全球共识①。

二、"50年后水将比金子还贵"

从自然界的视角看，有山就有水；但是从社会经济发展现状看，山河依旧在，水问题却成为21世纪世界各国最大的问题。早在1999年8月14日，德国《时代》周报的文章引用联合国一份研究报告说："50年后水将比金子还贵。地球上有40%的人口生活在跨国界的流域以内。如果邻国盗用本国水资源，有关国家将不惜动用武力。"美国和北约安全机构多年来一直将水视为影响安全问题的一个风险因素。"中东的下一场战争将是一场争夺水的战争。"日本《朝日新闻》一篇文章认为："21世纪被称为水的世纪，因为随着人口增长，水资源将严重不足，'水之争'将愈演愈烈。"②

自1940年以来，全球人口翻了一番，但淡水的使用量则增加了4倍。对淡水资源可使用上限的估算表明，全球水资源的使用量不能增加4倍。水

---

① 黄承梁：《习近平新时代生态文明建设思想的核心价值》，《行政管理改革》2018年2月10日。
② 曹应旺：《关于中国水利的战略地位与定位问题》，《中国水利》2000年9月15日。

资源匮乏对全球粮食安全、未来区域和平、工业选址和城市增长的影响是真实存在的。水资源分布极不平衡现象更激化了这一问题。大部分可利用淡水都在工业国发现，这些国家只占世界人口总数的 1/5。世界上绝大多数新人口则分布在水资源业已短缺的发展中国家。这些后果在干旱和半干旱地区、发展中国家快速发展的沿海城市和超大城市中显现得最为明显①。如果各国政府不下大力投入更多的资金治理水资源，到 2025 年，用不上洁净水的人口将增加到 25 亿，相当于世界总人口的三分之一。到那时，一个国家如何对待其水资源将决定该国是否会继续发展或衰弱。那些把治理水系作为最紧迫任务的国家将具有竞争优势。

要用全新的眼光重新审视水，彻底走出"取之不尽、用之不竭"的误区，形成水不仅是自然资源，而且是重要的战略资源的共识。特别要传播绿色发展理念，引导人们树立节俭的消费观念，形成以保护生态环境、绿色消费为荣，以加重生态负担、铺张浪费为耻的社会氛围。德国学者提出了生态包袱的概念，即每单位产品重量所需要的物质投入总量。例如，一个重 10 克的金戒指，生态包袱是 3500 公斤；一件重 170 克的汗衫，生态包袱是 226 公斤；等等。在生态系统最下游减少一个单位的产品消耗不仅可以减少了大量资源的投入，而且可以减少数十倍、数百倍甚至数千倍的污染排放。这对于保护生态环境和实现可持续发展具有重要意义②。

三、绿水长流价值拓展提升

千百年来，绿水的生命力来自其与河流、湿地和地下含水层等之间的"血脉"相通与有机联系，发挥着提供水产品与水资源、调节生态等重要服务功能。兴修水资源利用工程和湖滩湿地大面积围垦等人为造成河湖格局改变和水力阻隔，虽为局域水位控制、滩地利用和湖泊养殖提供了条件，但在整体上改变了河湖系统的结构，对流域生态系统健康和服务功能发挥的负面影响日益显现。通过兴建鱼类洄游通道、水闸生态调控和自由连通性恢复等形式，实现河湖连通，对提高湖泊（水库）的蓄洪能力、减轻湖泊富

---

① 　田圃德、张淑华：《水资源优化配置需要水权制度创新》，《水利经济》2002 年 2 月 20 日。
② 　王干：《以系统思维推进生态文明建设》，《人民周刊》2018 年 3 月 15 日。

营养化和蓝藻水华爆发的危害、减缓、湖泊萎缩消亡趋势，孕育和保护物种多样性，维护湖泊生态健康发挥着重要作用[①]。我国河流湖泊水环境最糟糕的时期已过去了，2005 年松花江污染和 2007 年的太湖蓝藻事件，应该是水环境污染积累爆发后达到的一个顶点。我国为保护长江、黄河等大江大河水质稳定投入巨大力量。随着各地不断加大水污染治理，一些以前让人不敢近身的臭河沟变身风景宜人的滨水绿道；饮用水环境安全隐患得到整治，百姓的"水缸子"更加安全。当我国经历了这种大河大湖的污染突发事件，全国对环境问题的认识越来越深刻。相比日本波登湖花了三十年进行水质修复而言，也许我国水环境质量改善的时间可能要短一些，大概需要 15 年的时间。作为后发国家，我国有后发优势，许多重大水专项成果，已在辽河和太湖流域应用，并显现效果。然而，流域水环境管理和污染防治存在着薄弱环节。既有工业污水和城市生活污水的数量逐年增加等问题；也有污水处理设施的建设和运行缺乏投资，导致下游水生态环境保护难度加大、成本增加等困难。

中国的许多水库已经运行了 60 多年。确保大坝安全，维护大坝的良性运行显得越来越重要。对效益不能补偿成本的项目，以及建设目的、服务对象和运行条件（如严重淤积）等重大变化，必须定期进行综合评估，制定科学的投资政策。因此，大坝建设的重点必须从强调技术到强调环境友好，从强调新建大坝的安全管理到强调生态、经济、环境、社会的综合因素，并逐步从决策中主要考虑技术经济因素转向面向公众的决策。水库大坝在国民经济建设中起着重要的作用，但同时由于自身安全造成溃坝洪水风险也会给相关领域带来潜在的安全隐患，从而威胁到人类的生命和财产安全。从工程设计的角度看，任何水库都有一定的防洪标准和安全指标。当突发事件（如洪水、地震等自然因素）发生时，水库的安全必然受到威胁。如何处理这些风险是中国水库建设和管理中亟待解决的重要问题。以水库大坝为代表的众多水利水电工程，不仅要使经济社会发展摆脱洪旱灾害频发的制约，而且要实现"绿水青山"，收获"金山银山"。但目前我国水电只占电力供给的 17%，

---

① 杨桂山、马荣华、张路、姜加虎、姚书春、张民、曾海鳌：《中国湖泊现状及面临的重大问题与保护策略》，《湖泊科学》2010 年 11 月 6 日。

随着全球气候变化的加剧和世界能源需求的增加，水电开发被公认为世界各国能源发展的重点领域。目前水力发电满足了全世界约20%的电力需求，在55个国家，超过一半的电力由水电供应，其中24个国家的水电占90%以上。中国国有电力公司改革后，充分发挥了市场机制的作用，促进了水电产业的发展。然而，发展水电资源的压力还是很大，诸如公共科学技术研究，尤其是在开发水资源的同时减少对水的污染，需要增加投入予以解决。

随着水环境管理的提升，中国将加大水环境产业的深度及其配套领域。事实上，多元价值发展逐渐揭示水环境管理的发展趋势，并逐步由"投资—工程建设—运营服务"为主过渡到投资与经营并重，轻资产与重资产相结合。综合城市水环境管理的主要业务领域是城市供水系统的管理，包括水环境基础设施的加强，如管道网络的改进，在海绵城市和城市非点源污染控制、滨水岸线建设等方面，扩大城市水系统上游流域生态管理，提高进入城市的水系流域生态质量，包括农业面源污染减排、河流生态恢复、小流域生态治理、水源保护等。水环境PPP项目投资规模大，回报模式除了工程建设和运营维护外，对涉水价值的开发一方面可以补充原有回报，同时也能满足水环境及周边地区，进而满足城市全区的公众对生态宜居的生活需要。包括承接政府EPC项目的后续绩效管理与服务、PPP项目后续运营内容、承接部分并不具备高质量运行能力企业的水环境项目的后期运维、作为政府独立第三方，积极参与政府项目前期管控，后期运营等。生态导向发展模式是未来城市发展的主要方向，其中水环境将发挥主导作用，通过环境整治、提升城市价值，包括文化、城市商业、旅游产业、房地产和其他周围的高附加值的产业生态圈，形成多领域、多专业的企业队伍，从服务城市转向经营城市。以水环境及相关大数据为中心的高端咨询将主要为设区市以上政府服务，通过对企业大数据的深层挖掘提供更有效的咨询服务，在后期高端投资。以水环境治理大数据挖掘和行业发展分析，投资一些中小企业或技术，孵化新业务，形成新的高附加值增长点。基于水环境管理，未来发展方向是将管理延伸等项目的城市价值的提升、旅游休闲与价值多元的发展。

从"宁要绿水青山，不要金山银山"的重要思想出发，我们可以得出这样的结论：如果人类为了"金山银山"而破坏了"绿水青山"，那么必将遭到大自然的报复，这样人类最终会失去"金山银山"；但是如果人类保住了"绿水青山"的话，那么必然会形成一个生态良好的自然环境，它给予人类最直接的"金山银山"就是健康，有了健康的身体，人类就会有更多的力量来赚取"金山银山"，二者的辩证统一的关系教育人类要用正确态度与科学方法进行实践活动。然而，生态保护的问题往往源于自然或行政界线上的活动不一致，如河流、海洋及其滨江、滨海地带，城乡边界，或者行政区域边界等。特别是在行政区划中划分自然属性时，行政单位之间存在着复杂的利益关系。例如，流域上游需要承担水资源保护和生态建设任务，经济社会发展受到很大限制，下游地区享受生态保护成果，但不合理分担生态保护成本。上游和下游区域经济发展不平衡，社会福利分配不公，导致"上游青山绿水饿肚皮、下游吃香喝辣要减肥"。这种"搭便车"的外部不经济性严重影响上游地区保护水资源的能力和积极性。在上述背景下，建立和完善生态保护补偿机制已成为推动山水林田湖草生命共同体建设和生态文明建设的现实要求。通过建立社会经济发展与生态保护的矛盾协调机制，担当"金山银山"受益者与"青山绿水"保护者之间的利益协调者。

第三节　绿水青山就是金山银山

习近平同志关于绿水青山就是金山银山的重要思想，划时代地把对绿水青山与金山银山之间关系的认识提高到了新的阶段。但是"绿水青山"的禀赋不能自动成为致富丘陵山区人民的"金山银山"，必须在保护"绿水青山"的同时，探索"绿水青山"成为"金山银山"的产业政策和实现可持续发展的途径，建立"绿水青山"成为"金山银山"的体制机制，拓宽"绿水青山"成为"金山银山"的根本来源。

一、哲思指向

人类所创造的财富莫不来源于自然，其两者之间存在着相互依存的辩证关系。人类社会已经发展到生态文明建设时代，生态文明包含了人类物质文明和精神文明、自然生态和人文生态。绿水青山就是金山银山说明了人类物质文明与精神文明、自然生态与人文生态不可分割的关系。绿水青山就是金山银山这一命题，就是习近平同志根据我国自然地理地貌现状和建设美丽中国提出的深刻哲思。"两山"理论契合马克思哲学思想，正确反映了当代生态市场经济的客观规律。

生态价值观。绿水青山生态价值包括生态经济价值、生态功能价值和生态伦理价值三个方面。在传统的经济和价值观念中，人们普遍认为没有劳动参与的东西是毫无价值的，或者不能交易的东西是毫无价值的，所以他们都认为自然资源没有价值。例如，大自然中的空气、水、山脉、矿物和森林是大自然对人类无偿的馈赠。它们是取之不尽、用之不竭的自然资源，只存在使用价值。由于受"资源无价"传统观念的影响，资源产品的价格构成是不完整的，资源本身的价值也不包括在内。没有自身的价值，更不会有价格。近代人类中心主义价值观把人看作宇宙中唯一具有内在价值的存在，而人之外的存在物则被视为只具有人类需要的工具价值，这导致了人类对自然的滥用和生态危机。这是因为人们极易认同的是有形的、现实的实在价值，并且为此忽略潜在的或损害社会的、长久的价值。解决生态危机的关键是打破人类中心主义的价值观，树立生态价值观。

人与自然共生观。习近平总书记用"命脉"将人与山水林田湖草联系起来，生动地阐述了人与自然的一体性关系，揭示了山水林田湖草之间合理配置、统筹优化对人类永续发展与健康生存的重要意义。"山水林田湖草是一个生命共同体"的论断体现了尊重生命的生态价值观。生态价值观是从生命的维度来认识人与自然的关系的新认识。根据当代有机科学的发展成果，我们发现山水林田湖草等生态要素之间存在着能量转化、相互依存、物质循环以及和谐共存、动态平衡的规律，而"生命共同体"的论断，从系统与要素、整体与部分的辩证关系角度，展现了自然、生命、人共生共荣的本原性诉求，为中国环境哲学建设提供了整体性的认识方式。生态价值观是当代生态学对人与自然价值关系的新诠释。"生命共同体"的确立突出了人类生存的根基所在和人与山水林田湖草的价值关系的协同性和多样性，指出人们应该从人类社会经济系统与自然生态系统协调发展的角度来看待自然的多元价值。自然的价值是在人的认识和实践中产生的，并通过自然化人和人化自然来体现。自然价值作为一种价值体系，包括经济价值、文化价值、生态价值等方面。因为人类的生命、健康和幸福有赖于山水林田湖草生命共同体的完整、有序、稳定，所以自然的生态价值更具基础性。

人与自然共进观。地球有46亿年的历史，人类文明的历史与之相较则十分短暂。人类曾长期停留在蒙昧时代，基本上以动物的生存方式适应自然，与自然没有明确的界限，人群逐水草而居，过着茹毛饮血的原始生活。马克思对此指出：自然界在猛兽的胃里为不同种的动物设立了一个结合的场所，合并的熔炉和相互联系的联络站。人类经过长期艰苦的斗争、顺应和适应自然，逐渐将自身同动物分离出来，逐渐形成了以自我为中心的自觉意识，改变了人类对自然完全从属和依附状态。从农业文明、工业文明到生态文明，其实是一次否定之否定的过程。农耕时代虽绿水青山，但生产力极不发达，食不果腹、衣不蔽体。工业革命以来，人们以资源和环境为代价，把绿水青山换成金山银山，否定了农业文明，但带来了开发利用与生态环境之间的矛盾，生态问题日趋严重，人与自然、经济与社会矛盾日益突出。要解决生态市场经济中的矛盾，既不能为了绿水青山退回到靠天吃饭的农业文明，更不能停留在工业文明，为了金山银山饱受雾霾、污水之苦。不仅要努力快速解决西方发达国家200多年累积、逐步消化和转移的资源、环境和生态问题；而且要不断地化解在发展过程中出现的新环境问题，增大环境资源容量空间。

环境伦理观。是现代环境哲学创立的一个关于人与自然环境关系的道德学说。环境伦理观要求人运用正义、义务、善良等观点来处理自然、生态关系，主张将道德行为范围从人与人、人与社会领域扩展到人与自然环境领域，承认自然的生存权并赋予其价值，制定相应的道德规范约束人的行为，这是伦理学新进化中出现的一种价值取向。人与自然是一种相互作用的有机统一体。人类活动要受制于自然规律，尊重规律不破坏规律，在尊重自然规律的基础上改造客观世界。在这个过程中，自然被深深打上了人类的烙印，人类活动符合自然规律，将促进双方的共同发展，让双方在相互作用过程中，在不断解决矛盾的进程中使之达到最佳状态，促进事物的发展。"绿水青山就是金山银山"，它们相互依存、相辅相成、关系密切，是促进社会全面发展的两个重要因素。"两山"理论坚持辩证唯物史观，准确把握了人类文明发展的规律。

"和合学"智慧。"两山"理论体现着中国思想文化的首要价值观和理论精髓。在这方面，在中国古人有着丰富的生态智慧。中国哲学家阐发了"天地与我并生，而万物与我为一"的生态系统论哲学思想。"和合学"将不同的事物统一成一个相互依存的和合体，承认事物的矛盾和差异，优长克短促进新事物产生，推动事物发展。在人类生存空间中，自然系统、经济系统和社会系统通过人类活动的耦合成为复合的生态系统，即人类社会生态系统。在这个系统中，所有的要素相互制约、相互作用、相互依存。人类经济活动受自然生态系统容量的限制，社会系统和经济系统作为人类经济活动的结果又反作用于自然生态系统。每个系统既独立又开放，既有自身运行规律，又受到其他系统的影响和制约。只有当各个系统相互适应、输入和输出维和时，整个复合生态系统才能达到平衡，才能稳定和持续良性循环运行。特别是随着经济的发展，资源消耗速率超过资源更新速率，废物排放量超过环境自净能力，环境问题日益尖锐和突出。当技术进步仍然不能保证经济发展处于环境可承载的负荷范畴时，环境提供资源的能力不再是呈现环境库兹涅茨曲线所表达的退化，而是完全丧失其生产和再生产的能力。那时，生态系统的平衡将被破坏，即使付出很大的努力来修复，也很难恢复原生态。

矛盾统一论。"两山"是一对矛盾的统一体。其核心思想正是在分析矛盾中看到了统一，在解决对立中找到了转机，在超越两难困境中找到了双赢，即找到了实现绿色发展、可持续发展、包容性发展的现实途径，并以此指引人类顺应自然、尊重客观规律，秉承仁民爱物，持以中和并育的思维，做到天人合一。"两山"理论包含了山水林田湖草生命共同体的解读和人类历史发展进程的展望，反映了科学发展理念，体现了经济发展与环境保护的统一论。是实践统一的马克思主义生态观的发展，体现了对生态文明发展道路否定之否定的哲学规律。统一论认为，对立不是事物的总体特征和属性，它只是事物在运动和变化的过程中局部和相对的存在，是一种暂时的、不稳定的存在。对立存在的意义在于它是一切事物运动和变化的原因。然而，一切事物的运动和变化都趋于统一。

二、理论指导

绿水青山就是金山银山的重要论断具有重大理论价值。如果说，"既要绿水青山，也要金山银山"从生产与消费、供给和需求拓宽了发展内涵、丰富了发展理念；"宁要绿水青山，不要金山银山"这一命题体现了习近平总书记在落实理论意图、政策意图和指导实践上的果断性和坚定性。

生态文明是政治。"我们不能把加强生态文明建设、加强生态环境保护、提倡绿色低碳生活方式等仅仅作为经济问题。这里面有很大的政治。""生态环境是关系党的使命宗旨的重大政治问题，也是关系民生的重大社会问题。"一方面，蓝天白云、繁星闪烁，是民之所愿；清水绿岸、鱼翔浅底，是民之所盼；鸟语花香、田园风光，是民之所望。满足人民对美好生活的向往是我们党的奋斗目标，解决人民最关心的最现实最直接的利益问题是我们党的使命。另一方面，如果生态环境问题得不到妥善解决，将严重影响人民群众生产生活，群众意见大、怨言多，甚至会成为引发社会不稳定的重要因素。因此，各地区各部门都应承担生态文明建设的政治责任，履行生态环境保护责任。

良好生态环境，是最公平的公共产品，是最普惠的民生福祉。生活在社会主义国家，人民享有清水、蓝天、洁净空气的权利，这也是公民生命健康权的体现。生态文明是社会主义的本质属性，生态问题的实质是社会公平。以人为本、社会公正是社会主义的价值取向，生态文明是社会主义价值的本质体现。从"求生存"到"求生态"，从"盼温饱"到"盼环保"，人民政府有责任使公民平等地享有这些权利。不仅要坚持以经济建设为中心，走生产、生活和生态协调良好的文明发展道路，而且要实现社会的可持续发展。

环境就是生产力。"两山"理论充分肯定了生态环境也是资源，对生产力的发展有不可替代的作用。"两山"理论从更加全面的视角给出了答案，既是对我国环境与经济发展关系状况及规律的深刻揭示，也是对环境经济学理论的形象概括，更是处理好环境与经济融合发展的指导原则；既为人们的具体发展规划划出了明确的生态底线，又为人们长远的经济社会发展战略指明了方向。

"两山"理论为山水林田湖草生命共同体建设提供了理论支持，它开辟了中国在生态文明时代迈向新经济的思路，解决了产业经济学框架下无法解决的诸多问题。从生产供给的角度看，山水林田湖草生命共同体建设与生产力保护、生态环境保护、生态环境改善与发展之间存在着高度的一致性。"两山"理论将生态环境内化为生产力要素之一，生产力不仅取决于生产要素，还取决于生态环境和科学技术。从消费或需求的角度看，人们对清澈水质、新鲜空气、洁净环境等生态产品的需求越来越迫切，社会就应该围绕满足人民群众的需要，做到需要什么我们就发展什么。

三、实践指南

随着习近平总书记对"两山"理论阐述得不断深入，其思想内容日益丰富、政策体系更加成熟完善，不仅作为绿色发展和生态文明改革的重要方法论，上升为治国理政的基本方略和重要国策，固化为制度指导全国推进生态文明建设和发展方式绿色化转型；而且表明以"两山"理论为导向的中国生态文明战略为世界可持续发展理念提升提供了"中国方案"和"中国版本"。2017年10月，《中国共产党章程》增添了"增强绿水青山就是金山银山的意识"的内容，彰显了中国共产党以人民为中心的使命宗旨价值和追求。2018年3月，把发展生态文明、建设美丽中国写入宪法。

发展方向明确。习近平总书记在2014年形象地讲道，"鱼逐水草而居，鸟择良木而栖"。绿水青山变成金山银山是有条件的。健全制度规范是前提。2015年习近平总书记在中央扶贫开发工作会议上又一次讲道，要通过改革创新，调动贫困地区资产、土地、劳动力、自然风光等要素的活力，让资源成为资产，让资金成为股金，让农民成为股东，让绿水青山成为金山银山，推动贫困群众增收。能否将市场机制全面导入生态经济发展中，习近平总书记指出："要树立自然价值和自然资本的理念，自然生态是有价值的，保护自然就是增值自然价值和自然资本的过程。"

完善产权制度。"绿水青山"不仅是有形的生态资源，也是无形的生态服务。它不仅是如林农承包的林权和山林产品的经营权等能够明确界定产权的私有商品，而且是产权难以分割或明确界定的公共物品或准公共物品，如景观服务、森林碳汇服务、流域水资源和气候资源。"绿水青山"要成为一种可交易的市场产品，有必要健全自然资源资产产权制度和用途管制制度，完善生态产权保护制度，使生态资源价值转化为生态资本。开辟"绿水青山"成为"金山银山"同时惠及"绿水青山"所在地人民特别是贫困群体的渠道，如林权交易、水权交易、生态标志权和碳汇权交易、生态原产地权等交易制度或市场。在政府、市场和社会的参与下，建立"绿水青山"的产权保护和监督体系，防止侵权行为的发生，确保业主或使用者享有全部财产权利，避免产权所有者或使用者滥用财产权造成的负面性，确保"绿水青山"的产权得到保护和规范，坚持合理开发和可持续利用。要根据发展导向不同、生产力布局不同，明确一些承担生态功能地区加大纵向和横向生态补偿支持。

科学布局产业。要科学合理的划分山区，包括以功能区的划分来对山区、丘陵进行划分，选择好主导产业，特别是适合在山区发展的产业，作为生命共同体还要考虑交通的便利、水源充足等条件。值得注意的是，发展高端制造业和第三产业已经极大地改变了产业集聚和空间形式的方法。在过去一般认为，许多规模产业都需要大量的水、土地和交通条件，因而只能在长江三角洲、珠江三角洲等经济发达地区发展；而在山区，如云南、贵州地形复杂，交通不便，很难形成大规模的产业，所以它们总是落后地区。现在不一样了，强调生态，重视信息技术和高科技，满足人们的消费需求。生态旅游的兴起，使云南、贵州山水成为宝贵的资源，现在山就是宝贝了，生态价值体现出来了，正所谓"青山绿水就是金山银山"；即使是我国西南喀斯特地区这些全球碳酸盐岩集中分布区面积最大（54 万平方公里）、岩溶发育最强烈、人地矛盾最尖锐、生态系统极为脆弱的地区，也由于景观类型复杂、生物多样性丰富，有区域特色的山水林田湖草一体化的生态、景观效益开始显现。

彰显区域优势。我国互联网经济发展起来后，在云南、贵州等地搞得如火如荼。因为山区可用的地少，不可能搞大规模的生产，但正好适合发展互联网经济。既为人民群众提供美丽的生活空间，又不断产生可利用的优质资源；既不因保护绿水青山单纯地守着"金饭碗"，又因地制宜地对生态资源充分地挖掘利用，进行无公害养殖和种植，大力发展"林果""林草""林菌""林药""林禽""林畜"等林上和林下经济。在适度发展生态工业和商业，引导科学持续安全发展的同时，抓住农村电子商务的发展趋势和机遇，进一步加大信息基础设施建设的应用力度，像重视交通设施网络建设一样，加强山区资源与外部市场的相联系，推动"互联网＋三农""互联网＋农村消费""互联网＋旅游"加速融合发展。加强一、二、三产业的相互链接和跨界融合，以特色休闲旅游为龙头，集聚人、吸引人，宜游则游、宜养则养，突破产业界限，培育综合特色优势，促进地方农产品和生态服务的投资、生产和消费。

"两山"理论实践使人们认识到，人与自然，相联相生，生态文明是不以人类意志为转移的客观存在，是工业文明发展到一定阶段的产物，是人类社会发展的必然。人与自然用宏观历史的角度来看，在社会发展的最初时期，人类依靠自然生存和发展，在原始文明和农业文明阶段，人类通过智慧逐步成为自然的主宰者，生态环境资源的承载能力基本上还没有进入人类发展的战略视野，人类社会坚持"绿水青山"并争取"金山银山"；在工业文明社会中，随着生产力的不断提高，人的索取越来越多，人类欲征服大自然，人类只关心"金山银山"，战天斗地掠夺、侵害侵占"绿水青山"，接着自然以山洪、地震等方式报复人类。在生态文明的新时代，人类开始考虑如何与自然和谐相处，并且进行措施的实施。人与自然是宇宙浩渺中的一粒尘埃。人类在自然界虽然区别于其他生物，具有特殊地位，但是人类不能恃宠而骄，人与自然要走向和谐统一。保护生态环境就是保护生产力，改善生态环境就是发展生产力，社会效益、经济效益和生态效益和谐共生，绿水青山就是金山银山。

第二章　生态弱区矿区保青山

经济贫困恶化和生态环境退化是世界各国贫困地区都普遍存在的两大难题，能否利用二者的互为因果关系实现有机转变是"两山"面临的主要问题。重点生态功能区和流域上游大部分是极贫困地区。当这些贫困地区的人们找不到更好的生产门路时，仅通过压抑他们改变贫穷落后面貌的欲望，接受许多发展限制是不公平和无效的。不能"饿着肚子呼吸新鲜空气"。尽管我国丘陵山区幅员辽阔，自然资源丰富，这些地区具有良好的生态环境，但也是贫困人口的集中区域。尤其在这些地区，贫困程度深，贫困发生率高，同时又具有生态区位的重要性，是我国脱贫攻坚和精准扶贫的难点。也是青山常在、绿水长流的希望所在。

第一节 生态扶贫带精准扶贫

我国提出的生态扶贫就是以生态修复、消除贫困为出发点，以集中特困区域生态环境保护为重点，以聚焦精准扶贫为总抓手，以推动生态扶贫为根本动力，坚持脱贫致富和绿水青山建设相结合，通过全面实施生态扶贫战略，构建具有区域特色的山水林田湖草生命共同体，稳固中华民族的繁荣和文明发展的资源环境基础。

一、完善生态扶贫机制

加强和完善丘陵山区生态保护机制，是生态资源得以保护并且持续利用的动力，是"绿水青山"成为"金山银山"的基本前提。人类只要金山银山，整天生活在雾霾中是不行的；但只要绿水青山，回到过去的贫困状态更不行。更值得强调的是绝对不能把"绿水青山"和"金山银山"对立起来，而必须建立生态扶贫机制，制定生态扶贫相关政策；培育生态环保的市场经济机制，实施生态扶贫产业标准战略；建立有效生态环境的生态补偿制度和管理机制。

多年来，我国保护自然生态系统的努力不断加强，保护范围不断扩大，基本建立起政府主导型的生态补偿制度和机制，目前存在的主要问题是取决于政府投入及补偿标准偏低，其他补偿渠道还没有建立起来，缺乏区域差异和有效的退出和进入机制。特别是与众多补偿对象相比，贫困地区生态保护的补偿水平仍然不高，对生态保护者提供的保护激励仍然不足。单纯依靠这种机制和路径，难以确保"绿水青山"的存在和绿色发展的可持续性，更不仅可能使"绿水青山"成为"金山银山"。因此，在不断完善"绿水青山"的多元化保护机制和手段的同时，要不断提高政府的"绿水青山"的补偿水平和政策效力。要建立以补偿多元化、差异化补偿、多渠道筹集的生态补偿体系，坚持政府补偿与"谁开发谁保护，谁受益谁补偿"相结合的补偿原则，建立社会、市场、政府三者相结合的生态保护补偿机制，把补偿与扶贫的有机结合作为实现山区资源保护和扶贫双重目标的必然要求。

生态扶贫要结合区域特色资源与生态环境的特点，为我国大力实施精准扶贫提供新途径。江西省坚持把生态扶贫作为生态文明建设的切入点，探索建立生态扶贫试验区，并适时出台建立贫困地区生态实施方案和扶贫政策措施，重视市场和社会组织在生态保护和补偿体系中的作用。如水权交易、林权交易、碳汇交易等国内国际已在探索实践的生态服务付费项目。对于非政府组织的推动、社会公共组织参与的公益性生态基金项目等，如生态标签、生态税和生态金融机制等成功的模式，予以鼓励和支持。

二、统筹绿色扶贫产业

经济因素是生态破坏的根本原因。为了解决生态破坏问题，我们应该从经济方面破题入手。中国的生态重要和敏感区域不仅承担着重要的生态功能，而且肩负着脱贫攻坚的重任。由于地理位置、自然和历史发展条件等原因，这些地区往往是贫穷落后之地，人民群众和地方党委政府发展城镇化和工业化、提高生活水平的意愿强烈。生态环境资源的妥善保护与经济发展产生激烈的矛盾。有些地区未经科学论证和审批，擅自调整甚至撤销自然保护地，开发矿产资源，开办工业项目；有些地区单方面认为自然保护区会影响和制约当地的发展，不愿建立自然保护地。面对当前和今后一段时期内显现或潜在的生态系统退化和环境污染问题，有必要对贫困地区的资源保护和经济社会发展进行统筹，包括环境污染控制、服务扶贫攻坚的中央、社会各方资源和地方政府投入。

在我国脱贫攻坚战中，产业扶贫不仅是促进贫困人口快速增长的有效途径，也是巩固扶贫成果的长期的根本措施。根据贫困地区的资源禀赋发展特色产业，实施产业扶贫不仅可以有效地提高贫困地区的自我发展能力也可以实现由"输血式"扶贫向"造血式"扶贫的转变，改善扶贫工作效率。比如，当今经济的发展提高了人民的生活水平与物质需求的同时，催生了一系列相关产业的兴起，健康、养老、生态越来越成为人们关注的焦点与影响生活方式的重要因素。而就我国目前健康产业的发展现状来看，却无法满足现阶段人民对其的需求，因此要在"健康中国"战略方针的指引下大力发展康养产业，将康养产业作为新兴的战略性经济支柱产业来发展，融合当地特色，带动周边配套设施与相关产业的完善与繁荣，这不仅是贯彻国家战略层面的需要，更是造福人类的一项伟大事业。

根据有关部门的统计，目前我国的荒漠化土地和沙化土地共 400 多万平方公里，占到全部国土面积的 45% 左右。荒漠化与贫困互为因果，恶性循环，是影响人类生存和可持续发展的重大问题。而荒漠化又是导致贫困的重要诱因，我国近35%的贫困县、近30%的贫困人口分布在沙区，沙区是中国生态治理的难点，也是脱贫攻坚的重点。因为土地荒漠化剥夺了贫困人口最基本的生产资料，使其丧失了最基础的发展条件，如果继续走传统的发展道路会加大对自然的索取力度，进一步恶化生态环境。要坚持以提高生态环境质量，消除经济贫困为目标，保证人居环境健康和生态安全，注重集中和生态脆弱的贫困地区，实施生态扶贫项目行业整合和生态环境恢复面向各地区的技术推广体系；通过企业或农民专业合作社主导的林业生态建设项目组织贫困人口劳动力，在全面参与补植补造、森林抚育、造林绿化、森林保护等林业生态建设的同时，得到各级工程投资、项目补助或工资性收入。加快发展绿色产业，提高我国生态脆弱贫困区的扶贫效益，从生态环境改善和资源循环利用中获得新的经济效益。

三、建立根本脱贫制度

科学合理的制度是实现脱贫攻坚目标的根本保障，制定科学合理的脱贫攻坚制度是脱贫攻坚的重中之重。一个良好的制度和政策可以大大提高生态环境保护的效率，缩短从此岸到彼岸的距离。否则，即使有良好的愿望，也难以解决生态环境恶化的顽疾，只会造成巨大的社会和经济损失。不合理的开发建设活动继续侵占自然保护区的范围，削弱其生态功能，减少自然保护区价值。寻求社会和经济的协调、稳定和可持续的发展迫在眼前。丘陵山区的贫困不是中国独有的。据估计，世界上有许多人生活在丘陵山区，其中大约12亿人极度贫穷，这些人主要或高度依赖林木等自然资源来生存，同时也是政治上最弱势的群体。要正确把国际社会丘陵山区减贫和发展的大趋势，重点加强丘陵山区贫困的原因分析，处理丘陵山区与贫困关系，充分借鉴全球经济包容性增长和可持续发展的新经验，挖掘丘陵山区减贫潜力、谋划减贫策略等方面的工作。要把优质的生态环境转化为居民的货币收入，并根据资源的稀缺性赋予它合理的市场价格，尊重和体现环境的生态价值，进行有价有偿的交易和使用，大力推进生态的经济化。让困难群体得到多方面保护，得到政府政策和投入方面优惠；在经济增长过程中重视社会稳定等。

科学是有效保护的最佳路径，地方社区是保护自然的最重要的力量，政府和社会的支持是成功和可持续发展的保障。只有通过引入市场力量才能拉近城市消费者和自然之间的距离，给社区的激励来保护健康的生态系统，从而使自然的价值形成共识。要从国家的产业政策和资金的投资方向，把握区域优势和特色进行产业结构调整，实现该地区的经济发展转型升级，让丘陵山区的农民通过森林和其他资源获得货币收入和非市场产品和服务，满足他们的基本生存需要，防止农民陷入贫困。如果通过赋权，以益贫的方式分配林业资源，这将成为农民收入和福利的来源。要建立生态付费机制，内化这种正外部性不仅可以解决生态服务供给中的市场失灵问题，而且对减贫具有积极作用。实施重点领域和市场包括森林碳汇、生物多样性保护、水文服务、景观和休闲旅游服务。据估计，到2030年，这四种市场的发展将分别惠及发展中国家500万—800万、1000万—1500万、2500万—5000万、8000万—10000万低收入家庭，如果这些潜力或目标得到满足，它们将对全球减贫做出重大贡献①。

把握当今世界发展的大趋势，抓住丘陵山区脱贫致富的新机遇。主要包括加速城镇化扩大丘陵山区产品及其生态服务的市场需求；气候变化提高了消费者对丘陵山区生态服务的支付意愿，有利于建立和完善付费机制；技术进步提高原材料的利用效率，提高木材的生产效率，增加丘陵山区产品收获和加工的便利性；电子商务等新型营销方式所带来的交易方式和物流体系的创新以及农民合作组织的发展，为丘陵山区分散小农进入市场提供了便利。丘陵山区扶贫开发践行"两山"理论不仅要注重生态保护和补偿、资源产权等体制机制的发展创新与完善以及相关产业的科学发展，又要关注丘陵山区贫困人口的"共创、共享、共富"。也就是说，我们不仅要引导和支持丘陵山区的穷人参与和融入"绿水青山"到"金山银山"的转化过程中，而且要保证他们能够共享"金山银山"，实现共同繁荣发展。

第二节　山区矿产资源可持续

山区矿产资源是人类生存和发展的重要条件，是国民经济建设的物质基

---

①　黄祖辉、姜霞：《以"两山"重要思想引领丘陵山区减贫与发展》，《农业经济问题》2017年8月23日。

础。但随着人类社会经济发展对矿产资源的需求不断增加，环境污染和生态破坏问题也日益增多，造成一定范围的矿山生态破坏失衡。迫切需要加强资源节约和生态环境保护，加强废弃矿山治理和绿色矿山建设，增强可持续发展能力，建设资源节约型与环境友好型社会。

一、国内外矿产开发与矿区修复

矿山生态修复最早起步于美国、德国等工业发达国家，早在20世纪初，这些国家就注重修复矿区生态环境。英国等有悠久采矿历史的发达国家，生态修复已成为采矿后续产业的重要组成部分。20世纪80年代以来，这些发达国家土地复垦率达70%—80%，在矿区生态修复中积累了丰富的经验，取得了丰硕的成果，形成了一大批经典的、成熟的生态修复案例，如美国的麦克劳林金矿。矿业大国澳大利亚制定《生态可持续发展国家战略》，并于1992年设立生态可持续发展指导委员会，定期检查发展战略的执行情况。加拿大等国家通过制定矿山环境保护法规理顺矿山环境管理体制、实施矿山许可证制度、保证金制度，建立矿山环境评价制度、严格执行矿山监督检查制度等措施来保证矿山生态修复的成效。

回顾新中国成立后几十年来我国矿区土地复垦与重建工作，从采用填埋、刮土、复土等措施将退化土地改造成可耕种土地，到现在矿区土地修复强调生态治理，包括优化回填肥料的性质，研究重金属的迁移模式，植物修复、微生物修复、动物修复、联合协同修复等污染土地生物修复技术；还有研究先锋植物根的生长模式及根系分布结构，选用适宜的表土、植物和肥料等多项以恢复和重建矿区生态系统健康和环境安全为目标的生态治理越来越受到重视，并在矿区土地治理中得到了广泛的认同，并注重矿区土地资源的稳定利用等相关配套问题，使土地复垦更加系统化。特别是1988年我国颁布《土地复垦规定》后，矿山废弃地的生态修复开始步入法制化轨道，生态修复速度和质量有了较大提高，如大型煤矿区生态重建、金属尾矿区的植被恢复。目前，国家大力强调加大耕地保护力度，恢复矿山占用和被破坏的耕地面积迫在眉睫，全国各地在这方面也做了大量的工作。

中国对矿产资源开发与利用走资源节约型的可持续发展之路已经成为国家战略。既要克服矿产资源储备不足对经济持续健康发展的制约，满足社会经济快速发展对矿产资源的需要，避免造成矿产资源严重浪费、伴生资源综合利用率低、资源回收率低等问题；又要加强绿色矿山建设，减少矿山废弃物堆积占用周边耕地面积以及严重破坏矿山周边生态环境、改变地表形貌、造成地表沉陷等地质灾害。坚持在保护中开发、以开发促保护，根据当地情况开发为建设用地或植草还绿，有的已建成文化旅游休闲教育基地，取得了良好的社会效益。从总体上看，虽然矿山数量不断减少，但矿山环境问题依然突出。具体表现为矿山环境保护设施不完善，一些建筑石材矿山产生的大量粉尘使矿山周围大气中可吸入颗粒物超标，没有沙障使废水流入良好的农田和水库，有的矿山不合理地取土，严重侵占耕地、影响耕地平衡、加剧人地之间的矛盾。

二、突出问题分析与文化聚焦

虽然我国已经有矿山土地修复和生态恢复的制度，但事实证明矿产资源开采难，针对其修复更难，矿区修复是一项复杂的系统工程，需要调动更多的力量参与修复。与开采的主体相比，参与修复的主体构成上更为复杂多样。但矿区的生态修复工作不管谁作为修复主体，对于矿区生态的修复与恢复而言都是公益性的。现阶段，我国矿山生态恢复工作的监督主体是政府部门，虽有相应政策法规明确了修复、恢复的责任和基本准则，但监督成本高和监管不力的现象非常明显。矿山布局不合理，影响其他资源的保护和开发。

矿山生态恢复是一项多专业、多学科交叉融合的复杂系统工程，而在具体操作中，往往是迫于法律的压力、由矿山业主自己组织实施、生态恢复意愿不高和专业性不够等原因，不能真正进行科学的生态恢复。山林地区矿产很丰富，许多林场和林区遍地都是土、石矿产。在美国的林区矿产，一般是由林业部门招标。中国在有条件的林场和林区发展矿业，要按照山水林田湖草生命共同体建设理念，在"林长制"的领导下来经营矿产，在林区发展矿业生产的同时，进行废矿土的造林试验。做到合理开采土、石矿，力争还成为一项林地改良措施。

矿山生态恢复中存在的问题包括生态问题、经济问题和文化问题。这些问题的本质是文化问题。人类社会复杂生态系统中，经济、文化、生态是相互联系的，文化是纽带和灵魂。山区矿产资源开发单方面追求经济效益最大化，是在文化缺失的情况下形成的一种特有的自然资源认知系统，反过来又导致矿区生态和文化多样性的逐渐丧失。由于文化多样性的破坏，对经济社会的可持续发展极为不利。通常用现代知识和技术来取代当地的文化传统，忽视当地的生态文化知识。因此，要大力保护开发文化资源，既引进外来先进文化，又保护优秀传统文化，扬长避短、合理利用不同文化之间的制衡关系，丰富文化多样性使项目更加具有灵活性，既保护生态环境系统，又提高自然资源的利用效率。

三、矿区土地修复与生态恢复

资源是稀缺的，而人类的需求则是无止境的。正是这种稀缺性，突显了可持续发展的重要性。发展经济，开发矿产资源，既不能走先开发后治理的老路。开采主体要从严把关，参与土地修复与生态恢复的主体构成应多样。从公共服务和管理的角度来看，政府始终是生态保护的主体。负责明确各利益相关者的权利和责任，按照生态补偿的原则，推进生态补偿制度的实施。

矿区生态恢复是综合利用各种技术将被破坏的矿山生态系统恢复到具有有益用途、接近原生生态环境、与周围自然环境景观相协调状态。要吸收国内外在矿区生态修复中的先进技术，推动修复技术进步创新，加大实用技术在矿区修复中的应用。土地整治重点是控制污染、稳定土壤，在进行农业经济生产的同时改善景观。为了恢复覆盖中国金属矿区多个气候区的不同类型退化土地，必须从全国不同地区筛选耐受型植物物种及相关的固氮菌。植物修复技术是一种新的潜在的绿色植物技术在矿区生态建设中的应用。

要从根本上解决生态环境问题，就必须将人类文化建成生态文化。现代工业文明在创造史无前例的物质繁荣的同时，也对我们赖以生存的环境造成了史无前例的破坏。在对现代生产生活方式中存在的过度生产、过度消费和过度排放等问题进行深刻反思的过程中，生态文化作为一种人与自然和谐相处、协同发展的新型文化形态应运而生。中华文明历经5000余年，生态与文化互动、人们的价值取向直接影响着资源的开发利用。人为的经济活动将凌驾于生态系统。摩天大楼不断拔地而起，智能手机屡屡推新，但是现代人的生活是建立在脆弱的自然系统之上的。如今，人为因素造成的气候变化，大规模毁林和物种灭绝使自然的根基早已松动。人类在生态系统中的不可控性是人类文化造成的。要恢复生态系统的平衡，开辟有效解决资源瓶颈和创新发展模式的新途径，就必须跳出自然生态保护与经济社会发展的二元对立，反思人类行为本身，即从文化创新起步。

第三节 生态脆弱区移民建村

生态移民是指在生态条件不适宜人类生存或人类生存将对生态环境造成严重破坏的地区，以及对这些地区的保护、禁止农业、放牧、捕鱼的迁徙，并实行退耕还林、草、湿、水，以实现保护和恢复自然生态系统的目的。同时也是山区贫困人口脱贫致富实现绿水青山的重要途径。

一、规划科学化

建设扶贫移民村是综合性社会扶贫项目。首先要界定在自然条件恶劣、农民生产生活生存条件极差、一方水土养不活一方人的地区，将那些居住分散、资源贫乏、交通条件差、基础设施严重滞后，就地扶贫开发不能从根本上解决贫困问题的地方列为迁出区，尤其要把土地瘠薄种养收入低、干旱缺水靠天吃饭、生产经营方式粗放、地质自然灾害易发、生态环境退化的地区作为优先迁出区。其次要按照"群众自愿、就近安置、量力而行、适当补助"的原则，明确把那些地势平坦、土壤肥沃、水资源丰富的适宜人居地区、交通方便、经济社会发展基础好区位条件较优越的地区作为迁入区。

科学合理的规划是建设移民搬迁新村的基础。能否加强规划，关系到移民搬迁新村建设的成败。要充分认识规划在移民安置新村建设中的重要作用。要以中心村为重点，制定完善"重点突出、梯次合理、特色鲜明、相互衔接"的规划体系。在安置区后续产业、功能布局、人口容量等方面要着眼于绿色发展理念，注重生态建设产业化和产业发展生态化相互结合，平衡社会经济发展与生态环境保护二者的关系。

生态适宜性考察论证是生态移民建村的前提。根据规划对象或评价单元的尺度独特性、抗干扰性、生物多样性和空间效应，通过选择自然社会经济因素构建评价指标体系和指标权重，通过建立适宜性指数模型计算适宜性指数，确定评价单元对某种使用方式的适宜性和限制性，进而划分适宜性等级是确立移民建村点的基础。适宜性调查和论证是空间规划的重要工具。它广泛用于住宅选址、物种（繁殖）区划、环境影响评价、动植物生境适宜性分析和土地利用模式优化。要通过适宜性调查论证，确定不同的利用模式，把"全球思维、区域规划、地方实施"作为土地利用规划的指导思想，强调空间背景对景观和区域生态规划的重要性，在进行景观与区域生态规划时充分考虑周边景观和区域的影响。

二、宜居生态化

在全球化、信息化、网络化和生态化时代，移民村的生态化既要有充分的发展条件，更要克服极为有限的发展空间，才能形成较为完善的生态系统。要根据生态功能区划的要求，以绿水青山促进土地资源的集约利用，促进城乡建设绿水青山整体发展，使该地区绝大多数人口能够直接受益于绿水青山的建设。在景观和区域尺度上，生态系统的空间分布格局对生态系统的结构功能和生态服务价值有重要影响。从生态恢复的角度看，经济生态化发展应遵循生态优先原则。首先在缓解人口压力的前提下，培育生态格局和多元化发展的动力机制。

宜居生态化的重要性不仅取决于其自然、社会和经济属性，还取决于景观和区域生态系统的完整性和连通性的价值。景观中的某些关键性的局部、位置和空间关系，例如河流交汇处的分水岭、流域出口、动物迁徙的垫脚石、走廊中的断裂或瓶颈、大型自然斑块、宽阔的河流走廊和多个生态系统的交错带对维护或控制某种生态过程有着异常重要的意义。景观与区域规划设计中空间格局的保护与维护，对于优化景观功能、维护生态功能、维持服务价值的可持续性起着重要作用。要优化这些关键场所的位置和空间联系，构建景观生态安全格局。

在实施乡村振兴战略发展的新阶段，要把移民迁建新村建设作为村落更新改造模式转型升级的具体体现，移民安置地要有充足的农业土地资源，可以提供给移民群众安居乐业、可持续发展的生产条件，把一批移民搬迁新村打造成为绿水青山精品村，完善绿水青山转变为金山银山的村规民约，努力把村庄山水林田湖草生命共同体建设提高到新的水平。当然，生态移民禁止迁入自然保护区、饮用水源保护区、江河流域及湖泊沿岸等重要的生态功能区，国家级和省级公益林区、森林公园、国家公园、风景名胜区内，防止造成新的生态环境破坏和二次搬迁。

三、生活城镇化

移民搬迁新区建设应走移民生活城镇化之路。实施生态移民，有利于合理配置农村资源要素，加快推进城镇化发展进程，促进城乡二元经济结构的消除，提高农民生活水平，缩小城乡发展差距，逐步实现城乡统一规划、基础设施同步建设、产业同时布局、社会事业一并推进、生态有效保护。要按照让移民能"住得下、稳得住、能致富、生态好"的要求，移民安置点应该交通便利，有比较完备的水、电、路、通讯（信）等基础设施，尽可能地向中小城镇、工业园区和产业聚集区靠拢，提高移民的就业安置率，方便移民发展现代农业，进入二、三产业，为拓宽就业渠道、加快脱贫致富创造良好条件；将农房建设与中心镇培育紧密结合，促进人口适度集中居住、土地集约利用、产业集聚发展，把中心镇作为农民市民化的主阵地、农村创业就业中心和农村公共服务中心。加大宅基地置换力度，引导农户通过宅基地流转跨村跨乡镇建房。

根据克里斯·泰勒模型，城市体系模式应形成一个大、中、小、完善的等级体系。由于生态环境的限制，山区城市等级体系缺乏中等等级城市，是大、小两级的城市层级格局，缺乏发展的次中心。要改革中等等级城市投融资体制，从引导移民生活城镇化入手，做大做强中等级城市。加强土地利用保障，加大中等级城市环境保护基础设施、社会公益设施和公共服务设施建设投入，改善环境中等级城市的人口承载能力，促进农民工的合法定居。既提高移民的城镇化水平，又形成完善的大、中、小城市等级体系。

移民社会适应是规划科学化、宜居生态化、生活城镇化社会转型的综合过程。它不仅是住宅的变化，也是人力资本的提升、社会关系的重塑和意识形态的转变。要从政府、社会和社区层面分别采取措施，合理配置生产生活资源，改变城乡发展不平衡现状，不断解决就业困难、教育不足，资源紧张，"看病难，看病贵"等突出问题，为新市民提供安全、有效、便捷、廉价的基本公共服务，让移民在迁入地"稳得住"。

第三章　流域上下协同保绿水

流域是由分水线包围的河流集水区。它既是一个水文单元空间，又是一个生态系统空间，更是一个经济系统空间。流域空间可以跨越不同的行政边界，并且可以形成跨越多个地方发展政策的区域空间。在当下中国要把修复大江大河生态环境摆在压倒性位置的背景下，应该从流域的角度考虑流域流经区域的绿水青山问题。所谓"流域视角"，源于河流自身的特点。河流是一个流动的过程，任何划分的"点"和"段"的管理都不符合河流的"线"性特征。另外，大江大河往往由支流组成，河流连"线"交错形成"流域"，在流域内任何划分的"表面"治理，都不足以根除整个流域的问题，所以"流域视角"就是强调河流治理必须统一于流域治理之中，上、中、下游及流域内的"点"与"面"相协调。

第一节　流域绿水青山的共生特性

流域是一种特殊的区域类型，这不仅是一个分水岭包围的自然区域，也是组织和管理国民经济，进行以水资源开发为中心的综合开发的重要内容，构成经济管理系统的重要组成部分。在传统农业文明和工业革命时期，流域经济是最发达的经济。在现代经济发展中，发展流域经济通常是一个重要增长极和辐射全国的经济来源。在经济全球化的背景下，发展流域经济不仅成为区域经济的重点，而且是提高国际竞争力的一个重要环节，其中流域良好的生态环境更是培育竞争优势的重要因素。

一、流域水资源主导特性

水资源是流域资源综合开发利用的主体，是流域社会经济可持续发展的实质。在自然地理环境中，接受来自某一陆地区域补给的水资源，从而形成一条河流和一个水系，这一陆地区域便是河流和水系的流域。显然，流域是一个具有河流系统、资源禀赋、人类活动等一些表面结构复合物的地域。依靠水的流动，整个流域连接起来，形成一个开放的、一体化的发展模式。在山水林田湖草生命共同体建设的过程中，水作为流域的自然资源，是连接整个流域的纽带，具有资源和环境双重功能。资源是生命共同体建设的基础和条件，环境可持续性是生命共同体建设的保证。水是不可替代且在数量上是有限的，是人类和其他生物赖以生存的必要条件。水也是自然环境的一部分，在经济活动的影响下最容易遭到破坏。水污染和水环境损害将制约流域发展。因此，水是生命共同体建设的基础和条件，是流域环境和发展问题的核心。

流域经济是一种特殊的区域经济。流域经济发展以流域为地理界线、以水资源的开发利用为重要条件。流域水资源的开发利用对整个区域发展都具有重大影响，是国家经济和社会生产力发展的重要标志。繁荣和发展流域经济是基于水资源合理开发利用和保护水资源的客观规律。流域经济社会发展决定着水资源开发利用的方向、规模和水平。水资源的综合利用及其利用的各个行业与流域经济的发展密切相关。水资源本身的特性决定了水在现代经济社会中的重要作用。水是生命之源、生产之要、生态之基。它既要满足目前国民经济各部门和人民生活对灌溉、供水、航运、发电、水产品、旅游等方面的需求，还适应社会生产水平提高和人们生活水平提高对水资源利用不断增加的需求，并逐渐成为流域经济发展的重要物质条件。

水资源和生态环境保护问题具有直接的流域特征。尤金斯·奥德姆认为：应当将分水岭看作是"一个将自然和文化属性结合在一起的管理上很实用的生态系统"。[1] 水质也是整个流域的一个问题。如果沿长江主要城市的生活污水，甚至部分工业污水直接排入长江，那江水将不堪重负。如位于长江"九曲回肠"石首段的一家临江化工企业，产业规模居世界前三，是当地的纳税大户，但也是排污大户，严重污染问题多年难以解决，周围群众苦不堪言。这两年环保部门动真格严查，开出 2700 多万元的长江流域"史上最大环保罚单"，倒逼企业关闭污染严重、难以改造的生产

---

[1] 弗瑞德·A.斯迪特：《生态设计——建筑·景观·室内·区域可持续设计与规划》，中国建筑工业出版社 2008 年版，第 78—79 页。

线，投入约 1 亿元引进行业最先进的治污装置，不仅解决了多年的污染问题，而且推动企业实现了转型升级①。要解决这些问题，需要全流域的通力协作。

二、流域协调的二元特性

流域协调的二元特性既包括流域行政单位管辖范围内的自我协调，也包括流域行政单位之间的协调。行政单位内部自我协调是前提，行政单位之间相互协调是目的。现阶段，无论流域内哪种形式的协调都应在绿色发展、和谐发展的基础上，做到偿还旧账、不欠新账。既要明确断面水质达标要求，划定相邻行政单元交接断面水功能类别；又要明确协调的范围、原则、标准及相应的责任与义务，制定流域协调的具体办法。流域协调二元关系的基本取向。流域经济涉及水、路、港、岸、产、城等多个方面。要运用系统论的方法，正确把握自身发展和协同发展的关系。大江大河所涉及的各个地区、每个城市都应该也必须有推动自身发展的意愿，这无可厚非，但在各自发展过程中一定要从整体出发，树立"一盘棋"思想，把自身发展放到协同发展的大局之中。使流域内的自然因素成为流域经济形成的基本因素，绿水青山成为流域经济资产投资的主要因素，交通要素成为流域经济布局的决定性因素，城市要素成为流域经济集聚的核心因素，产业要素成为流域经济优化升级的关键因素，文化要素成为流域经济发展的内在因素，生态因子成为流域经济区不同于其他经济区的特色因素。

流域经济区成功发展的一般规律和主要特征表明，流域水资源既是经济资源又是生态环境资源。以往流域经济通常很少考虑生态环境因素，而把经济运行设想在一个封闭系统内进行；而现代流域经济必须在坚持生态优先基本原则的前提下，建立流域开发建设规划完善、组织机构职能健全和运行管理高效有序，流域水能开发、航道整治、防洪作用、灌溉功能、产业发展等联动建设机制，努力走出一条国土空间高效利用、生态优先综合开发、清洁生产资源节约、人与自然和谐相处、永续利用的流域经济发展新路。

---

① 习近平：《在深入推动长江经济带发展座谈会上的讲话》，《人民日报》2018 年 6 月 14 日。

三、流域经济规划综合性

流域经济实际上是一种特殊的经济形态。它以河流为纽带和轴心，通过资本、技术、信息等要素在流域内的结合，形成分工、合作、优势互补、开放互利的区域经济。跨越不同的行政区划，流域经济更加开放、合作、一体化。要搞好流域经济，必须搞好流域综合开发规划，从研究全流域发展的公共政策入手，进行环境保护规划、空间综合管理和综合治理、社会经济发展的综合治理。山区流域规划与开发是一项覆盖面广、应根据自然地理特征、河流特征、经济发展需要、水资源开发利用以及水旱灾害的特点，综合规划技术性较强的系统工程。流域内，应统筹规划山水林田湖草建设，实现人口、资源、环境协调发展。流域发展规划要因地制宜，避免重开发利用、轻防灾减灾、重水资源保护、轻经济协调发展；重工程措施建设，轻非工程措施建设的现象。必须根据流域规划发展理论，协调指导各专业规划的制定，站在流域综合治理和发展的高度，努力改善生态、社会、经济三大效益平衡机制。流域经济规划是一种特殊的区域规划。这也是国土规划的一个重要方面。流域应合理开发和综合利用资源。狭义的流域规划是针对河流自身的治理开发以及流域的水利开发而制定的，包括干支流梯级布置、水库群规划、防洪发电、灌溉航运工程、相关枢纽建设布局、水资源利用、水土资源平衡、农业、林业和水土保持措施。广义流域规划是指流域综合开发规划，包括整个流域的城市体系规划、建设用地和非建设用地的布局、上下游产业的动态关系。划分主要功能区和排水转移支付政策。绿色发展理念指导下的流域规划是反对 GDP 崇拜的计划，是在公平的前提下考虑效率的计划，是在社会发展的前提下考虑经济增长的计划，和关注区域的计划。流域综合开发规划需要处理好开发与保护、整体与局部、主流与支流、上游与下游、短期与长期、需要与可能的关系。理顺防洪、发电、灌溉、航运、供水、渔业、旅游等行业之间的关系。

流域经济规划是一种开放型的长远战略规划。流域经济建设规划既要满足当代人的现实需要，又要为后代人永续发展留有优质的水资源和足够空间。既要将流域开发放到整个区域、整个流域的大系统中来谋划，还要努力完善经济、文化融合机制。适应流域经济区发展与科学技术结合更加紧密，文化与经济相互交融的程度不断加深的世界潮流，改变"高投入、高消耗、高污染"的发展模式，大力发展高效生态经济，积极推进产业结构生态化，处理好当前水资源开发与可持续利用的关系，努力实现发展和保护、资源和环境、经济与生态的有机统一。

第二节　流域绿水青山的理论基础

流域绿水青山是建立在以人与人、人与地、地与地关系和谐发展基础上的。人—人关系是流域内人口分布与就业结构的关系，人—地关系是流域内建成环境与自然环境的关系，地—地关系是流域内不同行政区域间的关系。在流域范围内建立人口有序流动和就业平衡是建立和谐的人—人关系的基础；在流域范围内对建设用地和非建设用地进行统筹规划，对基本农田保护区、生态敏感区、矿产资源分布区进行强制性保护，对自然山地、水体、绿地的自觉维护，是建立永续的人—地关系的前提；在流域范围内按照建设生命共同体的要求，对山水林田湖草等各资源环境要素进行合理配置，是建立科学的地—地关系的保障。永葆绿水青山的理念，也体现在流域生态恢复与经济发展的整个过程之中。

一、流域共生理论

1879 年，德国真菌学家德贝里首次提出"共生"一词，并将其定义为"不同种属的生物按某种物质联系共同生活"。随着共生理论和社会科学发展的逐步深入，生物界关于共生的概念和方法已经应用到人类学、社会学、经济学等诸多领域。流域作为一个整体的共生系统，既是沿河系统的自然水文单元，又是沿河系统的社会经济单元。流域内的自然因素有着密切的联系，它们之间存在着明显的相互作用。共生单元的任何变化都会对其他单元乃至整个流域产生影响。流域系统的共生环境是多元的，既包括完整的生态环境，也包括社会经济单位不断发展所形成的社会经济环境和制度环境。共生是区域系统功能优化、成本最小化、效益最大化的动态、持续的双赢共振状态。

现代人类社会是人类通过劳动建立起来的高度集合体，共生是普遍的，贯穿于社会经济系统之中。流域系统共生模式是共生单元相互作用的方式和强度。协调流域内不同行政区域的利益，摒弃自我中心的利己主义，从流域的高度考虑科学发展，是实现共生协调发展的基本原则，是经济组织的结构形式和发展模式中相互影响、相互促进的自组织特征和行为机制。基于共生的流域经济协调发展，是指各单元通过角色划分和功能整合实现共生发展。针对流域内各社会经济单元的差异、不对称性、不平衡性和相关性，实现流域内各社会经济单元的利益共享和资源互补，实现流域内经济、社会、资源、环境子系统协调发展。

流域共生是指流域内城乡之间信息交流、物质交换、能量转移与合作的形成和运行过程。共生型流域规划的编制方法体系主要构成有哲学层次方法论、科学层次基本方法、实践层次的具体方法。共生型流域规划的哲学方法论的核心理论是共生理论和"两山"理论，在规划中体现为"建设一座大型水电站、保护一片环境、带动一方经济发展、致富一方百姓"的规划理念，实践层次的具体方法是指编制"山水林田湖草生命共同体建设行动计划"，利用共生理论全面构建水电开发后当地产业和移民及安置区居民的组织模式、共生单元、共生环境与共生行为，逐渐从生产力范畴过渡到生产关系，从不对称互惠过渡到对称互惠。从城乡统筹的角度看，城乡不再是"剪刀差"效应下的二元空间，而是环境相关、产业联动、生态共生、上下游市场资源与要素复合的整合型流域空间。

二、产业关联理论

生态恢复重建如果不考虑与当地产业和经济的融合，最终的生态恢复将是难以实现的，尤其是在发展中国家。许多地方的恢复和重建目标主要是恢复生态过程，忽视与当地社会经济发展、区域扶贫等现实的有机结合。要依托流域空间体系，产业梯度势能差通过技术传播、资本投资和劳动力转移推动经济要素实现空间的转移与扩散，并在此过程中产生产业的关联与集聚。一般来说，上游流域到下游流域的优势体现在初级产品丰富、能源充足、水资源清洁度、劳动力价格差异等方面。下游向上游的优势体现在技术资源、融资渠道、资金来源、产品加工能力等方面。因此，自觉重视上下游产业的关系，做好上游初级产品、能源、劳动力和水资源的输出地与下游技术、资金、二次产品或最终产品的输出地的对接工作，统筹考虑和解决流域内的就业、税收、环境保护、污染控制和排放问题，有助于流域产业的有序集聚和有效集聚，使城乡各要素市场具有良性互动。

尽管流域是以水资源为主导的生态系统，但是山水林田湖草是流域内相互依存、浑然一体、密不可分的自然资源，其产生的生态服务和环境影响与人类社会经济的发展密切相关。其中，人类社会经济发展关联的外部作用是通过要素流动来实现的，生态服务和环境影响的外部作用则是通过自然界里大气、水的运动实现的。因此，流域协调要求建立各辖区上下游水功能区划和环境容量的机制，追求经济增长最快，实现经济发展与环境保护的协调。在符合主体功能区产业定位的前提下，实施污染物总量控制。目前，国家对流域的生态功能进行了系统的界定，明确了流域功能定位、各行政单元责任和义务。流域各省要根据自身环境保护和经济发展的特点，划定自己的功能区，协调整个江河流域发展的关系。

根据产业关联理论，应着眼于流域经济社会发展的基本格局，针对流域生态功能区进行科学划定，对各单元陆域、水域实施全面、详细、准确的划分，对各级行政层面对应的许可权限进行严格设定，根据实际发展需要制定产业导向目录，促进产业集群的有效有序集聚、做大做强和差异化发展，形成规模效应和品牌效应。比如，根据处理不同支流的"选择性流域保护理论"，把有可能造成轻度污染的产业选择性地集中在某一支流上，有助于保护其他支流的水资源和提高该支流污水治理的效率。在流域产业布局中有的支流旅游资源丰富，那么休闲观光产业就作为重点发展对象，其他对该产业有负面影响的如采矿、化工、冶炼等就得让位。

三、效益补偿理论

流域管理的特殊性需要特殊政策的大力支持。发展环保产业，一靠政策，二靠市场，其中政策是主要的，包括建立体现生态价值、代际补偿的资源有偿使用制度和生态补偿机制，建立有利于生态环境保护的绿色金融体系等。原因是环境污染具有负外部性特征。负外部性说明的是某项经济活动给他人造成损失的现象。当外部负效应发生时，由于生产者的成本小于收益，且损害无法得到补偿，因此市场竞争不能形成理想的效率配置。例如，造纸厂在河流上游向河流排放污水，造成河流污染，而居住在河流下游的居民，由于污染损失，无法得到补偿。当外部负面效应发生时，政府可以采取行政、法律手段，关闭或限期治理，也可以采取财政税收手段、征税或提供补贴。环境保护的正外部性和收益的不确定性。正外部性是指为他人带来利益的经济活动。当正外部性出现时，生产者的成本大于收益，并且收益溢出，但是收益没有得到补偿。环境保护是一种为社会提供集体利益的公共物品和服务，是经常被集体消耗的公益事业，是一种具有较强正外部性的公共产品。

根据生物共生性原理，流域自然资源及其与人类社会之间同样需要形成物质性补偿与平衡，从经济学的角度来看，就是要遵循"谁受益，谁补偿"原则，从而认可自然资源的劳动价值—生态系统服务价值，即实现成本收益的平衡。从环保和生态保护的视角来看，上游有许多发展限制，但下游的发展限制很小。上游地区必须自觉地为整个流域的发展作出让步和牺牲，其积极约束造成的发展权的丧失，应当从下游地区发展权转移的利益中得到补偿。流域开发上下游之间的公平利益关系只能通过转移支付政策来实现。同样情况也适用于选择性流域开发过程，污染重但 GDP 产出高的支流应该对排放少但 GDP 产出低的支流实现效益补偿和转移支付。否则，从经济发展的角度来看，它不利于流域提供可持续支持 GDP 增长；从生态保护的角度来看，这些问题导致水资源短缺、水污染严重、水生态失衡，不利于流域生态系统的良性循环。

绿水青山目标导向的流域水资源开发利用必须遵循公平与效率的原则。目前我国跨省流域水资源生态补偿大多是通过中央政府的纵向转移支付进行生态补偿，不利于提高水资源利用效率和社会公平公正。要尽快改变流域内部各省市间横向转移支付补偿制度缺失的状况，建立流域上、中、下游间的横向转移支付制度，使水生态资源被挤占的上游地区得到补偿。同时推动水生态资源的有偿使用，有助于实现社会公平和促进流域内各地区经济协调发展。首先要考虑的是流域生态安全，作为全流域的公共物品，要明确界定流域水资源产权，降低水资源开发的社会成本。其次，要考虑流域水资源开发的代际外部性，不会对"后代人"水资源利用产生影响，有条件使流域水资源使用分成生活用水、工业用水、农业用水和生态用水，确保生态用水不直接影响流域生态健康状态。然而，流域内的一些开发利用活动必然会改变原有的供水和水资源配置，一些成员将从开发活动中受益，而另一些成员将遭受损失。流域调水活动和水资源的再分配要确保社会成员利益在不同流域之间的分配的公平。最后，要落实水流生态保护补偿政策。在水流以及森林、草原、湿地、荒漠、海洋、耕地等相关领域和禁止开发区域、重点生态功能区等区域建立完善的生态补偿机制。其中，水流领域的生态保护补偿包括江河源头区、集中式饮用水水源地、重要河流敏感河段和水生态修复治理区、水产种质资源保护区、水土流失重点预防区和重点治理区、大江大河重要蓄滞洪区以及具有重要饮用水源或重要生态功能的湖泊7种主要类型。只有维持和改善水文循环的每一个环节的正常运行，人类才能满足世代对水质和水量的要求，保持永久生存和持续发展。

第三节　流域大江大河的治理方略

永葆绿水青山是我国建设流域大江大河的重要原则，也是开展流域综合开发治理的奋斗目标。随着水利工程建设资金投入的大幅增加，我国加强了对大江大河流域的治理规划力度，并且进行了大规模的防洪工程建设。未来一段时期内，大江大河流域综合开发治理应根据保护生态环境、优化产业布局、协调流域发展的总体要求，从规范空间发展秩序、协调江河上游流域经济快速发展与资源环境保护矛盾的角度出发，将江河上游流域分为源头区、深谷区、山地丘陵区及库区。根据流域各区段特征对各分区进行合理的功能定位，有目标、分层次、有重点地推进江河上游流域绿水青山建设顺利进行。

一、借鉴发达国家流域治理经验

综观世界发达国家的主要流域，几乎都是区域城市密集区和产业集聚区，甚至已成为各国重要的经济走廊和经济重心，同样，我国流域经济区在区域经济发展总体战略中的地位和作用也越来越重要。要把中国建成具有良好生态环境的国家，必须充分尊重江河湖海自然演替规律、借鉴发达国家流域治理经验。按照全面协调与可持续发展的指导思想，引导发展观念的转变，提高区域可持续发展质量。从中华民族长远利益考虑，我国把修复长江生态环境摆在压倒性位置，共抓大保护、不搞大开发，努力把长江经济带建设成为生态更优美、交通更顺畅、经济更协调、市场更统一、机制更科学的黄金经济带，探索出一条生态优先、绿色发展新路子①。这为全国大江大河经济社会发展正确把握生态环境保护和经济发展的关系指明了方向。

美国探索流域特别是州际河流污染的治理历史悠久，从分散治理到集权治理，再到多元化合作治理。并在 1996 年发布了《可持续发展的美国——新的共识》，提出了确保民众拥有安全和令人满意的生活、率先进行"排污权交易"等措施；自然资源丰富的加拿大在全国大力推行"绿色计划"；日本一些新建水坝的宣传资料，对技术层面的介绍已放在非主要地位，重点宣传采用胶凝沙砾石技术筑坝而追求零弃料，利用下游水库中的泥沙做建材，为减少环境影响修隧洞从而减少环山路，为施工对鸟的影响，开过多少受影响的人群参与的讨论会等。宣传的重点是公众，内容的重点是环保；泰晤士河横贯伦敦与沿河的十多座城市，孕育了发达的经济、科技、文化，被誉为"一部流动的历史"；莱茵河风景美丽，人文厚重，是欧洲重要的商贸大动脉；哈得孙河从过去工业污染还原为绿草茵茵、天蓝水碧、人与自然和谐共生的美丽家园。

从我国流域治理的特点看，"共抓大保护、不搞大开发"就是要超越以往的旧有发展思维、发展理念和发展模式，用新的世界眼光、国际标准，实现绿色发展，将长江经济带打造成新发展理念的试验田；以山水林田湖草为有机整体，加大山体修复与水生态治理力度、重点开展低质低效林改造、水土流失及岩溶地区石漠化治理、脆弱湖泊湿地综合治理等重点生态修复工程，为流域发展提供中国样本，展示中国智慧、中国形象。在一定程度上，可以这样认为，永葆绿水青山实质上就是就是流域治理与人水和谐的过程。

二、正确处理流域上中下游关系

"两山"理论的经济角度理解认为，流域上、中、下游生态环境、经济

---

① 《习近平：探索出一条生态优先绿色发展新路子》，《中国科技产业》2018 年 5 月 15 日。

发展和人类生存是一个生死与共的结构体系。它们之间的经济、政治、文化等关系是通过水资源的持续流动和地理、历史、环境、气候等环节紧密联系在一起的。尤其是上游护好了一江清水，下游从中受益，上游付出的努力要有补偿；反之，上游污染了水质，下游应该找上游的算账。让保护环境的地方不吃亏、能受益、更有获得感。

在处理上下游绿水青山保护与地区经济发展的矛盾时，要运用"山水林田湖草生命共同体"的建设理论和方法，从整体上综合治理和解决。任何片面宣传和行为都不能从根本上解决问题。我国现行流域管理体制以流域统一管理为基础，辅以部门管理和行政区域管理。为实现区域经济的可持续发展，必须建立流域经济合作区，提高江湖之间的联系，加强生态调度，实现流域发展的一体化。生态调度"生态用水"，向断流的河道或生态退化区域实施输水，修复已丧失的生态功能或保持自然径流，充分利用中小河流，让整个陆域水系"活"起来，从而达到修复河流生态系统的目的。根据"多规合一"的要求，在资源环境承载力和土地空间开发适宜性评价的基础上，完善大江大河流域生态保护红线、永久性基本农田和城镇开发边界三条控制线划定，科学谋划国土空间开发保护格局，建立健全国土空间管控机制，利用空间规划引导水资源利用、水污染防治、岸线利用、航运开发等空间利用，促进经济社会发展格局、城市空间布局、产业化重组与资源环境承载能力相适应，做好同建立负面清单管理制度的衔接协调，确保形成整体合力。

要以"两山"理论为指导，从共生角度对流域经济协同发展进行探索，以期为流域绿水青山建设和多区域合作提供引领思路。我国流域上中下游不同区域的社会经济发展和土地利用总体战略、生态环境建设和保护重点各有不同，要针对区域总体战略和主体功能区要求以及地域生态环境状况，采取不同的治山理水方略，体现区域生态环境的差异性。流域上中下游要统筹安排生产、生活、生态用地，与主体功能区规划、林地保护利用规划、草原保护建设利用规划、生态保护红线等相衔接。在生态空间范围内，实行严格保护，确保生态功能不降低、面积不减少、性质不改变。对生态退化严重的区域，可按照自然恢复为主的原则开展土地整治和保护工程，提高退化土地生态系统自我修复能力。

三、正确处理经济发展与生态保护的关系

习近平总书记关于"共抓大保护、不搞大开发"是对流域区域发展理念的重大创新，体现了生态效益是长江最大效益的价值取向。蕴含着打造山水林田湖草生命共同体、构建良好生态安全格局、建设水清地绿天蓝的生态廊道等要求；指明了治理突出环境问题、科学利用水资源、优化产业布局、统筹港口岸线资源、改善流域生态环境的实践进路。

要坚定推进供给侧结构改革，推动流域经济发展的动力转换。积极稳妥地解决流域内长期积累的巨大传统落后的旧动能，破除无效供给，彻底摒弃以投资和要素投入为主导的老路，创新现代发展模式和路径，助推新动能的培养和成长，进而致力于培育发展先进产能，增加有效供给，加快形成新的产业集群，加快建设科技创新、现代金融、人力资源协同发展的现代产业，构建现代经济体系。构建市场机制有效、微观主体有活力、宏观调控有度的经济体制。既要紧盯经济发展新阶段、科技发展新前沿，毫不动摇把培育发展新动能作为打造竞争新优势的重要抓手，又要坚定不移把破除旧动能作为增添发展新动能、厚植整体实力的重要内容，积极打造新的经济增长极。

实施山水林田湖草综合保护和修复。加强对山区水土流失、石漠化、沙化等严重的环境敏感区、脆弱区土地生态环境整治，提高山区生态服务功能，筑牢生态安全屏障。加大山区生态整治恢复力度，积极开展种草植树造林，加强梯田生态建设，促进荒地资源得到合理利用，要通过退化、损毁、污染土地的生态修复，增加生态用地，优化生态安全格局。要正确处理好"山水林田村""沟路林渠田"等不同土地（景观）综合体格局与水土气流动、生物迁移、污染物迁移、天敌—害虫调控、授粉等生态过程的相互关系。提高生物多样性、授粉、害虫控制、水质净化、水土涵养、土壤保持和养分循环等土地生态服务功能，确保水土气生态环境安全。着力促进土地数量、质量、生态"三位一体"管护，在传统农用地、农村建设用地、城镇工矿用地整治及其土地复垦的基础上，进一步强化对低效园地、林地、草地等的整治，加强江河湖库水系生态修复，发挥政策组合的整体效应。在加大废弃、退化、损毁土地治理力度的基础上，开展耕地退耕休耕，加强污染土地综合整治。切实加强对重要水源涵养地、自然生态保护区的保护，严格控制天然

林、天然草地、湿地等的开发，提高土地生态服务功能。农用地整理要加强农田生态保护和修复，以提高农田生态系统服务功能；城市近郊区要强化农田景观和绿隔功能；生态脆弱区要通过建成集水土保持、生态涵养、特色农产品生产于一体的生态型基本农田，着力提升耕地生态功能；交通、水利等重大基础设施沿线要改善农田生态景观；城镇用地整治要扩大城市生态空间，并加强绿心、绿道、绿网等建设，提升城市系统自我循环和净化能力。

以绿水青山为要，科学治山理水，人与山水和谐是我国经济社会发展的理论创新。根据流域共生理论，从经济体制建设、重大基础设施布局、重大建设项目选址、上下游时序等方面进行统筹规划和发展。政府主导的生态补偿均具有多目标性，即不仅要保证生态服务的足额提供，更要考虑增加就业、消除贫困、提高国民素质等社会目标。避免就事论事、行政区划本位、任期本位地看待问题。流域永葆绿水青山是流域综合、长期、全面发展，其中关注弱势群体、贫困地区、偏远山区是重要的组成部分。流域公共资源需要共享，劳动力、资金、技术、政策等因素需要统筹考虑，重点工程要避免重复性、同质性、竞争性建设，最大限度地发挥流域开发的外部性效应。

第四章　流域生态经济保河流

在推进流域环境治理的同时发展流域生态经济，是世界各国在工业化和城市化进程中都面临着的共同难题。所谓"流域生态经济"保河流，指的就是要始终坚持把保护河流作为人类一切生产活动和文明兴盛繁荣的根基，以江河湖海区域为一生态经济区域单元，以从根本上改善人类生存的环境和发展条件入手，实现绿水长流、青山不老、空气清新、生态文明的发展目标。

第一节　生态型小流域建设

小流域综合治理是一项经反复实践证明的有效技术路线。生态型小流域是指流域内人类活动控制在生态承载能力之内，沟道基本保持自然生态，水土资源得到有效保护，生态系统处于良性循环的状态。特别是在我国退耕还林、退牧还草取得阶段性成果的情况下，小流域生态建设更应尽快改变偏重单项措施的做法，加大综合治理力度。既要从水土资源保护入手，又要从生态环境改善着眼，加大治水、治坡、治荒的力度，从生态恢复、生态治理和生态保护等方面提高小流域对人类活动的承载能力，保持青山常在、绿水长流。

一、治水

治水，是小流域综合治理的根本，是水土流失治理的关键，因为水土流失导致小流域一系列生态问题的出现，而土的流失多数又是由雨水的流失而引起的；治水成功的主要举措是在枯水期有充足的水量供应，防止旱灾；在丰水期表现为防治洪涝灾害，涵养水源，集水蓄水。重点在于重要水源地、重要江河源头区、水蚀风蚀交错区水土流失防治。关键要在治水的基础上促进丘陵山区绿水青山的恢复，保持人与山丘区小流域生态经济系统的稳定和协调。目的是通过水土保持治理，可以更好地提高水利抗灾能力，可持续利用丘陵山区小流域资源，促进生态环境的良性循环和社会经济的可持续发展。

集蓄雨水利用工程适应缺水山区自然经济条件和生产力发展水平。雨水的收集和利用对于缓解水资源短缺、提高灌溉保证率、改善农业生产条件、增加作物产量、解决农村生活用水问题具有重大的意义。从发展小流域生态经济的角度看，既能够带动许多缺水地区农民种植瓜果、蔬菜等高效经济作物，逐步使农业结构从单一的种植业向农、林、牧、副、渔等各业全面发展，又可以使农民由广种薄收逐步走向精耕细作，有效地减少毁林开荒，实施退耕还林还草。

要在雨水集蓄利用的治水基础上，科学有效地充分利用当地地表水、空中水、土壤水和地下水，深入研究小流域内降水、地表水与地下水相互作用的基础上优化雨水资源配置。建立生态型小流域也是国内小流域的一种发展趋势。为了提高抗旱水源供水的稳定性，应加强水源工程建设、充分发挥小流域内"长藤结瓜"蓄水系统的调节作用，增加调节和蓄积能力，调整降水径流变化在时间和区域上的不适应性和随机性。

二、治坡

坡地是山丘区主要的地貌类型，山丘区坡地资源的地表层质地、植被、气候、水文等环境特征决定了其生态环境的脆弱性，容易产生水土流失，很难达到绿水青山所需要的环境条件。由于人们需求的不断扩大，使坡地资源开发日益增加，绿水青山构建要从坡地系统的物质能量出发，坡地的开发利用关系到山丘区是否可持续发展。

从空间结构看，坡地有其自身的开放系统。坡面系统由坡面的顶部、表面和底部三部分组成。边坡大部分为复合边坡，坡角自上而下变化。边坡主要受重力块运动的影响，一般来说，在坡度大于25度的斜坡上，易发生崩塌滑塌，径流侵蚀强烈。当物质被输送到斜坡底部或河流中时，在斜坡底部容易形成沟壑。从地貌的角度来看，随着坡度的增加，坡面崩塌滑坡增多，块体运动和水蚀越强烈，坡面物质迁移更新越快，水土流失越严重。同时，随着坡耕地高度的增加，土地生产力越低，坡地面积越小，农业开发利用趋于不合理。

坡地系统自我调节的目的是使各层次、各部分、各要素之间和谐统一，输出物质量等于进入系统各部分的物质量，从而使系统保持动态平衡。坡地整治的目的是使系统的性能满足人们生产生活的需求，要在预测改变了的环境对地貌系统的影响以及这种影响又反馈到坡地可能情形的基础上，充分考虑人工措施引起地貌过程强度和方向的变异。治坡要坚持以水源保护为中心，实行河道、生态、环境同步治理。在坡上部，疏、幼林地集中连片封山育林育草，达到涵养水源、改善生态环境的目的。在坡中下部，采取生物与工程相配套的措施，荒山营造水土保持林，平缓坡地调整农业结构，发展与水源保护相得益彰的生态产业。

三、治荒

历史上我国丘陵山区治荒的常用途径是垦荒造地、修筑梯田，直至目前梯田仍是我国丘陵山区小流域的主要耕地。从总体来看，耕地平整水平较高，但也有大量的坡耕地，其土壤水分较少，在暴雨过程中出现"流黄汤"、久旱时成为"望天丘"的荒地。要因地制宜地采用综合治理方法，即对25

度以下坡耕地改为梯田，拦截暴雨，改善农作物立地条件，达到水土保持的目的。对 25 度以上的森林和草原，依靠森林和草来节约水资源，并减少地表径流。即使当地的降雨和径流的充分利用和没有水被丢弃，水资源短缺的问题仍然存在。因此，要解决农业干旱问题，必须坚持新建水利设施和合理安排水旱作物种植结构"两条腿走路"的方针，从而有效地降低农业用水量，减少外部水抽取，从而达到既缓解农业干旱，又降低水利工程建设投资和经营管理成本的目的。

　　荒山秃山是山丘区小流域生态脆弱的重要特征。封山育林是国内治理荒山缺林少绿的首要措施。具体方法包括设置禁止标志和护栏。被禁止的标志是一个警告标志，限制人们进入生态恢复区；护栏措施主要是防止牛羊进入生态修复区的强制性措施。生态恢复可分为自然恢复和人工建造两种形式。自然修复是利用天然自修复能力提高到植物在损伤前的恢复水平，恢复过程符合自然演替规律。该方法的优点是只需要少量资金投入，其缺点是恢复时间较长。人工建造修复要尽量用本地的植物。按照植物建设要有层次性和多样性的要求，做到乔、灌、草一起上。保护野生动物，同时配合适当的人工放养，为促进野生动物多样性的恢复创造条件。

　　矿山和采石场往往是由于土壤的剥削而导致荒废的重要地区。河下游淤积大量泥沙，造成排水和分流困难；大量的土壤侵蚀破坏了植被生长环境，不利于植被恢复。要按照"谁破坏谁负责，谁开发谁负责，谁受益谁负责"的原则，采用喷洒绿地、覆盖土壤植被区、次生地质灾害防治区等森林、牧草、景观以及适宜耕种技术等措施，通过移栽栽培、网吊移栽、喷锚植土等方式恢复矿山和采石场植被。综合运用工程、生物和农业耕作三大措施，集中抓住"生态"核心要素，强调统一规划、因地制宜、分步实施，彰显出水土保持的多功能、多措施、多目标、多效益。在一些条件成熟的区域，可以将矿区生态恢复与旅游开发、文化建设结合起来，将矿山开采遗留的废弃矿区改建成公园、科普旅游区等。

第二节　粮草林果夯实流域经济

　　流域生态治理的重要目标是在显著改善生态环境的同时，因地制宜发展粮草林果等产业带动流域经济发展。重点区域是在坡度小于25度、地势较为平坦、土层较厚、土壤肥力较好的区域发展农业生产，采用生活垃圾污水处理、工农业污染治理、废弃秸秆处理等办法，促进生态治理区环境改善。通过村庄绿化、土地整治、村镇建设、风景旅游等，夯实流域经济社会发展基础。

一、土地整治建设生态农庄

生态农庄是小流域经济的重要组成部分。要坚持以改善乡村生态质量为目标，不断优化乡村绿化布局和种植布局。根据地形地貌等建设条件，因地制宜采取措施为建设生态农庄创造条件。努力实现乡村绿化的庭院别墅花园化、农业园区生态化、企业厂区园林化、公园景点化、绿色长廊立体化。

村庄绿化是村组基础设施中唯一"有生命"的设施，对于改善农村生态环境、提升农产品质量、优化农田生态条件、提高农民生活水平具有突出作用。并且随着其日新月异的绿化面貌发挥的作用越来越强、呈现的景观越来越好，不仅对提高农民文明素质、培养新型农民起着重要的引导作用，而且必将在促进人与自然和谐中发挥着主导作用。因此，要针对目前许多村庄绿化基础较差、水平不高的状况，集中解决资金投入问题。

生态农田建设的目标是发展生态农业。生态农业的核心是在满足人类对生态农产品需求的基础上，最大限度地减少对生态农业的产出排放，促进人与土地利用的互动循环。要全面推广生态农业发展技术，减少化肥用量，增加使用农家肥及其他有机肥；探索优化施肥技术，提高施肥效率，力求做到最低限度使用农药、化肥。建立农田轮作休耕制度，提倡间作套种；加大农民生产技术培训，生产无公害农产品，发展当地的品牌农产品。

二、废弃秸秆处理变草为宝

与世界其他国家和地区的秸秆利用相比，中国秸秆利用的复杂性更为明显。如果没有一系列具有鲜明主题的秸秆研究项目，很难深入、系统地了解秸秆在科学利用上的各种过程、变化特征和规律，以及其所产生的各种影响，也就很难满足对青山常在、绿水长流的重大需求。根据我国秸秆的生态与环境功能的重要性和不可替代性，以及山区保护与发展的必然性，特别是"变草为宝"实践，亟待秸秆研究的科技成果的多重支撑，制订和实施满足变草为宝的秸秆处理系列科学计划，这不仅有利于提高我国秸秆处理系统性和国际水平，而且也是实现流域科学发展、协调发展、可持续发展的重要途径。

当前农村秸秆的突出问题是污染环境：现在农村大多数家庭使用清洁方便的燃气灶，秸秆仅作为辅助燃料，大部分的秸秆滞留农田、占用农地，农民为了便利耕作，一般采用就地焚烧措施；燃烧秸秆不仅污染大气、降低能见度，而且破坏土壤结构、降低土壤肥力；大量秸秆焚烧残渣堆压于道路旁、塘堰、沟渠、河道岸坡上，导致绿水变脏水，甚至堵塞淤积沟渠河道。

探索生态经济秸秆处理措施是建设生态农业的必然要求。要坚持做到既不焚烧秸秆减少大气污染，又要提高农田土壤肥力产出生态农产品，还要在经济上增加农民收入。出路在于变废为宝、化腐朽为神奇，利用秸秆发展食用菌产业；发展秸秆工业加工，如浓缩秸秆发酵生产工业酒精等；要推广秸秆沤肥还田，生产沼气和农业有机肥。这是一种生产生态农产品的有效可行的方法途径。

三、发展茶果林等绿色作物

对于各种山地自然资源，可以有多种利用方法和多种利用结构。但最科学的选择是根据丘陵山区地形条件、气候特点，大力发展茶叶、果林等节水经济作物。丘陵山区地形复杂，田块大小不等，水源紧张用水困难，农田机械化程度较低，种水稻等粮食作物成本偏高，只有种植特色产业茶果林，才能降低种田成本高而产量和收益均比较低、受土壤适宜性和农忙用水影响而形成的生产风险，带动农户发展茶果林高效农业增收。

从建立流域生态经济的角度看，丘陵山区小流域特征明显，地形变化复杂，降雨集中，在丘陵岗地坡地单一种植粮食不利于建立生态农业，易对河渠水利系统造成一定程度的破坏，造成水土流失和淤积，影响丘陵地区的土壤植被，更主要的是在生产管理过程中使用化肥和农药，会造成土壤和水源中的有害化学残留物，破坏丘陵地区的土壤性质。种植茶果林则对水土影响小，可尽可能减少化肥、农药的使用量，如果采取生物防治措施则能从根本上改善土壤的生态环境。通过种植茶果林，可以在自然特征、有机环保、产品品质上体现丘陵山区开发特色。

从实现流域生态经济的目标要求看，要根据山地生态系统结构的层次性，优化山地生产布局的总体系统结构。以农、林、牧、渔业副产品为内容，优化山区生产布局体系总体结构；根据生态位理论，根据生物共生关系，优化初级生产。根据食物链原理，对二次生产进行优化，提高生物能的转化率和废物的回收率，使生物与环境、生态与经济协调发展。使生物种群相互利用改变环境控制水平，从而实现最大的生态效益，达到低投入、无污染、高效率的目的。

第三节　河道塘库坚实经济保障

流域生态河道、池塘和水库是坚实经济保障的载体，也是建设绿水青山不可缺少的组成部分。丘陵山区水库要保证良好的水质和构建水库动植物多样性，河道要达到流畅、岸绿、水清、景美，塘堰要成为集蓄水、观光、养殖于一体的生态工程，促进当地休闲旅游等优势产业发展，为当地经济社会全面发展创造基本保障条件。

一、河道畅通建设

为了实现丘陵山区河道生态健康的目标，首先要确保河道畅通，能通过雨水的侵蚀将各种生物和矿物盐输送到河流中，为河流流域和海洋地区的生物输送种子，提供营养，去除和分解废物，以及为他们提供各种形式的栖息地。在全面进行河道清淤的同时，要建设滩地湿地、堤防护坡与岸坡植被系统。要在坚持提高防洪标准的基础上，通过种植花卉、植物、树木和灌木，构建具有透水性、透气性和植物生长的生态保护平台和河岸生态系统。对于无泄洪要求的河道边坡防护，尽量采用种草、植树、天然边坡防护、天然材料，基本不使用混凝土等人工建材。充分利用自然地形等条件，既形成微地形堤防，又满足景观要求。

由于丘陵山区许多河道坡度大，往往导致流速高，上游水量虽少，下游却洪水泛滥，有必要在河道上设置蓄水闸、拦河坝或滚水坝等截水措施，以利于保持中上游水量，防治下游洪涝灾害。拦河水坝与河道畅通建设并不矛盾，甚至是必不可少，但需要多领域专家共同研究和社会各界大力支持，这不仅是形成共识的基础，而且有利于今后的科学决策。水坝虽然产生了效益，但同时也付出了代价，包括移民、文物和特殊物种的显著变化、利益分配不公等。当然，成本和效益评价是一项复杂的任务，需要社会和自然学科之间的相互作用。有必要比较大坝的运行效益和设计目标，分析大坝对局部和整体环境的影响。

水坝建成之后，最主要的是为人们的生产、生活、取水、用水提供了方便和可能。虽然由于水坝蓄水形成了较大的水面，水资源蒸发量根据不同的地区一般可能会在蓄水量的 5%—10% 之间。但蓄水蒸发之后直接加大了水库局部地区的空气湿度，不仅会形成一个局部的水气小循环，增加降雨量，而且还有利于各种植物、动物的生长。水库的这种水蒸发调节空气温度、湿度的生态功能非常像原始森林。如果说森林是绿色水库，那么人造水库就是实实在在的蓝色水库。从水资源总量平衡上来说，蒸发之后的水资源最终还是要通过降雨，返回到地面的。通过分析可知水坝本身并不会消耗水，由于建水坝后水面消耗掉的这不到 10% 的水资源，非但不能说是什么损失，而是用更加科学的方式满足了人类生存发展所必需的水资源。

二、塘堰蓄水建设

丘陵山区的小型拦蓄水工程在历史上统称为塘坝、塘堰，并且有"塘"和"堰"之分。塘既是丘陵山区的蓄水灌溉工程，也是一个湿地系统。每一个塘堰要努力成为一个生态工程，兼具蓄水、灌溉、水产养殖和观光等多种功能，都必须考虑工程建设与生态环境保护的结合。这要求池塘具有水深条件以生长湿润和水生植物（包括芦苇、水草等，经济作物如莲藕、荸荠等）。塘堰水位不宜太浅或太深，除了鱼类和水生经济作物外，还可以因地制宜地发展畜禽养殖。

中国是一个历史悠久的建筑池塘收集使用雨水的国家。新中国成立以来，全国各地纷纷实施雨水集蓄利用工程。一些南方省区大力修筑山湾塘，有些地区对老式塘坝加以改造，以增加其蓄水量。北方大多数干旱和半干旱地区，由于水资源短缺问题日益严重，既有在洼地筑埂拦蓄径流的坑塘、涝池，也有在地面挖掘或扩展为水窖的简易蓄水工程。建立实用、通用的雨水集蓄利用系统模型,对未来雨水集蓄利用系统进行系统分析和研究,是一个发展趋势。

雨水蓄积量的优化确定。由于缺水地区往往降雨量有限,且在时空上具有随机性和不均匀性,因而做好丘陵山区雨水蓄积规划利用十分必要。集蓄容积过小,无处可蓄,资源浪费;集蓄容积过大,无水可蓄,投资浪费。要尽可能多蓄降雨径流,减少弃水量。要在建立雨水集蓄利用灌溉系统的基础上,科学决策调度优化配水,以蓄水灌溉为主,抽、引补灌为辅,实现供水量最大、外引水量最少等优化目标。

三、水库生态建设

河流是兴建水库的基础和前提。水库则是河流功能拓展的一个重要方面。建造一个水库来调节径流,从而改变河流的水文状况;筑坝以增加或拦截水,从而阻塞或改变河流的流动路径;利用河流排泄废水,从而改变河流的水质。水库优劣的最重要因素是水质。目前,我国丘陵山区主要水库水质较好,主要是由于丘陵地区工厂数量少、人口密度不大、植被覆盖度高、污染较少等特点,现在已成为城乡供水的主要水源地。水库周边保护要通过退耕还林还草,扩大林草地面积,从根本上涵养水源和保持水土。

水库滨岸是库区建设的重要组成部分。滨岸是水库水生态系统与周围陆地生态系统之间的过渡带。河坡是水域向陆域的自然过渡带,草坪和灌木与土壤的结合,改善了温度、湿度。滨岸建设主要采取地形土壤建设和植被建设。地形土壤建设,地形以缓坡为主,从陆地逐渐过渡到水域,为湿生与水生植物创造不同的水分和水深环境。在稳定边坡、防止水土流失的同时,改变了护坡硬、直、光的形象,给人们以绿色、柔和、多彩的享受。植被建设,从修复水生态系统出发,有条件的河坡都应植上草坪或灌木,与土壤形成的土壤生物体系,起到减少有机物对河道、水库的冲击和营养化程度的作用,有些灌木的根须还能够直接伸到水体中吸收水中的营养成分。要通过水库的淤泥和岸边植被腐质等建设滨岸土壤,改善土壤质地和肥力,提高植被生长密度和多样性,从而恢复水库滨岸植被的合理结构。

水库库中岛是城乡重要的景观点。丘陵山区的许多水库有库中岛,这些岛屿三面环水或者四面环水,周边水体无污染,库内放养的名贵鱼种靠天然饵料哺育成长,还有库区的山野菜等,都是餐桌上纯正的绿色食品。目前许多水库库中岛基本上还是待开发的一片净土，少量种茶、经济林或者天然林，物种比较单一，多样化程度较低，不论作为景观水库还是生态水库都差距甚远，有必要按照促进水库旅游业发展的要求对其进行生态构建。水库岛屿生态建设除了能提高生物多样性，有效美化水库之外，还能改善水库水质，使岛屿成为人类旅游和各种野生畜禽安全的栖息天堂。尤其设计一些新颖别致造型独特的小木屋，购置一些比较现代的旅游设施，可作为中老年休闲度假的场所。

第五章 水土保持护绿水青山

水土保持是实现绿水青山的基本条件和重要手段。通过水土保持可保护地球的生命支撑系统不被破坏、保护生物的多样性，使退化了的生态系统得到恢复或重建，特别是使绿水青山所依赖的可再生资源得到永续利用。因此，做好水土保持工作全面有效地控制水土流失，为绿水青山奠定了物质基础，绿水青山又为促进山区水土保持以及生态环境建设创造条件。

第一节 水土保持演变发展

水土流失是指土壤侵蚀的整个过程中，在水流作用下的迁移和沉积。在自然状态下，自然因素引起的地表侵蚀作用小，坡地形态也还可以保持完整，地表侵蚀过程缓慢并且与土壤形成处于相对平衡状态。但在人类活动影响的过度干扰下，地表土壤侵蚀破坏，土地物质的移动、流失过程加速，坡地植被严重破坏甚至地面附着物荡然无存，即发生水土流失，也就无所谓有绿水青山。

一、地貌格局的整体保护

我国地域辽阔，人口众多、分布不均；山地丘陵广布，地形地貌复杂，情况千差万别。由于受区域小气候变化的影响，不同地区的自然资源显著不同，在山区不同海拔高度上也具有明显的差别，即使同一地域的生态条件也表现出较大的区域差异。可见，山地自然资源是由不同的生态要素构成的综合有机结构系统，是由多种因素组成的大系统。在这个结构系统中，通过生物气候条件的影响和演变，形成山地资源复合体，从而达到生物与环境的统一。

因此，区域生态景观与非区域生态景观在结构上具有相对合理性，在系统上具有相对稳定性。在自然力作用下形成的必须由人类遵守的客观规定，要求人类在开发利用过程中不能背离生态本质，随意改变或决定某些资源的开发利用方向。土地开发利用跨区域突破地貌格局、超越土地的边界、完全改变自然生态属性，必然产生严重的生态不良后果，更可能形成有效稳定的生产力。尤其在流域上游山丘地表植被遭到破坏后，蓄水能力下降，地表径流速度随降雨量的增多而加快，大部分降水通过地表径流汇入河道，成为山洪流入河流和湖泊。土壤入渗量逐渐减少，地下水位下降。一旦降雨减少出现干旱，河水就会干涸，人畜吃水困难，土壤将变得更加干旱。这是因为目前还没有完整的降雨蓄水和蓄流节水保水对策。

地形条件是影响水土流失的重要因素之一，而水蚀及风蚀等水土流失作用又对塑造地形产生重要影响。在我国一些丘陵山区，地质构造复杂，山坡陡峭，土层浅薄，人类活动频繁，加上暴雨强度大，水土流失十分严重。水资源是流动的，水资源的污染导致了一些污染源的迁移。泥沙污染水源的"水浑"问题长期困扰着水环境条件的改善；农业水污染问题，主要是化肥和农药污染水源。生活垃圾污染问题，主要是指固体废物对水源的污染；生活污水的污染问题。水土流失作为重要载体与这些污染因子密切相关。如何在防治水土流失的同时控制水污染，是水土保持面临的新的严峻挑战。土壤和水资源是地球上人类生产和生活最基本的资源，如河水、淡水、耕地、草地等。一旦这些资源是毁灭性的破坏，他们将不会再生，人类将无法使用，永葆绿水青山就无从谈起。

二、绿水青山的结构优化

绿水青山与水土保持联系紧密，两者相互约束、相互促进、共同发展，是一个无法分割的整体。系统理论认为，每一个系统都必须有一个结构。结构是功能的基础，功能是结构的表达。特定的生态结构通常指生态系统处于某种状态，这种结构对系统的状态起着决定性的基础作用。水土保持协调发展的基本要求是，人们在发展过程中及时处理矛盾和不对等关系，不偏不倚，公平公正，多方权衡与考虑，最终形成平衡式发展结构。同时，在协调发展的过程中，不断寻求发展机遇，拓宽发展空间，为水土保持各要素的平衡发展创造更大的可能性。

人类要生存发展、社会要文明进步，就必须发展水土资源。关键问题是如何处理发展与保护的关系，确保水土资源能够保持绿水青山，保持生态环境的可持续性。水土流失最大的特点是旱季水量减少，汛期急剧增加。因此，当暴风雨来临时，地面雨水将不能渗透到土壤中，没有植被阻挡、坡面截留力差，这会导致泥沙的向下俯冲，最终导致山洪暴发。水土保持可以提高干旱半干旱地区土地的承载力。土地承载力又称人口承载力，主要指该地区的人口数量和容纳人数。如果水土资源遭到严重破坏，就无法再利用。水土保持保护了土壤肥力和养分，在一定程度上延长了土地利用时间，提高和保护了自然资源的生态效益。土地承载力的提高不仅可以满足当代人的需要，而且可以供后代人使用。这与可持续发展的定义是一致的，也促进了经济发展的进程。

在小流域生态恢复的实践中，要坚持人与自然和谐相处的基本原则。自然资源的综合开发利用必须根据自然资源的生态属性来进行。绿水青山确保了水土保持的真正落实。在发展过程中，人们不仅能够看到水土保持在促进绿水青山中的作用，而且能发现两者是相辅相成、相互监督的。正是由于可持续发展的概念和要求，人们才希望实现绿水青山，如何实现青山绿水，以及从哪些方面做出改变，并提出相应的对策，是开展和实施水土保持工作的指导方针。

三、水土保持的协调发展

建立协调机制。要在深入实施全国水土保持重点防治工程、天然林保护工程、退耕还林工程等一批国家重点生态建设项目的同时，杜绝乱砍滥伐、遏制生态退化趋势，提升生态综合服务功能。在逐步完善水土保持配套法规体系，显著提高水土保持监督管理能力的基础上，加强生产建设项目水土保持方案审批、监督检查、水土保持设施专项验收等监督管理工作的制度化、规范化建设，有效控制生产建设项目造成的新的人为水土流失。在生态优先、绿色发展为引领流域发展战略实施中，要在不断完善流域管理与行政管理相结合的全流域水土保持与生态建设工作机制、协调完善流域上、中、下游水土保持与生态建设工作健康发展的基础上，统筹流域水土保持与生态建设项目有效衔接和高质量实施并积累成功经验。

明确调节重点。就山区而言，生态平衡的核心和生态环境的最大调节者是森林。受气候和土壤变化的影响，森林存在较强的适应机制，特别是对土壤侵蚀具有较强的抗性。它可以通过自我调节演变成一个强大而稳定的生态系统。因此，要把造林种草增加植被、培育森林生态系统作为整个山地生态系统最重要的组成部分，作为水土保持与绿水青山建设的首要任务。在水土流失地区大面积营造防护林，是根本性的水土保持措施。防护林的作用是建立良好的生态环境，维持生态平衡。森林培育科学一般以研究提高林分木材生产量为主，而水土保持造林的主要任务是防治水土流失，发挥森林保护与改造自然环境的功能。水土保持林在选用树种方面，不仅要求材质优良，经济价值高，更主要的是要具有耐瘠薄、速生、防风及固土作用强等特性。在造林技术上，强调与水土保持工程措施相结合，改善林木生长条件。在林型结构方面，从提高防护效果出发，要求采用乔、灌混交或乔、灌、草混交，尽量提高郁闭度及覆盖率，增加地面枯枝落叶层。要不断培育山区高覆盖度水土保持林体系，发挥它在山区生物圈物质和能量交换以及保护山区动态平衡方面起着特殊的作用，完善它对地面、地下和空间生态环境具有复杂多样的功能。

增加外部投入。生态系统具有不同的自我调节能力，是自然界最大的修复师，在新的人工调节应用之前，这些能力是不能突破的。而水土保持的关键在于人工调控，如果人工调控适当，生态系统的自我调节能力可以增强。人工调控的一个显著特点是增加资源再生的必要投入。要创新水土保持投融资机制，完善金融支持水土保持政策，推进水土保持以奖代补工作，构建多层级、多元化的水土保持生态补偿机制，切实发挥经济杠杆在调节保护者和受益者利益关系中的作用，调动生态产品供给区群众保护水土资源的主动性和积极性，大力推行政府购买服务引入第三方机构参与水土保持管理，促进生态资源稳定而持续增长，使社会生产力与自然生产力相结合，向更能满足人类需要的方向发展。

第二节　水土保持的理论依据

水土保持自古有之，从"平治水土"的传说开始，伴随着人类生产生活的需要，劳动人民创造了许多保土蓄水的水土保持措施。从近现代开始，我国大批科技工作者以治理水土流失改善生态环境、改变农民贫困生活为目标做了大量科学研究工作，并最终形成了"水土保持"这门学科。从理论上讲，水土保持就是在区域内引进以林草为主的绿色植物，引进物质、信息等配套人工辅助能量，使其由生态失衡的恶性循环向生态平衡的良性循环、由无序向有序、由低序向高度有序转化，实现绿水青山的一种自然与人类社会协同发展的途径。

一、水土保持的法律定位

中华人民共和国《水土保持法》明确规定，水土保持是指防治自然因素和人类活动造成的水土流失的措施。前者主要以小流域为综合治理单元，采取相应的配套治理措施，提高农业综合生产能力，夯实农业生产发展基础；后者主要开展建设项目的水土保持，保护地区生态景观，改善城乡面貌，改进人居环境。中国水土保持工作要坚持"预防为主、统筹兼顾、综合防治、因地制宜、加强管理、注重效益"的方针，做到自然因素和人为因素两种水土流失防治措施同时并举。水土保持是发展生产、节约经济的基础，最终完成河道治理、防灾减灾和改善生态环境的根本任务。

要不断完善《水土保持法》的有关法律法规，坚持立改废释并举，按照"严格法制保护生态环境"的要求，进一步加强监督执法，积极应用卫星遥感、无人机等先进技术，合理配置基层水土保持执法力量，认真执行严格、规范、公正、文明的执法工作，加快完善水土保持管理权责清单，坚决防止"不作为"和"乱作为"。水土保持法中有许多条款对水土保持监测做了规定，涉及监测工作的性质、任务、监测机构的职责等各方面，在管理、技术、方法、设施设备、人员等方面都亟须加强和规范。《水土保持法》第十条规定，水土保持规划应当在水土流失调查结果及水土流失重点预防区和重点治理区划定的基础上，遵循分类指导、统筹协调的原则编制。这是法律为了保证水土保持规划的科学性、合理性而做出的规定，也是确保政府宏观决策正确性的要求。

要实现水土流失区"绿水青山"的目标，必须依法保持一个高产的土壤肥力，走生态农业之路，建立一个优良的生产和生态环境。既包括生物质能的投入，如种植绿肥、轮作、秸秆和有机废弃物还田、营造混交造林等；又包括水土保持、退耕还林草、森林抚育更新、低成本次生林改造等经营方式的能源投入。保护性耕作、水土保持工程（如梯田、垄、池塘、水坝）建设、栽培、良种的培育和化肥、农药、灌溉、排水、机械化等工业能源的投入等，人工辅助能量输入有多种方式、形式和类型，可以适应局部条件。只要投入适当，就可以达到协调、平衡、增产、增收。

二、水土保持的科学内涵

根据《中国大百科全书·农业》及《中国大百科全书·水利》中水土保持条目的定义：水土保持的内涵是山丘区及风沙区水土资源的保护、改良与合理利用；水土保持科学的研究范畴包括水土流失规律、水土保持规划、水土流失综合治理技术措施、水土保持管理、水土保持效益评价等。"水土保持"是由保护、改善和合理利用水土资源，防治水土流失，减轻洪涝、干旱和沙尘暴，维护和提高土地生产力等组成的一门独立学科。目前国家标准已有明确规定，水土保持不仅是环境保护和生态恢复的科学，也是一个生产与经济发展的科学。水土保持具有保护和生产的双重功能，水土保持学科建立的目的在于改善当地农业生态环境和发展小流域经济等服务。

流域生态经济系统的管理与调控。以小流域综合治理为单元，充分发挥水土保持在耕地保护、生产发展、农村经济发展、粮食安全、生态环境保护等方面的作用，通过江河整治、山水田林路综合治理，改善农村基础设施和生产生活条件，仍然是中国水土保持的内涵、水土保持工作和学科发展的路径，主要研究内容包括不同土壤侵蚀类型区的自然特点和土壤侵蚀的特征；小流域径流的形成与损失过程；在不同的植被、气候、地形、地貌、地质、土壤等因素作用下，水土流失发生和发展的规律；在人类活动和干扰因素的作用下，解决治理中的水土保持措施。

要从全局、整体出发考证相关方面的问题，加强地貌学、地质学、土壤学、气象学、水文学、水力学等应用基础学科建设。特别要加强如何协调绿水青山和金山银山的关系以达到人与自然的和谐、如何发挥绿水青山的价值使其成为金山银山等生态学科建设，在生态保育和水土保持关键技术上取得重大突破。因地制宜地探索绿水青山到金山银山的发展模式，打通从生态建设到生产发展的技术环节，这不仅需要从科学原理、发展理念、关键技术上取得突破，还需要运行机制和管理范式的创新。

三、水土保持的学科特征

我国水土保持已形成涉及农业、林业、牧业、水利、气象等自然科学与社会科学相结合的综合性学科，也成为社会关注的一个行业，从勘测、规划、设计、施工、教育、科学、推广等方面形成了完整的体系，具有明显的学科性、生产性和普及性。从学科性看，水土保持学是一门多学科交叉的综合性交叉学科。它的主题是以地球科学、生态学和生物学为基础的。从生产性看，水土保持学是农业、林业、畜牧业、水利等理论与实践相结合的产物。从普及性看，水土保持的生产与防护双重功能，决定了水土保持必须为城乡人民生产生活服务。要实现生态良性循环，首先必须保持生态平衡，但生态平衡不能绝对化，自然界特有的自然和地理动力学过程所形成的生态平衡，一般是生物与地理环境相互适应，在结构和功能之间相互协调的结果。

目前我国水土保持学科建设依然处于起步阶段。以长江流域水土保持为例，目前还没有针对长江上游水土流失过程和机理专门设立国家重大研究项目开展系统的研究，水土流失基本理论的零散研究很难支撑对长江上游水土流失系统而深入的理论认识，中下游广泛分布的崩岗这一独特的水土流失现象也没有开展系统的理论研究。要用山水林田湖草是一个生命共同体的理念统筹水土保持学科建设，把水土保持学科建成农业生产建设、农村基础设施建设、国土整治、江河治理和生态保护相结合的综合性学科。水土保持任务首先是保护和开发水土资源，改善山区农业生产和生活条件，要提高农民的生活质量，必须解决河道整治问题，采取多种水土保持措施使水库具有良好生态保护作用功能，做到植物与工程措施结合，获得良好的经济效益与生态效益。今后开展水土流失防治工程建设都应在考虑流域生态安全、生态保护问题的同时，充分考虑农村、农业、农民问题，解决基本农田与粮食安全、规模产业与经济发展，并将二者结合起来，完善与探索脱贫—水保有机融合、生产—生态双重功能完备的水土保持科学技术。

用区域经济社会学提升水土保持学科的地位。要研究水土保持与区域经济发展、乡村振兴建设之间的关系，创新和丰富山区、丘陵区、风沙区的水土保持理论与技术。尤其是沿海、大中型城市和开发建设区的生态保护功能，不断扩大水土保持学科的外延，促进水土保持学科向更高、更广的方向发展。加快水土保持信息资源共享平台建设，加强水土流失规律研究，加强基础工作和技术创新，力争攻克关键技术，为今后的工作提供强有力的支持，最终形成具有中国特色的完整的水土保持学科体系。

第三节　水土保持的总体方针

要坚持以小流域为单元的综合治理，形成山水林田湖草生命共同体。正确处理国家生态建设需要、区域社会发展需要与当地居民增加经济收入需要的关系。科学分析判断水土流失防治现状和趋势，坚持以水土保持区划为基础，按照水土保持功能规划目标，提出水土保持总体方针。加大生态系统保护力度，优化生态安全屏障体系；全面推动绿色发展，构建技术创新的产业体系；提高环境治理水平，提升生态系统质量和稳定性。

一、构建预防格局

与一切环境问题相同，水土流失防治的起点即是预防。新水土保持法进一步强化了预防为主、保护优先的水土保持工作方针，对一些特定区域提出了行政管理的措施和对生产建设活动的限制性或禁止性规定。强调在生产建设项目选址选线要避让水土流失重点预防区和重点治理区；在山区、丘陵区、风沙区和水土流失易发区要实行水土保持方案制度；在崩塌、滑坡危险区和泥石流易发区要禁止可能造成人为水土流失的取土、挖砂、采石等活动；在水土流失严重、生态脆弱的地区要限制或禁止可能造成水土流失的生产建设活动。因此，科学合理地划分上述水土保持重点区域，是水土保持规划一项十分重要的任务。

依法规定预防，这是总结国内外水土保持工作经验教训的历史结晶。预防是为了避免对环境造成破坏，采用真实科学知识来评估风险的措施。预防为主作为水土保持的关键，是保护生态环境的基础。在中国各类生产建设活动保持较高水平的新时代，应加强预防和保护工作，重点抓好国家水土流失重点防治领域，在此基础上抓好亟须保护的重点区域，推进重点防控工程。

"大预防、小治理。"抓好重要江河源头区水土保持预防项目，以封育保护和生态修复为主，辅以综合治理，以治理促保护，提高水源涵养能力；通过封育保护、清洁小流域建设及滨河（湖、库）植物保护带和湿地建设，以减少入河（湖、库）的泥沙及面源污染物，维护水质安全；抓好水蚀风蚀交错区水土保持预防项目，实施大面积封禁治理和管护，加强农田防护林建设，辅以坡耕地、侵蚀沟道、沙化土地治理，控制水土流失、保障区域农牧业生产。

二、改善干扰机制

干扰一般是指能显著改变系统的固有模式的离散事件，导致该地区的各种资源的变化和景观结构的重组。自然干扰可以促进和恢复生态系统的演化，是生态系统演化过程中不可缺少的自然现象。然而，由人为干扰或人为干扰引起的自然灾害已成为区域生态环境恶化的主要原因。生态系统退化的程度与人类干扰的状态（即干扰的强度、时间和频率）有关。在停止扰动后，生态系统可以自动恢复，但其能力有限。退化生态系统能否恢复取决于扰动强度和时间长度。改变人类的干扰机制，降低退化生态系统的外部干扰压力，有利于退化生态系统的恢复。

在区域生态学研究中，自然干扰机制的维护是关键。保护区面积应足以确保某些自然干扰的完整性，这是保护区的重要设计原则。人类活动引起的一系列生态环境问题与人类活动引起的一些自然干扰机制的变化密切相关，这些变化是该地区某些生态功能和过程正常运行的前提和基础。适当减少人类活动对一些自然干扰的影响，是优化区域功能的重要措施。人类活动对生态系统或区域功能的影响主要体现在自然干扰机制的破坏或改变上。例如，在河流景观中，河流和浅滩被洪水联系在一起，许多生态过程的速率和时间取决于洪水的波动。河道整治、大坝建设等人为活动改变了洪水的自然干扰格局，导致区域功能退化和生物多样性丧失。

将干扰生态学理论与水土流失防治相结合，重视自然干扰机制的保护和维护，减少人为干扰的不利影响，有助于提高水土保持的科学性。充分考虑重点治理区水土流失现状及区域治理需要，建设一批具有示范推广带动效应的示范区，提升治理水平和效益。坚持"谁占用破坏，谁恢复补偿"的原则，对扰乱地表、造成水土流失的生产建设项目，应当依法加强监督管理。既要从政府组织、舆论导向、教育干预等方面入手，唤起全社会水土保持意识；又要完善水土保持补偿制度，建立合理利用水土资源的机制。

三、生态系统管理

生态系统管理是在对生态系统组成、结构和功能过程加以充分理解的基础上，制定适应性的管理策略，以恢复或维持生态系统整体性和可持续性。生态系统管理是一种综合管理，管理边界是生态系统的自然边界，而不是行政边界。根据生态过程的影响，确定管理边界是生态系统管理的基础。在生态系统管理中，人类被视为生态系统的有机组成部分，人类活动对生态系统的影响研究是生态系统管理的基础。

要用可持续发展理论指导流域水土流失综合治理与开发，制定适于中国国情的水土保持流域可持续发展指标体系，用生态经济系统的理论去分析、处理某一治理流域生态经济系统的经营与调控问题，用区域经济学为指导，研究其生态经济系统的结构、功能与物质流、信息流，在综合分析、诊断的基础上，采用多目标规划的方法建立不同类型的生态经济系统合理经营模式，使水土流失的治理与当地水土资源以及其他再生自然资源的开发利用紧密结合。

生态系统管理的对象表面上是生态系统，实质上是人类活动。由于生态系统的不确定性、复杂性和时滞性，人类对生态系统的主要驱动力及其行为和响应的认识有限。生态系统管理强调适应性管理的概念。生态系统管理人员需要不断调整战略、目标和方案，以适应迅速变化的社会经济条件和环境变化。生态系统管理的主要途径包括生态风险评价、退化生态系统恢复、自然保护区设计、生态工程和生态建设。区域空间格局决定区域生态功能，进而影响空间格局。保护绿水青山和水土流失治理成果，加强生产建设活动和项目水土保持管理，促进自然恢复。

第二篇 水生态文明

　　水是生命之源、生产之要、生态之基，既不可或缺又无以替代。人类在大自然中依靠水资源生存发展，遵循着大自然的发展规律，从而获得物质和精神上的收获，这就是水生态文明的由来。水资源可持续利用不仅是水生态文明的基本前提，也是生态文明建设的前提。水生态文明可以促进人类社会、经济、文化等方面的发展，使人们与自然和社会和谐相处，从而实现整个生态文明。离开了水资源，不仅任何生命无法延续、人类社会难以为继，水生态文明也就根本无从谈起。人类由水而生、依水而居、因水而兴，积累了丰富的水管理理论与实践。治水即治国，西方学者甚至称中国文明为"治水社会"。开展水生态文明建设既是生态文明建设的重要组成部分，也是依法实现人水和谐的重要内容。要在建立比较完善的法规体系的同时，把水资源、水生态、水环境承载能力作为刚性约束，倒逼产业结构升级、经济发展方式转变，既有绿水青山，也有金山银山，实现人与自然和谐共生的高质量发展。

第一章 水安全保障

安全是人类社会文明的基础。水安全是指一个区域水资源与社会经济、生态环境处于协调状态，可持续利用的水资源能够满足人类生存、社会进步、经济发展的需要。我国的基本国情是人多地少水缺，不仅降水量少，而且时空分布极为不均。保障水安全，是人民生产生活、经济社会可持续发展的基本要求。随着经济发展和人民生活水平的提高，水安全将显得越来越重要。人类 21 世纪水生态文明建设的一个总体目标是水安全。

第一节 防洪抗旱保障

我国是一个洪涝灾害多发的国家。临水而居的人们需要在居住地为自己建筑防洪措施，从最开始确保以居住地为中心在取水饮用时不会被洪水吞没，到逐渐建立城墙、堤防、池塘等防洪设施。同时，我国又是一个中度缺水的国家，西北内陆非季风区干旱异常，东部地区受大陆季风区的控制，降水相对丰富，降水的年际、年内剧烈变化，给防洪和水资源利用带来了很大困难。防洪抗旱自古以来就是中华民族最主要的治水活动之一。中华文明的发展史，就某种意义上而言，就是中华民族抗洪抗旱的斗争史。

一、旱涝源自天然河流水

中国有许多河流，受地形和气候的影响，大部分河流呈西东流向。根据其目的地，中国河流可分为两类：内河和外流河流。内陆河流流入封闭的湖泊或消失在沙漠中，不与海洋连通；而外流河流最终流入海洋。内陆河流域面积较小，占国土面积的 34.8%，主要分布在西北干旱地区和青藏高原内部，海洋水汽难以到达，水网不发达；外流流域的面积较大，占国土面积的 65.2%，主要河流包括黄河、长江、海河、淮河、珠江、辽河。河流较为常见的水源补给方式便是雨水补给，地下水补给与河流所在地区的降雨量有关，也与河流流经的地貌条件有关。自然水利强调尊重自然本原，采取疏导方法，给水以去路。

所谓防洪，就是抵御洪水的袭击，保护人类的生命财产安全，使人们安居乐业。在远古时期，我们的祖先择丘陵而处，为躲避洪水泛滥尽可能远离江河，以逃避作为一种防洪手段。进入农耕社会后，由于适宜的农田大多位于河谷低地，洪涝灾害对农业生产构成了极大的威胁。抗洪保障生命财产安全，已成为人类生存和经济社会发展的必要条件和常态。中国是这样一个国家，一个地方如果发生洪涝，另外一个地方可能就要发生干旱。这背后的原因就是大气环流异常。环流的尺度越大，这个环流不流动，在环流的某些部位就一直是干旱，在另外一部分却总是下雨。人们希望环流跑得更快一点，尺度更小一点。可是这种持续的环流，会造成异常的甚至大范围的持续性的旱涝。

显然，古人防汛抗旱主要依靠天然河流，对河流的认识也主要集中于黄河中下游和长江中下游一带，当时人们对河流都称为水，中国古代的四大河流为江、河、淮、济四水，江指的是长江，河指的是黄河，淮指的是淮水，现在叫淮河，济指是的济水，现在已经消失，下游已成为黄河的下游，上游已沦为黄河下游的一条支流，主要是黄河泛滥，最终夺济入海形成的。现在对水的定义更加全面详细，对水的存在形式已被分为江、河、溪、涧、沟或渠（人为的）、潭、库（人为的）、湖、海、洋、冰山等类别，而江与河的区分只存在于中国有区分，是中国人几千年来对于河流认识的逐渐深入而划分的，是一种历史演变，而且也主要只对中国河流进行区分，在当今的国际上没有江与河的区分，统称河，而且中国对于国际上的河流也统称河。河流的天然流态为不同的生物提供了生存条件。

二、防洪治河开发利用水

大约在公元前 22 世纪，农业进入锄耕阶段，人们逐渐从近山丘陵地区迁往黄河等大江大河的下游平原，以便利用土地肥沃、交通便捷的条件提高人类生产生活水平；在这个时候遇到的首要问题就是如何防御洪水灾害。传说当时黄河流域经常发生滔天的大洪水，淹没了辽阔的平原，包围了丘陵和山岗，人畜死亡，房屋被吞没。这时，禹继其父鲧治水。并改鲧埋堵治水的方法，疏导分流洪水，最终成功治水，这是符合当时人口不多、居民点稀少社会实际的。到了春秋战国时期，适应社会经济发展的需要，筑堤防洪的方法应运而生。堤防作为有效的防洪手段，使黄河等大江大河不能再在两岸平原上往返大幅度摆动了，然而，由于河床高耸，防洪条件不断恶化，单靠筑堤堵口已无济于事。到了西汉末年，治理江河已形成了疏导、筑堤、改道、滞洪、水力刷沙等对后世都有影响的方略。对当代有现实意义的要数贾让提出的治河三策。他主张不与水争地，留足洪水需要的空间，有计划地避开洪水泛滥区去安置生产和生活方是治河上策；开渠引水，将防洪与灌溉、航运结合起来的综合治理是中策；他认为如果保守旧堤年年修补，完全靠堤防约束洪水这种劳费无穷的做法是下策。

在新中国成立时的前 100 年间，中国主要河流都经历过历史上最大或接近历史最大的洪水，大部分江河洪水处于失控或控制程度很低的状态，水系紊乱，江河湖泊多不能抵御小洪水。自 20 世纪 50 年代开始，先后修建了许多防洪除涝工程，大大减少了洪涝灾害损失。到 20 世纪 80 年代末，各大流域基本建成了水库、堤防、分洪渠和蓄滞洪区相互配合的防洪体系。进入 21 世纪以来，通过大力修建防洪工程、灌溉工程和抗旱水源工程，防汛抗旱减灾能力明显增强。但传统的工程水利具有一定的历史局限性，治水目标比较简化单一、多数限于防御水旱灾害，整治江河防洪工程总是希望洪水尽快下泄入海，忽视大范围内水资源的优化配置。

人类活动引起的水害学，总结了几千年人类与河流、与水打交道的过程和认识升华。我们通常把人类有主观意识制作劳动工具、利用文字记事后的历史称为文明史。在文明史的过程中，人类最主要的史迹之一就是"征服"河流，希望它为人类解决旱涝保收问题。中国控制洪水的实践始于 20 世纪 50 年代，尽管经历了半个多世纪的以防洪为目标持续不断的防洪工程建设，形成了庞大的防洪工程体系，但洪灾损失的绝对值仍在上升，即所谓的增加高度而未提高标准。面对水资源的严重短缺，实现洪水资源化与生态化功能已被提上重要议事日程。要充分认识防洪抗旱与河流之间的相互关系，用动态的观点看待发展中流域开发利用与环境变化之间的辩证关系。洪水的泛滥不仅塑造了人类赖以生存的广阔平原，而且具有补充地下水、维持湿地、维持生物多样性等功能。

三、大型灌区兴建引排水

在漫长的历史长河中，农业、农民主要"靠天吃饭"，改善这一局面和局部地区缺水的最好方式就是治水。农田灌溉在中原地区起源很早，《周礼·职方氏》是战国时期的地理学著作，概述了全国主要自然水体的分布。在当年全国的"九州"中，都分布有灌溉效益的"浸"、适于水生物生长的"泽薮"和有适于船只航行的"川"。而人工灌溉系统，则由有排水、蓄水、分水、输水、灌水等不同功用的各级渠道所组成，称为"井田沟洫"制度。春秋战国时期兴建的灌溉工程有都江堰、郑国运河等无坝引水工程，漳水十二渠，蓄水工程芍陂等有坝引水的工程。都江堰在岷江河上，渠首主要依靠飞沙堰溢洪、鱼嘴分水、宝瓶口控制引水，具有灌溉、防洪等多种效益。晚于都江堰10年，公元前246年秦国又兴建了郑国渠。西汉司马迁在《史记·河渠书》中称："秦以富强，卒并诸侯。"在接下来的150年左右，郑国渠灌区又修建了一条与郑国渠齐名的白渠。元鼎六年（公元前111年）又兴建六辅渠，还同时制定了"水令"，由此诞生了中国第一个灌溉管理制度[①]。

在中国的近一千万平方公里的土地上，除了19%的沙漠、荒芜的海滩、永久性的积雪、冰川、岩石裸露的山脉外，其余的土地都是可用的。但各类土地的分布不平衡。90%以上的水域、耕地和林地分布在半湿润地区、东南部湿润，草原和草地主要分布在西北干旱、半干旱地区。同时，山区面积明显大于平地，山区占国土面积的69%，在山区遇到干旱，小河沟需要从大河里取水，没有工程就没法把水取上来。这个问题不仅暴露在西南的几个省，全国各地都有，即使水资源比较丰富的长江中下游、南方各省区，这种事件发生的可能性随时随地都存在，使得中国农业用水需求非常大。因此，马克思指出，东方社会的一个显著特点是，水利历来是国家的公共工程，在国家的生产方式和政治活动中起着非常重要的作用。"（亚洲的）气候和土地条件……使利用渠道和水利工程的人工灌溉设施成了东方农业的基础……节省用水和共同用水是基本的要求……所以就迫切需要中央集权的政府来干预。"然而，在旧的历史条件下，政治分裂主义制度和社会结构对水活动产

---

① 《中国科学技术史——水利卷》，http://www.cws.net.c。

生了诸多制约，在实践中对治水社会的统一造成了很大的干扰，这也是历史上的一个共同事实。

在人类发展的过程中，人与水的关系也在发展。为了躲避洪水的危害，人们不得不"择丘陵而处之"，生活在洪水无法淹到的高处。从那时起，堤坝就被发明了，人水的关系也向前迈进了一步。随着人类对生存保障的高度重视，为弥补水利基础设施短板而采取的措施日益增多，总的特点是加强流域治理，将生态保护与经济发展相结合，进行立体布局和综合开发。保持流域天然湖泊、堰塘沼泽调蓄缓冲和天然属性功能，积极采取调水、配水等供水系统的建设。面对自然，人们虽然多了许多主动。然而，有了许多新技术、新手段以后，人们是否能够战胜洪涝干旱，达到自由的境界呢？这曾经是一段时间的理想。随着人口的增长和经济的发展，大规模的人类活动试图"重新安排山川"，但带来了许多负面影响而使灾害增加。这些矛盾和困难证明，人类不应该过于陶醉于自己的力量，不能希冀完全主宰洪水，消灭旱涝灾害矛盾的发展是无止境的。

第二节　城乡供水保障

流域水资源综合平衡管理是一项复杂的系统工程。而流域规划是城乡供水保障的基础。要在制定流域规划的基础上，逐步完善城乡建设规划、供水安全规划。规划要达到引领水安全保障，就必须综合考虑自然、经济、社会因素，注重地表水、地下水等各类水资源统筹，合理规划和分配用水指标；对生产生活污水进行分类规划，实现再利用。要协调环保、气象、水文、水利等众多部门，采用先进技术方法，建立融合多种数据的水资源综合平衡管理分析数据库，提高数据的准确性和时效性。

一、流域水资源综合平衡

中国水资源的平衡分布涉及各行各业，与社会、经济、环境和生态等各方面密切相连，必须从不同的空间和时间角度分析区域水资源供需状况。供水是指在考虑水资源需求的情况下，由不同级别的工程设施提供的水量、保证率或频率。供水包括地表供水、浅层地下水供应、污水回用和雨水集蓄利用。在不同供水量下，应充分考虑技术经济因素、水质、生态环境的影响以及不同水源开发的有利条件和不利条件，预测不同水资源开发利用方式下可能的供水量。水资源需求分析的内容包括社会经济发展模式的预测与可持续发展条件下的水资源需求分析。未来社会经济发展模式是水资源需求分析的基础。水资源需求分析主要包括农业用水、工业用水、生活用水和生态环境需水量。要从人口与经济驱动需水量增长内因、当地水资源条件和水利工程条件等方面对水资源需求分析。除了生活、工业、农业用水外，生态脆弱区生态保护的首要原则是必须优先满足生态用水，只有这样，生态环境才能不至于进一步退化。因此，生态环境需水量的估算已成为生态环境建设依据的重要基础。生态环境建设区域配置的重要内容和生态环境系统建设的关键是要确定不同生态类型的生态需水量。

在早期，城市人口的增长往往依赖于水资源的开发利用。在大多数情况下，解决方案是建立一个导流通道。引水渠是将水源从高山丘陵引向城市的大型且由高墙所筑成的工程，当大量的水通过引水渠输送到城市时，城市就可以成长得更大。相对于掘井或是自死水塘汲水的方式来说，引水渠可以减少发生传染病的概率。引水渠可以使得居民可以开始在一些如沙漠等原先不适开发的环境，通过运送外部水源的方式来进行开发。水渠在人类历史上作为人造以及天然水源的最主要运输（引流）载具（方式）之一，同时与沉淀—过滤—消毒这一系统流程形成近代人们最基本认知的饮用水处理系统。并在农业灌溉以及其他多个生活领域有其广阔的应用。在现代不仅许多数千年的灌渠还在发挥作用，而且建成无数举世闻名的新渠道。如历时11年建成灌渠长达1432公里的南水北调中线工程2014年正式通水，每年可以向北方输送95亿立方米的水，相当于黄河的1/6，基本缓解了北方严重缺水局面，在全世界都是少见的。

显然，从古到今水渠都是平衡水资源利用的重要途径，许多灿烂的文明根据运河繁衍生息，它不仅为人类提供了水源、食物、景观和航运等服务，而且还主导着文明的兴衰。运河（水渠）不仅直接影响社会的政治生活，也影响着人们的思想。水利工程只是水资源的载体。水资源是人与水和谐的核心和灵魂，资源的统一管理是确保水资源可持续利用的关键。过去，由于缺乏统一的治水和粗放的灌溉方式，一旦遇上少水年，或工程失事，江河无水可引或水少，下游灌区用水就非常紧张。现在，许多灌区重新设计了新的水量分配和输送原则，以满足农田灌溉的需要，保证重点工业和城市的用水，并兼顾水运和综合利用。随着现代灌溉渠道工程的实施，许多灌溉工程实现了信息系统、灌溉自动化、技术联网和科学管理；节约用水、计量用水、合同供水，实现了水资源的优化配置和科学调度。

二、推进水资源循环利用

人类在进行水循环多维调控过程中，科学识别水循环演变模式与演变机制是前提和关键。我国古代水循环理论早在战国时代成书的《吕氏春秋·圜道》中就有记载，所谓"云气西行，云云然，冬夏不辍；水泉东流，日夜不休……"它比较准确地反映了我国所处海陆地区水循环的客观规律[①]。在地球重力势能和太阳光能的作用下，水循环周而复始得以发生发展。水循环在水平方向含有坡面产流、河道汇流以及地下水补给和排泄等基本过程；在垂直方向上含有云的形成、降水、冠层截留、地表填洼、入渗、蒸腾、蒸发等基本过程；结合大气水汽传输，形成陆地水循环、海上水循环和海陆间水循环等自然营力驱动下的"一元"演变模式。然而，随着人类对水土资源开发利用程度的加深，"自然—人工"二元水循环的模式正逐渐取代上述"一元"水循环演变模式。由于水资源的严重短缺，污废水正逐渐成为第二水资源。从美国、瑞典、以色列等国家综合利用污水的成功经验来看，处理后的再生水可根据水质进行农业灌溉、城市杂用水和工业用水的再利用。这不仅保护了水环境，还节约了淡水资源。

从中国整个再生水产业的发展来看，全国各地都在建设工业集中区，水源、用户、污水配送都不缺，但为什么国家提倡使用再生水多年，现在还是会有企业废水回用设备停运，闲置甚至是陈设现象？事实上，国内工业企业对再生水的需求很大，这些企业每年也都有充足的达标排放水水源。然而，我国大部分城市再生水的利用主要依赖于市政灌溉、洗车、冲洗马路等低端价值的再利用。这就需要一种有效的污水深度处理后排放的方法，然后应用于工业生产，实现水资源的最大节约和利用。

[①]　张卫东：《中华水文明在世界水文明中的地位》，《水利发展研究》2003 年 5 月 10 日。

再生水的潜在需求很广，但还没有形成有效的供给。关键原因是没有建立合理的水价制度和收费制度。长期以来水资源价格一直处于较低水平，大量工业或特殊行业缺乏限价杠杆，再生水没有以商品的形式占领市场，全国还没有一套适应再生水的制度，包括再生水标准、中水监管、中水工程投资。此外，还存在对再生水的监督不足，在没有现场日常监控和管理部门的监督下，无法保证用户用水的要求。因此，最重要的是为用户提供有效的供应。要在再生水产业化体系中，培育以市场为导向的再生水公司，根据市场需求提供产品和服务。在再生水技术发展成熟后，再生水设施从建设到运营管理可以外包给再生水公司。这种分散集中的运行方式，既可以有效地利用分散式中水处理设施，降低中水管网建设的压力；也将带动再生水企业的兴起，维护健全再生水市场体系，促进再生水产业持续发展。

三、引进海绵城市新技术

海绵城市遵循"渗、滞、蓄、净、用、排"六字方针，改变传统的"快速排水"市政模式，充分考虑到水的循环利用，把雨水的渗透、滞留、收集、净化、回收和排水紧密结合起来，将内涝控制、径流污染控制、雨水资源利用和水生态恢复的目标统筹考虑。具体技术上，有许多成熟的技术手段通过城市基础设施的规划、设计和空间布局来实现。经验表明，只要贯彻上述六字方针，就能实现城市地表水的年径流量将急剧下降，典型的海绵城市在正常天气条件下可以截获超过80%的雨水。在城市化的背景下，全国每年有1000多万人进入城市，新建筑相当于世界总建筑的一半。在这种情况下，如果不引入海绵城市建设模式，城市地表径流将大大增加，这将导致洪水、河流系统的生态恶化与水污染等问题。海绵城市像海绵一样，保留雨水，将水循环利用起来，并削减初期雨水径流的污染。现在海绵城市建设已上升到国家战略的水平，就是要建立低影响发展模式，系统地解决城市水安全、水资源和水环境问题。

海绵城市的本质是改变传统的城市建设观念，实现资源与环境的协调发展。在人类进入工业化后的城市建设，出现了许多超越自然的城市建设模式，导致严重的城市病和生态危机；而海绵城市则遵循顺应自然、与自然和谐共处的低影响发展模式。传统的城市土地利用方式为高强度开发，海绵城市实现了土地利用、人与自然、水循环、水环境的和谐共存；传统的城市发展模式已经改变了原有的水生态，海绵城市保护了原有的水生态。传统城市建设模式粗放，海绵城市对周边地区水生态环境影响不大；传统城市建成后，地表径流大幅度增加，海绵城市建成后地表径流基本保持不变。因此，海绵城市建设又称为低影响设计和低影响开发，要科学合理地划定城市的蓝线、绿线等开发边界和保护区，最大限度地保护原有湿地、坑塘、河流、沟渠、湖泊、树林、公园和草原等生态体系，维持城市开发前的自然水文特征，保护原有水生态系统。要合理控制开发强度，减少对原有城市水生态环境的破坏。留足生态用地，适当开挖河湖沟渠，增加水域面积。从建筑设计开始就采用透水铺面、屋顶绿化和人工湿地来促进雨水的储存和净化。低影响开发措施及其系统组合可有效减少地表径流和暴雨对城市运行的影响。通过建设海绵城市，在入渗、调节和蓄水的作用下，开发前后总径流量和峰值径流可以保持不变，峰值径流时间也可以保持不变。水文特性的稳定可以通过源头削减、过程控制和终端处理来实现。通过"自然积存"实现削峰调蓄、径流控制；通过"自然渗透"恢复水生态，修复水的自然循环；通过"自然净化"减少污染，实现水质改善，为水资源的循环利用打下坚实基础。综合运用生态、生物和物理等技术手段，逐步恢复和修复水文循环特征和生态功能，并维持一定比例的城市生态空间，促进城市生态多样性的提升[1]。

第三节　饮水安全保障

无论是自然因素引起的水安全问题，还是人类活动引起的水安全问题，概括地说就是由于"水多了，水少了，水脏了，水浑了"所引起的，因此解决水安全问题应从源头入手，持续推进水源规范化建设。自然界的淡水总量大体是稳定的，但一个地区或国家可用水资源有多少，既取决于降水多寡，也取决于盛水"盆"的大小。这个"盆"指的就是水生态。生态和水相辅相

---

[1]　仇保兴：《海绵城市（LID）的内涵、途径与展望》，《中国勘察设计》2015年7月15日。

成，有了良好的生态，涵养水源的能力就会大大提高；有了水资源，良好的生态就会得到保护，就会形成水资源的自然循环。水生态建设和保护是永不竣工的工程，必须坚持标本兼治，既注重源头治理这个"本"，也抓好污染治理这个"标"。

一、保护饮用水源区

水是自然界最宝贵的资源之一，更是人民生活、工农业生产的基本要素。水安全的突出问题是饮用水源区保护。然而，目前，中国水库水源水质的 10% 左右达不到标准，约 70% 的湖泊水源水质达不到标准，约 60% 的地下水水源水质达不到标准。用水安全受到严重威胁，因此水资源保护任重道远。《全国重要江河湖泊水功能区划（2011—2030 年）》完成了全国重要水功能区纳污能力核定，启动了 175 个重要饮用水水源地安全达标建设。多个省区划定并公布了地下水超采区，制订和实施了地下水限采计划[①]。要从源头上保护好"一河清水"，把河道当街道管理，把库区当景区保护，全面建立"河长制"，编织一张覆盖河道的"管护网"，严格监督管理入河湖排污口。调查表明，只有当河流正常流速极低，污水流动约 4 公里后水质才能得到改善。排水系统需进行科学计算分析，根据水功能区的划分，建立污水排放口。

不断完善饮用水源保护区划分技术规范、标志技术要求，加强水源地环保执法。严格保护饮用水源，划定饮用水源保护区，按照"水量保证、水质合格、监测完备、制度健全"的要求，大力开展重要饮用水源建设，进一步加强饮用水源应急管理。针对水源单一问题，为规避突发性水污染事故的供水风险，以及考虑到许多水源地水量在枯水季节和干旱年份不能够满足用水需要，一旦发生重大水污染事件或者出现特枯年份，没有备用水源作应急之用，存在饮水安全隐患，备用水源建设亟待加强。平原河网地区河流湖泊纵横交织，开敞式多功能河道水域遭遇突发性污染事故风险大，城市供水改河道分散式取水为水库集中取水，建净蓄结合的水源地水库，可明显提高城市

---

① 《完善水治理体制研究》课题组：《我国水治理及水治理体制现状分析》，《水利发展研究》2015 年 8 月 10 日。

供水安全保障，对国家构建城市生态安全格局和生态风险机制具有十分重要的现实意义。

水既是一种自然资源，又是一种环境因素，通常以流域为单元，实现上下游、左右岸及主支流紧密相连，地表水与地下水相互转化，防洪、供水、灌溉等功能相互联系，尽可能保证水资源的节约—保护—供应—使用—排污—再利用，从而更好地实施水资源的开发利用和保护。为了加快城市应急供水管网建设，提高城市供水应急保障水平，应采用多种水资源联合调度的原则。城市各水厂的供水管网应相互连接，便于各水厂补充和统一调度出水。市政管网与工业企业的水厂管网相连接。当供水正常时，单向阀关闭。如需紧急供水，可打开连接管网的单向阀，实现管网的供水。除了配电网的互联功能外，还必须重建水源到供水厂的供水管道，以应对突发事件。

二、保持河流生态流量

"河流生态流量"一词，最先是由美国渔业和野生动物保护组织在20世纪40年代提出的，其内涵是指维持或恢复河流生态系统、以保证河流基本生态系统服务所需要的最小流量。现在河流生态流量是指河流（湖泊）对健康生态系统的维护所需的流量，并确保人类可以从中获取物质和服务。河流生态流量受水资源、环境条件、社会经济、政策等多种因素的影响。

自20世纪人类进行大规模河流治理与开发以来，以往更多的是重视在河流开发建设过程中取得发电效率和区域经济发展，忽视对生态环境保护的多，对库区水环境和坝下游生态保护得少。水电站蓄水后，形成了河道式库区的水生生态系统，流动的河流变成了平静的水库，大量有机物在湖泊中积累引起水体的富营养化。特别是库区养殖业的过度发展，引起大量饵料的添加、水库底部饵料的残留物以及养殖生物排泄物的积累，都会使水质和底泥恶化，库区的生态平衡受到破坏。水下截流区经常出现在下游，尤其是坝下，这可能导致水生动植物生长环境的变化。同时明显改变原有河床湿地系统。为了保持库区的生态环境，就必须保持库区的流动性。"流水不腐"，这种健康的状态也就是人们常说的生态平衡。

如何科学确定河流生态流量，需要非常复杂的多学科体系的支撑，在国际上有很成熟的办法，但发展中国家和发达国家的重点大不相同。在发达国家全面解决其对水资源的忧虑之后，环境流量和生态流量是水分配最重要的方面。许多发达国家已经考虑如何满足某些鱼类习惯的生态流量。近年来，随着世界上许多河流生态系统的恶化，河流生态系统的需水问题被越来越多的研究机构关注。发展中国家则首先要考虑的是如何建设更多更大的龙头水库，提高水资源调节能力，以适应社会生态流量问题。

三、保障虚拟水新业态

虚拟水的新概念是英国 Allan[①] 教授在 1993 年的伦敦大学亚非学院（SOAS）研讨会上首次提出的。虚拟水是指在生产产品和服务中所需的水资源数量，用于计算食品和消费在生产及销售过程中的用水量。虚拟水从生产者角度出发，研究产品在不同地区的所消耗水量的不同，所以不同国家或地区之间能够通过虚拟水贸易缓解水资源分布不均问题。而水足迹将研究角度拓展到了消费者，不同国家或地区的经济状况、消费理念和方式也是影响水足迹的原因。[②] 由于距离的限制，实体水贸易通常要面对昂贵运输和难以操作的情况。虚拟水通过一种虚拟的形式体现出来，越来越受到水资源短缺区域管理者的重视，并应用于水资源的战略管理。

面对世界水资源短缺的严峻挑战和水资源平衡的渴望，大量的研究成果不仅为人类从富水国家进口谷物粮食解决水资源短缺问题提供了坚实的理论基础，而且已经逐渐成为当今国际社会关注的热点。农业是传统中国社会的经济基础，其经济形式极其脆弱的根本原因在于农业是最接近自然的，而其中最直接地反映在农业对充足而不过量的水供应依赖上。基于虚拟水贸易理念和水资源利用效率和农产品总体生产效率较发达国家还有一定差距，有针对性的进出口农产品显得尤为重要。研究表明中国可以在南非等国家进口大豆、烟叶等虚拟水含量低于中国的农产品，从俄罗斯进口大米和玉米缩小中

---

① Allan J A. Fortunately there are substitutes for water otherwiseour hydro-political futures would be impossible //Hoekstra A Y. Priorities for Water R esources Allocation andManagement. London: Official Development Assistance，1993:13 – 26.

② 诸大建、田园宏：《虚拟水与水足迹对比研究》，《同济大学学报：社会科学版》2012 年第 4 期。

国对外的虚拟水出口量，这样可以将更多的水资源用于生产价值更高的工农业产品。

虚拟水战略[①]是指水缺乏国家或地区通过贸易的形式进口水密集型产品来获得粮食安全和水资源的安全。主要包括利用价格和技术管理手段调节使用者用水行为，实现区域水利用效率的改善；采用高效配水的方法，合理分配不同用途的水，调节流域的用水量，提高配水效率，提高全球用水效率。贫水国家可以进口高消耗水产品，出口低耗水产品及服务，即通过进口虚拟水来缓解国内水资源压力；水量充沛的国家可以考虑出口虚拟水，从而形成国际"虚拟水流"。

虚拟水贸易是一个国家或地区以商贸形式购买水资源密集型产品，达到进口水资源的目的。虚拟水贸易为缺水地区提供了另一种供应模式，不产生不利的环境后果，可以更好地缓解当地缺水的压力。食品作为人类生活的必需品，承载着大量的虚拟水，是当今世界贸易中最大的商品。因此，虚拟水的研究主要集中在食物、人口和贸易之间的关系上。我国利用当前国际虚拟水研究进展和虚拟水计算方法，根据西北地区的实际情况和数据的可用性，计算了 2000 年新疆、青海、甘肃、陕西 4 省（自治区）居民虚拟水消费量和人均虚拟水消费量。虚拟水战略非常适合作为西北水资源紧缺地区的一项现实战略措施。但是，采用虚拟水战略，虽然从宏观角度平衡了水资源短缺，但也会引起粮食安全（如粮食进口问题）等关系到国家或地区稳定的问题。在中国水资源相对稀缺，南北水资源分布不平衡的情况下，特别是在北方一些极端缺水的地区，可以考虑使用虚拟水贸易手段来减少植物的数量。在不危及国家粮食安全的前提下选择进口该类高耗水作物粮食，这需要进一步研究各种农产品尤其是高耗水产品的贸易顺差和贸易逆差[②]。进口农产品相当于进口水，在一定程度上缓解了我们国内资源环境压力。

---

① Allan J A．Fortunately there are substitutes for water otherwiseour hydro－political futures would be impossible //Hoekstra A Y．Priorities for Water R esources Allocation andManagement．London: Official Development Assistance，1993:13-26．

② 沈兴兴、马忠玉、曾贤刚：《水资源管理手段创新研究进展》，《水资源保护》2015 年 9 月 20 日。

第二章　水管理转型

水既有资源属性，又有环境属性，两者之间具有竞争性，和其他自然资源相比还具有利害两重性和流动性。水的有效分配和利用，需要一个健全的管理体系，通过制度创新创造政府职能转变的良好宏观政策环境、水市场培育创造规范有序的水资源管理市场经济环境、多元化主体参与促进政府公共服务能力的提升。从制度的顶层设计到具体细则的部署，都需要政府的参与配合，要理顺政府与市场的关系，促进市场信息完善，发挥市场机制在水资源管理中的决定作用，最大限度地为水资源管理创造良好有序的经济环境。

第一节　水资源管理变革

随着我国市场经济体制的不断完善，在社会功能迅速分化的同时，政府的职能也随之收缩。但是对于政府应有的一些职能，是不能完全交托于市场或社会的，它需要承担起自身的职责。就水资源管理而言，就是为人民服务的治水宗旨不能变，要真正让广大人民群众共享水利发展成果；拥有更先进的科学技术实行科学治水的要求不能变，要形成具有中国特色的科学治水思想和水资源管理制度。

一、国家"智猪博弈"中的"大猪"角色

通常说来，水利工程随着规模的扩大其外部性也不断增强，中央政府在其中的主导作用也明显增强。大中型水利工程建设除了会给地方政府带来一定的效益外，还将带来防洪减灾、水产养殖等其他外部效益，这些效益是中央政府得到的效益。中央政府在工程兴建的收益中获取的收益要大于地方所获取的收益。这类工程的建设和投资涉及中央和地方政府之间的博弈。每类参与者都有两种可供选择的战略行动：投资或不投资。假设一个受控性水利工程在某一流域的上游兴建，投资博弈的参与者是中央政府和地方政府。如果工程建成，可以获得 8 单位的投资收益，但需要 4 单位的投资支出。工程

修建完毕，中央政府可以获得 5 单位收益，地方政府可以获得 3 单位收益。如果中央和地方政府共同投资，项目投资的支出将由中央和地方政府平均分摊。这样，中央政府获得的收益大于成本，地方政府分享的收益大于成本。这个博弈构成了经典"智猪博弈"。这一博弈没有占优战略均衡，博弈的均衡解总是中央政府先投资，而地方政府总是选择不投资。因此，在"智猪博弈"中，中央政府扮演"大猪"的角色，地方政府的角色类似于"小猪"。这种简单的博弈模型可以解释传统的水利建设机制，即以中央投资为主的机制。这种机制造成的直接结果是，一方面，水利设施的总规模受到仅依靠中央财政资源的限制。另一方面，地方政府的财政资源和积极性没有得到很好的调动。实际结果是，只有中央政府有一个投资主体，结果不可能是全社会最优的。因此，必须建立多渠道、多主体、多元化的水利基础设施融资机制，促进水利事业的良性发展[①]。

博弈论既是研究理性决策主体之间发生冲突时的决策均衡理论，也是研究理性的决策者之间冲突与合作的理论。在博弈论中，个体效用函数不仅取决于自己的选择，而且还取决于他人的选择，个体的最优选择是他人选择的函数。由于产权关系的残缺和公共物品的特性，水资源在使用中存在大量的外部不经济，导致产生环境问题。在环境保护方面，致污厂商、居民和政府等主体在决策上相互影响。他们所代表的利益是相互制约的，各方不仅要考虑自己对环境保护的支付，还要考虑其他方面的支付。厂商之间的"智猪博弈"在实际中，当周围环境受到污染时，大厂商总是受到环境部门的监督，被迫投资于环境保护，不排污或少排污，如此利润就会大大减少；而小厂商通常难以支付较大环保投资，特别是那些人员少、赚钱快、投资少的小造纸厂总是逃避环保监察部门的检查，大肆排污。这样，在环保部门的监督下，大厂商总是不排污，而小厂商的最优选择总是排污，所以纳什均衡为（不排污，排污），小厂商便成了漏网之鱼。这样处罚不均，得益不平衡。投资于环保的企业，得益减少，不投资于环保的企业得益反而没有减少[②]。

① 于良、刘永强、陈春丽、张丽丽：《新时期农田水利投资主体构建探讨》，《中国农村水利水电》2012 年 4 月 15 日。
② 张艳：《水资源保护中现存问题的博弈分析》，《南阳师范学院学报（自然科学版）》2003年 3 月 26 日。

现在不少地方政府都是将一个流域河段交由企业治理，而作为山水林田湖草生命共同体建设涉及全流域的水源地、河流、农村、城市等多个领域，更希望有贯穿规划设计到运营管理结束的全生命周期管控。要改变传统水环境管理运行主要是割草、路面清洗等缺乏技术含量的做法，使现代企业在设计过程中使用水环境模型，并且随着施工过程进行动态调整。调整到运营阶段时，水环境模型将作为运营阶段的运行模型。例如，在以河流、管道和污水处理厂为核心的水环境单元中，可以根据受纳水体的水质调节污水厂的运行标准，从而大大降低污水厂的运行成本。

二、流域"水文模型"的科学支持作用

水文模型是水资源评价、配置、开发利用的基础。在水库运行、防洪减灾、水资源开发利用、生态环境需水、非点源污染评价、人类活动的流域响应等都需要水文模型的支持。随着水资源问题的日益突出和信息技术的飞速发展，流域水文模型的研究、应用和深度日益增加。流域水文模拟是运用数学方法描述和模拟水文循环的过程，就是把流域概括为一个系统。根据流域输入条件（水质、降雨、融雪、泥沙过程、蒸发量等），对流域水文过程进行模拟计算，得到输出结果（如流域实际蒸散发和流域出口断面的流量过程等），可为流域水资源管理及防灾减灾提供理论和决策支持。

流域水循环的各种因素是相互联系、相互影响的。地表水、降水、地下水、土壤水、植物水之间对流域水文模拟和水资源配置管理有重要影响。尽管大多数分布式水文模型都考虑了"四水转换"（降水、地表水、土壤水和地下水），但是没有耦合模拟植物水分和植被生态过程对水文循环调控机制。地下水和河水之间的水量交换以及非饱和带土壤水和地下水带土壤水也没有进行动态耦合模拟。在相当一段时期内水文模型大多将自然变化和人类活动作为模型的输入因子进行考虑，没有将人类活动影响、社会经济变化和生态系统变化耦合起来建立水文模型。今后，在水文模型方面，不仅需要将地表水、降水、地下水、土壤水、植物水、植被生态过程耦合起来建立系统耦合模型，还需要将社会、经济、水资源、生态等耦合起来建立一个可以反映生态系统变化、社会经济系统变化、水资源系统变化的耦合模型。

国际上第一代水文模型为"集总式"，第二代水文模型为"分布式"。

分布式水文模型开始描述生物圈—大气圈相互作用，其主要任务之一是模拟和预报整个流域降雨产生的地表水流的空间分布及其随时间的演变过程。地理信息系统（GIS）作为实现这一目标过程中必不可少的技术支撑，起着非常重要的作用，如利用 GIS 来提取、存储、管理、分析和显示与流域水文循环密切相关的流域地理空间信息。特别是基于数字高程模型（DEM）的地理信息系统（GIS）可以更准确地提取流域水文网络并有效地描述其拓扑关系结构。水文网络模型是 GIS 对流域实际河网水系的一种规范化描述，水文网络拓扑关系表确定了河网水系的空间结构。就水文学而言，水文网络反映了流域尺度上水流流向的分布，对分布式流域水文模型的成功起着重要作用。目前较为成熟的水文网络模型是美国环境系统研究所（ESRI）开发的水文地理空间数据和时间序列数据模型，称为 Arc Hydro 数据模型。Arc Hydro 数据模型建立在面向对象技术上，是一种管理各种水文地理空间与时间信息的规范格式，有利于对复杂水文系统进行系统有效的模拟和分析[①]。

三、用洪水"脉冲理论"指导河流修复

由于全球气候变化、水生态恶化和水资源危机的频繁发生，河流受到越来越多的关注和重视。与河流生态学密切相关的水文学、地貌学、生物学、生态学等研究日益活跃，其理论体系发展迅速，并逐渐发展成为一门高度交叉的学科。河流生态学家提出了河流水力学理论、河流连续体理论、顺次不连续理论等十大理论，使人们对河流生态有了更深的认识。其中，洪水脉冲理论是在亚马孙河和密西西比河的长期观测和数据积累，于 1989 年提出的河流生态理论。洪水脉冲理论着眼于河流——洪泛滩区系统的整体性和洪水脉冲对河流——洪泛滩区生态系统的重要性，关注由洪水侧向漫溢所引起的营养物质和能量传递的生态过程，与此同时还关注水文情势尤其是水位涨落过程对生物过程的影响。作为河流生态修复的理论基础之一的洪水脉冲理论，可以应用于水库生态调度以及恢复河流——洪泛滩区

① 熊立华、郭生练、陈华、林凯荣、程进强：《水文网络模型在分布式流域水文模拟中的应用》，《水文》2007 年 4 月 25 日。

的连通性等方面①。

洪水脉冲是河流——洪泛滩区系统生物生存、生产力和交互作用的主要驱动力。在大型原始热带河流——洪泛滩区系统，周期性的洪水脉冲可以导致有机体的适应性和泛滥平原地区的有效利用。洪水水位涨落引起的生态过程直接或间接影响河流——洪泛滩区系统中水生或陆生生物群落的组成和种群密度，还可能触发不同的行为特点，如鱼类洄游、涉禽繁殖、鸟类迁徙以及陆生无脊椎动物的繁殖和迁徙。洪水期间，河流水位上升，水体向洪泛滩区侧向溢流。河流水体中的有机物、无机物等营养物质随水体流入滩区，受淹土壤中的营养物质释放出来，洪泛滩区初级生产力大幅度提高，陆生生物或对洪水产生适应性，或迁徙到未淹没地区，或腐烂分解；水生生物或适应淹没环境，或迁徙到滩地，部分鱼类开始产卵；当水位下降时，水体返回到主槽，水体将陆地腐殖质带入河流，滩涂区被陆地生物重新占据，水鸟产生的大量养分滞留并下沉。作为与陆地生物结合的食物网中的一部分，水生生物要么迁移到相对持久的池塘或湿地，要么适应周期性的干旱条件，如池塘和湿地等相对持久的水体逐渐从河流的主流中分离出来。生物生产力在洪水循环中因过程的多变性得以提高，因此洪水脉冲对维持遗传和物种多样性、保护特定的自然现象发挥着重要作用。

洪水脉冲理念可以应用于河流生态修复的指导思想和技术方法：①改善水文条件的多样性。以全面提高栖息地的空间异质性。从水生生态系统的恢复来看，有条件的河坡都应植上草坪或灌木。由草坪、灌木和土壤形成的土壤生物系统还可以如河两岸的树木和草坪一样，减少有机物质对河流和湖泊的冲击和营养化程度的作用，一些灌木根也可以直接伸入水中以吸收水中的养分；河坡是水向陆地的天然通道。草坪、灌木和土壤的结合提高了湿度和温度并提供了食物。②生态水库多目标调度。河边应尽量留出空间，种植具有较大树冠的树木，逐渐形成林带，地面覆盖草坪，岸边的树冠也可延伸到河上。大树扎在土壤里深而密的根须与草坪能够形成一个土壤生物体系，可以增强生态功能。③恢复河滩系统的连通性。河流与湿地、池塘、湖泊和滩

---

① 张晶、董哲仁：《洪水脉冲理论及其在河流生态修复中的应用》，《中国水利》2008 年 8 月 12 日。

区的连通性是洪水脉冲效应的地貌基础。河流生态修复的一项重要任务便是要恢复海滩系统的连通性。在河流生态修复规划中，流域整体尺度应考虑恢复连通性。河道整治的新理念要求，在满足基本的泄洪需求的基础上，宜浅则浅、宜深则深、宜弯则弯、宜宽则宽，以形成各种河流形态和水流多样性。④退化湿地景观恢复。湿地是自然界中最富生产力的环境之一。湿地可以调节不均匀的降水引起的水旱灾害，蓄积和缓冲过多的降雨和水，然后逐步释放，通过湿地吞吐的调节，发挥防洪减灾的作用。在国内外，一些中小城市甚至被用来处理城市污水。在河流和湖泊治理中，应尽量保留和建设一些湿地，而不影响排洪和河道蓄水功能。⑤洪泛区恢复。近几十年来，各种经济活动对滩涂的围垦和占用，不但降低了上述滩涂的生态功能，而且还降低了防洪功能，增加了洪水风险。洪泛平原的恢复应结合防洪工程的总体规划。在有条件的河段扩大堤防间距，拓宽洪泛区，提高蓄洪能力。

第二节　洪水管理创新

随着人类社会和科学技术的不断发展，人类的防洪能力不断提高。然而，洪水灾害造成的损失却在不断增加。究其原因，不是洪水规模和频率的增加，而是人类社会无序发展带来的负面影响。突出表现在忽视水资源自身的规律，割裂了保护与利用内在的辩证关系；忽视水资源本身要求的涵养水源、防治污染等问题的研究，造成了一边开发水资源，一边破坏水资源的不协调局面。为了实现水利现代化，制定新时期新的治水方略，必须改变传统的治水观念和防洪减灾思路，处理好水与水资源、自然生态环境与社会经济发展的关系，调整和规范人类的社会行为。

一、与洪水共生寻求新的发展道路

自古以来，洪水不仅是地球生态系统的一种合理的自然现象，也是人类社会自诞生以来的一个世界性的生态问题。随着科学技术的发展和生产力的提高，人类对洪水的态度正在发生巨大的转变。典型的"抵抗洪水"的做法包括在河口地区疏浚河道排泄洪水、加高加固江河堤岸拦堵洪水，以及对狭长弯曲的自然河段进行人工的裁弯取直，以加快行洪的流速等。

然而，在最近的 100 多年中，发达国家经历了从"抵抗洪水到自然防洪"的历史性转变①。

洪水横流所带来的植被茂盛、动植物繁衍成为农业发展的主要障碍，而活跃的生态和丰沛的水资源也是农业发展乃至文明发展的根本动力。虽然这种生态环境本身还是文明，也并不构成人类的一种人文创造，反而是人类文明的障碍，但是它给人们提供了一个活跃的环境和一个挑战的对手。洪水横流的环境给人们带来了亟待整治、开辟的艰难和逆境，也给人们带来了一种特殊的蓬勃生命力②。我国已建立了较为完整的防洪工程体系来防御中常洪水，通过对工程体系的合理调度，虽主要流域遭遇了 20 世纪以来最大的洪水，但基本保证了经济发展不会受到严重影响，并为洪水综合治理提供了工程基础。经过长期的防洪实践和探索，我国洪水灾害的生态特征已得到较为全面的认识，为洪水管理转型创新提供了理论条件。洪水是一种具有"双刃剑"特征的自然现象。虽然它可以危及人类的生命和财产，但它具有与河流一样重要的生态功能。它是自然界自我调整的一个重要内在机制。洪水可以补充水分和水源到湖泊、湿地、地下和土壤中，为物种提供栖息地，向海洋输送营养物质。因此，保护天然河流和善待洪水对保护地球生态系统具有十分重要的意义。

"以洪水为敌"的抗洪思想让人类饱尝了自然界的猛烈报复。旱涝和水灾如孪生姐妹一般，过度的抗洪会加剧旱灾的威胁，过度抗旱也会加剧旱灾程度。1998 年，长江大水到了 9 月份，数百万军队仍在防洪堤上抗洪时，湖南和湖北又开始动员抗旱。这是一个非常矛盾的现象，在同一地区的同一时间，一手抓抗洪，一手抓抗旱。而造成这种矛盾的根本原因是，多年来湖泊和湿地遭受了巨大的人为破坏、水面面积减少和湖泊容量减少。由于湖泊湿地不仅具有调节洪水的功能，而且还具有向河流和地下水供水的功能。与此同时，人们还应该看到，中、特大洪水的生态功能被严重的水灾阻断，河川径流、湖泊干涸和地下水位下降是多年抗旱加剧的结果。在一些地区，由于地下水位的下降，许多浅水井报废，水井越打越深，陷入了抗旱——地下

---

① 杨朝飞：《善待洪水——还河流于自然》，《环境保护》2004 年 7 月 25 日。
② 陈世旭：《天地英雄气　赣都云水间》，《中国作家》2009 年 11 月 23 日。

水下降—增加用水成本—土壤干旱化—再抗旱的恶性循环①。受人类活动加剧与气候波动的影响，严峻的防洪形势与水资源短缺等问题交织在一起，使治水这一古老问题变得更为严峻与复杂，现行有效的防洪手段也正面临一系列新的挑战。

所谓防洪减灾，应该是全面综合的整个系统，考虑到将多水少水相互结合，应同时兼顾防洪抗旱，从资源和水利的角度体现研究思路，将减灾研究拓展到特定区域、特定时期和多个方面，而不能以场次洪水或季洪水下泄、排放入海为追求目标，需要有后续性，应该把洪水作为一定区域内大自然给予的一种宝贵自然资源。要将少数年份的水多和多数年份的水少结合起来考虑；要将暴雨洪水视作区域生态环境的一项因子来考虑。要科学、系统、全面地分析洪水在区域生态环境中的作用。人们不能忽视大环境中的干旱缺水现象，将洪水视为猛兽，一旦发生洪水，就忘记了长期干旱带来的生态环境问题，只考虑到堤防束水，而没有真正把洪水视为一种资源进行综合开发利用，发挥出洪水资源的综合效益。但是，随着人类社会用水量与用水保证率需求的提高，人们开始意识到洪水也是资源，尽量加大调蓄洪水的能力，实现以丰补枯，就成了各地追求的目标。人类在整治江河的过程中不仅要防止洪水泛滥，还要适应自然规律，因势利导；不能只一味强调改造自然，变泽国为桑田。也要适当建设河道串联工程、洪水回灌工程、分流洪水工程，重视保护和增加湿地生态系统。

二、从"控制洪水"向"洪水管理"转变

历史上，欧洲曾大规模兴建过各种防洪工程，但事实证明，仅靠工程措施并不能根除洪水灾害。沿河防洪堤岸的大规模修建也只能抵御那些中小洪水，而不能抵御大洪水的冲击。这样做可以给人们一种暂时的安全感，并创造一种生活居住在大堤之下是非常安全的错觉。所以人们蜂拥而至寻求发展，尤其是在土地稀缺的地区。最后，当特大洪水来临时，洪水损失将更加严重，因为洪水越大，河道水位越高，溃堤溃坝风险就越大。19世纪以来，由于航运、灌溉和防洪的需要，德国在河流上修建了各类工程，如河流两岸

---

① 孙小成、吕淑英、夏继红：《德州市洪水利用措施的几点思考》，《山东水利》2010年5月。

的水泥护坡、引水工程，河道裁弯取直等。后来，德国认识到人工河不利于生物多样性保护，于是逐渐开始拆除一些河岸的砖石护坡、水泥护坡，恢复灌木、草本等植物。德国还认识到恢复天然河流的重要性，例如德国的莱茵河，因裁弯取直该河由 354 公里缩减至 273 公里，不仅加速了水流，加剧了冲刷，更加大了对下游城市的洪水威胁，使河道的生物量与蓄水能力大大降低。后来，他们开始对曾经裁弯取直的人工河段进行自然弯曲的原貌恢复，以此修复河流的天然生机与活力。

1998 年，我国长江、松花江发生特大洪水，仅长江洪水当年就造成经济损失 1345 亿元；2002 年，欧洲也遭受了历史上罕见的特大洪水，其经济损失同样惨重。专家们比较了两次洪水，发现欧洲和中国对洪水的态度并不完全相同，而且做法上也有同有异。在洪水期间，中国的态度和做法可以概括为两件事和四个字，即"抗洪—救灾"。当年数百万军民战洪水的新闻报道已经成为媒体和公众舆论的中心话题，也是政府的头等工作；欧洲遭受了如此大的洪水，许多地方都淹得很惨。但是在欧洲没有任何国家"抗洪"，不仅欧洲国家，世界上其他国家也很少有大规模的抗洪行动。洪水过后，中国和欧洲对洪水的态度和做法也不尽相同。中国安排灾后重建时，以加高和加固堤防堤岸为主，以移民建镇为辅。在欧洲则只移民建镇，不加高加固堤岸。这不是因为欧洲贫穷，没有资金去抗击洪水，也不是因为政府不关心人民的安全。而是因为他们相信洪水是人类违背自然规律造成的，遭受大自然报复是不可避免的结果。顺其自然、善待洪水是减轻和消除洪水灾害的最稳妥、最实用、最科学、最经济的办法和对策。

中共中央国务院《关于灾后重建、整治江湖、兴修水利的若干意见》提出了"封山植树，退田还湖；平垸行洪，退田还湖；以工代赈，移民建镇；加固干堤，疏浚河湖"，标志着我国防洪减灾事业开始由单纯的河湖治理向全面洪水治理转折。科学客观地认识自然规律，认识自然现象，采取灵活对策"趋利避害""化害为利"，是化解自然灾害的根本措施，顺其自然是对待大自然的最佳策略。因此，目前我国采取的措施基本上是以"疏"为主，过去修建的许多防洪堤岸现在已经开始拆除，河两岸围垦的大片农田也开始"退田还湖"。人们日益清楚地认识到，为确保城市安全、经济发达与人口稠密地区的环境安全，必须有计划地拆除大规模、长距离的沿江防洪堤岸，必须最大限度地恢复具有重要调蓄洪水作用的湖泊湿地。除了采取严格措施恢复和保护湖泊、湿地和自然河流外，还要从实际出发努力建造"避灾型"社会防灾体系。

三、工程措施与非工程措施协同发展

洪水泛滥是一种自然灾害，防洪不能只通过修建拦蓄工程、加高堤坝束水和修筑堤防，把洪水视为异物，恨不得统统将其送到大海里去；而是需要调整防洪减灾思路。要在采取工程措施防止江河洪水泛滥的同时，采取非工程措施，适应自然，维护、改善生态环境，并规范和调整人类经济社会活动，以减少洪水和减轻洪灾损失。工程措施面对的主要是自然界的水，许多工作是纯技术性的，而非工程减灾措施，往往是涉及地区广、部门多，利害关系复杂的社会组织行为。生态文明建设不仅是对生态系统的保护，而是开发与保护的协调发展。生态文明建设中的水利工作不仅包括工程建设等措施，还包括水资源管理制度、法制、科技、监督、教育、宣传等非工程措施。单一重视工程措施或过分强调非工程措施都不是科学的态度，要使工程措施与非工程措施协同发展，共同支撑水生态文明建设①。

中国城市防洪需要人们根据实际情况，选择合适的防洪措施来增强自适应能力，减轻洪涝灾害损失。包括洪泛区土地利用方式的合理规划与调整、高效可靠的避难迁安、救援、防疫与灾后重建体系、洪水风险区中建筑物结构与材料的耐淹化、各种适宜的洪水风险分担与风险补偿的模式，及其相应的管理体制与运作机制，等等。特别要清楚看到防洪工程措施防御洪水能力的有限性，单纯靠工程防洪既不经济，又不完善。防洪非工程措施可以更加充分发挥工程措施的作用，减少工程投资，越来越得到各地高度重视。需要各地因地制宜，实现工程与非工程措施有机结合。

在中国有着成熟和系统的自然洪水控制措施和方法。为了进一步减少灾害造成的损失，应进一步研究社会经济发展如何适应洪水规律。特别是在改革开放的今天，社会管理已从单纯的行政管理加速向行政管理与经济调控相结合的方向变革。土地开发利用及其社会组织将发生重大变化。对

---

① 左其亭：《水生态文明建设几个关键问题探讨》，《中国水利》2013 年 2 月。

于防洪管理，要充分认识这一变化带来的新问题及其对防洪的影响。抓住机遇，采取相应措施，对巩固和提高现有防洪能力具有重要作用。河流的治理和开发涉及自然科学和技术科学领域的许多方面。既要解决当前各方利益问题，又要考虑未来的人类利益。要加强对科技、社会、经济、环境、生态等领域的研究，不断提高认识能力，不断总结实践经验，对供水进行统筹规划，分期完成供水工程建设，引导聚落科学布局，实现人与河流的和谐发展。

第三节　河道管理转型

河道是人类生存基础设施和资源环境的重要组成部分。河道现代化管理是河道管理的重要内容，要不断加强河道规范化管理工作，提高河道管理水平。但总的来讲，许多城市河流环境恶劣，河流系统还没有形成。要实现现代河流管理走上生态文明之路，必须将河道管理转向生态轨道。以河道范围内基础设施为依托，运用现代化管理手段，通过对河道及其水资源的不断开发和持续利用，从而保障经济与社会、人口、环境全面协调和不断发展，营造一个优美舒适的河道生态环境和保护体系。

一、河道系统化治理

河道系统化治理的核心内容是不同目标体系的构建。要在科学规划、全方位布局的前提下，将河道作为一个有机统一体，确保一系列功能相互间的有机协调，尽可能找到河道系统化治理与城市开发建设的平衡点，构建起人与自然的和谐关系。为了确保河道功能的系统性，在城市建设的过程中，应加强河道和滩地的系统完整性，禁止无节制地围垦滩地，强化水流、景观、通航等河道系统化功能。

水流。这是河道的基本功能和具体环境要求。对河道进行规范化整治，首先要有效维护河堤的安全性和河道河势的稳定性，确保河中绿水长流，优化设计河道的行洪断面，对于一些危害堤防安全性的河段，应该使用防护的措施，增加城市河道的行洪能力。在使河道洪水畅通的重要功能得到发挥的同时，也要昭示今人在治河中顺应自然，给洪水以上善，不能一味地强调人定胜天。天然河流弯曲是生物多样性的适宜栖息地，洪水是生物多样性保护的内在机制。河道建设应当"不规划自然"，洪水等各种自然现象都是自然规律的客观反映，都有其存在的客观必然性。在面对虫灾、火灾、旱灾、洪灾等自然现象时，应当顺其自然，不可反其道而为之。

景观。河水的流动不仅自身成为一道风景线，还可以更好地凸显河流两岸的地域景观，为城乡居民提供舒适的居住环境。要根据严格的标准规划，联系水务管理项目和城市绿化项目的要求，增加河道治理的难度和投资，进行全面的有效的治理。突出加强以群落化、物种多样化为原则的植物配置，促进河道两岸绿化、美化的相互结合，充分发挥植物根系固土护坡，保持土壤蓄水性，增加土壤有机质含量的作用，既达到理想的景观效果，又有良好的生态效应。

通航。水能给人类带来舟楫之便，利用天然河道航行，始于远古。对于交通来说，通行能力是最基本的。要确保满足河口的排涝、泄洪、纳潮、输沙要求，严格遵循各项资源的开发标准，确保航道和航槽的稳定。而要提高航运能力，关键是加快黄金水道的建设。"深下游、畅中游、延上游、通支流"是我国航道建设的总体方针，对于指导江河水系航道建设发挥了十分重要的作用[1]。它将给流域带来巨大的经济效益和社会效益，对改善投资环境、调整产业结构、保护生态环境、促进城镇化和工业化都有积极的影响。"一寸水深一寸金"，充分利用航道整治的结果和航道的自然条件，加强养护管理，进一步提高干线航道的养护规模，但水系治理遇到了通航与水生物繁衍对河底不同要求的矛盾。通航不仅要求河道具有一定的水深，而且要确保在航行时船桨不要搅动河底，最好是使用硬质混凝土河底，而水生生物的繁殖却需要软质河底。为了解决上述矛盾，在施工中要采用既具有混凝土近似性能与硬化表面、又有具有近似于土壤性能与松软下层的固化剂。因此，不仅河底土层表面结壳，有利于航运，而且也有利于水生生物的繁殖。河岸设计不是随意为之的。为实现通航目标，将河道由简单的梯形截面改为长方形和梯形的复合截面，竖直的河岸也不是平平的，而是每隔一段距离便凹进去一个长方的槽。通过如此，在不加宽河面的情况

①　唐冠军：《加快建设长江黄金水道　服务长江流域经济发展》，《水运管理》2013 年 9 月。

下，增加了河流的体积，大大减少了行船所产生的水波的冲击力，无形地延长了河流的寿命。

二、河道规范化管理

在城乡河道管理过程中，应树立规范的河流管理理念，在区域总体规划中应纳入规范河道管理制度和措施，从而建立区域河道管理体系。明确区域河流管理目标，提高河道标准化管理水平，确保水资源的利用效率。要突出重点，统筹兼顾，根据保护对象的重要性和实际情况，开展相应的统筹规划工作，不断完善堤防管理体系。

要不断加快河道的建设与整治，加强滩涂和河道的规范化管理。部署城市发展的具体环境要求，整治河流，提高河道防洪能力。规范河道整治应采取弯道、河道疏浚、非法建筑物拆除、河道拓宽、防洪、堵水、改建等措施。对堤防安全造成危害的河道应采取防护措施。为有效维护堤坝的安全性和河势的稳定性，对入库处泥沙淤积严重、堵水的河流应进行疏浚和扩建施工。河道整治应纳入城市环境综合整治，实行新的规划设计。全面有效地管理城市绿化和水利工程。

在进行河道规范化管理的过程中，要不断完善河流资源的利用现状，保证城市用水清洁，确保城市的水环境，切实提高城市供水的质量。随着城市化水平不断提高，人们对饮用水的需求正不断加大，这不仅反映了城市供水的保障率，而且反映了河流供水的质量。除控制河流水质和实施规范化管理外，还应形成完善的水质检测网络，在配水系统中实施全程水质控制，不断提高城市河流水质的监测水平。加强城市河道的供水管理，改善河流水质处理技术，提高河流供水水质，满足安全用水的要求。

三、河道生态化修复

河流生态修复指运用多种不同手段修复受损水体生物群体及结构，实现水生生态系统的良性循环，从而增强水体生态系统的各项功能。城市河道生态修复要围绕海绵城市建设，因地制宜制定针对措施，实现河流综合效益的有效发挥，有利于城市总体规划和促进经济社会可持续发展，促进人、水、自然与社会和谐。城市河渠水流因为是循环利用的，如果没有有效的水质修复将会进入恶性循环。所以，研究和探讨现代城市河道水质和不断创新水质恢复的生态设计方法十分必要。

所谓生态设计，主要是指有目的、有意识地塑造物质和能量，以满足想象的需要或欲望的过程。通过物质能流和土地利用，成功地成为自然与文化之间的桥梁。只要它与生态过程相一致，并将其破坏力降到最小的自然环境，即可以被定义为生态设计。这种协调要在一定程度上尊重生物多样性的现实，并尽可能地通过节约资源，来保证营养和水循环，保护动植物的生存环境，这样人们的生活环境有了很大的改善，健康也将获得很大的保障。城乡河渠生态设计不再局限于某个学科和职业，它必须与自然紧密结合。生态设计为人们为从多个角度观察分析河渠、城市和日常生活，尊重自然，保持多样性提供了一个详细的框架。城市河道的设计过程不但可以最大限度地发挥其原有潜力，而且可以根据土壤差异构和不同的水质，构建多样的生物生存环境，保证城市水的可持续性和生态性。

河流在受到一定程度的污染后，人们可以通过物理、化学和生物的方法将两者或多者相互作用，以实现对受污染水质的净化。其中，生物净化在所有净化中起着非常重要的作用。在自然水体的自净过程中，微型动物、植物和微生物是必不可少的。生物生态修复的就是通过有机污染物的生物降解来净化环境。然而，河道的净化能力有限，污染物的负荷也不能从根本上减少。一旦污染物超过原来的容量，相应的自净能力就会被破坏。

纵观历史，人类可以看到有被改造的河流，却似乎没有发现被征服的河流。因为人类若无度掠夺一方河水，河流就会用同样的无礼，加倍地报复人类。如今是人们反思过去和纠正偏差的时代。在新的时代里，人们对河流的反思必然成为思潮主流，人们不再陶醉于征服和占领河流的胜利，而是面对现实，逐渐改变他们过去的做法。自然的缺陷往往会激发人们的战斗精神，从而去克服这种缺陷的影响。在这些意义上，可以说河流也有它们的生命过程，但是这个过程是很长的，并且和生物的生命过程之间有本质的区别。面对河流生命面临的各种危机，人们应该清醒地认识到，自然界中每一条河流对人类经济和社会的承载能力都是有限的。人类社会与河流的和谐共存只有在河流生命承载力范围内使用河流才能得以维持。

第三章　水文化精神

水是支撑文明发展最基本的要素之一。在中国人的心目中，水已由自然之水升华为文化之水。水文化是无形的，它是蕴藏在每个人心中的精神文明。治理当今日益恶化的水环境，仅通过行政手段来实现可持续发展是不够的。水文化不仅参与了中华物质文明的创造，而且要参与精神文明的创造。

第一节　古代治水的文化精神

水利活动是水文化建设的核心环节。水利活动包括工程性活动和非工程性活动，通过人为调节水资源的时空分布，兴水利、除水害，促进社会经济文化的发展。水文化的核心是水精神，包括"上善若水"的价值观念、融合哲学、社会科学思想的治水理念等。治水精神是一个国家、一个民族、一个地区在水务活动中道德品质、优良传统和时代精神的集中体现。它也是世界观、人生观、价值观、道德观、审美情趣等社会意识在驯服水、治理水、认识水、观赏水的实践中形成的反映。

一、"大禹"精神

中华民族在长期与水旱灾害抗衡和斗争的过程中，铸就了自强不息、百折不挠、天下为公、无私奉献、团结协作、顾全大局等意识精神，成为中华民族精神的重要组成部分。在治水活动中，"大禹"无私奉献，以人为本的治水精神已成为中华民族精神的象征。"身执耒臿，以为民先"的埋头苦干、坚忍不拔、吃苦耐劳的献身精神；"以水以为师""左准绳、右规矩"的脚踏实地、面向现实、负责求实精神；"非予能成，亦大费（即伯益）为辅"的发挥各部落集体力量、同心协力的团结治水精神。这些内容被统称为"大禹"

精神①。这种治水精神的产生和传承与当时社会生产力发展的程度和规模有着密切联系。水利的定位与当时的生产力发展水平、社会背景和人文环境是相辅相成的。由于"水"的安危涉及政权的稳定，因此怎样治水、如何治水被人们推崇为"治国安邦之学""经世之学"。

随着历史的发展，"大禹"精神不仅停留在治水精神层面，而且弘扬了整个中华民族的人文精神。如果说"以水以为师""左准绳、右规矩""身执耒臿，以为民先"这些志书词句不能为人们所熟知，那么在民间广为流传的"治水改堵为疏""三过家门而不入"口语化的表述，就是人们对"大禹"精神最质朴的理解、最浅白的认同。正是这种治水精神中本源的精髓，激励了从古至今的中华儿女，前赴后继、百折不挠、奋发向上去"我以我血荐轩辕"，它已成为中华历代治水人优秀文化传统的基本价值观。这种精神具有巨大的历史震撼力和时空穿透力，就像人文精神的一面文化旗帜，鼓舞着一代又一代的中华民族治水人聚集在这一面旗帜下，传承着大禹的治水精神。

中国人民发扬大禹的治水精神，已向世人展现了中华民族"万众一心、众志成城，顽强拼搏、不怕困难，敢于胜利、坚韧不拔"的98抗洪精神，"特别能吃苦、特别能战斗、特别能奉献、舍小家为大家"的南方抗冰雪精神和"万众一心、同舟共济，自力更生、艰苦奋斗，自强不息、顽强拼搏"的汶川抗震救灾精神以及"大爱同心、感恩奋进、挑战极限、坚韧不拔"的玉树抗震救灾精神等，它充分展现了中华民族不屈不挠、自强不息的伟大民族精神，促进了当代优秀中华民族精神的丰富、充实和发展。

二、"兼济"精神

"同舟共济""风雨同舟"是中华民族面对重大灾难时表现出的崇高民族情怀，展现出一方有难，八方支援，整个民族情相系，心相连的"兼济"精神。

"兼济"精神在治水的创业中得到升华。唐、宋时期，水文化与其他文化一样发展。"仆志在兼济，行在独善，奉而始终之则为道，言而发明之则为诗，谓之讽喻诗，兼济之志也；谓之闲适诗，独善之义也。"是白居易常

---

① 潘杰：《以水为魂——中国治水文化的精神传承（三）》，《江苏水利》2006年6月。

说的话，其中所包含的"兼济"精神在治理杭州西湖方面得到了升华。白居易任杭州刺史时，他了解到钱塘湖（即西湖）的水利状况和民情，便在钱塘门外"筑堤捍钱塘湖泄其水，溉田千顷"，加强管理，禁止擅自泄湖以溉私田或豪强占湖为田。这条堤就是真正的白公堤。白公堤把西湖分隔为二，堤西侧是上湖（即今西湖），堤东侧是下湖（今已是杭州市一部分）。白公堤有效地保证了西湖的水量。此外，白居易还修浚李泌组织开凿的六井，以确保居民饮用水。他在杭州的繁荣和西湖的建设中发挥了非常重要的作用。公元 1089 年，苏轼为杭州太守。因数百年来战乱不断，灾害频发。杭州和西湖已另是一番景象。"既至杭，大旱，饥疫并作"（宋史《苏轼传》）。"费工二十万，大力加以疏浚，清除湖中所有葑草。"而挖出的葑根和淤泥，从南到北堆积在湖中形成一条长堤，堤上筑了六座虹桥，两岸植花木，这就是古今闻名的苏公堤。今日仍然立于杭州西湖的"苏堤"，已成了一道水文化的亮丽风景线①。

新中国成立后，政通人和，水利事业突破了区域与行业的界限，国家制定各条江河以及全国水利的统一规划，为水土资源的全面合理开发和水患治理创造了条件。全国一盘棋的水利视野形成了新中国水利事业团结协作的精神。以淮河治理为例，新中国成立初期，毛泽东主席指示："河南、皖北、苏北，三省共保，三省一起动手。"1985 年，国务院治淮会议指出："小局服从大局，大局照顾小局，最终服从大局。"1991 年国务院《关于进一步治理淮河、太湖的决定》再次强调淮河流域人民要进一步发扬团结协作精神，完成治理淮河的任务。这些都是以全流域整体为出发点的治水思路。2013 年国务院批复的《七大江河流域综合规划》明确了 2020 年、2030 年完善流域防洪减灾、水资源综合利用、水资源与水生态环境保护、流域综合管理四大体系的目标和任务。

三、"公罪"精神

"先天下之忧而忧，后天下之乐而乐"的范仲淹另有句名言："公罪不可无，私罪不可有。"所谓"公罪"者，秉公办事如一而遭怨谤也；"私罪"者，

---

① 《以水为魂——透析中国古代治水的文化精神》，《杭州（周刊）》2014 年 6 月。

谋私夺利而结私敌也。范仲淹在治水的大业中，创造了"公罪"精神，并始终践行"公罪"精神。宋天圣元年（1023年），范仲淹在泰州西溪（今东台市台城西）任烟仓督察时，目睹了海堰久废不治而导致风潮泛滥、淹没田庐、民不聊生、饿殍遍野的景象。于是他怀着忧民之心亲写奏折，呈请朝廷修捍海堰。然而，当时北宋对辽和西夏战争中屡遭失败，正处内困外扰之际，朝中大小官吏皆反对范仲淹的修堤建议。范仲淹冒着杀头危险，再次上书。最后，宋仁宗准奏，任命范仲淹为兴化县令，主持构筑捍海堰。范仲淹召集了四万余兵夫筑堤。时值隆冬，雨雪连旬，潮势汹涌，夫役散走，泥泞中死去兵夫达二百余人。事故发生后，流言蜚语，朝廷下令暂停施工并遣中使追究责任。后又命淮南发运使胡令仪进行实地查勘。胡曾任海陵县令，对海陵潮灾情况十分了解，竭力支持范仲淹继续筑堤，在捍海防潮中起着重要的作用。原受堤西海潮浸渍的盐碱荒地逐渐转变为良田，为农业生产创造了有利条件，使"民获定居，农事课盐，两受其益"，成为沿海挡潮屏障。范公在治水中升华着"公罪"的境界，在治水的精神境界里蕴藏着"先天下之忧而忧，后天下之乐而乐"的深刻内涵。后人为纪念对筑堤有贡献的范仲淹，便把这段捍海堰叫作"范公堤"①。

　　林则徐仕宦生涯中任官时间最长的地方便是江苏。道光二年（1822年）十二月，出任江南淮海道堤，先后担任过江苏按察使、布政使、巡抚、总督等要职。每至一处，他都亲自体察下情，兴利除弊。据北京中华书局版《林则徐公牍》中记载，他认为"水利为农田之本"，为此他在江苏大江南北陆续修建了一批重要的水利工程。他主持了黄河、运河、白茆河、浏河等河流整治，建造了杭嘉湖和上海宝山一带的海塘，成为治水专家。道光二十一年（1841年）七月初，黄河在开封决口，林则徐奉命从流放新疆的途中折回，参加堵口工程。待开封堵口合拢之后，他仍被遣送伊犁，表现出"苟利国家生死以，岂因祸福避趋之"的爱国精神。虽然在新疆他已年逾六旬，但仍然冒着西北高原的风沙，视察新疆南北广大地区，勘探土地，勘测水源，规划大面积的垦殖，深入了解基层生活，以人为本，努力发展水利，促进农业生产技术推广。林则徐的伟大著作《畿辅水利议》构筑了

①　潘杰：《古人治水与民族精神》，《国学》2011年8月。

在畿辅地区发展农田水利、种植水稻来缓解南粮北运、解决漕运弊端等宏伟构想，并进行了许多有益的实践。这本书涵盖了林则徐的一生，从酝酿、构思到写作，总结了他管领江、淮、河、汉的实践经验，这本书旨在缓解江浙之困，根除漕运之弊，直到今日仍对我国的水利工作有着十分可贵的借鉴意义[①]。

自强不息、艰苦奋斗的治水精神已成为中国人民"兴水利、除旱涝"的精神源泉，是中华民族屹立于世界民族之林的强大动力。古代治水文化的精神传承和升华，始终是从治水历史过程中去伪存真、去粗取精的不断矫正中汲取的精华。虽然水利精神在不同时期表现出不同的特点，但精华的本质核心都是一脉相承的，是在长期的与违背水利精神斗争中逐步形成的。

第二节　近代治水的开放意识

新中国成立后，中国水利积极学习国外先进科学技术，水利科学技术水平迅速提高。改革开放以来，中国水利水电建设开辟了国际视野。一方面，积极引进先进技术和管理经验，在施工和管理中与国际惯例接轨；另一方面，水利水电团队走出国门，在世界各地援建、承接工程，积极参与国际市场的合作与竞争，努力开拓海外市场。在这一过程中，当代水利人才勇敢地面对中西文化的碰撞，在这个过程中，实现了文化的交流与融合，体现了当代大禹面向世界的国际视野和竞争精神[②]。为世界各国的水利建设做出了贡献。

一、爱国精神与国际合作精神结合

云南鲁布革水电站是我国水电史上第一个引进外资（利用世界银行贷款）、实施国际竞标，首次采用国际惯例的合同文本并第一个实施工程监理制度的重点工程。由此，著名的"鲁布革冲击"在水利水电领域形成了，使

---

① 潘杰：《以水为魂——中国治水文化的精神传承（三）》，《江苏水利》2006 年 6 月。
② 尉天骄：《当代中国水利事业中的文化精神——新中国水文化精神研究之二》，《河海大学学报（哲学社会科学版）》2009 年 6 月。

中国水利水电队伍在思想上经受住了全面融入国际管理模式的冲击。经过多次反复试验，最终深刻地理解了国际竞争的含义，转变了思想观念，锻炼了队伍素质，提高了技术水平，并积淀成为闻名全国的"鲁布革经验"，为中国此后建立和推进工程监理制和项目经理责任制以及项目法人责任制等提供了示范作用。与国际惯例接轨是鲁布革经验的重要意义。所谓"国际惯例"是发达国家在长期的市场运作中探索的一整套适应市场的企业运行机制和项目管理体制。与国际接轨，树立国际竞争意识，不仅转变了工程管理思想，也促进了当代水利人文化理念的更新和发展①。

国境之内的国际工程的典型实例——黄河小浪底工程，其地质条件复杂、水沙条件特殊、技术要求高，水利枢纽工程规模巨大、施工难度大，是国内外专家公认的世界上最具挑战性的大型水利工程之一②。工程的建设不仅凝聚着中国工程建设者的心血，也同国外建设者先进的管理经验、施工设备和施工技术密不可分。国际承包商利用先进配套的大型施工设备以及新技术、新方法、新工艺、新材料建设小浪底工程。随着国外先进技术在小浪底工程上的应用，必然对国内水利工程施工技术的发展注入活力，产生重大影响。小浪底水利枢纽按照世界银行的要求采用国际招标，以意大利英波吉罗公司为责任方的黄河承包商中标承建大坝工程（一标）；以德国旭普林公司为责任方的中德意联营体中标承建泄洪工程（二标）；以法国杜美兹公司为责任方的小浪底联营体中标承建引水发电设施工程（三标）③。由于国际承包商的介入，国外先进施工技术在小浪底得到广泛应用和发挥。可以这样说，小浪底工程的主要施工技术代表了当今世界同类水利工程施工技术的现状和发展趋势，体现了与国际惯例的全面接轨。工程首次真正全面地遵循国际工程管理模式，实行"三制"：建设监理制、招标承包制和业主负责制。与国际接轨意味着不同文化和观念的碰撞与融合。在小浪底工地，社会主义制度

---

① 尉天骄：《当代中国水利事业中的文化精神——新中国水文化精神研究之二》，《河海大学学报（哲学社会科学版）》2009 年 6 月。

② 张东升、张宏先、李立刚：《小浪底水利枢纽坝基防渗与基础处理技术创新》，《黄河水利职业技术学院学报》2003 年 3 月。

③ 尉天骄：《当代中国水利事业中的文化精神——新中国水文化精神研究之二》，《河海大学学报（哲学社会科学版）》2009 年 6 月。

与其他社会制度在同一时空环境中共存，中西方文化差异十分明显。小浪底人在国际竞争中经受住了考验，焕发出了光彩，保障了小浪底工程已经提前完成，投资节约，质量表现优异，被世界银行誉为世行和发展中国家合作项目的典范，在国内外享有盛誉。"小浪底精神"已成为水利领域的旗帜。

爱国精神，是一种历史形成热爱祖国的思想、情感和行动。它是民族精神的核心，在建设人类命运共同体的新时代，加强水利建设的国际合作将越来越广泛。由于水与人类的生产和生活息息相关，人类各种文化的创造或多或少都带有水文化的痕迹。治水从来不是纯技术的活动，也不仅仅是工程的结果。在新社会制度的推动下，当代中国水利建设的伟大实践在工程建设方面取得了显著成就，也形成了社会主义时代的文化精神。中国传统水文化与这些文化精神有着密切的内在联系，其中时代创新特征尤其鲜明。应该指出，水作为一种自然资源，本身不能产生文化。人类只有在人类生产和生活与水的关系发生时，才有利用水、治水、节水、保水、接近水、欣赏水等作用，才能产生文化。同时，在人与水的关系中，这些独特而张力十足的文化成就又起到了"化人"的作用——不断吸收水文化的养分，滋养人们的精神世界，培养人们"乐水进取、若水向善"的情怀和品格。

二、自身文化优势与西方先进管理经验融合

世界是丰富多彩的，"物之不齐，物之情也"。经过长期治水斗争与实践对中华民族精神产生的培育具有深刻影响，已成实现中华民族伟大复兴的动力源。在相当长的历史阶段，我国长期处在一个稳定的先进文化氛围之中。古代人类文明水平的重要标志便是水文明史。尼罗河流域、印度河流域、两河流域和黄河流域是世界四大文明古国的发祥地。中国水文明起源于黄河流域，是世界水文明的重要组成部分。世界上有些国家领土狭小，自然条件简单，有些国家尽管自然条件具备但历史较短，有些国家历史悠久，但很少有记载。因此，就水文明而言，整个欧美相加才可与中国相比拟。而中国水文明的历史非常丰富，拥有一流的理论、一流的科学家、一流的技术、一流的工程，可以代表当时世界的先进水平[1]。古代中国的对外开放，从某种程度

---

① 张卫东：《中华水文明在世界水文明中的地位》，《水利发展研究》2003 年 5 月。

上讲是由地理环境决定的。一般都是人家送上门来的，如朝鲜半岛、日本列岛和南洋等国的人来到中国寻求先进文明。而对外主动走出国门的事几乎没有，也没有必要到海外去，更不会越过太平洋到美洲去①。近代以来，我国在水利工程理论和技术方面落后于西方发达国家。自中华民国以来，外国专家就经常被聘请来指导中国的水利水电工程。在 20 世纪 50 年代以前，大禹后人们很少有出国治水的经验，中国的水利水电事业也很少有机会与国际接轨，与外国人竞争。

群力治水是中国水利史上的一项传统。然而，过去的水利工程大多集中在小范围、小区域，当代中国水利事业体现了全国一盘棋的宏大视野，在整体布局和宏观规划上追求全国人民的互利共赢，为中国水利文化的优秀遗产增添了新的文化精神，形成了中国特色的水利行业文化与水利文化。在建设和管理方面，水利行业认真学习了国外同行的优势，如保证质量、文明施工、严格遵守程序等，大大地提高了自身的管理水平和精神境界。同时在此基础上，水利行业提出了"责任文化"的呼唤，并将此付诸实践。改革开放以来，当代水利工作者从勇敢地迎接国门打开后的猛烈冲击，到在碰撞中实现有效对接，从模仿引入自主创新，从耐心学习到积极参与，从自我研制、改革到对外出口，从合作对话到走向时代前沿。中国水利日益开放已逐渐登上了国际水利的大舞台，成长为国际水利水电领域的主力军，成为以可持续水利为支撑的经济社会可持续发展的实践者。这是改革开放以来中国水利史呈现的新作风和新精神②。

水利建设包括以供水、灌溉、挡潮、降渍、排涝、防洪等为目的的各种水利工程和其他有关水利建设。主要的水利工程类型包括水闸、船闸、堤防、涵洞、大坝、泵站、水电站、蓄（滞）洪区、渠道、水窖、水库、水井、河道等。人类建设水利历史悠久，自人类出现以来，就在水的认识和利用、监测网络、管理体系等相关方面积累了很多经验，形成了丰富多彩的水文化。在水利建设中，丰富的水文化遗产和绘画摄影、诗歌散文、水利精

---

① 葛剑雄：《河流伦理与人类文明的延续》，《文汇报》2005 年 2 月。

② 尉天骄：《当代中国水利事业中的文化精神——新中国水文化精神研究之二》，《河海大学学报（哲学社会科学版）》2009 年 6 月。

神、民间故事、人物传记、科学著作、宣传展览等相继流传，其中包括运河工程带来的水文化（京杭运河、灵渠）、水库工程带来的水文化（如密云水库、十三陵水库、丹江口水库）、大型水利枢纽工程带来的水文化（如长江三峡工程、黄河小浪底工程、都江堰水利工程）、调水工程带来的水文化（如郑国渠、南水北调工程、引黄济津工程、引滦入津工程）、堤防工程带来的水文化（如长江防洪大堤、黄河防洪大堤、淮北大堤、广州北江大堤、钱塘江海塘工程）、水利风景名胜区的水文化（如北京十三陵水库旅游区、广东飞来峡水利枢纽旅游区、河南黄河花园口风景区、安徽太平湖风景区）等等①。尤其是三峡移民，时间长，规模大，移民数量多，几乎相当于一个小国家的人口，这在世界历史上是史无前例的。在党和政府"舍小家，为大家"和"一户迁移万户安"的号召下，三峡移民从国家利益出发，积极支持国家重点水利工程建设，形成三峡移民精神，其主要内涵是：艰苦创业的拼搏精神、万众一心的协作精神、舍己为公的奉献精神和顾全大局的爱国精神。三峡移民精神是改革开放新历史时期中华民族优良传统的升华，也是中华民族在全面建设小康社会进程中的宝贵精神财富。

三、在"一带一路"建设中传播水文化

"一带一路"源自历史文化概念。人类文化的发展伴随着人类社会的发展，它是一定经济和政治条件的产物。人类文化的主体虽然有地域、民族等差异，但始终受到水的影响。任何一级流域经济区都是一个高度开放的系统。在上游干流和次级支流之间，能源、原材料、产品、资金、人员、技术和信息都有着密切的双向流动。对外开放是流域经济系统协调发展和整体优化的必要条件。虽然人造土地可以强行阻止部分能、物和信息的流动，但历史证明，同一流域的上、中、下游之间有客观的天然输水线路和水源线等。事实上，我们无法阻挡流域内的能、物和信息的流动。这是区域间专业分工协作、统一市场建设、民主文化传播的最有利的客观条件。水作为自然环境的重要组成部分，在地域分布上存在差异，不同自然环境和社会环境所创造的人类文化有着根本的不同，正如自然条件的分布不均衡一样，人类文化的

---

① 左其亭：《水文化研究几个关键问题的讨论》，《中国水利》2014 年 5 月。

发展与分布也极不平衡。正是由于这种不平衡，人类才更加努力地认识水资源，利用水资源，改造水资源，从而实现人类社会发展的共同进步和人类文化的共同发展。无论是古代人类社会生产的发展还是文化成果的产生和辉煌，都源于对自然尤其是水的认识和利用①。

　　根据文化地理学的理论，认为不同的文化区域可以基于语言、习俗、道德观念、艺术形式、宗教、社会组织和经济特征等地域文化特征的不同而划分，目前常见的有三种划分形式，即形式文化区、乡土文化区（或感觉文化区）和功能（或机能）文化区，其中以形式文化区的划分最为常见②。无论是古代"河流文化"的启蒙还是现代"海洋文化"的诞生，都是人与水之间密切关系的最好例证。江河湖海等自然形态的水为人类社会和文化的发展提供了环境保障，人类通过丰富多彩的文化内容表达对水的认识和理解，同时也在不断地发展和进化自我。新中国成立 70 年来，中国已建成了大量水利水电工程，规模效益大，居世界第一位，尤其是黄河小浪底和长江三峡等水利工程，已达到世界一流水平。中国水利技术标准的水平，反映了这些项目的水平，当然不低于国外先进标准所规定的水平。然而，我们不能因为科学技术的发展和物质发展水平的不同而擅自给各种文化贴上"先进"或"落后"标签。特别是"一带一路"沿线上的每一个国家和民族都有自己的文化传统和发展模式，都曾为几千年的人类文明史做出了贡献，都是全人类乃至全世界的宝贵精神财富。承载着文化和文明的国家和民族有大有小，但无优劣之区。不同的文化和文明，不仅需要"一带一路"沿线国家与民族的代代相传，而且需要以开放包容的心态相互学习借鉴，取长补短，共同发展。在"一带一路"的建设中，推进文化交流的过程中尤其要注意，互学互鉴不是刻意排斥，取长补短也并非是定于一尊。

　　因为水资源管理不仅是自然的，而且是社会治理的。由于自然因素最终也是人为因素造成的，因此水资源管理的实质是用文化人"治人"。传统文化是立足于地域性和民族文化观。随着科学技术和经济革命的全球扩张，

---

① 　张艳斌：《摘录学习：水与中华文明》，http://blog.sina.com。

② 　张伟兵、万金红：《我国河流通名分布的文化背景》，《河海大学学报（哲学社会科学版）》2009 年 3 月。

现代性文化突破甚至颠覆了地方、民族、阶级和国家的文化束缚。其结果有两方面：一方面是当地文化的减少甚至丧失，因此倡导民族文化的拯救已成为文化观的转向；另一方面，它又引发了全球性的生态危机。因此，呼唤传统文化向综合生态文化的转变，成为文化观的另一种趋势。加强中国与外国的文化交流与合作，适应了文化观念的变化，促进全球综合生态文明与江河区域自治政治文明的融合，推动人类文化生态的转型。水是万物的灵魂，是影响生态系统的重要因素。在生态保护工作中，有许多与水文化有关的内容。党中央提出了顺应自然、尊重自然、保护自然的生态文明理念。全面阐述了生态文明的内涵，倡导人与自然和谐相处的文明，坚持创新、协调、绿色、开放、共享的发展理念，解决人口增长和经济社会快速发展出现的水污染、水土流失、洪涝灾害、干旱缺水等水问题，实现人水和谐。

第三节　现代治水的哲学思想

长期以来，理论家一直认为中国古代的自然哲学相对贫乏。事实上，江河作为中国古代文明之一，孕育了几千年的中华文明。中国古代学者对这一自然现象的哲学探索和对这方面的哲学思考是非常丰富的。水是生命的源泉，在人类社会生存和发展中水是不可缺少的物质条件。存在决定意识。因为水与人之间的特殊关系，许多中国古代哲学家常常强调水在自然探索中的作用，中国古代思想家也提出过水是万物之本的思想观点。

一、河流辩证法思想

中国古代的水利思想，尤其是河流治理思想，其中蕴含着丰富的辩证思想。中国古代河流治理中存在着诸多矛盾，如分合矛盾、障疏矛盾、清浊矛盾等，在处理这些矛盾时要求我们辩证思考。因为水总是在运动和变化中，人们从水的运动和变化中感受到物质世界的生生不息，并概括上升到哲学高度。中国古代辩证法非常丰富，水的辩证思维也非常丰富，这主要体现在对水的辩证特征的认识上。河流是一个动态的系统，河床有冲有淤，河水有涨有落，"三十年河东，三十年河西"就是河道变化的生动反映，并且在中国还常用来描述事物运动变化频繁。《孙子兵法》里有"水无常形，军无常势"之说，虽然这一理论主要关于军事战争的，但这种概括已经上升到了哲学的高度。中国古代思想家从水温状态变化中发现了质与量关系的变化。例如，荀子在《劝学篇》中说："冰，水为之，而寒于水"，冰是在温度低时由水变化而来的。在同一篇文章中，荀子还说："积土成山，风雨兴焉；积水成渊，蛟龙生焉；积善成德，而神明自得，圣心备焉。故不积跬步，无以至千里；不积小流，无以成江海。"这些论述包含了量变导致质变的思想。在中国，也有人说"水滴石穿"。这些论述都是对质量变化规律内容的推测，但由于种种原因，前人没有总结出质量互变规律。马克思的自然辩证法告诉我们，事物的永恒运动和普遍联系是一个整体过程，要把握住事物的内、外环境的关系，探索事物构成要素之间的相互作用和变化规律，才能有效地认识和改造事物。比如我国西北内陆盆地有一个特点，就是干旱、少雨，以沙漠戈壁景观为主。在解放以前，凡是有绿洲的地方，基本上都是围绕着泉水。新中国成立以后，由于发展水利化，修了很多的水库，把山区的水源拦截起来了。拦截起来以后，当然有它有利的一面，把所有水源可以集中到一块，然后用渠道把水引到绿洲地区。结果有一个负面的反应，水在山区拦截以后，它就不能直接流到戈壁里面，而这个戈壁都是有大的石块，水通过戈壁就自动渗入地下，变成地下水。在绿洲，渗出地表，就变成泉水了。因此这个负面效果就是水到了水库里头，泉水就没有了。"坎儿井"是我国西部地区一个非常突出的一种水利工程，被称为中国古代三大工程之一，也是整个西域地区人民的一种创造发明，但是由于现在修建了大量水库，很多坎儿井都报废了。归根到底就是一个水资源的合理开发利用的问题。过去，水利工作者往往更多地研究水和河流，而较少考虑水与国民经济发展的关系。现在需要从系统的角度认识水的作用，即从更高层次上考虑水与社会发展和自然资源保护之间的关系，强调水利与国民经济发展之间的联系。

习近平生态文明思想充满辩证唯物主义，丰富和发展了新时代生态文明建设的辩证法。一般来说，整体等于部分之和，但在自然界中，整体往往并不等于各部分的简单相加。部分与部分之间、部分与整体之间的联系往往对事物有着决定性的影响。研究治水自然要分析自然变异的作用，但离开社会和社会对自然的干预来讨论治水，无异于盲人摸象。① 辩证思维是一种科学的世界观和方法论，要求用联系的观点观察问题，用历史的视觉分析问题，用发展的眼光解决问题，是中华民族精神的重要思想库之一。在治水过程中，疏堵结合的治水思想和方法已经转化为科学创新、解放思想、实事求是、统筹兼顾的辩证思维组成部分。自然辩证法是自然和科学技术发展的一般规律，同时也是人类改造和认识自然的一般方法的科学。水利工程建设作为一项协调人与自然关系的实践活动，必须遵循自然辩证法，用系统观、辩证观和科学发展观来统领新时代水利事业。

"当前和今后相当长一个时期，要把修复长江生态环境摆在压倒性位置，共抓大保护，不搞大开发。"对于其中的辩证关系，习近平总书记阐述得十分透彻："好像是泼了一盆冷水，实际上是给发展树立了一个前提，给产业树立了一个标杆。""通过立规矩，倒逼产业转型升级。""新形势下推动长江经济带发展，关键是要正确把握整体推进和重点突破、生态环境保护和经济发展、总体谋划和久久为功、破除旧动能和培育新动能、自我发展和协同发展的关系。""要设立生态这个禁区，也是为如何发展指明路子。我们搞的开发建设必须是绿色的、可持续的。"②"治好长江之病还是用老中医的办法，追根溯源、分类施策。开展生态大普查，系统梳理隐患和风险，对母亲河做一个大体检。祛风驱寒、舒筋活血、通络经脉，既治已病，也治未病，让母亲河永葆生机活力。"按照山水林田湖草是一个生命共同体的理念，针对查找到的各类生态隐患和环境风险，研究提出从源头上系统地实施生态环境恢复与保护的总体规划和行动计划。然后突破、重点分类施策，通过祛风驱寒、通络经脉，舒筋活血和调理脏腑、力求药到病除。"积极稳妥腾退化解旧动能，为新动能发展创造条件、留出空间，实现腾笼换鸟、凤凰涅槃。鸟得舍得换。原来的鸟飞了，笼子腾空了却没有新动能进来，不行；眼神不对，换进来的鸟对生态整治有弊无利，也不行。"③要用系统的观点统筹流域城市用水、节水灌溉、地下水、水土保持等，实行水资

① 周魁一：《防洪减灾观念的理论进展——灾害双重属性概念及其科学哲学基础》，《自然灾害学报》2004 年 2 月 29 日。
② 习近平：《在深入推动长江经济带发展座谈会上的讲话》，《人民日报》2018 年 6 月 14 日。
③ 习近平：《在深入推动长江经济带发展座谈会上的讲话》，《人民日报》2018 年 6 月 14 日。

源的优化配置和统一管理。

二、水灾害双重属性

灾害的双重性是对灾害性质的简单科学描述，是工程与非工程相结合原则的理论基础。同时，基于灾害双重属性的概念，对中国防洪减灾政策的完善具有重要的实用价值。为了经济有效地减少灾害，一方面要改善生态环境，减少洪涝灾害发生，继续建设防洪抗旱工程；另一方面，要调整和规范人类活动和社会经济发展减少灾害造成的损失。因此，洪水的双重属性理论应运而生。这一理论的渊源不仅吸收了国外防洪思想的新发展——可持续发展理论，而且继承了中国传统的治水自然观，与2000多年以前的贾让"治水三策"为代表的改造自然与适应自然相结合的思想可以说是一脉相承。双重属性理论的基本观点是，减灾的目标是从较少的投入中获得较大的减灾效益。要处理好工程防洪与非工程防洪的关系，改变无限制地提高工程标准、一味地依靠修建工程来战胜水灾的传统做法。

根据灾害既具有自然属性，又具有社会属性的特点。减灾也要采取两条有效途径：根据其自然属性，应当采取工程措施加以防范；根据其社会属性，应当调整国土开发和加强管理来适应自然规律。水灾的防治除了物质手段和措施外，还需要观念的转变和升华，以便采取正确的社会行为。一场特大水灾后，治水理论上必然会产生一次升华。例如，防汛抗洪实践促使我们深化了对洪水灾害的认识，提出了适应洪水规律的防洪对策，对防洪战略进行了重大调整，并提供了防洪出路。在新的防洪理念下，洪水响应应由严格的防御性转变为科学防洪，应从单纯的防洪减灾向洪水资源利用进行转变。当代水利理论的深化和战略思维的转变，对人文社会概念和工程思想的融合形成了减灾理论创新和理论创新的突出贡献。

辩证思维是马克思主义自然辩证法的思维方式。要求人们看待任何事物都要看两面，既要看到事物的优点，也要看到事物的缺点。在过去相当长的历史时期内，人类在对待洪水这一事物时缺乏辩证思维，都想方设法、尽最大努力将洪水排入大海，以赢得抗洪斗争。如果仅从防洪安全的角度来看，这种做法当然没有错，但在水资源短缺而又利用不足的地方，没能把洪水留住对供水和发电效率的影响也是显而易见的。所以应该辩证地看待洪水，既看到其自身可能造成洪涝灾害的劣势，又看到其内在的资源特征。合理开发利用资源，改善生态环境，为中华民族的生存和发展创造良好的环境条件。

三、河流环境伦理观

水本身是一种无生命的物质，但它却与其他无生命物质不同，因为水与人类生命息息相关。水缔造人类，不仅影响着人的情感和品德，更影响着人的社会心理和内心世界。在中国古代，许多著名的思想家、教育家和政治家都以水为隐喻来教育人民、教育学生，劝说皇帝。从哲学角度看，水具有"刚、柔、坚、韧、容、浮、和、善、献、淫"十大特性。刚：水射刃物，水滴石穿；柔：水汽相生，以柔克刚；坚：巍巍冰山，坚不可摧；韧：抽刀断水水更流；容：能容万物，浑然一体；浮：载舟浮桥，水力输运；和：无微不至，随物赋形；善：恩泽四方，滋养众生；献：蹈火灭灾，献身人类；淫：狂怒奔泻，恣意泛滥。由此可见，水不仅是宝贵的自然资源，更影响着人类的生存和发展；水也是一种载体，构成了丰富的教育资源，影响着人们的思想、观念和行为。水以其原始宇宙学的精髓渗透到人类文化思想的深层中。在漫长的历史长河中，随着人类对自然的认识和自身的进化，水已经从物质层面逐渐升华到精神层面。

习近平总书记关于山水林田湖草是一个生命共同体建设的思想，从生态文明建设的高度唤醒了人类尊重自然、关爱生命的意识和情感，这表明人与自然关系的伦理思考对人类社会的发展有着深远的影响。在环境伦理学的背景下，开启了新的一轮关于自然价值观、理想人格、德性伦理、公平正义的讨论，为推动绿色发展和建设美丽中国提供了指导。20世纪，人类在技术上取得了巨大的进步，创造了前所未有的灿烂文明。然而，进入21世纪以来，人类社会面临着控制人口增长、提高人口素质、合理利用资源、开发新能源、抑制生态环境恶化、提高生活质量等一系列问题。其中，文化和制度的缺失是主要原因，最令人担忧的是人为的消耗、浪费、破坏和污染。由于水的易得性，人们缺乏对水的极端重要性的认知。

道德是一种社会意识形态，是规范人与人、人与社会、人与自然关系的规范总和。它随着社会的进步而发展，包括道德观念和道德实践的发展。道德进步表现为道德客体的逐步膨胀，如从人类圈到环境、自然界等。环境伦理学的提出是道德进步发展的产物。社会道德的完善、个人素质的提高和良好的生活环境是人类社会道德进步的重要标志。人的存在不仅具有个体性，也具有社会性。共同体是由个人组成的，但个人只能是共同体中的个人。正是由于人类存在的个体性具有不可消解的特征，导致个体利益难以与社会利益相协调。正因为这个原因，总会有人犯下暴行和欺骗性的行为，决不能排除一些人在维护社会利益的旗帜下，剥削压迫多数人。所以，我们要重视对人权的保护，要彻底废除产权和市场经济体制，绝不能回到计划经济时期。然而，个人始终是共同体中个人。在行使自己的权利时，个人必须尊重社会的公共规则和他人的权利。就建设山水林田湖草生命共同体而言，我们不仅要通过污染权交易等手段激励人们（特别是企业家）以追求利益的方式节约能源、减少排放、保护环境，还要诉诸政治和道德等方式，唤起人们维护环境正义乃至生态正义的良知。更主要的是要用"维持河流健康生命"的治河新理念治理河流。

第四章　水利用科技

春耕夏播、秋收冬藏，人们按照这种规律进行农业生产，五谷才能得以生长。如果你任作物自然生长，则后稷的智慧就不能展现。同样，如果听任洪水自流，则大禹就不会有治水的功业。显然，水利科学技术在水利建设中的快速发展和巨大作用是显而易见的。新中国成立初期，黄河三门峡水利枢纽的建设主要依靠苏联的专家和技术。然而，由于众所周知的原因，苏联专家撤离，中国的水利技术人员"丢掉洋拐棍"，依靠自己的力量迅速成长，先后建成了一系列先进、复杂的水利工程。70多年来，水利科学技术的进步一直是水利现代化的强大推动力，像长江三峡等高坝大坝的筑坝技术、黄河调水调沙与多泥沙河流治理、南水北调的千里灌渠建筑技术、水土保持小流域治理和小水电开发技术、水文水资源理论与应用一直处于世界领先地位。

第一节　水利传统技术与现代科技结合

水利技术是水利科学和水利技术的总称。随着社会的发展，水资源利用技术在社会经济快速发展的背景下取得了进步。水利技术的不断创新和可持续发展为水利事业作出了巨大贡献。但是，水利科学技术的发展还存在一些不足。随着水利科学技术的不断发展和社会经济发展的不同阶段，水资源利用的科技含量也不同。不同时期，水利工程建设的重点不同，如水利工程建设或水系景观建设、水资源保护、水系生态恢复等。在特定的历史时期，水利科技的发展有其特殊的时代要求。紧密结合时代特点，是充分发挥水资源科技开发功能的保证。

一、传统农田水利技术革新

传统农田水利建设是发展水利、遏制水害的综合措施。由于进入农业社会以后灌溉用水在水资源用量中占有很高比重，所以人类都十分重视灌溉用水活动及与之密切相关的农田水利设施。我国的地形地貌决定了河水从西向东的流动，从而人们可以通过疏浚来避免洪水泛滥，开渠引水入田发展农业生产。因此，在传统农田水利建设中应该注意处理好人与自然的关系，围绕实际问题挖潜改造，将我国农田水利科学技术提高到新的高度。例如，准确收集作物水分信息，通过分析结果准确控制水量，从生理角度调整作物水分利用，提高水资源的利用率等方面都取得了可喜的进展。

农业生产依靠河流、湖泊等水资源，利用农田灌溉渠道对地面农作物进行灌溉，是当今国内外普遍应用的农田水利技术，它的基本特点是用水便利，但对水资源浪费很大。随着人类对水资源的开发利用，可供利用的淡水越来越少，节约用水已经成为全球农业灌溉的重中之重。为了节省灌溉成本，农业生产者在发明沟渠灌溉的基础上，采用覆膜技术进一步提高灌溉效率和沟灌，建立了系统的沟灌模型。除改善沟灌外，还可积极促进喷灌和滴灌，使水流成为滴水，即可以显著降低耗水量，特别是利用地下管线实现回流，节约用水达50%以上。

现代农田水利不仅初步解决了水稻、小麦、玉米等普通作物大规模生产的科学用水问题，而且在水果等经济作物的灌溉方面也实现了较大的突破。

如近年来出现的一种新灌溉技术——间歇灌溉。间歇性灌溉的优点是它能形成涌流模式，使沟中的流速更快，并确保水能够均匀地渗入沟渠中。与通常的做法相比，节约了约50%的水，如果借风灌溉，可以持续提高效率。要加强对灌区不同种植条件下的不同作物需水量研究，特别是随着作物种植结构的调整，各种经济作物需水量的研究，寻求不同生长条件下的节水高效规律，制定不同供水、气象、农艺和管理条件下的节水高效灌溉方案，利用现代化手段进行实时灌溉。

二、工程勘测施工技术创新

在目前我国水利工程勘测中，洞探、坑探、槽探等地质勘探方法得到了广泛的应用。水利工程勘察技术包括工程地质勘察、工程物探检测、工程勘探、工程测绘、水文勘测及试验与监测技术等。如何积极采用新技术、新方法和新工艺，提高勘察技术水平，缩短勘测周期，减少对生态环境的影响，是工程勘察行业面临的共同问题。中国的土木工程建设中广泛采用明渠坑挖、明挖、槽挖，边坡开挖改变了原有的自然地形地貌，忽视植被恢复、爆破开挖、乱抛弃矿渣等对工程区的生态环境造成了一定的影响，与建设生态友好型水利工程的要求不相适应。

要对新的施工技术进行研究，为工程建设的规划、设计、施工和使用提供地质资料和依据，最大限度地减少工程建设对自然环境的影响。在水利工程的设计阶段，本着和谐发展的理念，为植物生长和动物栖息地创造条件，为鱼类产卵、鸟类与水禽提供栖息地和庇护所，注重防治疾病发生和流行及防治病虫害。在项目建设阶段，应优先采取环保技术措施，使用有利于植物生长和动物生长的环保材料。在景观改善方面，运用水利美学原理，设计形态优美、景观和谐的水工建筑物。

中国水利工程建设经过长期发展，在总结历史经验教训的基础上，以可持续发展为战略思想，积极组织科技力量进行科学探索和现代化建设。从传统水利向可持续发展和现代水利转变，以水资源可持续利用为核心，适应水环境与生态建设、污水排放规律及发展趋势的需要。对平原河流、山区河流、水库、湖泊等典型水体的生态修复方法进行创新，提高了水资源利用和管理的科技含量，地表水、地下水和地表水的结合有效地解决了农业、人类和动物用水中的一些问题。随着水资源的开发利用和水文自动预报技术的日益成熟，观测精度和自动化程度不断提高。水文数据库建设和水文分析取得了重大进展。在水文循环研究中，发展了与大气和水圈研究相关的新领域。同时，我国水文要素常规检测仪器设备已标准化、国产化，检测精度可与国际先进水平相媲美，防洪减灾取得了成效，调控科学，效果显著。依法运用政府应急机制和治水措施，为防洪提供保障。

三、雨洪预警预报技术创新

众所周知，降雨是水循环过程中的关键因素之一，是水文模型研究中最重要的基础数据输入和水文计算预报，也是陆面水文过程的主要输入动力。因此，降雨时空分布的高精度观测与预报是研究降雨洪水模拟预警预报的基础和前提。总的来说，持续降雨或短时高强度降雨是雨水和渍涝的主要驱动因素，特别城市化流域汇流面积相对较小（通常是数百到数千平方公里），而中国降雨的时间分布极不均匀，七天暴雨强度高达 2050 毫米，部分地区暴雨和洪水几乎每年都会发生。目前，降雨观测手段很多，包括地面站观测、卫星遥感和天气雷达估计。这三种方法最大的区别在于站点观测主要基于地面记录上的某一点，而气象雷达和卫星系统则从侧面或上方遥测降雨。地面观测降雨量直接用于洪水计算的空间均值，而气象雷达和卫星观测数据需要通过特定的算法进行处理，以计算地面降雨。这三种方法各有优缺点。它们常常在具体应用中相互补充。2000 年，中国开始建设新一代天气雷达网，以提高天气预报精度，增强对洪涝灾害监测预报能力。雷达雨量观测技术的发展为水文学研究提供了重要支持，进一步提高了降雨洪水模拟预报能力[1]。

精确降雨预报是突发性洪水预报的关键因素。例如，短时和暴雨定量预报（QPF）是城市暴雨洪水预报预警重要的前提条件。目前，国际上已开发出许多先进的 QPF 系统，包括地面中尺度观测数据、探测数据、闪电数据、风廓线数据、雷达数据和中尺度数值天气预报，以提高预报的时空精度。随

---

[1] 宋晓猛、张建云、王国庆、贺瑞敏、王小军：《变化环境下城市水文学的发展与挑战——Ⅱ. 城市雨洪模拟与管理》，《水科学进展》2014 年 9 月 30 日。

着观测预报技术的不断发展，数值模型的时空分辨率和物理过程都得到了提高，QPF的时空分辨率、时间效率和精度也得到了很大的提高，基于集合预报的实时QPF和实时QPF预测技术，改进了数值模型的验证和修正技术。该研究为极端暴雨灾害的预警预报提供了有力的支持，为应对突发性灾害天气提供了有力的支持。

20世纪60年代以来，计算机模型在流域水文模拟中得到了广泛的应用。到目前为止，已经开发了数百种流域水文模型。然而，城市暴雨洪水模型最早始于20世纪70年代，最初是由一些政府机构进行的(如美国环境保护局)组织开展模型研究和开发。目前，城市暴雨洪水模型已从简单的概念模型发展到复杂的水动力模型，从统计模型发展到确定性模型。一般来说，该模型包括降雨径流模块、地表汇流模块和地下管网模块。纵观城市雨洪模型的发展，模型大致可以分成以下三类：①将水文学方法和水力学方法相结合，分别用于模拟城市地面产汇流过程及雨水在排水管网中的运动，该方法基本单元是水文概念上的集水区域，所以其计算结果仅能反映计算范围内关键位置或断面的洪涝过程；②采用一、二维水动力学模型模拟城市内洪水的演进过程，该方法可以充分考虑城市地形和建筑物的分布特点，较好地模拟城区洪水的物理运动过程，并可详细提供洪水演进过程中各水力要素的变化情况；③利用GIS的数字地形技术分析洪水的扩散范围、流动路径，从而确定积水区域，该方法以水体由高向低运动的原理作为计算的基本依据，所提供计算结果仅能反映城市洪水运动的最后状态，不能详细描述洪水的运动过程。要加强水文监测站网、信息应用、信息监视、预警和预报等软件系统、多功能信息中心、视频监视系统的建设。

第二节　水利生态与环境技术融合

人类是自然统一体的一部分，属于自然世界。人的自然世界是人类赖以生存的基本条件。因此，人们应该主动调整与外部自然世界的关系。为了创造一个更适合人类生存和发展的环境，人类不仅要限制自身的繁殖，克服和改造不力的自然条件，还要注意对自然的细心保护和适应。正如英国哲学家弗朗西斯·培根所说："要支配自然，就需服从自然。"生态与环境相结合的科学技术是进一步认识和正确应用自然规律的产物。要以生态水利为目标，积极采用先进的技术措施，增加对水文、气象、地理、环境、生态等学科的科研投入，建设生态环境友好的大型工程，提高防治水害和开发水利的能力，实现水利可持续发展。

一、生态环境友好型水利建设

协调好人与自然之间的关系是建设生态水利的前提。在生态水利设计中应该充分分析当地自然优势，在尊重自然的基础上使生态环境变得恰到好处，对于水体的保护应该注重水土的保持以及水质的净化，使水利工程的蓄水功能得到进一步优化。近年来，中国水利规划的环境影响评价已经开始。在一些流域或地区进行基础研究的同时，已经逐步建立了相对完善的评价理论、标准、技术和方法，开发环境友好型水利规划设计技术，研究流域水资源开发时产生的生态累积效应和影响，研究水库淹没、坝堰及径流调节对生物资源和环境的影响，利用水利工程来改善生态环境，是我国区域环境评价的一个重点。

调水技术是目前我国影响较大的水环境技术。建立水库灌区水资源优化调度的数学模型，根据径流量预测蓄水工程及灌区作物种植结构的调节蓄水能力，并结合输水渠系的输水能力以及需水情况等因素进行综合分析。从而合理配置灌区水资源，优化调度，提高供水保证率。在多灌溉水源地区，将分散灌溉的地表水和地下水工程结合起来，确定水资源的最优配置方案，并与自动控制技术相结合。实现农田供水分散水源的集中控制和统一调度，实现有限水资源的高效利用，提高灌溉保证率。在运输配水节水工程技术中，提出渠道刚性衬砌抗冻胀破坏的内力计算和结构设计方法，筛选出新型的抗冻胀、防渗输水技术和先进实用施工技术，形成渠道防冻胀、防渗、高效输水工艺一体化模型[1]。

节能技术是水环境技术不可或缺的重要方面。人们进行节水工作必须配备节能技术。例如，使用低压喷灌和风能技术。由于农业技术和习惯的干

---

[1] 许建中、李英能、李远华：《农田水利科学技术新进展与展望》，《中国水利学会专业学术综述（第五集）》2004 年 6 月 30 日。

扰，中国农业普遍面临着水资源利用不高的问题。农业技术必须普遍采用与水利技术相结合的方法，这样才能够起到避免浪费水资源，不破坏地下水结构，并利用好丰富的地下水，充分体现节水保护理念。

二、开挖弃料的利用及施工场地修复

水利水电建设工程是人类建设施工产生弃料最多的行业之一，比如大坝、船闸等基础的开挖都要产生大量的弃料。首先要把这些弃料变废为宝，作为水利水电建筑物中的建筑材料来源用好，充分利用好这些既经济又实惠的天然建筑材料。但在利用这些材料过程中又难免出现过期而硬结的水泥等不能利用的废料。还有水利水电建设施工中基础开挖出来的弃料，若不进行特殊处理，将危及人和动物的生长和生命安全，将给各种水工建筑物造成极大危害，将造成严重的水土流失，导致河道淤积、堵塞，致使生态平衡严重失调。

水利工程环境地质是工程建设环境与地质环境的叠加。它们相互补充、相互制约，形成统一的工程地质环境系统。具体而言，水利工程环境适应地质环境，而地质环境制约水利工程环境。在水电工程，特别是大型水电工程建设中，由于大坝、电厂、引水隧洞、道路、料场、坝等工程体系的建设，地表的地形地貌将发生巨大的变化。然而，山体大规模的开挖往往会改变边坡的自然休止角，在山坡前缘出现高陡临空面，导致边坡失稳。此外，大坝的建设和大量的废渣倾倒会因人工加载也会造成地基变形，这些都很容易诱发滑坡、崩塌、泥石流等灾害。

在我国的水电开发历史中，对地质环境条件和地质灾害风险，长期以来缺乏充分的和正确的认识，导致了许多灾害事件和不必要的重大损失；同时由于认识的局限，对于我国西部水能资源开发条件也作了过于乐观的估计。以川渝滇黔藏五省区为例，其水能资源的蕴藏总量和可开发量分别占到我国的 67.8%和 70%。但是有一个现象却往往被人忽视，这就是目前提供的西南地区水能的可开发量与蕴藏量之比为 49.1%，远低于全国 56.0%的平均水平，与全国的其他地区相比也是最低的。而这还是根据传统意义上的水电开发技术经济条件确定的，尚未充分考虑地质环境以及生态环境因素的影响。根据党中央新的治水思想，水利工程必须承担水利建设和生态保护的双重责任。要高度重视环境地质对水利工程的影响，重视规划、设计、施工、运行、管理各阶段的生态环境变化，并提出相应的对策和措施。在大河流域发展中，水利水电工程的规划、设计、施工、运行和水库运行应充分考虑生态环境的要求，尽量减少对生态环境的不利影响。

三、防污治污的国际性长效技术

国际经验表明，水环境防污治污要走外部减排、内源清淤、水净化、生态修复的技术路线。外源阻断要从城市截污纳管和面源控制两方面入手。要建立完善的污水收集系统，将污水截流纳入收集处理系统。城市非点源污染控制技术主要包括海绵城市等各种低影响城市发展技术。从源头上削减污染物的直接排放内源控制技术，通常包括两种疏浚技术：一种是疏浚后对湖泊（河流）进行排水，另一种是利用疏浚机直接从水中去除泥沙。后者被广泛使用。排沙疏浚可以较快地改善水质，但排沙过程容易由于干扰而大量的入水体影响水体生态系统的稳定性，具有一定的生态风险。

水净化技术是解决水污染问题的根本途径。现在除了使用人工湿地技术、絮凝沉淀技术、人工曝气、稳定塘、生态浮岛等净化技术外，还有电子束处理工业废水技术等高新技术。特别是电子束处理工业废水技术是利用高压电站加速的电子束辐照污水，达到氧化分解和消毒的目的，被国际原子能机构列为21世纪和平利用原子能的主要研究方向。包括九名院士在内的专家组鉴定认为，我国研制的电子束处理工业废水技术中的专用设备突破了当前降解废水处理的技术瓶颈，实现产业化后可广泛运用于印染、造纸、化工、制药以及工业园区的废水处理，能大幅度提高我国工业废水治理水平。然而，这些技术都需要相关条件的配合。例如，"污水截流"需要有完善的污水管网和污水处理厂，"清淤"需要实现对外部污染源的有效控制，避免后续淤积。

建立生物缓冲带。国外研究显示，缓冲带可显著拦截农田径流中的泥沙、病原体等，其中可以截留农业面源污染物中超过50%的氮、65%—95%的磷，对灰尘、有害气体也有吸附和分离作用。生物缓冲带作为生态基础设施之一，是"绿水青山"的一部分，需从生态文明建设的高度进行谋划。目前，人们对精神享受的需求日益增加，休闲旅游已成为首选方式。与此同时，人们开始重视水资源和环境建设。要开发和完善适合我国国情的生物缓冲带工程技术等。只有通过优化水空间的管理，人们才能提供更舒适、良好的休闲空间。

第三节　水利自然科学与社会科学综合

从学科分类的角度看，以往的治水技术仅限于自然科学范畴，只是一种研究水规律和建设水利工程控制利用水的技术。基于水生态文明理念的治水方略，是自然科学与社会科学相结合的一门更为广泛的学科体系。这种结合反映了当代科学发展的鲜明特征，进一步强调了基于分析的整合的总体趋势。在人们重视水在环境中作用的同时，迫切需要恢复水生态系统的自然生态功能。为了恢复生态系统，水不仅应该是干净的和美丽的，而且要充满活力。目前，许多发达国家已将水生态系统恢复作为水利科学发展的重要组成部分。中国正逐步回归生态系统，按照自然生态规律进行经济技术创新。

一、学科交叉分析综合

科学的发展在不断深化。从科学发展的历史来看，在发展的早期阶段，它是人与自然的统一系统。然后，随着文艺复兴运动的推进，科学的发展逐渐渗透到对客观世界各个组成部分的性质的研究中，学科分立也开始了。分解加深了人类对自然的理解。然而，科学被分成不同的学科，不是因为研究对象的本质不同，而是因为当时人类认知能力的限制。分解也切断了各学科之间的联系，阻碍了对事物本质的深入理解，甚至形成片面。因此，在科学的进一步深化中，必须把相关学科联系起来，共同开创一个全面交叉的时代。

在中国科学传统中，尤其强调人与自然的和谐、直觉的体验、有机联系和整体协调。随着现代科学技术的发展，人类影响和改造自然的能力日益增强，甚至接近地球有限的资源和环境的极限。同时，自然对人类干预的反应也越来越重要。因此，在进一步发展中，有必要把社会科学和自然科学综合研究的进展和理论思维联系起来。例如，防汛抗旱是一门具有自然背景、丰富经验和综合性的独立学科。防汛抗旱减灾不仅仅限于工程建设，而且与社会、环境、经济、资源条件密切相关。它的成败直接受到社会因素的制约。因此，跨学科的渗透将变得越来越普遍。从灾害的双重属性来理解，社会不仅是灾害的载体，大规模的人类活动往往是灾难性的触发器。同时，随着人类对自然改造能力的快速增长，这种干扰不仅成为灾害发生的原因，甚至会超过自然因素，成为第一致灾因素。

可见，在减灾领域，应特别重视综合研究。这是长期以来，中国作为一个农业大国所循之历史规律、社会规律，所至自然规律。正如马克思曾精辟地指出："亚洲的一切政府都不能不执行一种经济职能，即举办公共工程的职能。这种用人工方法提高土地肥沃程度的设施靠中央政府办理，中央政府如果忽略灌溉和排水，这种设施就立刻荒废下去。"① 因此，在防汛抗旱管理中，除了国务院副总理领导下的国务院防汛抗旱总指挥部外，还有区域间、产业间联合流域会议（如太湖流域水环境综合治理省际联席会议）、领导小组（如淮河流域水资源保护领导小组）和委员会会员协会（如黄河中上游调水委员会）等流域协商机制在促进流域管理中发挥着重要作用。

二、学科综合研究聚焦

对于具有多个因素的动态复杂系统的研究，科学本身需要将整体分解成部分。随着科学的进一步发展，为了全面理解复杂系统，有必要从整体与局部、整体与外部环境的融合的角度来审视其研究对象。学科整合是以客观世界的独特性为基础的，即客观世界是相关部分的有机结合。因为每一个主体的客体都是客观世界的一部分，所以研究对象与系统的其他部分之间的关系是不可忽视的，以便了解对象的整体面貌和本质。这也是近几十年来有关学科解决复杂问题的基本原因。

恩格斯在一百多年前的精辟论述和远见卓识："不管自然科学家采取什么样的态度，他们还是得受哲学的支配。问题只在于，他们是愿意受某种坏的时髦哲学的支配，还是愿意受一种建立在通晓思维的历史和成就的基础上的理论思维的支配。"② 从水科学的角度来看，自然科学的分支不仅直接关系

---

① 《马克思恩格斯选集》第 2 卷，人民出版社 1972 年版，第 64 页。
② 恩格斯：《自然辩证法》，人民出版社 1971 年版，第 187 页。

到水利的相互联系，也与社会、经济和环境影响密切相关。由于治水问题的边界条件非常复杂，具有很强的经验性，因此历史经验很有价值，特别是在宏观问题的研究中。其中，历史与水利的交融与融合有其自身的优势。它不仅拓展了认识事物的时间和空间，而且进一步激发了研究工作的生命力。它被称为"历史模型"。灾害双重性是对灾害本质的简单科学描述，是工程与非工程相结合原则的理论基础。同时，基于灾难双重属性的概念，中国防洪减灾政策的建设具有重要的实用价值。水生态文明理论的建立，正是吸收了我国历史上的传统治水理念和国外水利科学的精髓。

必须聚焦学科融合。由于不同学科的研究对象、发展过程和研究方法不同，它们之间的分化和异化已经形成了很长一段时间。特别是在社会科学和自然科学之间，交融更难。在科学发展中，定量研究是进步的重要标志，结果的重复性检验越来越受到人们的重视。由于过分追求量化和形式化，忽视了对理论问题的辩证思考，科学有时离它应该根植的现实世界很远。例如，人与天、人与地、人与水的关系是密不可分的，但它们是人为分离和分裂的。在防洪工程领域，长期以来只偏重研究控制洪水，但防洪减灾的最终目标一直被忽视。

三、流域统一管理与专业管治结合

现代管理技术和流域统一管理反映了现代管理的两个重要方面。在信息收集、预测和决策中应充分发挥高新技术的作用，而且要使管理过程具有开放性、民主性和科学性。既要加强公民法律意识教育，又要有完善的法律法规体系。中国水利建设普遍采取因地制宜的政策，围绕流域开展水利建设。虽然这有利于水资源的利用，但对于没有水或缺水的地方，是没有利益可言的。这就要突破水利发展的局限性，实现依法治水，合理用水。

无论是在中国还是在世界其他国家，解决水资源短缺的传统方法都是依靠工程技术手段。但从本质上讲，是水资源在经济社会发展中的需要，还是水资源对经济社会可持续发展的支撑，都有两个原因，即还需要政策、体制和管理支持。中国的水利资金状况和水利技术条件在某种程度上，是特定的水资源政策、制度安排和管理方法的产物。因此，可以说，中国的水资源政策、制度和管理实际上是最终的决定因素，并日益成为影响缺水形势的最重要因素。在这种情况下，如何通过政策、制度和管理手段合理开发和优化水资源配置，已成为水利工作的中心任务。

总的来说，经过长期的实践，中国的水管理制度不断发展，基本形成了中央与地方分级管理相结合、一元化管理与专业化管理相结合、流域管理与行政区域管理相结合的水管理制度。这种体系考虑了国家治理结构和水资源禀赋特征、水资源的自然属性和社会经济属性、中国水旱频繁的客观现实、中国需要大力发展的阶段性特征，切实加强了水利基础设施建设，调动各方解决问题的积极性，为统筹解决各种水问题及水安全能力提供了较好的制度保障，基本符合中国国情和水环境。现代水利建设是在掌握水利建设最新成果的基础上，根据我国经济现状和实际需要而进行的。同时，要及时更新计算机技术、管理观念、监测预报功能，充分发挥这些高新技术在水利建设中的应用，形成有特色的水利工程建设体系。进一步理清水利各项工作的职能界限，部门之间适当调整职责，加强统一管理，加强流域管理，发挥社会协同作用，尽快完善水资源利用体系。

第五章　水治理制度

"治理"起源于"转向"一词。在中文中"治"字是水字旁，首先包含流水、治山理水的意思。水治理和传统的水管理有所不同，包括经济用水和生态用水、农业用水和城市用水、地表水和地下水、上游和下游之间妥善解决水资源利用的尖锐矛盾；科学处理开源与节流、供水与需水、用水与污染防治、水资源短缺与浪费的辩证关系等各个方面。

第一节　水法律法规

在我国，水利法规早在春秋时期就已经出现。从春秋时期"无曲防"的条约算起，到民国时期制定近代第一部《水利法》，我国的水治理制度已有2000多年历史。原有的水利法规大多是单一的法律法规，对某一水利范畴，或相关规定附于国家法，然后逐步完善。新中国成立后，特别是改革开放以来，当代水利在法律法规建设方面超过了历史上任何一个时期。尤其是全国人大 2002 年颁布的《中华人民共和国水法》，是以往时代从来没有过的，标志着依法治水进入了新阶段。

一、水利规章条例向法规法律过渡

水利工程效益往往涉及多方面，涉及许多人的经济利益，甚至涉及生命财产安全。由于这些利益与同一水体相连，因此需要协调各方利益的规则。这条规则最初是作为惯例出现的，然后以条约的形式固定下来。这就是原来的水法。

水法的出现是水利发展的重要标志。世界上第一个完整的法典，是巴比伦时期《汉穆拉比法典》，对防洪工程明文规定："如果某人忽视维修堤防而造成决口，他应赔偿由此给其他土地所有者带来的损失。""如果一个人打开灌渠灌溉，但因偷懒，致使水冲坏邻人的田地，那么他应按照邻人(的收成)赔偿大麦。"[①] 春秋时期，楚国的国家法典中已有关于水利管理制度的规定。秦代的田律也有要求地方向中央上报降雨情况和不许"壅堤水"的规定。唐代刑典中规定水资源系公共财富，不得私人垄断，盗决堤防者视情节予以重罚等。此后历代的国家刑典都沿用类似的条例。

随着水利事业的进一步发展，原本附属于国家法律的水利条款开始独立并纳入国家水利综合法律法规之中。最早的国家水利法规是唐代的《水部式》和中央水利立法。今天的《水部式》只是一个残卷，只有 29 条，约 2600 字，其内容包括农田水利管理、水磨、磨机设置和用水的规定、运河船闸的管理和维护、桥梁的管理和维护、内河船舶和水手管理、航运管理、渔业管理和城市航道管理等相关内容。《水部式》是我国现存最早的中央政府水法法规，它的出现是社会发展和水利事业发展的必然结果。然而，自那时以来，未见全国性的综合水利法规。直到近代，新的水利法才被国民党政府行政院颁布实行[②]。

---

① 《汉穆拉比法典》第五十三条、第五十五条，高等教育出版社 1992 年版，第 38—40 页。
② 孔玲：《中国古代水利法规研究时德青》，《水利发展研究》2008 年 7 月 10 日。

二、水利专项法规向国家大法升格

水利法规的建立是社会生产和经济发展到一定阶段的产物。它直接关系到人们生活和生产中对水的需求不断增加。当天然水不能满足人们的需要时，水的法律法规应运而生。水法律法规是用来衡量是非，解决用水过程中的矛盾和纠纷的法律法规。因此，其规定必须具体、明确、简单、易于操作。水法的主要经济目标是保证有限的水资源得到综合利用，从而达到最大的经济效益。权利义务关系是水利法律法规的基本精神。

按照亚里士多德的经典定义，"法治"即"依法而治"并且是"良法之治"，则"生态文明法律制度"的内涵也可从两个层面理解：其一，弘扬法律权威，生态文明建设应"依法而治"；其二，法治是"良法之治"，"生态文明"为"良法"提出要求并提供标准。比如《中华人民共和国河道整治条例》由中华人民共和国国务院令第3号于1988年6月10日公布实施。条例规定，国务院水行政主管部门是国家河流的主管机关。《条例》规定了河道整治、河道保护、拆除障碍物、河道整治资金和违章处罚。

任何一个被称为法律体系的系统都必须关注超越特定社会结构和经济结构的相对性的某些基本价值。立法目的与价值有关，是价值取向最直接、最明确的表现形式。具体表现在如何实现保护优先、统筹规划、综合治理、合理利用、政府主导、公众参与、分工负责、协调配合、保证水量、优化水质、改善生态、畅通航道等预期目标。吸取历史教训，借鉴古代水利法规的智慧，努力解决现代社会发展中的人水矛盾和区域用水矛盾，进一步发展水利，改善民生，促进人与水的和谐，尽快实现社会主义和谐社会，构建生态文明。

三、完善配套法规到严格依法治水

作为中国环境保护领域的基础性、综合性法律，新修订的《环境保护法》（2015年1月1日正式实施）明确了生态环境保护的基本原则和制度，在完善监督体制、完善政府责任、提高违法成本、促进公众参与等方面取得了突破性进展。这些突破为进一步保护和改善环境，促进生态文明建设提供了有力的法律保障。在不断修改完善《中华人民共和国水法》的同时，我国用法律形式协调和规范水资源综合开发利用，节约、保护水资源，防治水害等各项活动的法规日趋完善，与水有关的各项社会经济活动和关系方面基本有法可依，明确了流域水资源管理和流域管理的管理体系。《水法》设定的法律制度和主要原则有水权制度（国家所有）、水资源管理制度、水资源科学和调查评价制度、水资源统一规划制度、水工程建设的审批和管理制度、计划用水和节约用水制度、制订水长期供求计划制度、取水许可制度、有偿用水制度以及解决水事纠纷的原则和程序等。

中华人民共和国《水土保持法》明确了国务院水行政主管部门负责全国水土保持工作。林业、农业、国土资源等有关部门按照职责做好水土流失防治工作。综合协调天然林保护、退耕还林还草、草原保护建设、保护性耕作推广、土地整治、城镇建设、城乡统筹发展等相关水土保持内容，凝练提出水土保持区域布局。要求各级政府将水土保持纳入本级国民经济和社会发展规划，并从加强组织领导、健全法规体系、加大投入力度、创新体制机制、依靠科技进步、强化宣传教育等方面，提出了规划实施的保障措施。《中华人民共和国水污染防治法》明确了县级以上人民政府环境保护主管部门应当对防治工作实行统一监督管理。水污染防治、水行政管理、国土资源管理和重要江河湖泊水资源保护机构在各自职责范围内对水污染防治工作进行监督管理。

法律的权威在于其实施。就生态文明建设而言，执法难已成为制约生态文明建设和法治建设的核心问题。目前，中国采取了"统管""分管"的监管模式。环境保护部门是"统管"部门，"环境保护工作统一监督管理"，而"分管"部门包括土地、矿产资源、林业、农业和水利各级行政主管部门，依法治理和控制某些污染源或者保护和监督某些类型的自然资源。统管部门和分管部门之间没有执法地位平等，不存在行政上的隶属关系，由于这种制度安排，环境管理依赖于各部门之间的协调与合作。在实践中，部门保护主义和条条主义盛行。要解决这一问题，必须明确统管、分管部门的地位和职权权限，理顺环境职能的监督体系，加强环境执法队伍建设，保障财政资源、人力、技术、执法手段的支持。

第二节　水治理政策

一般说来，水治理政策由自然体系和社会体系两大体系构成。所谓自然体系是指人与水关系的研究体系，而社会体系是指围绕治水专门协调人与人之间关系的体系。在当今环境保护与经济增长同等优先的浪潮中，建立水环境治理政策体系是经济社会工作的重点和方向。出台一个好的政策提高水生态环境治理效率又是重中之重。具体包括水利设施产权、政府投入、"一事一议"、投融资机制等政策。

一、水利政策效率的基石

明晰产权主体关系是提高水利政策效率的基石。水利设施投资既有政府投入，又有集体投入，还有农户投入，一旦资产产权混为一体模糊不清，建后的运行管理就成为大问题，即使勉强使用也难以发挥其最大效益。因此，要把明晰产权作为加强水利设施产权管理的基础。要按照水利设施实际投入的数额和比例，根据实物形态资产在运行中作用的大小，明确产权构成，分类分级确权。以国家投资为主修建的水利设施产权属国家所有，由市县人民政府授权市县水行政主管部门行使出资人权利进行资产的处置和监管；以乡村投资为主修建的水利设施，要按照所有权和经营权相分离的方式来确定水利设施的产权；以农户自用为主的小型水利设施，即使其中有国家补助资金所形成的资产，农户也拥有其完整的产权，这类水利设施要实行由农户"自建、自有、自管"的政策；以国家、集体和群众共同投资投劳修建的水利设施所形成的资产，其产权属水利设施受益范围内的用水户合作组织所有；以社会法人、自然人或股份合作制等形式投资为主修建的设施所形成的资产，其产权属投资者所有，若有国家补助，则国家补助部分所形成的资产由市县人民政府委托市县水行政主管部门持股参与经营管理，也可转让给个人经营。

构建由联合农户行使产权主体职责的共有产权制度。组建以水利设施服务区域内用水农户为主体的农民用水者协会，逐步替代水利主管部门和原集体经济组织发挥的职能，以发挥水利设施的最大效益。这种用水者协会主要适用于跨村或乡镇的可以按水系、渠系范围来划分的小型水利设施，作为水利设施产权主体的载体承接移交而来的设施产权，行使产权主体职责。最大的优点是将小型水利设施服务对象与农户需求进行有机整合，降低了水利设施运行管理中的激励成本和信息成本；避免了行政权力的各种不合理干涉，防止以收水费名义"乱搭车"收费；减少了承包者个人利益与社会利益的冲突，使水利设施的所有权和经营权有机统一；农户在民主协商的基础上可实现较大程度上的资金联合和劳动联合，通过股份合作形式对小型农业水利设施进行联合投资；克服产权改革后从制度层面分割了大中小水利之间联系的弊端，增强了小水利和大中型水利设施之间的系统性。

实施"河长制"提高政策效率。环境治理是一场深度博弈，考验着治理者们的勇气和智慧。具体到行动，"河长制"不仅要严格执法，发现一例查处一例并整改一例，还要从大量的案例中挖掘普遍规律，提高治理效率。"河长制"既要从经济学的角度把生态环境和自然资源看作一种经济产权，又要根据民法物权理论，使用权作为一种用益物权，不仅包括使用权，还包括处分权、占有权和利益权，实现处分权、占有权和利益权与使用权分离。任何人、地区和国家都有这四种权利，即发展权体现在资源的利用上。同时，与人类需求相比，资源稀缺、有限和不足。每个人、地区和国家都有义务节约集约使用、不滥用、保护我们共同的家园。"河长制"要统筹上游与下游、左岸与右岸、主流与支流、区域与部门之间的利益关系。因此，除对国家所有制外，还必须对水权束中的各种权利进行划分，并分配流域内用水部门的使用权和水利资源，协调不同组织、机构和团体对水资源的管理和保护。既产生保护水生态环境的福利效应，又实现保护生态环境的分配效应。在此基础上，有必要考虑生态环境保护政策的建立是否能够消除外部性，同时最大限度地维护社会公平正义。

二、制定公平政策的内涵

水资源的公平性是我国制定水利政策的重要问题。在没有国家干预污染治理和防洪建设区自然保护的情况下，污染风险水平和洪水是否公平并不突出。污染控制与防洪一旦成为政府行为，由于国家对污染控制和防洪的投资是从纳税人那里得到的，公平问题就产生了。要针对全国不同区域水资源分布状况，制定相应的政策来改变目前各类别区域的用水差异性，不断促进用水分配趋于公平。

效率公平。效率公平是指从社会资源的单位投入中获得的边际效益。经济效率公平是现阶段中国防洪治污的主要原则。为了确保重要城市或地区的经济效率，不仅需要分配更多的水资源以实现更高的安全，有时要故意维持防洪标准和污染控制的差异，或有选择地牺牲相对不重要的地区，确保重要区域的安全，甚至要专门设置污水池、蓄洪和滞洪区，以便快速转移风险。

税收公平。税收公平是指纳税人要求公平保护的权利，即在同一税额区域内进行同等程度的污染控制和防洪安全性。这种公平性基本上符合经济效益的公平性。一般来说，高税收地区经济比较发达，保护程度相对较高。另一方面，防洪治污投入也包括无洪灾、污染灾难风险的纳税人缴纳的部分，使洪水污染风险区向非洪水污染风险区的税务转移，这是防洪治污的外部性特点，也是某些国家实施洪水保险和污染控制计划的依据之一。

区域公平。这种公平意味着对一个地区的安全和发展的追求，不应以牺牲其他领域的安全和发展为代价。然而，在水资源管理实践中，牺牲局部保大局，沉没库区保下游，上下游、左右岸设定不同的治污、防洪标准等，又经常与这一公平性是冲突的。在制定污水和防洪政策时，公平往往反映在这几个方面的平衡。补偿政策通常是相辅相成的，当对重点保护地区提供高度安全时，导致污染和洪水风险的转移，通常是通过补偿政策补充的；经济利益并非安全性的确定唯一指标，为防止不同发展水平的地区之间的过度差异，安全性的确定还要兼顾流域间和区域间的平衡。

三、水利科技政策的特点

水利科技政策是党和政府发布的促进水利科技发展的一系列政策措施。也是实施水利科技活动的行为规范和标准。随着中国水利建设的发展和新一轮水电能源的发展，建立了相对完善的水利产业标准、科学的管理体制和政策体系，对促进水利事业的发展起到了重要的推动作用。为了研究和制定水利科学发展政策，有必要在充分考虑水利学科的特点和内在发展规律的基础上，分析不同于其他科学领域的水利科学的独特政策要求。

水利科学是水力、水文、工程、管理等多学科交叉、多方面力量的有机结合。水利科学技术的跨学科特征决定了水利工程的发展需要国家层面的多方资源的系统规划、协调与整合。水科学政策需要强调科学目标牵引和技术支持。水利科技的最大特点是依靠一个具体的工程项目来解决具体的工程问题，因为水利工程是不重复的，世界找不到两个完全相同的坝。与一般土木工程项目相比，对科学技术的要求更高，对高难度技术在工程技术及相关领域的发展具有巨大的牵引和带动作用。

水利科学是长期研究和复杂系统工程的有机结合。政策需要强调持续的资金支持和稳定的政策支持。典型的水利工程从初步规划、勘察设计到正式实施、数据采集和分析需要几年甚至几十年的时间，需要科学家、技术专家、工程专家、管理专家等的协调与配合。

第三节 水治理体制

水治理体制是加强水资源管理，保障水安全，促进水生态文明建设的重要前提。我国《水法》和《防洪法》及其他一系列法规，对水治理的行政体制、治理责权等作出了原则性规定，为现阶段水治理体制创新提供了法律依据。经过几十年不断探索形成的水治理行政体系和水务改革，水治理已拓展为既包括自治、共治、德治、法治等内涵，又包括更加注重社会多元主体等各方面的科学管理。

一、水行政主管部门为主的治理体制

经过多年实践，我国已基本形成了以法律为基础、以水行政主管部门为主、多部门合作为依据，立足国家各级水行政主管部门的基本职能，围绕水治理对国家可持续发展的至关重要性，遵循水的自然规律和社会发展规律，对我国基本国情水情和新老水安全问题统筹考虑、系统治理的水治理体制。加强水资源的统一管理，对防洪减灾、水资源开发利用和水环境保护等行使行政管理，建立部门有效协调机制，使部门在水务中发挥专业管理作用，促进水资源专业化管理与统一管理的有机结合。明确相关部门在涉水事务中的职责，做到明确职能界限，明确职责，最大限度减少交叉，降低行政成本，提高行政效率。完善水处理法律制度，促进水处理机构的合法化、职能、权

力、程序和责任。

在水处理的主要领域，水利部门主要负责履行管理职责，与其他部门合作。这些领域包括水土保持、水资源管理、河湖管理、农田水利、防汛抗旱管理、水利工程建设和管理等方面。在水资源的统一管理和监督方面，水利部门应统筹生活、生产、生态环境用水，其他有关部门按照规定履行职责。在河流和湖泊管理方面，水利部是国家负责河道和湖泊管理的主管机关，实行河湖统一管理，交通、自然资源、林业等部门按照规定参加相关工作。在水工程建设与管理方面，由水利部负责指导大江、大河、大湖及河口、海岸滩涂的治理开发，指导水利工程建设、运行管理。控制和实施跨省、区、流域重要水利工程的建设和运行管理。国家发改委和财政部负责有关水工程建设项目核定、审批和中央投资安排[1]。

设立河（湖）长制，可以突破现有法律制度和监管体制的局限性，率先解决现有部门不能牵头解决的问题。《党政领导干部生态环境损害责任追究办法（试行）》和《生态文明建设目标评价考核办法》都已明确，由各级党政主要负责人担任"河（湖）长制"，一级一级地担起统率的责，效果比过去单纯依靠法律和规划更好。因为这项工作需要更长的过程。因此，公众需要一定程度的耐心，各级党政最后也要以河流（湖泊）系统改善水质的事实使公众放心。

二、综合部门牵头其他单位配合的治理体制

加强水行政综合协调管理，建立以水资源管理责任分工为基础，实行专业化管理的统一、权威的水管理体制。在权威机构的统一协调下，根据水管理体制的要求和水管理能力的现代化，进一步明确各部门的水管理职责，有效地解决好水管理体制问题。

在水资源管理的部分领域，国务院其他部门应当作为水资源管理部门的主体，与水利部等部门合作。例如，国家发展和改革委员会在全国范围内管理可再生能源，包括水能。水利部根据《条例》进行开展水资源调查，指导

---

[1] 《完善水治理体制研究》课题组：《我国水治理及水治理体制现状分析》，《水利发展研究》2015 年 8 月 10 日。

农村水资源开发。生态环境部对水污染防治实行统一监督管理，住建部、水利部和其他有关部门相互配合。目前，我国有关法律、法规和政策规定社会力量参与水管理和监督的权利和义务，但企业、协会和公众对水管理有自己的侧重。企业主要从事与水有关的业务活动，社区组织主要从事与水有关的非商业活动，公众主要参与与水有关的事务的监督和管理。

世界上常见的城市水管理系统是集中式的水质净化厂和管网系统。其优势在于协调城市防洪排涝能力、城市水源建设和城市管网建设、水资源开发利用和污水处理回用，减少城市水资源管理的中间环节。水资源优化配置和城市供水服务保护的优势使得许多地方政府愿意采用这种城市水管理制度。然而，在城市供水中，水利部门负责重要城市水源的建设和管理，住宅建设部门负责城市供水网络的建设和管理。在城市防洪中，水利部门负责城市防洪工程的建设和管理，住宅建设部门负责城市排涝工作。水利和住宅建设部门在城市供水、节水、排水、污水处理、回用等方面的职能相互重叠，需要加强职责履行的协调。有关部门对城市水务工作的不同看法和不够协调，使得进一步推进有效的城市水务管理体制存在困难。

三、多部门合作的水治理体制

要实现水资源的统一有效管理，必须建立新的集中统一、精干高效、依法行政、具有权威的适应社会主义市场经济发展要求的水资源管理体制，积极推进水资源利用由粗放型向集约型转变、推进水资源管理转型，加强全国水资源的规划、管理、保护和合理利用。

在一些治水领域，国务院有关部门有着重叠的管理职能。在水环境治理中，由生态环境部负责水污染防治，水利部负责水资源保护，组织制定水功能的区划，并监督水污染防治工作。指导建立排污口入江河、核定水域纳污能力、提出限制污染物排放总量的建议等。在地下水管理方面，水利部负责指导城市规划区地下水开发利用和地下水资源的管理与保护。自然资源部负责组织、监测和监督因地下水过度开采引起的地面沉降和地下水污染造成的地质环境破坏。2016年5月，国务院颁布了《农田水利条例》，强调农村土地承包经营权依法流转后，要明确该土地上农田水利设施的管护主体。

现有的水管理体制在中央和流域两个层面都存在问题，但主要矛盾是在中央层面。解决了这个问题，其他问题就会迎刃而解。值得注意的是，生态环境和水利部门在饮用水源保护区的划定和保护中的职责并不明确，责任不明确，联系不畅。水利和林业部门对湖泊和湿地的管理范畴尚不明确。国家发展和改革委员会负责海水淡化行业的发展，最好由水利部门牵头，考虑水资源的统一分配和调度①。

从我国面临的严峻水安全形势出发，必须构筑生态环境治理的"生命共同体"，形成政府、企业、家庭及个人多方协作共治的联动机制。在国家层面上，要建立水资源管理高层次综合协调机构，全面推进和落实国家水安全问题。仿照国家防汛总指挥部的模式，成立具有权威性和决策能力的国家级水资源委员会，在水利部设立办事机构。加强以流域为单元的水资源统一管理，完善有效的水资源管理政策，保证水生态文明建设落到实处。

---

① 《完善水治理体制研究》课题组：《我国水治理及水治理体制现状分析》，《水利发展研究》2015 年 8 月 10 日。

第三篇　林业多功能

　　林业多功能是指在林业发展规划、森林经营和利用等过程中，从地方、区域、国家乃至全球的角度出发，在依据社会经济和自然条件正确选择一个或多个主导功能利用并不危及生态系统的前提下，通过合理保护、不断提升和持续利用客观存在的林木和林地的社会、经济、文化和生态等功能，最大限度地发挥林业对整个经济和社会发展的支持作用。多功能林业正在与时俱进、不断发展变化，形成能满足人们对林业不同功能的需求；现代林业正在发展为多功能和多效益的复合产业，形成林业多种功能合理开发、管理和利用水平不断提高的林业发展模式。经过半个多世纪的研究和实践，多功能林业已成为世界林业发展的新方向，也是各国林业发展的大势所趋。我国幅员辽阔、山峦起伏、森林广袤，地形地貌复杂多变、江河水系纵横交错、南北气温差异明显、自然物种丰富多样的，为发展多功能林业奠定了坚实的基础。

第一章　林业多功能主要类型

中国林业具有社会、经济、文化、生态、碳汇五大功能，这是 2009 年中央林业工作会议首次提出的。森林多功能在空间尺度上划分为国家、区域、经营单位和林分，在时间尺度上划分为短期、中期和长期。随着时代发展和人类知识水平的提高，对林业效用的认识也不仅局限于木材等经济方面。人们逐渐发现了林业的更多功能，如社会功能和生态功能。当前，生态环境问题突出，环境保护意识普及，林业独特的生态功能日益受到重视。

第一节　林业生态功能

生态功能是林业的第一职能。林业是生态建设的主体。党中央、国务院明确提出"发展林业是建设生态文明的首要任务"，要加强森林生态功能，维护国家生态安全，改善生态环境，维护生物多样性；世界范围的林地毁坏和侵占、森林过量砍伐，不但导致气候变化和各种自然灾害，也导致相关经济产业的退化和贫困的加剧，对社会生活和世界经济产生深远的影响。国际社会越来越意识到森林的重要性。与此同时，全球可持续发展战略的重点已转向林业，尤其是作为陆地生态系统主体的森林。

一、林业生态功能的地位

恩格斯曾指出："当我们深思熟虑地考察自然界或人类历史或我们自己的精神活动的时候，首先呈现在我们眼前的，是一幅由种种联系和相互作用无穷无尽交织起来的画面。"森林是陆地自然生物群落和陆地生态系统的主要组成部分，森林生态系统是陆地生物圈的主体，森林的生物量和净生产力分别约占整个陆地生态系统的86%和70%[1]。森林生态系统服务功能体现在

---

[1] 周玉荣、于振良、赵士洞：《我国主要森林生态系统碳贮量和碳平衡》，《植物生态学报》2000 年第 5 期，第518—522 页。

森林对人类生存、生活、生产和发展的直接或间接影响，包括经济、社会、生态等诸多方面。具体而言，物质生产是指森林对人类需要的实物价值，即直接经济效益；森林生态服务价值；森林的社会和文化服务的价值。中国森林覆盖率为 20.36%，不到世界平均水平的 30%，荒漠化土地面积占国土总面积的五分之一以上，水土流失面积占国土总面积的三分之一以上，森林资源和生态总量严重不足，林业不仅面临着亟须改进的广阔土地，而且是建设生态文明大国、应对世界气候变化的重要任务。

早在 1992 年，世界环境与发展大会和 2002 届联合国可持续发展世界首脑会议将林业置于前所未有的重要地位，认为"在世界最高级会议要解决的问题中，没有任何问题比林业更重要了"。国际社会已联合颁布或制定了国际公约，包括《气候变化框架公约》《防治荒漠化公约》《湿地公约》《生物多样性公约》。近年来，各国政府和国际社会就森林生态功能及相关政策、法律和体制框架达成了共识。近 100 个国家修订或更新了森林法或国家森林政策的要点。2017 年 4 月 27 日，《联合国森林战略规划（2017—2030 年）》在第 71 届联合国大会审议通过，这是以联合国名义做出的第一次全球森林发展战略。习近平总书记在国家林业局报送的《关于第八次全国森林资源清查结果的报告》上作出重要批示，稳步扩大森林面积，提升森林质量，增强森林生态功能，为建设美丽中国创造更好的生态条件。

二、林业生态功能的内涵

全球陆地约 1/3 的面积被森林所覆盖，林业在生态环境中的作用日益增加与突出。森林具有良好的涵养水源和水土的作用。这是森林最基本的功能。树木保护土壤免受雨天直接侵蚀，从而避免损失，有效地保护地表植被。此外，土壤被大面积的树木覆盖，这对于减少地表水的蒸发是非常有益的。树木发达的根系深深地植入地下，有效地固定了土壤。大量的树木构成了防护林。当遇到沙尘暴天气时，防护林可以降低风速，改变风向，有效防止沙丘移动。森林固沙是防治荒漠化的有效手段。树木需要蒸腾作用和光合作用，它们吸收大量的热量，减少树木周围的温度。当人们甚至其他生物都在茂密的森林里时，由于环境温度低，它们感到凉爽。这就是森林在调节温度方面的作用。当蒸腾发生时，树木释放水分，这有助于增加空气湿度。

　　森林是地球上最复杂、功能最多和最稳定的陆地生态系统。不同类型的森林生态系统和自然界中的活生物体不是简单的重复组合。每一种森林类型都是一个特定的小生境。每个独特小生境形成一个独特生态系统。有多少个千差万别的生境就有多少种组合不同的生态系统，这就是所谓生态系统的多样性。在这些特定的小生境中，还会有新的特有种通过长期的适应和特定的遗传变化而产生，孕育新的物种和新的基因生产。可见，森林不仅蕴藏着数万种生物宝贵的遗传基因的基因库，而且是个孕育新生命的庞大工厂，更可以说森林生态系统是养育人类和支撑人类文明的基础。这首先表现在森林对调节大气中氧气、二氧化碳、水分和热量的局地、地方、国家以至全球循环的重要影响和作用。森林不仅是二氧化碳之源，而且是二氧化碳之汇，在一定程度上可以抑制全球变暖；森林是大气中氧气的生产者之一。据估计，一亩森林每天可以吸收 67 公斤的二氧化碳，释放 49 公斤的氧气，足以让 65 个成年人呼吸；城市居民每人需要 10 平方米的林地，而生长良好的氧气草坪需要 25 平方米。森林通过影响地面蒸发和径流调节水分循环，发挥减少旱涝等作用；森林可以增加对太阳能的吸收，调节地球的温度和气温，进而影响地表气流速度和方向。森林的另一重要功能便是防止污染。森林是自然界的吸尘器，树木在光合作用过程中吸收大量的二氧化碳并释放大量的氧气。据统计，面积 1 平方米的森林在 12 小时内消耗二氧化碳 1000 升，同时释放氧气 700 升。树木呼吸时，能有效地过滤污染气体，改善空气质量。

　　全球气候变化的研究表明，森林对人类活动的响应反映在不同的空间和时间尺度上。人类活动的不同方面通过影响生物生理、种间相互作用，甚至改变物种的遗传特性来影响生态系统的物种组成、结构和功能。主要表现在森林树种结构上，为了片面追求经济效益，当代人们在营林造林时往往考虑用材林的营建，导致用材林在林分结构中所占比例较大，具有较高的生态价值的林分所占比例很小，在树种组成上，由于天然林的不断减少，现存的大部分都是人工林和人工次生林，就用材林的龄组结构而言，由于原始天然林损失殆尽，中国现存林分的中幼龄林多，成熟林较少；并且阔叶林少、针叶林多，林分结构简单，树种组成单一，没有中间过渡层，同时林下植被覆盖的林分其抗逆性极差，容易因发生火灾、虫害爆发造成大规模森林死亡，甚至整个森林死亡。

三、林业生态功能系统分析

森林的生态功能是巨大的，森林生态效益计量研究也是一个十分复杂的问题，许多国家都在研究森林的生态价值。根据日本 2001 年公布的数据，日本有 3.77 亿亩（0.25 亿公顷，中国森林是其 6.4 倍）的生态效益价值达到 74.99 万亿日元（不包括生物多样性），按当时的汇价约为 5.23 万亿元人民币。美国森林的间接效益是木材价值的 9 倍。中国的森林生态价值还没有深入研究，但也取得了许多成果。国家森林生物多样性价值 7 万亿元人民币。1999 年，北京市采用替代法计算了全市 60.9 万公顷森林的生态价值，总计 2119.88 亿元人民币，是森林经济价值的 13.3 倍。全国森林是北京市森林的 260 倍，其生态效益该是何等巨大[①]。

森林被划分为不同的类型，每种类型都具有不同的功能。比如在我国是严禁被砍伐生态保护林的，所以它只提供保护生态环境的功能，而用材林在成熟期就砍伐干净，然后再重新种植。这不仅不利于森林的自然更新，也不符合土地充分可持续利用的原则，这最终会导致森林的不健康，同时减少土地的肥力。更重要的是，这不利于提高林区居民的生活水平。森林具有水土保持、耕地保护、空气净化等功能，甚至具有周边居民的文化、审美功能。强制森林在理论上服务于一种功能是不现实的。本来，居民可以适当采伐树木当柴烧，但是由于国家的规定和政策，私下砍树是一种犯罪；而一些政府部门却通过砍伐森林来促进经济的暂时增长，但是砍伐森林的恶果却由当地居民负担。由于林业的分工，森林的生态和社会功能被削弱，防护林被完全保护，根本没有健康的森林生态系统。最终的结果是森林生产如木材等产品可以用货币计量，而不是生态、文化等"空"的东西，虽然这对于当地居民，对于文化的传承有着莫大的作用和价值[②]。

在实践中，林业在不同地区林业发展中的各种作用往往是相互矛盾的，即林业系统之间各个子系统的非协同作用问题。多功能林业生态系统是以乔

---

① 杨继平：《充分认识林业的生态作用》，《中国教育报》2003 年 7 月 18 日。

② 李赛标：《从历史的角度看适合我国国情的多功能林业理论》，《中国城市经济》2010 年 8 月 30 日。

木和其他木本植物群落为主体，在一定的时空范围内以森林生态系统为基础的生物系统，及其与森林环境生物因素。多功能森林生态系统的主体是森林生态系统，是一个以木本植物群落为主的复杂系统。每个子系统包含许多不同的种类和个体。按照特定的方式，子系统与要素有机结合，形成具有层次结构的有机整体。任何一个子系统的损害和破坏，都会影响到林业的生态平衡，将危及林业的多功能实现。特别是随着人口的扩大，需要提高土地生产力，满足人类对食品和资源需求量的不断增加。尤其需要加强保护土壤营养物质和生态系统的碳以及回收水流或更换水源。在管理的生态系统中，这些目标要求可以通过各种各样的堆肥和覆盖有机残基实现，甚至可用覆盖土壤表面来减少蒸发和节约用水，回收这些有机材料将提高土壤有机质含量，提高土壤质量，达到生态资源充分利用。

林业生态功能分区是研究和编制区域林业相关发展规划的重要内容，也是实施区域生态文明建设的基础和前提。只有确保生态功能的可持续发展和生态功能与社会功能的共存，才能扩大社会功能。同样，生态环境的改善也不能独立于森林生态系统来实现，需要湿地、海洋、草原、沙漠等社会经济子系统的协作，以及农业、工业和城市经济系统的协调。长期以来，林业背负的生态道德一直是沉重的，似乎生态环境恶化是林业工作效率低下的结果，改善生态环境是林业部门的责任，对其他部门和相应的生态经济系统的要求不高。事实上，林业往往是由其他部门的生态破坏和环境污染的受害者。如今，中国区域经济发展不平衡，山区经济对林业依存度仍然很强，我国经济发展总体水平不高，林业产业的发展仍然有其客观要求；要充分把握森林资源保护与开发利用之间的平衡。

第二节　林业经济功能

树木浑身是宝，森林是人类及其财富的发源地。人类生存需要包括物质需求、文化需求和精神需求，但人类的早期生存主要依靠森林提供的栖息地、食物，甚至被用作劳动和防御场所。人类从森林中获取了大量的物质财富，逐步形成围绕森林资源开发的生产经营产业。在市场经济体系中，相当一部分林产品通过市场连接供求关系，但也有大量的林产品生产活动没有通过市场，属于自己的使用。对于森林服务来说，只有一小部分服务提供的市场，如森林旅游娱乐服务，绝大多数的森林服务是公共物品。

一、林业产业的经济特征

林业产业是以森林资源为基础的产业集群，是一个相对完整的产业体系，覆盖国民经济的第一、二、三产业，产业链较长，具有受环境约束、国际市场和国际资源的利用、对经济发展和居民收入水平的依从度高等特点。林业产业体系本身可分为林业第一产业、第二产业和第三产业。林业第一产业是森林资源的培育。主要有育苗、森林培育、森林经营、森林保护、病虫害防治等。林业第二产业主要是森林采伐运输、木材加工、运输、制浆、造纸、林业、机械制造、资源综合利用等。林业第三产业主要是森林休闲旅游服务业。它包括森林商业、餐饮、交通、建筑、森林调查和规划、金融保险、森林旅游和休闲服务。中国林业产业经历的可喜变化是：由过去的计划经济，到现在的市场经济；由过去的单一公有经济，到现在的多元化经济成分并存；从过去的木材生产和竹木收获到现在的森林培育和竹木加工；由过去集中在林区的封闭式国内自主生产发展，到现在的与国内外的资本、技术、资源及市场相衔接的开放式全面发展等的转变。

发达国家多功能林业发展的成功经验告诉我们，要解决森林生态系统管理必须依靠林业产业的发展。森林生态保护的商业化利用属于生态经济发展模式，可以解决森林发展与人、生态、产业、保护与利用的协调与兼顾问题。这也是林业经营理念的转变和升华。只要森林能够实现可持续的生态系统管理，扩大森林产品的范围和数量是森林保护的更好选择。森林不仅为人类提供生活、旅游、劳动、娱乐的条件和环境，也提高了人的社会地位、文化品位和文明程度。它反映了人与自然、人与社会的和谐关系，是国家民主和社会文明繁荣的象征。林业产业是一种通过生物资源的更新来干预和调节森林生态系统，木质材料的高产优质是奠定林业产业原料的基础，是环境发展的前提。

森林培育经营不仅是一种生态环境建设，实际上是一种生态经济活动，是一种社会生产和消费方式。林业产业既是市场化生产，又是社会资源消耗。因此，林业产业结构依赖于森林资源社会消费的市场化承载能力。忽视这一点，任何阶段的产业经济发展都只是暂时的，不可能建立起生态高效的林业产业。中国林业产业依靠林业职能实现森林资源的积累和释放。森林资源环境需要林业产业的规模和项目发展，具有全面、协调、循环、自我发展的适应能力。

二、林业经济功能的内涵

林业产业具有明显的生态经济特征。林业生产过程是一种大规模的、系统的、连续的生产方式，区别于一般生产活动且可以由人控制而不以人的意志为转移。森林资源作为由植物、动物和微生物组成的生物资源主体，通过物质转化循环形成较强的更新能力。首先，通过发挥森林绿色植物的光合作用，将无机营养物、水和二氧化碳合成为有机物；其次，部分植物性蛋白被以植物为食动物和昆虫转化为动物性蛋白；最后，由微生物将动物和昆虫的残留物和排泄物分解成无机物，回到土壤环境，然后再被植物利用。这就形成了森林绿色植物生长、林下动物转化和微生物分解和还原的统一循环。生态经济林产业的一般原则是在循环转型过程中实现生物再生，创造经济价值。

森林是地球上太阳能利用最有效率和最有贡献的成员。它是一个集人类生态环境、经济效益和社会效益于一体的庞大实体。与木材及其他林产品相比，国民经济和民生可持续发展的森林综合生态环境经济价值高出几十倍以上。林业的经济功能不断扩大，产业地位不断提升，在国民经济建设和发展战略全局中的作用日益突出。不同地区的经济和环境发展不尽相同，都要从实际出发，根据其地域特点，确定该地区林业经济建设的适当地位，探讨林业经济建设的适宜速度、规律性、层次性、时机性、重点性和空间布局性，林业经济建设和维护区域经济从属社会—经济—法律大系统，并融入一体不可分割。

木材是经济建设不可或缺的传统原材料。与钢和水泥相比，木材是一种绿色、环保、可降解的原料。中国是木材消费大国，进口木材占中国木材消费总量的一半。随着经济的发展，中国木材需求量将大幅增加，维护木材安全已成为中国的重大战略问题。中国必须逐步改变依赖进口木材的局面，以中国43亿亩林地为基础解决全国木材供应问题。根据森林资源，可生产一万多种林产品和原材料。森林是一种特殊的产品，它既有生态效益又有经济效益，二者利益有统一的一面。也就是说，生态效益和经济效益都应该体现在树木上。没有树，两种效益均不存在。但也有对立的一面。生态效益是以活树为基础的。只有森林保护才能保持生态效益。经济效益基本要求伐木。当然，随着生态休闲旅游、碳汇市场的出现，不砍林木也有了经济效益，为解决经济利益与生态效益的矛盾问题，要提出一种新的思路。我们应该用生态经济学的原理来比较和选择最好的，找到最佳效益。不仅要保护环境，而且也要保护和促进发展，真正做到可持续发展。

森林是继煤炭、石油和天然气之后的第四大战略能源，具有可再生性和可降解性。森林生物质能源主要用于从森林果实或种子中提取柴油，并利用木质纤维素通过燃烧发电。随着化石能源的日益枯竭，森林生物质能的发展已成为世界各国的重要替代战略。据预测，世界煤炭可开采220—240年，石油70—100年，天然气50—60年。在后化石能源时代，以森林为基础的生物质能的发展已成为所有国家的替代战略。中国有150多种树种，其果实含油量超过40%，总面积超过400万公顷，发展生物柴油的前景非常广阔。森林也是一个潜在的"绿色发电厂"，其木纤维的平均发热量为4000—5000千克，燃烧产生的热量可以转化为电能。中国森林每年产生大约3亿吨树枝残渣，如果充分利用，可以提供相当于中国化石能源消耗的1/10的能源。

三、林业经济功能系统分析

生态经济学的基本观点认为，在一定的地理条件和社会结构条件下，经济系统是生产力和生产关系的结合体。社会生产力与生产关系的互动主要通过社会再生产过程中的生产、交换、消费、分配的交替运行来实现。多功能林业综合经济系统是以森林资源及其环境为基本生产资料，以林业产业系统为主体的经济系统。在多功能林区，盲目追求经济利益忽视生态系统的保护，会加速生态环境的恶化，而单一追求生态功能而不发挥经济功能会阻碍经济发展的进程。而今在倡导发展生态经济的新时代，要最大限度地发挥森林资源的生态功能潜力，同时满足人们的经济需要。要在高度重视森林资源生态环境建设的同时，在生态文明建设的宏观背景下综合考虑木材生产。森林资源的开发利用和生态环境保护可以说是林业发展的两个永恒主题，不容偏颇，不可失衡。

然而，国家经过多年的森林经营，大量采伐土地未及时更新，造林作为基础产业的营林业与林业工业的不协调尚未完全扭转，森林"赤字"问题尚未从根本上解决，形成了一种不合理的"独木舟"型（两头窄、中间宽）的林业内部结构。同时，以一次产业为主经济结构和大规模扩张导致森林资源质量和效率的下降。以保护生态环境、以森林旅游为主要形式的第三产业巨大的潜在价值，因其体现时间长、效果慢而没有得到应有的重视。虽然大量人工林应运而生，但存在投资大、产出低、资源利用率低等问题，特别是长期存在的人工林会引起土壤肥力严重下降，破坏生态结构。迫切需要增加林业投入，提高林业经济功能系统的产出能力。

发展多功能林业的产业系统必须与林业生态系统相结合，即多功能林业经济子系统的发展前提是与其生态子系统的整合与协调；林业产业必须与森林资源的多样性和丰富性相适应，即产业多元化应与森林资源的多功能利用相匹配，与区域社会经济建设相适应，符合国民经济发展的需要和社会可持续发展需求的多功能复合型林业经济系统；多功能林业经济子系统要求林业产业应成为森林资源的基础产业，其产业系统具有多功能林业的特征，从低层次向高层次发展。

第三节　林业社会功能

林业与人类社会密切相关。森林是林业产业乃至人类社会生存发展的物质基础。当森林变成一个具有社会属性的产业时，林业生态建设的有序发展便成为推动和谐社会的关键所在。随着人类社会的进步，人们不断吸取森林破坏的教训，对林业的认识已经很清楚，发展林业不仅是对森林的需求，也是对森林的保护，还要促进传统林业向多功能林业转变；要从狭义的经济效益和社会效益上升到森林的生态属性和广义社会属性，进而又上升到对其高级属性可持续发展的认识上。

一、林业在生态文明中的地位

林业资源是自然环境中非常重要的一部分，在维持生态平衡方面占据重要地位；生态文明是人类文明在农业文明和工业文明之后形成的最高形式，是人类共同的追求。因此，有必要建立林业生态文明体系，拓宽林业发展空间。它既可以协调人与自然的关系，又可以协调人与人的关系。生态文明是人与自然和谐的一种价值观与消费观，在整个社会的发展过程中，林业占据十分重要的地位，在整个生态文明建设中林业起到了至关重要的作用。从某个角度分析，生态文明的本质从根本上决定了林业的发展，为从根本上分析生态文明与林业之间的关系奠定了基础。

林业是生态建设的主体。现代社会的发展需要越来越多的风景。美丽的山川湖泊可以成为经济发展的标志。我国林业实现建成比较完备的森林生态体系和比较发达的林业产业体系的目标，不仅仅要进行生态体系、产业体系建设，更重要的是要进行生态文化建设。林业自身凝聚的社会生产力、科学文化和经济价值，是生态文化的具体体现，它所蕴藏着的丰富人文精神，是我们进行生态体系、产业体系建设的强大动力。森林资源是知识的自然宝库，是人类最生动的自然课堂。人们从中感知各种动植物，了解生命的真谛，感受大自然的神奇力量。开展生态科普教育和生态文明教育。从社会发展的角度看，森林本身是一种社会文化，是社会文明的具体体现。自然与人的和谐，不仅是人类生存的空间与环境关系，也是构建文明社会和物质文明与精神文明的统一的基础。

林业发展的社会属性证明，林业可持续经营不仅需要技术、经济意义上的经营技术体系，而且需要森林文化意义上的社会管理行为，形成一套完善的科学管理体系，形成一种与技术模式、生态模式和空间布局相结合的林业和谐发展模式。从社会发展的角度看，森林本身是一种社会文化，是社会文明的具体体现。森林管理与社会文明的关系，实质上是在弘扬民族文化的基础上建立高度文明的生态文化。生态文化是人类与环境和谐共生、可持续生存和稳定发展的文化。它包括制度文化、认知文化、物质文化和精神文化。这里的"文"指的是人（包括个人和群体）与环境（包括自然、经济和社会环境）的关系的纹理或规律；"化"指的是教化、育化或进化。自然的人化和社会的自然化是生态文化。从神本文化、人文文化到生态文化是人类社会发展的必然结果。生态文化在整体性、完整性、适应性、节俭性和历史延续性上不同于传统文化，反映了社会文明的程度。

二、林业在社会稳定中的作用

林业经济子系统对社会子系统没有直接的促进或抑制作用，而林业社会子系统对经济子系统有促进作用。山区林业的发展有着良好的社会基础。山地森林资源的开发利用是山区农村经济社会生活的重要组成部分。过去，正是山林资源的开发实现了广大山区农民温饱和脱贫致富。目前，随着农村改革和发展的深入，山区农民将有更多的权利参与山区森林资源的开发，他们对山林资源开发的热情日益增强。林业是全国吸纳几千万人的就业部门，它对促进就业有很大的带动作用。发挥林业劳动密集型、要素集聚的特点和潜力在促进社会就业、科技进步、教育发展、森林文化、促进社会进步、维护社会等方面发挥着重要作用。

城市林业建设能够借助对城市森林生态系统的利用，为林业经济开辟特色化发展之路的同时，提高城市的绿化水平，为城市打造一个良好的生态安全系统。城市林业要以城市园林绿化为基础，改变林业基础薄弱、森林质量偏低、林业产业化程度不足的现状。要针对城市绿化进行统一规划部署，将城市林业建设融入城市绿化中，结合当地自然地理环境，协调好城市林业与园林环保等部门间的关系，确保城市林业具备可持续发展的基础。

林业是贫困农民的脱贫产业。国家鼓励发展生态扶贫，实施生态补偿，有利于森林为贫困家庭编织经济安全网，培育不同地区的特色脱贫产业。各地区都可以根据自身的发展目标、模式、要求和管理水平来选择自己的经营模式。它不仅可以进行基地生产和大规模经营，而且可以进行千家万户、千沟万壑的分散经营。参加林业合作社的农民不仅可以相互协调产业内部分工，减少生产贸易活动中的中间损失，在产品加工中分享增值效益，免除在融资中债息过高的风险，而且可以在大型机械设备使用中互通有无，享受机械维修、种子供应、卫生防疫、病虫害防治、技术培训和信息咨询等完善的社会服务。

三、林业社会功能系统分析

社会系统以人为社会主体，按照一定的社会形态组织各种社会活动，通过人与自然、人与人之间的物质、能量和信息的交流，实现人类社会的稳定发展。人类利用智慧改造和影响森林生态系统。一方面，人类智能被注入林业生产活动中，林业逐渐走向社会化。另一方面，人类对社会生产和生活产生了巨大的影响。这些效应是社会效益。人类与林业密切相关，人与自然的关系也发生了相应的变化。林业与人类社会关系的一切现象和影响都属于多功能林业的社会子系统范畴。

多功能林业社会子系统是指在社会与林业的关系过程中，建立各种林业技术措施、政策或制度，使林业服务于社会的可持续发展。多功能林业社会子系统的重要性主要体现在多功能林业生态子系统的建立与维护。林业生态子系统只有在更加稳定和协调的社会系统的基础上，才能更好地服务于社会，为社会的稳定发展提供优美的自然空间和生态环境。生态效益属于全社会共同的生态效益。因为人类不仅利用自然资源影响生态，而且可以改变社会经济运行环境。当地人民的文化素质和环境意识是林业生态经济社会复合系统发展的重要内容。国家生态环境的建设和维护需要公众良好的生态意识，以支持其长期投资和稳定的林业需求。只有不断调整人与生态、环境的关系，才能使经济稳步增长，生态保持和社会持续发展。

林业建设是一项庞大的系统工程，与每个人、每个单位都息息相关，关系到社会的各个方面。必须得到社会各界、各行业、各部门的帮助，只靠林业部门的力量是不可能把现代林业发展起来的。需要从培养人们的生态保护意识、提高人们的道德修养和文化水平入手，加强公众对生态环境建设的关注，激发公民积极参与林业建设的积极性，提高民众通过植物来优化我国生态环境的能力，提倡全民参与林业建设、全民参与绿化活动，认识到自己既是林业建设工作的参与者，也是林业建设工作的受益者，让所有公民都深刻认识到林业建设在我国可持续发展中的重要作用。

第四节　林业文化功能

在人类社会发展漫长的历史过程中，既需要通过创造文化和利用自然资源来满足人类的需求，不断开发自然环境；也需要不断创造和创新各种技术和经验，通过生产实践培养文化内涵。人类、文化和自然环境的相互作用和互动促进了人类社会文化的持续发展。森林是人类文化产生和发展的源泉。

森林文化是人类文明的重要内容，是建设生态文明社会和传承历史文化遗产的重要组成部分，拓展林业多功能的必然要求。

一、新型资源观

资源是人类生存发展的基础。资源观是指人们对资源的内涵、功能、特点、规划配置、开发利用和保护的基本观点甚至文化现象。不同的资源观形成不同的社会发展战略和决策，带来不同的社会行为。传统资源观认为自然资源是"天生的"和"无价的"，现代资源观认为任何资源都是有价值的，甚至是"无价之宝"。为了克服不同资源观造成的社会发展成果的显著差异，人类既要彻底消除取之不尽、用之不竭的传统资源观，杜绝"见者有份"、毫无节制的经济活动和消费行为，更要科学合理地开发资源、减少对环境的破坏，为可持续发展创造动力和客观条件。

森林是人类文明的摇篮和生命基因库。在社会经济快速发展的情况下，多功能林业资源体系包括林业自然资源和林业文化资源。在一定时期内，森林资源的形成周期是漫长而有限的。如何利用有限的林业资源创造无限的价值，促进有限的森林资源的不断再生，许多先进的科学技术，包括信息技术，无疑使解决问题成为可能，是人类面临的一个重大问题。随着知识经济和信息社会的发展，森林资源的构成和作用将发生变化。森林文化资源日益成为林业的核心要素。面对森林文化资源的价值，利用有限的森林文化资源，打破森林资源产业的刚性约束和路径依赖效应，实现林业资源文化升级是多功能林业的首要出发点。

林业文化资源是指林业生产、建设和管理过程中涉及的所有文字、材料、图表、数据和其他形式的林业文化资源。现代人文林业是指用以人为本的精神为指导，弘扬生态文明，满足人们的旅游、休闲等精神文化需求，推动林业产业发展。在多功能林业的建设和发展中，林业文化资源将统领整个林业资源体系，为多功能林业发展提供支持，带动整个林业资源联动发展，形成整合优化、开发利用和创新发展的多功能林业资源观。

二、生态文化观

林业生态文化是人类在社会历史实践中通过保护、利用和开发森林而创造的物质财富和精神财富的总和；林业生态文化是在林业产业基础上，形成的社会意识形态以及与之相适应的组织机构和制度。人们都了解植树可以培养人的情感，净化人的灵魂。植树造林创造的自然环境，可以激发人们的积极精神，培育生态文明提高全社会文明程度。

林业生态文化是生态文化体系建设的重要组成部分。它的形成和发展不仅积极推动了生态文化建设，同时推动了林业和相关产业的发展，进而使森林文化与各种精神物质文化相互联系、相互融合。生态文化的重要特征在于用科学的态度理解生态学的基本观点，通过认知和实践形成经济学与生态学相结合的生态化理论。林业生态文化属于生态文化范畴继承了生态文化的所有特征，具有林业文化的基本内涵和特征。在未来的生态文明社会中，森林文化将使人们不断认识和调整人与自然、人与森林关系，林业生态文化将成为生态文化的主体，生态文化将成为文化的主流。

坚持生态文化观对林业多功能发展模式有重要意义。林业生态文化体系的构建就是要通过广泛的普及生态知识，要不断宣传生态模式，增强生态意识，繁荣生态文化，树立生态伦理，弘扬生态文明，倡导人与自然和谐的价值观，构建主题突出、内容丰富的生态文化体系，贴近生活，充满吸引力。加强森林文化教育，逐步化解生态与经济的排斥关系。提高人们生态文化意识。目前，中国义务植树造林的参与率已经上升到70%以上，这表明人们逐渐意识到保护森林和美化环境的重要性。生态文化是人类社会历史实践过程中对森林的保护、利用和开发所创造的物质财富和精神财富的总和；生态文化是在林业产业基础上，形成的社会意识形态以及与之相适应的组织机构和制度。

三、系统价值观

价值是指人们对周围客观事物重要性和意义的一般评价和观点。社会价值是多功能林业社会子系统的重要组成部分，是多功能林业发展的动力。社会子系统发展有序程度和子系统对林业多功能作用的贡献与人们的文化素质、观念和行为模式密切相关。多功能林业系统的高层次协调发展需要生态文化和生态文明的精神力量支撑。在多功能林业的社会子系统中，人作为社会经济活动的主体，是系统的重要组成部分。人为参与是多功能林业的发展的主体，是发展多功能林业的重要基础。

林业在生态社会文明等领域发挥着重要作用，它是生态文明建设的主体和基础，发挥主导和核心作用。虽然森林和风景的文化精神内涵难以量化，但这些价值却是客观存在的。中国林业文化属于中国传统文化范畴，与西方文化具有本质上的不同之处，在林业文化宣传中不可以混为一谈，应该从其本质上进行反思。中国林业文化与西方浓厚的树木神学色彩不同，中国林业文化具有鲜明的民族特色和人文色彩。它以朴素的唯物辩证法和实践价值观渗透着人们的世界观、宗教信仰和思维方式，体现在林业科技进步和精神文明不同的产品创新中。因此，林业文化是中国传统文化的重要组成部分。

此外，中国的林业文化是一个结构完整、发展成熟、不断更新再生的森林文化，具有鲜明的时代性。从历史上看，中国文化既包括历史悠久的传统文化，也包括中国文化传统发生巨大演变的近代文化和现代文化。根据马克思主义哲学的观点，经济基础决定上层建筑、上层建筑反作用于经济基础，二者呈螺旋式上升发展。所以，优秀的生态文化能够对林业生态体系建设和林业产业体系建设发挥引领和服务的作用。

第五节　林业碳汇功能

森林碳汇就是森林在生长期的吸碳、储碳和固碳的功能和价值，它包括森林植被的碳吸收功能、森林生长的碳储存功能和森林土壤的固碳功能三个层面，吸碳、储碳、固碳加起来叫碳汇。森林是陆地生态系统中最大的有机碳库。全球有 1.15 万亿吨二氧化碳储在森林生态系统中，占陆地生态系统中二氧化碳储存总量的 46%。森林植物通过光合作用吸收大气中的大量二氧化碳、形成生物量，植物碎屑、森林生物量和森林土壤固定碳并使之成为碳汇。过去，林业生态学主要集中在调节气候、节约水资源和储氧方面，而现在林业更重要的价值是碳的吸收和储存功能，并把它有价化、产业化、金融化、市场化。

一、林业碳汇脱钩发展理论

脱钩发展理论是用于分析经济发展与资源消耗之间响应关系的一门科学

理论。大量关于经济增长与物质资源消耗关系的研究表明，一个地区或国家在经济发展的初始阶段，随着经济总量的增长，物质资源的总消耗量随经济增长总量的增长而同比增长；经过某一特定阶段的经济增长后，物质资源消耗不会同步增长，而是开始呈现下降趋势，呈"倒 U 形"，这就是脱钩发展理论。从脱钩发展理论来看，林业低碳经济的本质是林业经济发展与资源环境消费的脱钩。

然而，森林砍伐、火灾或虫害后，森林将成为碳源。首先，由于燃烧或分解而受损的树木释放到大气中的二氧化碳量将增加，这将导致气候变暖；其次，森林在毁林、火灾或虫害破坏后将裸露林地，使森林土壤呼吸加快，导致大量的有机碳以二氧化碳的形式释放到大气中。再次，林业也是生产过程中的碳源。为了促进树木的生长，石灰在森林土壤中被用来改善酸性土壤，重碳酸盐和碳酸盐的溶解和释放也会产生大量的二氧化碳；在树木栽培中施用化肥将加速土壤有机碳的矿化，然后将大量的二氧化碳排放到大气中；林产加工过程中化石能源的使用等，引起大气中二氧化碳浓度升高，并加剧气候变暖。这说明发展林业低碳经济十分必要。

中国林业碳汇项目起步较早，各地大规模造林从 20 世纪 80 年代以来从未间断，人工造林面积居世界首位。随着中国造林和森林经营的持续和大规模的改善，森林面积、森林覆盖率、蓄积量和质量持续提高，在生态环境极大改善的同时，林业碳汇总量大大增加，扩大了中国的碳排放空间，为全国经济社会可持续发展显示出较强的优势。中国的森林资源和林地所有权，是以国有和集体所有制为主体，有利于宏观调控和具体操作，实施大规模植树造林，实行统一管理。同时，中国稳定的政治经济环境和大国地位是保证项目顺利实施的基础和前提，有利于发展和建设世界上最大的森林碳汇市场。中国已经是世界上最大的碳汇。林业碳汇每年达到 4 亿—5 亿吨。国家决定在各地进行碳交易试点工作，建立统一的全国碳市场，在全国范围内开展交易，参与全球碳交易市场。

二、加强应对气候变化能力

林业在应对气候变化中发挥着重要作用。中国宣布的 2020 年应对气候变化的目标、2030 年独立贡献的目标中都包括综合反映林业工作成果的目标中森林蓄积量增加这一项。林业每年约形成 5 亿—6 亿吨的碳汇，林业行动对落实应对气候变化的目标作出了重大贡献[①]。目前，全球气候变化已成为世界各国关注的焦点。森林在碳汇中起着重要的作用。在过去数次的联合国气候公约谈判中，林业被认为是应对气候变化的主要内容，许多国家都把林业发展作为增加碳汇和减少排放的重要途径。林业在应对气候变化中发挥着日益重要的作用。发展林业已经成为中国应对气候变化的战略选择。森林多效益项目是自然保护组织中的一种林业碳汇项目。通过森林碳汇工程增加森林面积及其碳汇功能，不仅满足了应对气候变化的可持续发展和国家战略的要求，而且还提高了森林生态服务功能的市场价格体系。更多的商业和社会力量参与了应对气候变化的工作。这不仅为中国林业工程的发展提供了新的模式，而且为绿色金融和生态文明建设注入了新的动力。

2015 年达成的《巴黎协定》，是全球 190 多个国家共同努力促进绿色和低碳发展的共同愿景，也是全球气候治理的新起点和全球绿色低碳经济转型的转折点。将近 100 个国家承诺减少森林损失和增加森林覆盖率，提交了来自国家的独立捐款，提供保护性的自然基础设施，建立当地社区应对气候灾害的安全网，以应对不利的气候影响。在当前全球经济发展的社会环境中，世界林业面临着巨大的挑战。在过去的 50 年里，全球森林覆盖率已经下降了 35% 以上，同时养育着 70% 动植物的热带森林正以每年千万公顷以上的速度遭到破坏。美国仅占全世界人口的 4%，它排放的二氧化碳占全球二氧化碳的 25%，全球变暖的主要受害者是发展中国家，严重干旱导致农作物损失。海平面上升威胁着数百万人的生命。这就是温室效应对大气的影响，发展中国家的经济和社会发展受到资源和环境的双重压力。

2015 年 11 月，习近平总书记在巴黎气候大会上，将增加森林碳汇作为中国应对气候变化国家自主贡献的三大目标之一，并向国际社会作出庄严承诺：到 2030 年我国森林蓄积量要比 2005 年增加 45 亿立方米左右。他指出，建设绿色家园是人类共同的梦想。大力推进土地绿化，建设美丽中国，应与"一带一路"等多边合作机制共同努力，促进植树造林，改善环境，积极应

---

① 《新时代：林业发展的新机遇新使命新征程》，《国土绿化》2017 年 12 月 20 日。

对气候变化等全球性生态挑战。2017 年初，当出席达沃斯世界经济论坛和访问日内瓦联合国总部时，习近平总书记一再强调，《巴黎协定》符合全球发展的总方向，成果来之不易，应该共同坚守，不能轻易放弃；中国将继续采取行动应对气候变化，百分之百承担自己的义务①。

三、林业碳循环系统分析

全球变暖是人类活动引起的重大环境问题。陆地生态系统是人类生存发展的主要物质和环境，也是全球碳循环的重要碳库之一。陆地生态系统如何响应和影响全球气候变化已成为全球变化研究其中的一个核心问题。一方面，植被类型的空间分布响应气候变化；另一方面，植被类型空间分布的变化又反馈给气候系统。通过光合作用，森林将二氧化碳同化固定于生物量中，同时以根生物质和枯落物碎片的形式补充土壤碳。土壤有机碳储量约为 2.53 倍的植被是全球生物地球化学循环中的一个重要生态因子。因此，土壤有机碳的分布与转化已成为全球有机碳研究的热点和全球变化研究的核心问题之一，尤其是凋落物。它在碳循环中发挥着非常重要的作用。土壤碳循环仍然是陆地碳循环研究中最稀缺的部分，尤其是对土壤有机碳动力学的认识。

根据能量转化和守恒定律，物质和能量既不能被创造也不能被破坏。但在现实中，使用的自然资源只有一部分经常变成有用的物品，其余的变成废物或污染物。世界每天消耗 1400 万吨煤和 6400 万桶石油，在大气中产生过量的二氧化碳。从哲学角度看，任何事物的存在都不是孤立的、静态的、僵化的，事物是相互关联的、相互依存的、协调的、相互促进的、变化的。事物的运动是由内部因素引起的和连续演替构成的。所有的平衡是相对的和暂时的。平衡和运动是分不开的。然而，任何相对运动都是为了建立一个相对静态的平衡。相对静止的可能性，暂时平衡的可能性是物质分化的基本条件，也是生命的基本条件。人们称之为平衡，是为了从生态发展的失衡中寻求暂时的平衡。换句话说，旧的平衡被破坏了，人们通过分离客观规律来建立新的、相对的、暂时的平衡。

---

① 张建龙：《发展林业是应对气候变化的战略选择》，《行政管理改革》2017 年 12 月 10 日。

森林是世界上碳排放权的替代品。要积极开展碳汇造林，增加森林碳汇，扩大森林面积，加强森林抚育，提高森林经营管理水平，促进森林结构不断优化，固碳效益明显提高。增加森林碳汇，不仅要通过植树造林，而且要有效地减少森林碳汇流失。要科学确定森林采伐限额，严厉打击森林乱砍滥伐，坚决遏制林地流失势头，减少因森林退化和林地损失造成的碳排放。完善森林火灾预警和应急机制，加强森林火灾监测，减少火灾造成的碳排放。依靠科技进步，提高林业适应气候变化，生态保护和恢复水平的能力。在林业碳循环过程中，有必要研究森林各功能之间的关系，协调其矛盾，缓和其冲突，最大限度地发挥森林效益，实现多功能森林经营。由于森林多功能的多样性、重叠性和层次性，有必要研究森林多功能的时空特征。林业多功能发展要紧扣国家发展主线，积极客观地对国情、林情进行判断，制定以林业现代化为导向，具有科学性、系统性、综合性等特点的规划，重点实施一批、谋划一批、储备一批林业重点工程项目，由此缓解中国林业面临的压力和体现发展林业的重要性，缩小我国生态产品生产能力与世界平均水平的差距。

目前，中国林业正处于从木材生产向以生态保护为基础的多功能林业的过渡时期。在社会生产力迅速发展的新时代，人民生活所需的物质文化产品有很多来源方式，而最为紧缺的生态产品，却基本由林业来提供。中国可以通过国外进口物资来满足物质需要，可以通过世界文化交流来满足精神需要，但生态产品的需要只能通过自己在本国的努力来满足。而对于地少人多，人均森林面积少的中国，生态产品又是最为紧缺，更是最需要努力发展的产业。林业多种功能的持续发展是中国林业发展的必然选择。

第二章　多功能林业显要特征

林业是构建社会主义和谐社会的重要纽带，是实现人与自然和谐相处的关键，这是由林业具有许多功能所决定的。林业作为一项重要的基础产业，在林区和山区建设、脱贫致富和经济可持续发展方面发挥着重要作用；林业作为资源环境的自然禀赋，将在改善人类生存发展的环境气候条件方面发挥着主要作用；林业作为生态文化建设的源头，将在生态文明建设中发挥重要作用。要发展林业的各种功能，必须充分利用现代人类文明的一切成果，依靠现代科学技术手段，以满足社会的多样化需求。

第一节 现代林业

林业与社会的发展息息相关，同步前行。现代化是人类社会和经济发展的必然趋势。从环境角度看，现代化是从适应自然条件到改造自然环境，实现现代化的目标与自然和谐的过程。现代林业则是森林由提供经济物质转变为提供环境服务和物质生产的林业。现代林业是一门与自然科学和社会科学相适应的新兴产业。它是在传统林业基础上的飞跃和创新。

一、现代林业实质及运行机理

现代林业从本质上讲，它是一个三维（社会、经济、生态）协调发展系统。在没有任何一个维度的情况下，林业系统的发展将倒塌或崩溃。生态文化在林业发展中具有奠基作用，林业只有经济和生态两维发展是不够的，林业发展要有第三维度林业生态文化，即经济、生态、文化三者不可或缺。只有产业，是一维发展，显然是不健全的；有了生态以后是二维发展，犹如平面而不是立体，仍然是不全面的；只有加入了文化坐标之后，三维立体的林业协调发展才是现代林业。

现代林业的基点是生态安全和社会福利。现代林业必须以生态环境和国家安全为基石，始终把改善生态作为林业发展的根本方向，我们应该将保护资源，保持生物多样性作为林业发展的基本任务，把做强产业作为林业发展的强大活力，把改革创新作为林业发展的关键动力，把开放合作作为林业发展的重要路径，把依法治林作为林业发展的可靠保障。现代林业的管理理念应植根于社会文化之中，使生态、产业要素融入文化体系；现代林业管理的目标是整个森林生态系统，现代林业的管理模式应是集约经营，形成现代林业的生态产业模式。

发展现代林业要有切实可行的对策和计划。现代林业发展要在深刻认识森林资源多样性和复杂性的基础上，掌控森林资源的优化配置和合理产出。原生林的破坏，以及大规模人工纯林的建设，必将造成林分结构单调、树种单一、必然导致林业资源退化或劣化、大量优良乡土树种及其种质资源逐渐丧失，最终破坏林地资源生物链。林业资源的优化配置和科学利用是不可回避的。要充分发挥社会公益机能，重点经营并管理好森林资源，保障国家生态环境安全，遏制遗传多样性资源、物种资源和生态系统资源的不科学获取和破坏，助推社会可持续协调发展。

二、现代林业的科学实用制度

现代林业发展是依靠科技进步、调动社会各方资源参与，旨在实现林业效益最大化，以满足社会经济的全面发展的过程。林业科技要为现代林业发展做出贡献，不仅要成为林业科学技术创新者，更要成为全社会科学技术创新的最大应用者。充分尊重林业生态系统自然规律，调动全民植树造林的积极性，打造现代生态林业，开辟我国林业科学化发展之路。

现代林业应依靠科学实用的长期科技支撑。现代林业科学涵盖实用技术包括科学方法与现代手段、理论和应用理论等层面的一系列问题，贯穿于社会生产、生活的各个领域。现代林业是科学发展的林业，具有较高的生产力发展水平，能够满足林业社会多样化的林业需要。现代林业不再代表传统的部门利益，而是要服务于全社会。现代林业必须推进林业管理体制改革，给林业增添生机和活力，提高投入产出比和林业效率，极大地改善林业资源的综合利用，提高森林质量和效益，增强森林功能。

制度是现代林业科学发展的基础。要建立与我国社会主义市场经济相适应的林业科技科技体制与运行机制，充分调动各林业部门、高等院校、科研院所的积极性和创新能力，增强我国林业的总体科研能力，为多功能森林资源的经营与管理提供有效的科技支持。与发达国家相比，我国的林业科技在规模和层次方面还处于较低水平，在推动我国林业科学化的进程中，对林业发展有更为清晰的定位，提高林业产业化与生态化水平，这是发展现代林业的关键一步。同时要兼顾林业的环境、社会、文化与经济效益，以区域为中心着重保护森林资源，赋予林业生产更多的科技感，就能够全面实现现代林业发展目标。

三、现代林业的经营目标

林业现代化的核心目标是力争到 2035 年初步实现林业现代化，生态环境得到根本改善。森林覆盖率达到 26%，主要造林树种良种使用率达到 85%，林业科技贡献率达到 65%。本世纪中叶，全面实现林业现代化，森林覆盖率达到世界平均水平，林业科技贡献率达到 72%，良种利用率达到 100%。可治理沙化土地得到全部治理，湿地生态系统质量得到改善。现代林业的经营目标是通过改善森林资源的管理和利用，少或不产生生产性垃圾和生活垃圾，提高废弃物的循环利用水平，以减少和控制二氧化碳的排放，建立健康有序的森林资源利用机制。

从现代林业发展的根本要求看，必须按照森林生态系统演替规律进行森林经营，减少林地养分损失，增加系统投入，形成高层次有序循环，通过多种措施推动林业体系向更高层次有序发展。要从各地区的环境特点出发，优化配置科技资源，重视对林业科技创新能力投入和建设，将科学技术是第一生产力的作用真正发挥到现代林业的绿色增长上。

从现代林业的基本内容引发出对林业特殊性的深入思考和分析，既是核心的使命也是生态功能的体现。多功能林业理念是现代林业的核心和精髓。多功能林业理念与现代林业并不矛盾。多功能林业既体现了现代林业的基本内涵，也体现了林业可持续发展的目标和途径，即多功能林业更多地强调如何通过合理规划与科学经营来实现林业可持续发展的目标是进入现代林业阶段。林业发展不能以牺牲生态环境为代价，保护有限的森林资源，是经营现代林业经济的根本原则。现代林业应为人类带来可观的经济效益，这是由林业经济功能所决定的，只有使林农得到最基本的经济收入，才能更好地争取其他效益，这也是现代林业最为显著的特点。

第二节　社会林业

社会林业自 20 世纪 70 年代在发展中国家首先兴起后，随着其活动取得成就的增多，成为一门新兴的社会与自然相结合的科学，克服了传统林业的种种弊端。社会林业不仅是国际林业领域的热点问题，也是新时代林业的重要课题，更是实现山区综合开发的有效途径。社会林业作为林业的重要组成部分，越来越受到人们的关注。社会林业与农村社区林业发展可以调动人们参与林业发展的积极性，对促进地区经济发展，建设生态文明及多功能林业具有重大意义。

一、社会林业的基本理论

社会林业（Social Forestry）一词，自 1968 年由印度林学家 J.G.Westoby（威士托比）在第九届英联邦林业代表大会上提出，由于这个概念符合当时林业的潮流，因而得到与会者的重视和支持，并在 1978 年雅加达第八届世界林业大会被确认以来，其基本概念、理论和方法得到世界的广泛认同。联合国联农组织（1978 年）对社会林业解释为"社会林业"是与"群众林业"及"村庄林业"及当地村社发展的林业等词条可以交换的术语①。角色理论进一步强调了参与实践在社会林业重要性中的作用。认为参与是使不同成员能够从各自的角色出发，统一到社会林业的认识上来，并将其纳入未来的实践活动中。良好的参与是使每一个或大多数成员在参与过程中发挥自己的作用。因此，运用角色理论探索和研究社会林业的深层次参与性是未来社会林业工作的重要组成部分。

社会林业的目标是优化农村生态环境，改善农村居民生活，促进农村社会的全面、协调、可持续发展。社会林业的技术手段包括一系列林业先进科学技术，并与当地的知识相结合。社会林业具有较强的适用性，强调农民的参与性和主体性、内容的全面性和完整性，形式的多样性。主要特点是林业目标发生了深刻的变化，发展形式已经改变了林业单一木材利用的专业模式，跳出了就林业论林业的传统模式，成为生物技术与人文社会关系相结合的产物。

社会林业对村民自治和农村民主政治发展起着重要作用。事实上，社会林业向社区林业的转变，已是在从宏观管理向微观管理观念的转变，以及从现代科学知识向现代科学知识和地方性知识相结合基础上的管理行为的具体

---

① 谢志忠、杨建州、纪文元：《论乡村社会林业的内涵实质与基本特征》，《科技和产业》2006 年 6 月 25 日。

落地。社区林业是以广大居民为服务对象，以居民为参与主体，通过政府的引导、协调和支持，吸引广大居民自愿参与森林经营的各个方面，包括规划、设计、管理、效益分配、监测和评价的全过程，并通过农林复合经营等主要技术手段，来克服传统林业的不足，已成为人与自然、人与生产的协调。它们之间关系的适当形式已成为现代林业的重要形式，随着经济的发展，其内涵不断丰富。社区林业使当地人能够自我驱动、自我激励，且有自主权，从而从事社会活动，旨在通过植树和采伐树木产品来促进土地系统的可持续利用。

二、社区林业的产生发展

所谓社区林业是指在社区发展中以林业为对象，以居民为主体，通过吸引社区居民广泛参与林业生产中的森林经营活动，即指在获得自身生存与发展所必需的森林产品及副产品的同时，改善社区自然生态环境，促进社区全面可持续协调发展。社区林业坚持以家庭经营为基础，不仅适合于当前农林业生产的特点，且适应于以家庭利益为驱动力的经营制度，能够充分调动家庭经营的潜能。它根据亚太社区林业培训中心对社区林业的定义，可以看出，社区林业不再像社会林业那样强调群众参与林业活动；而是在社区有充分自主权的基础上，让政府等社会各界以协助者的角色参与到以社区为单元的活动中。这种性质的参与，一方面，由于赋予社区自主权确实能调动社区群众的积极性；另一方面，通过政府和社会各界参与到当地社区的林事中，能够建立一种良好的相互监督、制约和协助的关系[①]。

从社会林业到社区林业的过程中，特别强调角色和行为的转变。林业局的作用是服务提供者和助手，而农民则是主体和主角。角色的转变凸显了行为和观念的转变。这样就避免了农民被动参与林业活动的弊端，建立了村民主动参与的机制，尤其是村民参与决策的全过程。更强调的是微观行动和实现成果的行动，而不仅仅是一个"宏伟蓝图"。总之，从管理机制的角度看，从社会林业到社区林业是一个从宏观到微观的转变，它通过强调社区权利，反映了从"自上而下"的管理机制到"自下而上"的管理机制的转变。

---

① 何俊：《从社会林业到社区林业》，《林业与社会》2003 年 2 月 25 日。

社区林业的目标是将人、社会和森林有机地结合成一个相互依存、相互促进的大系统，使林业能够充分发挥为人类提供良好的生态环境，以及木材和生活资料等综合功能。社区林业的具体目标，就是要最大限度地满足生产者的需要，包括对食物、烧柴、饲料和农具等生产和生活必需品的需要；要满足生产发展的需要，通过采取以林为主，多种经营的战略方针，使生产者真正从林业发展中得到实惠；要以社区和居民群体为服务对象，以参与式的方式吸收社区和广大居民参与；要通过发展社区林业，创造一个和谐、协调的自然、生态、社会环境。

三、乡村社会林业振兴

所谓乡村社会林业，就是指以乡村发展振兴为目标的植树造林运动得益于当地人民的广泛参与，从而改变了农村贫困，减少了森林砍伐的压力，稳定了生态环境。农村社会林业是乡村振兴的重要产业，以森林资源为主要经营对象的现代林业经营模式，具有经济、生态和社会效益。在逐步完善和发展中国市场经济体制的过程中，发展农村社会林业是农村可持续发展的有效途径，并将日益成为农村经济体制改革与发展的最佳结合点，促进农村经济增长方式转变。林业的发展离不开乡村振兴，不能再忽视农民对森林的需求。农村发展需要林业，林业发展离不开农村。

森林作为一种重要的资源，涉及社会的方方面面，导致不同阶层和部门之间的权力斗争和各种利益斗争。因此，人们研究林业时不仅要从经济、生态、自然的角度，而且要运用社会学的方法。因为社会学研究方法能够从更大的历史场面，更广阔的角度和更深的层次来理解社会人，以及其内外部活动对森林和林业的影响。林业社会化程度越高，社会对林业的依赖程度就越大；从农村可持续发展的角度看，社会林业是林业的综合发展和可持续发展模式，是林业发展的重大战略转变。

从管理技术的角度看，社会林业向农村社会林业的转变，就是把现代科学知识和传统习俗在森林管理中的运用，转变为地方知识与其他知识文化的融合。由于大量知识的运用，社会林业向农村社会林业的转型也发生了变化，从过去以森林保护为重点的微观社区管理模式转变为保护与利用相结合的可持续利用的微观社区管理模式。从管理机制的角度看，乡村社会林业强调微观范畴多于社会林业。社会林业过于强调宏观范畴，如"紧密地把农民卷入林业活动中""全社会办林业"的提法。当然，与传统林业相比，这一概念吸收了潜在的社会资源，并将其注入林业活动中，对林业的发展起到了积极的作用，在一定程度上调动了农民的积极性。但是，在新的历史时期，这种观念也有其不足之处，主要归因于林业作为整个社会，而当地人民则被动地参与林业活动。这种从宏观社会层面看待林业发展往往不能做到因地制宜，引发"拍脑袋"工程；另一方面，农民只是被动参与，其主体性不明确。相反，乡村社会林业强调微观范围，强调行动。这一思想符合当今可持续发展的指导思想，即"从全球角度，从微观行动"。也就是说，农村社会林业强调以农村为主体，而不是以整个社会为主体，通过社区共同管理或村民自治，来充分调动农民的积极性。

第三节　循环林业

现代林业弥补了传统林业忽视森林生态功能和环境功能的缺陷，但没有充分考虑森林资源的有限性和再生周期性。这客观上要求中国林业发展需要引入循环经济的理念，以提高林业发展的效果。近年来循环经济理论的出现为林业发展开辟了新的路径，然而林业循环经济的理论与实践相对较少。现有的林业循环经济的理论和实践大多集中于循环经济基本原理在林业产业某一环节中的应用，而没有将林业产业作为一个系统来研究。本节从林业产业化和制度化的角度，提出了新型林业发展模式——循环林业。

一、循环经济的延伸

循环经济的概念是在 20 世纪 60 年代提出的，循环经济的另一个名称是物质闭环流动型经济。循环经济的核心思想是物质的循环利用，它将传统的以物质消费为基础的经济增长模式转变为以生态资源为基础的循环经济模式。循环经济的典型特征是低消耗、低排放、高效率。这个经济的核心理念是资源的循环利用。世界上只有放错地方的资源，没有绝对无用的垃圾。解决环境污染和资源枯竭问题的出路在于以"循环式经济"代替"单程式经济"，倡导一种与生态环境和谐的经济发展模式。林业循环经济就是将循环经济理念引入林业发展,紧密围绕生态文明建设的要求,减少林业各种废弃物的排放,构建环境友好型的林业经济发展模式,同时提高林业资源的利用效率,促进林业发展和生态保护共同发展。受循环经济的启发,通过模拟和遵循自然生态系统的物质循环和能量流动规律,将林业种植业、林业产业和林业服务业联系起来,实现森林资源的多层次阶梯式的循环利用,实现森林资源利用效率的最大化。

循环林业的核心是森林资源的循环利用。循环的第一层次,可以"林窗"为例说明。林窗研究是当前森林生态研究的热点之一,因为它是森林更新的重要阶段,是维持森林生物多样性的重要环境。枯枝落叶形成的间隙在森林群落中起着重要的生态作用,因为它们通过改变森林之间的日照条件来影响森林的优势种、动态和组成。林窗模型是一种"多龄级""多物种"的随机样地模拟器,用于模拟森林内部控制中树定居、生长、替换和死亡的过程。它可以用来预测全球变化对森林生物量、森林物种和森林初级生产力的影响,也可以通过多点模拟来间接推断植被边界的变化,还可以找出影响森林对气候变化响应的重要因素[1]。第二层次"循环"是指森林资源在经济生产系统的各个环节中的持续循环利用。包含可再利用废物未耗尽的资源成分的,如木屑,可用作燃料或压制成板材;废弃物开发新功能而被当作资源使用,如枯枝落叶可以堆肥;由资源化生产的产品在废弃后,可以继续作为原先的资源而得到使用,如废纸回收后还可以继续用作造纸原料;对于资源要素共生资源,可继续利用其废弃物中未被利用的其他要素,如废弃物木质材料通过多种技术处理开发出多种生物质能源,如乙醇、甲醇和二甲醚等清洁代油燃料。"循环"的第三个层次是指生态效益是决定经济的基础。生态效益差,经济效益也不会好。前者决定后者,后者依赖于前者,这是由经济再生产和自然再生产的不同功能决定的。生物循环是经济周期的基础和前提,有机结合这两种循环,形成一个协调、平衡的循环系统。

循环林业指的是森林资源—林产品(木质和非木质)—再生资源的闭路循环。包括科学培育和合理开发森林资源;将林业原料加工成环境友好型产品,通过适当的先进技术实现现场再利用;在生产加工过程中进行资源重

---

① 王纪军、裴铁璠:《气候变化对森林演替的影响》,《应用生态学报》2004年10月18日。

用。生态经济林的核心是在保持森林生态平衡的条件下实现多种功能和效益的统一。质量和数量是功能和效益的形式和最基本的条件。功能是效率的基础，效率是功能的表达。各类生物的利用和森林采伐是一种合作生产活动，生态效益转化为经济效益。这种转变的规模和速度不应超过森林和各种物种的自然生长。如果超过自然生长，它可能是暂时的积极的经济，但消极的生态系统循环功能。因此，任何林业生产活动都不能破坏生态系统循环的整体利益。

二、循环林业的特征

与工业、农业和其他产业相比，林业产业的一个重要特征就是它是一个相对完整的产业体系，涉及国民经济的第一、第二和第三产业；它是一个复杂的产业集团，拥有广泛的产品和较长的产业链。依靠丰富的林地、树种等资源，大力发展木本粮油、生物质能、生态旅游等绿色产业，循环林业在扩大社会就业、促进农民增收、保障市场供给等方面发挥更大作用，让人们享受更多更好的绿色林产品和生态产品。同时，积极推进木竹产业的"节能、降耗、减排"和有效利用木材资源，提高和扩大木材和竹材的性能，提升木材和竹材的综合利用率，健全木竹林产品回收利用机制，提高木竹产品的储碳能力。林业产业的这些特点决定了林业循环经济不同于一般循环经济的特征。

林业经济系统循环与生态系统循环的双重循环。林业循环经济系统内部同时存在林业经济系统循环与生态系统循环，二者相互交织、相互影响、相互制约。与其他工业循环经济相比，这是林业循环经济最大的特点。从林业系统角度看，由于森林资源的存在，林业已发展为三大产业类型，而森林资源的流动使三大林业产业之间的关系更加密切。森林培育和采伐是林业的第一产业，为林业第二产业（林产品的加工和利用）提供了丰富的木质和非木质资源。森林的存在也为以森林旅游为主的林业第三产业提供了景观资源。林业第二产业和第三产业生产的有形和无形林产品供给人类消费，消费后产生的废物资源与林业第二产业和第三产业内部经营过程中产生的废物资源相同，经过循环和处理后被排放到土壤、大气和水等自然环境要素中。这些废弃资源通过森林的吸收和分解，释放氧气，提供丰富的森林资源，继续被人类和林业工业生产系统使用，从而实现林业经济系统与生态系统的双重循环①。

最优生产、最优投入、最少废弃。由于林业经济系统循环经济与生态循环在林业循环经济体系中并存，相互交织、相互促进。因此，从林业大系统的物质投入产出来看，林业循环经济系统具有低投入、低消耗、低污染、高效率的特点。林业生产的源头是森林资源的生产，利用太阳能、降水、少量化肥和农膜的物质投入，可以生产出再生木材等经济林产品和清洁水、空气、土壤、环境等生态林产品，以满足林业第二、三产业及人类社会之用。第二、第三林业产业所产生的废弃物资源可以利用林业产业的优势，通过产业间链条的延长与空间拓展，可以在林业系统内回收废弃物资源，节约林业资源投入，减少废物排放。例如，来自造纸工业原料制备阶段的残余物，例如芦苇渣，可用作为小蘑菇栽培；纸污泥可用于生产有机肥料和土壤改良剂用于林木栽培。

物质闭路循环使用的相对性。循环经济是对物质闭环流动型经济的简称，以物质、能量梯级和闭路循环使用为特征。应该强调的是，物质和能量的封闭循环是相对的，开放是绝对的。从林业的角度来看，这一特点比工业、农业和其他产业更为重要。由于林业产业覆盖面广，产业链长，产业范围广，林业内部产业与林业以外的其他产业一直保持着千丝万缕、不可分割的联系。森林资源封闭循环利用的相关性主要体现在森林系统产业与外部系统物质（产品、废弃物等）的交换关系上。多功能林业倡导资源回收的关键在于充分利用林业有形资源和无形资源，合理配置全国资源，实施增值经营。根据资源特点开发，提高资源价值，充分发挥资源、文化对物质资源的替代作用。在林业建设和发展过程中，利用文化技术可以提高生产技术和经营工具，减少物质和能量消耗，通过资源减量化实现循环发展；通过对全国林业有形和无形资源的整合与重构，优化体制机制，降低各种交易成本，提高林业发展价值。然而，循环林业也应强调物质的闭路循环，其意义在于充分发挥林业系统多产业、长链条的优势，将林业系统内部所产生的废弃物尽

---

① 张金环、颜颖、张金萍：《新型林业发展模式——循环林业》，《广东林业科技》2010 年 6 月 20 日。

量在系统内部循环消化，尽可能地实现物质的闭路循环利用，以最大限度节约森林资源的投入。

三、循环林业的形式

林业产业有三个产业层次，即以森林资源培育和采伐为主业的第一产业、以竹木加工业和林化工业为主导的第二产业和以森林旅游为主的第三产业。在此基础上，林业可以达到三个层次的循环发展。

林业三个层次产业内的自循环。林业循环经济的发展模式从林业内部自循环的三个层次开始。其中，林业第一产业的自循环包括森林培育系统的物质循环和森林采伐系统的物质循环，林业第二产业的自循环主要是指资源之间的资源循环。在林业产业化中，林业第三产业的自循环包括森林风景区规划开发阶段对旅游资源的利用。管理阶段旅游资源的恢复与清洁生产。以林业二级产业为例，以造纸企业和人造板加工企业为网络组织链的核心构建。通过其强大的辐射资源能力，向前、向后和侧向的企业在大量其他第二产业中具有相互关联和协同效应，促进了林业第二产业资源的循环利用。

林业产业间循环发展。林业产业循环发展模式是由各种原材料、废弃物或副产品流动形成的产业链。林业第一产业的废弃物或副产物可作为第二产业的原料。林业企业生产的副产品或废弃物可回收利用，用于林业第一产业。林业第一产业与第三产业之间关系主要体现在：一方面林业第一产业为以森林旅游业为主的第三产业提供景观资源基础；另一方面森林旅游景点的建筑、娱乐设施的建设、旅游车辆及游客排放的"三废"又会对森林景观的土壤、植物、动物、水景、空气等资源产生干扰，影响森林整体景观资源的营造，进而影响森林旅游业的发展。因此，应从改善人为旅游活动路线为切入点，减少人类对森林资源的干扰为基本要求，使林业第一产业与第三产业协调发展。

林业与其他产业的循环发展。林业产业与林业以外的其他产业的联系主要体现在第一产业对采伐剩余物的利用和第二产业对废弃物或副产品的利用。以林业第一产业为例，剩余物可用于生产燃料、饲料、食品等。例如，树皮中的大量纤维素可被水解，通过葡萄糖分离和发酵产生单细胞蛋白质，这是动物最好的营养饲料；木质残渣也可用于生产蔬菜板、棋盘、牙签、木珠和其他木质杂件。此外，林业以外的其他行业的废弃物或副产品也可以为林业产业提供原料或中间产品。

第四节　智慧林业

智慧林业是指按照生态文明理念建设要求，运用现代信息技术，正视林业信息资源的价值，在辅助决策支持、跨部门业务协同、日常政务管理等领域中，建立林政资源管理、政务办理、林业科技推广、林木种质资源管理、林木种苗信息、森林公安警务、森林防火、林业有害生物监测预警和林业电子商务等业务系统。[①] 智慧林业的首要目标是打破林业资源产业的锁定效应与刚性约束，实现林业资源的循环利用与生态可持续。

一、智慧林业的科学特征

智慧林业是充分利用大数据、云计算、物联网、移动互联网等新一代信息技术，通过智能化、感知化、物联化等手段，形成林业生态价值凸显、立体感知、管理协同高效、服务内外一体的林业发展新模式。所谓云计算是一种新兴的信息共享体系结构。它可以将巨大的分散的硬件和软件与数据连接起来，建立一个虚拟运行的环境，为林业提供各种硬件、软件、应用和存储服务。所谓物联网技术就是通过计算和网络应用的集成，构建覆盖人和对象的网络信息系统。所谓的大数据技术，就是指所涉及的数据量，规模大到无法通过目前的主流软件工具，在合理时间内达到存取、管理、处理并整理成帮助管理者决策的资讯；感知化是利用传感装置（如红外、激光、射频识别）和智能终端，使湿地、沙地、森林、野生动物等森林资源在林业系统中相互感知，可以随时获得所需的数据和信息环境；智能化，就是利用各种传感设备、智能终端、自动化装备和物联网、大数据、云计算、移动互联网等技术实现快速、准确的信息采集、计算、处理和管理服务的智能化；互联化，就是利用外网和内网，建立纵向平滑、横向贯穿所有终端的网络节点，为智慧

[①] 《国家林业局关于印发〈中国智慧林业发展指导意见〉的通知》，国家林业局，2013 年 8 月 21 日。

林业提供有效的网络通道。

"互联网＋"林业是智慧林业的核心。要全面推进林业生产各领域与信息技术的深度融合，提高林业智能型生产水平；加速云信息服务，实现各类林业数据高效交换、集中保存、及时更新、协同共享；运用大数据提高林业重大决策的科学性，有效提升林业社会服务能力。例如，将移动终端技术应用于造林设计、森林资源调查等，可以提高内业工作效率，大大减轻户外工作量。通过林业信息化中的林权管理系统、森林资源调查管理系统等子系统，可以随时随地了解当前当地林业生态红线划到哪里，荒山还有多少、适宜造林的面积还有多大。而对破坏森林资源等违法行为的调查取证，一般来说只要浏览档案或在计算机上记录或检查历史数据。现在，只要你带一台平板电脑，就可以比较以前看到的破坏森林、森林资源的情况。可见智慧林业的范围广、作用大、便民惠农。

总体来说，智慧林业的关键在于通过制定统一的技术标准和管理服务标准，形成主动、集成、互动的现代经营模式；实质是在实现林业智能、安全、生态和谐发展的新模式下，通过三维感知系统、管理协同系统、生态价值体系和便捷服务体系体现了智慧林业的智慧，旨在促进生态系统建设、林业资源管理和绿色产业的协调发展。许多林业行政许可事项，如植物检疫、林地审批、伐木、木材运输等工作，将纳入政府的网上行政大厅运行、实现网上验收、审批、核准、认证。所有的过程都可以在线查询，并接受社会监督。组织林业专家解答林农网上技术问题，提供气象预报、虫害信息、电子商务等信息服务，最大限度地发挥生态、经济和社会的综合效益。

二、智慧林业的思路构架

随着信息社会和知识经济的发展，森林信息资源日益成为林业的核心要素，林业信息化正从数字林业阶段向智能林业阶段转变，是林业系统转变发展模式、提高生产力水平的内在要求。在数字林业阶段，林业信息的主要特征是数字化采集、传输、存储、处理和应用，推进互联网、应用计算机、数字化等技术实现林业自动化、网络化和数字化管理。在数字林业的基础上，智能林业阶段将综合应用移动互联、云计算、大数据、物联网、智能地球等新一代信息技术。林业通过物联化、感知化、协同化、智能化等手段，构建由设施层、数据层、支撑层、应用层，标准规范体系、安全与综合管理体系，全新现代信息技术组成的智慧林业。

设施层是智慧林业的基础。它主要实现林业信息的采集、简单处理和数据传输，为智慧林业的高效运行提供基础信息和高速通道，实现人与森林、森林和森林的相互感知。设施层感知系统主要采用北斗导航和3S技术、多媒体视频技术、自动识别技术、物联网、移动互联网等技术建立感知层，通过立体"四维"归纳，达到森林的实现、湿地、沙地、野生动物等的全面深度感知。

数据层是智慧林业的信息仓库，为智能林业的有效运行提供了丰富的数据源，充分支持了智慧林业的应用。通过实施林业基础数据库建设工程，规范林业信息的收集、存储、分类、处理、交换和服务标准，建立了集林业地理空间信息库、林业资源数据库和林业产业数据库于一体的大数据。为智慧林业建设提供森林资源数据、荒漠化土地资源数据、湿地资源数据、生物多样性数据等信息服务，实现数据的互联和共享。

支撑层是智慧林业的中枢，主要包括林业云平台、地理信息平台、决策支持平台等，为智慧林业应用系统提供了一个科学、协作、智能、开放、包容、统一的支撑平台，负责整个系统信息处理、业务流程规范、海量数据处理数值表格模型分析、智能决策和预测分析等，为森林资源监测、应急指挥、智能诊断等提供平台支持服务和智能决策服务。

应用层是智慧林业建设和运营的核心。它主要实现信息集成与共享、资源交换与业务合作，为智慧林业的运作和发展提供直接服务。主要内容包括智慧林业管理系统和智慧林业服务系统。

标准规范体系是智慧林业建设和运营的重要支撑保障体系，主要包括智慧林业总体标准、信息资源标准、应用标准、基础设施标准和管理规范。

安全与综合管理体系是智慧林业建设与运营的重要保障。智慧林业安全与综合管理体系内容包括：物理安全、网络安全、系统安全、应用安全、数据安全、制度保障等六个方面。

智慧林业的核心是利用全新的现代信息技术，建立一种智慧化发展的长效机制，实现林业高效高质发展；智慧林业的关键是通过制定统一的技术标准及管理服务规范，形成互动化、一体化、主动化的运行模式；智慧林业的目的是促进林业资源管理、生态系统构建、绿色产业发展等协同化发展，实现生态、经济、社会综合效益最大化。

三、智慧林业的建设目标

智慧林业作为林业新的发展模式，使林业信息资源体系成为重要的战略资源。在智慧林业的建设与发展中，林业信息资源将发挥积极作用，即统领整个林业资源系统，为智慧林业的健康发展、决策创新提供支持，集成、驱动和激活整个林业资源系统的联动发展，形成开发利用、整合优化、创新发展的智慧林业新资源观。随着人类社会的发展，传统林业已转变为现代林业，单一功能和价值已转变为多功能和多价值；移动互联网、云计算、大数据、林业自身都在积极寻求新的变化。利用现代信息技术，对林地、湿地、沙地、生物多样性等进行实时动态监测和管理，获得林业资源和经营状况的基本数据。在全面分析森林资源与社会、经济、生态环境关系的同时，确定造林地块和造林树种，并对造林模式进行预测和模拟。林业的实际需求和发展促使泛在化的信息基础设施高端完善、最优化的生态价值全面显现、智能化的管理服务系统协同高效、一体化的综合保障体系完备有效，生态经济社会价值大幅提升，有力支撑林业改革发展[①]。

林业立体化感知体系全覆盖。大力推进林业下一代互联网、林区无线网络、林业物联网，以及林业"天网"系统和应急感知系统的规划布局和建设应用，形成全覆盖的林业立体感知体系。建成具有管控、网络服务等功能的IPv6网络运行管理与服务支撑系统，建成完备的林区无线网络及林木感知、林区环境感知、林业管理智能感知等方面林业物联网，形成全覆盖的林业感知和传输网络；构建林业遥感卫星、无人遥感飞机等监测感知的林业"天网"系统，实现对林业资源的动态监测和自动预警、全面监测和相互感知；建成"一张网、一平台"的应急感知系统，实现国家、省、地、县等四级林业管理部门应急感知系统的应急联动，为各级林业部门提供高效、精准的应急指

[①] 《国家林业局关于印发〈中国智慧林业发展指导意见〉的通知》，国家林业局，2013年8月21日。

挥服务。

林业智能化管理系统具有协同性和高效性。加快林业基础资源信息集成，加大云计算、物联网、大数据等林业信息管理技术的创新应用，形成全面、集成、智能化的林业管理系统。建设功能强大、服务良好的中国林业云，实现全国林业信息资源共建、共享、统一管理和服务；建立统一的三大基础林业数据库，支持互联和信息共享。林业系统建设，在中国林业网站群及中国林业办公网，实现资源整合及服务的统一，提升林业政务部门管理效率及便捷度；建成智慧林业决策平台，为林业生产者、管理人员和科技人员提供网络化、智能化、最优化的科学决策服务，政务管理更加科学高效；建成智慧林政管理平台，改变传统行政审批模式，实现林农、林企、林业组织等办事不出门，网上可办事①。

林业生态价值的价值体系不断深化。全面加强林业资源监督管理，积极推进林业文化体系建设，不断推进林业科技进步，建立林业生态系统价值体系。建立集成管理的智能化造林管理系统，帮助管理者及时掌握造林建设的现状和发展趋势，构建先进的智能化森林资源监测系统，实现实时有效监督我国林业资源，为提高宏观决策的科学性和有效性提供技术支持；建成智能化的野生动植物保护系统，及时掌握生物多样性状况和动态变化，为加强野生动物保护提供支持；建立重点林业项目监测管理平台，实现重大项目的动态管理，提高科学规范的项目管理水平；建设多家林业网络博物馆、林业文化中心、林业智能体验中心等，实现林业文化的普及。

第五节　泛在林业

泛在林业是指通过大量的信息基础设施建设和信息技术的应用，将高度发达的计算机和网络技术将渗入林业各个方面，林业智慧化发展向高端延伸和拓展，使人们能够享受到便捷的林业服务，是林业发展的高级阶段。泛在林业是未来发展的趋势，我国提出到 2050 年林业信息化率达到 100%，建

---

① 《中国智慧林业发展指导意见》，http://www.docin.com。

成泛在林业，全面实现林业现代化。

一、应用实时化

应用实时化是智慧林业深化应用阶段。主要建设智慧林业决策平台、智慧森林管理平台、智慧林业产业管理系统、智慧生态旅游管理系统和智慧林业重点工程监管系统。智能林业的应用效果和价值是显而易见的。欲知一片林地的属性、利用等信息，只要点击卫星地图，几秒钟后选择范围内的地块信息数据就会自动生成。应用移动终端 App 软件，只需带一台带有 APP 软件的平板电脑，GPS 定位、卫星影像数据、各类业务专题数据、图纸资料就都有了，野外用平板电脑勾绘小班、填写小班信息，回到办公室只需要将外业采集的数据通过数据处理平台导入电脑即可完成内业工作，避免重复劳动，大大提高了工作效率。

森林所积累的物质是人类财富的源泉。况且当今经济社会发展特别是生态文明建设离不开林业，需要林业拓展社会、经济、文化、生态、碳汇等功能，即使是人类的衣、食、住、行也还离不开林业。需要林业创造一个清洁美丽的绿色环境，满足人类身心健康和精神享受的需要。泛在林业要求通过科学、有效的管理措施，在同一林地反映林业功能在整个林地的协调发挥，以满足多个利益相关者的管理以获得各自的利益。

泛在林业的目标是探索森林经营如何保持其生物多样性、生产力、更新能力及活力，并更好地服务于人类的生存、环境和发展。泛在林业的发展特别要求建立在生态世界观的基础上，以生态价值观为核心，培育人与自然的和谐共生关系。同时需要依托大数据、云计算、物联网等技术，通过建立森林生态环境大数据平台，实现对森林生态环境保护相关数据的有效汇集、海量数据的深入挖掘分析、动态信息的实时发布与共享，建立森林采伐管理系统，农民只需在乡镇林业站通过网络提交信息，乡镇林业部门就可通过网络实时审批即可办理证件，实现林木许可证处理的网络化。农民可以通过网络查询自家的林地及林权证等详细信息，企业通过上网能够及时掌握产业政策、苗木供需情况以及市场价格等信息，搭建农民与市场、企业、政府沟通的桥梁。

二、主客融合化

从泛在林业的内涵和实质可以看出，泛在林业本质上是由森林生态系统、林业产业系统和生态文化系统融合的复合系统。泛在林业建设的目标是实现森林生态系统、林业产业系统和生态文化系统的有机整合和协调发展。因此，生态、产业、文化的协调与整合应是泛在林业系统发展和运行的核心和关键。动态集成后，泛在林业运营系统可以增强系统的整体功能，扩大整体效益，达到"1+1>2"的效果，提高系统的生产水平、共生程度和协调效果，实现系统的集成。跨越传统林业，适应我国现代化进程中对林业不断提升的多层次、多角度、多方面的需求。

森林生态系统的最大生态承载力（或生态承载力阈值）是森林生态、林业产业和生态文化的最大整合阈值。根据生态学和生态经济学的原理，自然界是人类和自然活动的最大生态系统。自然生态系统的基本平衡可以维持，只要这些活动不超过生态系统在运行期间的最大承载能力阈值。森林资源系统本身是一个复杂的生态系统。泛在林业系统的运行中，必须在一个完整的森林生态系统、一个发达的林业产业体系和一个繁荣的生态文化系统中，在最大的生态阈值范围内进行建设、开发和运行。在森林生态、林业产业和生态文化一体化的门槛下，森林生态系统的平衡是森林生态、林业产业和生态文化整合的前提和基础。森林生态、林业产业和生态文化在此融合门槛下的动态整合，既能满足森林生态系统演化和平衡发展的客观要求，又符合林业发展的客观要求，以及社会文明的繁荣发展实现生态转型。

泛在林业是一种和谐的林业。它追求生态经济社会系统的和谐共处，追求人与自然的和谐共存。泛在林业体系运行的主要内容是建立完整的森林生态系统、发达的林业产业体系和繁荣的社会文化体系。三大体系的建设和发展，最终应追求生态产品、生态文化产品和森林物质产品的有效协调统一，以满足人类社会生态公益、精神文化与经济发展需求。在林业系统中普遍存在的森林生态系统、林业产业系统和生态文化系统，在动态整合和发展的目标上具有客观的融合性。显然，从上述三个系统的机制融合操作可以看出，由于融合的信息机制，三个系统应该在整个建设过程中实现整个系统的信息转换，这也是三个系统动态运行的融合目标。由于这一目标融合的客观存在，我们可以建立和有效地实现泛在林业的和谐、可持续和健康发展总体目标。

三、整体共生化

人类的居住环境不仅与地理位置、地域条件密切相关，而且还受自然气候因素的差异、生态系统调整以及民族传统文化的影响。而环境质量的好坏主要取决于蓝天、碧水、绿地、风景秀丽、生机盎然、吸引力高的生态景观，并且形成一种融传统文化与现代文化于一体的综合、和谐、循环、自生的生态文化，从而构成人与自然和谐共存的生态文明共同体。其中，林业产业在调节环境生态系统平衡中起着决定性的作用。

泛在林业培育与管理不仅仅是简单的植树、绿化和美化环境，简单地配置各种生物组合；更是运用生态学竞争原则调节着系统的多样性、自主性和稳定性，通过科学的规划、工程建设和管理，将单一的经济环节、社会环节、生物环节、物理环节等组装成一个有强大生命力的生态经济系统，使资源得到有效利用，人与自然和谐共生。从人类活动空间的角度看，环境都由物质代谢、能量转换、信息反馈、功能与过程的关系构成，主要包括人居和工作环境、区域生态环境及文化环境。从生态学和生态经济学的角度看，环境是一个具有生产、生活、供给、接纳、控制和缓冲功能的"社会—经济—自然"复合生态系统，包括人力资源的开发、利用、储存和扬弃，人与自然的促进、约束、适应和转化。

泛在林业是人遵循山水林田湖草是一个生命共同体的思想，设计适应人的生存，满足人的需要的自然环境。在时间上能够维持组织结构和自治，以及保有对威胁的恢复力。自然环境是相互关联的，任何对自然环境的局部破坏都可能导致整体灾害。泛在林业发展过程中，必须坚持林业与地球其他系统整体共生化，实现人口、林业资源、生态环境与社会经济发展协调发展。

随着社会经济的发展，人与自然和谐相处越来越受到人们的关注。林业发展模式已成为人们关注的焦点。在促进林业多功能化发展的过程中，要根据区域自然条件和社会经济条件，选择与相关社会制度和生态系统相协调的林业发展功能，体现多功能林业发展的文明特征，应对生态、经济和社会协调发展，最大限度地满足社会的动态发展和需要，确保资源的合理利用、保护环境，促进经济持续增长。

第三章　林业多功能协同战略

《联合国森林战略规划（2017—2030年）》制定了全球森林目标和行动领域，提出了各层级开展行动的执行框架和资金手段，明确了实现全球森林目标的监测、评估和报告体系。之前，我国也一再强调林业多功能协调发展，但由于没有上升到战略高度去计划，在实际工作中不可避免地存在许多局限性，往往出现"捡了芝麻丢西瓜，按下葫芦浮起瓢"现象。要改变这种局面，就必须采取战略统筹兼顾，系统规划，协调发展。它不仅需要林业政策本身的协调，而且需要林业政策与经济政策、农业政策和社会政策等其他政策的密切配合。

第一节　林绿山川建林业产业

建设林业产业是发挥森林生态、社会和经济效益的基础。要按照主体功能区战略和优化国土空间开发格局要求，协调推进"多规合一"工作，科学设置林地保护开发等级，有针对性规划林业重大生态工程，为绿色生产生活家园建设提供良好的生态环境和生态保障。要根据市场经济理论配置社会资源，根据规模效益原则配置森林资源，根据资源配置比例确定产业经营方向，构建由基础产业、主导产业和替代产业构成的林业产业结构。

一、夯实林业基础产业

山川绿化在生态建设中占首要地位，在山区开发中占基础地位。2013年4月2日，习近平总书记在参加首都义务植树活动时强调："森林是陆地生态系统的主体和重要资源，是人类生存发展的重要生态保障。不可想象，没有森林，地球和人类会是什么样子。"习近平总书记身体力行，率先垂范，每年坚持参加义务植树活动，为适龄公民参与义务植树活动树立了榜样、做出了表率。每年参加义务植树时，都对植树造林工作做出重要指示。他深刻地指出，我国总体上仍然是一个生态脆弱、缺林少绿的国家，改善生态，植树造林，还有很长的路要走。植树造林是实现天蓝、地绿、水净的重要途径，这是最普惠的民生项目。植树造林和绿化是功在当代、利在千秋的事业，应当年复一年、代代相传。坚持动员全国、全民植树，努力把建设美丽中国变成人民的自觉行动。充分发挥全民造林的制度优势，因地制宜，科学种植，加大人工造林力度，扩大林区面积，提高森林质量，增强生态功能，保护好每一寸绿色①。倡导"拆墙透绿、建路配绿、腾地造绿、借地布绿、见缝插绿"，城市、村庄、集镇绿化、园林绿化工程全面加强。为了提高造林率，要大力发展常绿乔木、果木等地方水土保持树种形成村落、集镇、城市周围水源林，道路河道乔木林，公园绿地休憩林，房前屋后果木林的绿化格局。要发扬前人栽树、后人乘凉精神，多种树、种好树、管好树，让大地山川绿起来，让人民群众生活环境美起来。

林业的基础产业主要是森林培育和森林经营。包括以满足国土保安需要的防护林、森林公园、自然保护区、湿地、划定的公益林以及用于维护生态安全的森林资源。目前，中国林业的基础产业仍处于传统意义上的管护和培育。要根据森林的作用和功能，遵循生物自我调节和再生规律，依托林地、林木资源、气候条件等，通过生物链把种植业、养殖业与畜牧业融合成为生态林业，使林区种植、养殖及林内、林下资源的采集加工形成新业态，发展包括食用菌栽培、采集、加工及林下药材、野生蔬菜、野生动物的养殖和加工等生态产品，以引导、创造和适应新的时代需求，实现不同市场细分的整合。这种整合不仅要满足市场需求，而且要提高林业生产力。

林业的社会基础体现在多功能林业经营体系中。随着我国社会经济快速发展，对多种林产品的数量和质量需求都在不断提高，对多功能林业的生态—产业—文化融合系统的基础性进一步增强。从本质上讲，森林生态、林业产业和生态文化子系统通过相互作用、相互影响、相互制约和集成，成为具有特定结构和功能的有机整体。它不是简单的总和，而是相互融合，并成为一个有整体结构和整体功能的有机统一体。从系统论和耗散结构论角度

---

① 张建龙：《发展林业是应对气候变化的战略选择》，《行政管理改革》2017年12月10日。

看，多功能林业的生态、产业和文化融合，不断与外界交换物质、能量和信息，是一个开放的、远离平衡的耗散结构系统。融合的活力在于开放的森林生态系统、开放的林业产业和开放的社会生态文化系统中物质、能源和信息的转化与传递。这种转变和传播的规模和范围越大，融合的生命力越强，它就越有利于融合目标的实现。多功能林业的生态、产业、文化融合体系是一个由生命系统和非生命系统、自然系统和社会经济系统组成的复杂系统。它具有比单一子系统更为复杂的内部结构和更合理的结构。多功能林业生态、产业、文化一体化的总体管理目标是生产优质、品种齐全、量多的林产品。同时，增加林业生产者的收入，提高林业经济效益，改善生态环境，实现经济、生态和社会效益的统一。因此，林业基础产业的形成也是一个多目标、多效益的融合与协调的过程。

二、强化林业主导产业

林业的主导产业主要是林产工业。包括以森林资源为产业链的加工业和制造业，与林产品产业配套定向培育的专业原料林。中国林产工业的发展是促进速生丰产林基地发展，建设新型原料主要来源，提高林业经济效益和满足社会对林产品的需求，增强林业经济实力的必由之路。中国人口众多，林业加工产品需求量大，不应该过分依赖进口，应该用长远的眼光，大力发展中国的加工业。林产工业的发展应主要由市场调节，完全进入市场，但需要政府的引导和支持。在保护和培育森林资源过程中，确保生物资源积累成良性循环和可持续利用的同时，通过科技投入使主导产业成为林业经济的支柱产业。

要对林业主导产业进行重点投资，提高森林资源的综合利用率。要从提高林地生产力入手，加快森林资源资本化，转变森林资源及环境利用方式；发挥人工林的生态、经济和社会效益，并逐渐替代对天然林资源的开发利用；加大人工用材林基地的投入、扩大建设规模，同时加强大径级珍贵树种的培育，进而增加高附加值木材及林产品的有效供给；增加对次、小、薪材的加工利用的技术含量，以及促进竹产业如竹制品、竹食品生产加工，减小经济发展对林木资源的依赖，提高木材的综合利用，发展木材节约和替代；充分利用国内外资源信息和市场，如俄罗斯的森林资源丰富，并且已经意识到与中国的资源合作开发森林的重要性；因此，我们可以增加对俄的进口木材力度，并积极参与在俄罗斯远东地区的森林资源开发。采取有效措施，组织和协调国内有关企业积极参与相关项目的合作开发，建立稳定的资源供应基地；要尊重市场规律，加强和改善宏观调控，建立林产品市场准入制度，充分利用有限的林木资源，并制定产业规划和产业政策，引导市场有序发展。

保护和优化天然林管理，重点支持森林生物多样性保护、生态系统服务付费、非木质林产品可持续生产、商用林可持续管理、生态旅游、参与式森林管理等投资领域；为了鼓励可持续营造管理人工林，世界银行将重点支持负责任的大规模种植园投资和小规模人工林种植，尽量满足全球每年对工业原木需求由 2012 年 15 亿立方米增加到 2050 年 60 亿立方米的数量要求。支持可持续森林价值链建设，促进民营企业对森林价值链的投资，重点扶持中小型森工企业的发展，优化投资环境。

三、发展林业替代产业

林业经济的基本支撑点或新的经济增长点应放在替代产业上，摆脱林业经济对森林资源的依赖。在林业发展过程中，在保证地方经济和社会稳定发展的前提下，面向国内外科技发展的前沿，发展新能源、新材料、电子技术、信息技术、生物工程等高新技术产业。根据产业梯度发展多功能林业，把林业发展与地方发展结合起来，配置社会资源，实现产业集群优势的最佳组合，使林业企业走向市场。多功能林业发展模式与传统可持续林业管理模式的区别在于在当代社会背景下多功能林业发展模式主要强调林业生态保护、保护和合理开发利用。多功能林业是实现林业可持续发展和现代林业的必由之路，一脉相承、步步演进，追求人口、生态资源、经济和社会文化的协同发展，多种功能的均衡发挥，整体效益高水平提高，以实现森林可持续管理与利用。

要大力发展非林产业和非木材产业。中国山区、林区、沙区和平原有丰富的非林、非木资源。随着社会回归自然、绿色意识的增强，非林非木绿色产品（蚕、蜂蜜、野生蔬菜、菌、蛙、药等）的消费市场前景广阔。要进一步加强非林和非木产业资源的开发利用，为非林和非木产业的发展提供科技支撑，加大对非林和非木产业的政策和财政支持，发挥发挥非林和非木产业的经济潜力。在山区、林区开发农村小水电，综合技术服务业形成对基础产业、主导产业的效益替补能力，从依靠木材生产尽快走上靠生态产业发展的轨道。

林业不再仅仅是一个经济部门，而且还是环境建设的主体。多用途林业发展的概念是与林业发展的概念既有联系，也有区别。传统林业最直接的生产功能是获取木材。传统的森林经营主要以木材生产为主，而多功能林业不仅追求木材生产功能，而是要担当环境建设的主体责任。多功能林业与中国林业分类经营是不同的。分类经营是在过去长期忽视森林生态效益的背景下提出的，通过对"公益林"和"商品林"的严格划分，来调整林业发展方向，实施"分而治之"，在规划与运行中，往往呈现出单一功能和效益的利用模式，而多功能林业则强调森林多种功能的利用和追求林业复合系统整体效益的优化，不管是为了实现哪个功能或效益的最大化，都不能牺牲或限制生态环境功能的发挥。要依托国家林业重点工程，巩固退耕还林成果，开展森林抚育、低效林改造、近自然林经营和林业碳汇试点，增加森林总量，提高森林质量，营造健康稳定的森林生态系统。应实施湿地生态修复工程，开展湿地重建和环境整治，提高生物防治质量。

第二节　林城一体促绿色产业

随着城市化水平的不断提高和人们对改善人居环境的呼声越来越高，城市林业的发展已成为生态环境建设的重大任务。"林在城中，城在林中"，即当今世界城市建设的共同发展趋势——森林引入城市，城市坐落在森林中。绿色、低碳、循环，天蓝、地绿、水净，是一座美丽城市不可或缺的风景，绿化已是衡量城市文明的重要标志。城市林业应明确以发挥森林生态效益和社会效益为主导的林业发展定位，尽快以其特殊的林业发展战略、经营思路和经营模式，促进城市绿色产业可持续发展。

一、提高城市林业融合水平

在我国城市化建设过程中，坚持开展森林城市、小城镇、村镇建设，进一步推进郊野公园、森林公园、湿地公园和沙漠公园建设，增加生态产品供给，让群众更容易享受绿色生活，提高森林保护和生态保护的积极性和主动性。到 2017 年全国有 23 个省（区、市）的 137 个城市获得"国家森林城市"称号，城市建成区（含辖市、县）绿化覆盖率 35% 以上，绿化率 33% 以上。

我国城市林业发展与城市园林绿化有着密切的联系。其最显著特点是我国大部分城市在提高雕塑、水池、喷泉等视觉景观建筑水平的同时，重视绿色植物的使用，特别是林业在美化环境、改善污染方面的作用，形成各具重点的分布局面，提高了城市社区绿化元的生态品位。城市园林绿化在追求景观文化效益的同时，重视发展其生态环境服务功能；城市林业以生态经济效益为主，有直接经济效益，兼具景观文化和社会功能。在应用植物种群方面，城市林业以乔木树种为主体的森林群落为主要植物群落形式，以树木为主要经营管理对象，要求形成一定的森林环境特征，将各具特色的城市绿化元素保持平衡，建设优质的林业体系。

在当今大力开展生态环境建设、适应大自然的主流趋势下，对于城市林业建设与城市生态修复的意义和必要性各部门已得到共识。然而，对城市林业生态建设保障体系的认识欠缺、到位不足，在大多数城市建设过程中，林业建设保障体系仅作为整体体系的一部分而存在。无法实现总体规划的科学性，往往以资金的流动为导向，更为往后资金的使用埋下隐患。有关部门只负责种植，不负责后期的维护和管理，不仅导致对工程无效，而且对城市化的长远发展极为不利。必须加强制度建设统筹全局，建立相应的管理部门提前规划林业造林，把城市林业纳入保障体系，为城市林业提供必要的空间和支持，对于林业保护、土地占用等问题及时协调，因地制宜地管理生态环境，以美化城市为目标，以发展林业城市为原则。在绿化较差的地区，要大力发展阳台绿化、屋顶绿化和垂直绿化，提高城市绿化率和绿化覆盖率。同时，根据交通、布局、人口构成等因素，充分利用地形地貌等地理特征，合理配置森林覆盖物，满足公众的审美和旅游需求。

二、提高城市绿色经济水平

绿色经济的定义起源于 20 世纪 80 年代末英国经济学家大卫·皮尔斯出版的《绿色经济蓝皮书》。此后，国内外学者对绿色经济的内涵、目标和发展绿色经济的途径进行了大量的研究和分析。然而，由于绿色经济的概念多且杂，内部可衍生出很多分支，但是尚未形成统一的研究理论。生态学家强调绿色经济与自然生态系统的协调发展，以维持生物多样性；环境学家强调绿色经济应在环境保护的基础上实现经济发展；能源专家强调绿色经济应该减少化石能源消耗，开发新能源；资源领域专家强调绿色经济要通过多种途径实现资源的高效利用；经济学家强调绿色经济要专注发展绿色生产力。同样，城市林业的发展必须强调绿色经济的同步发展，保持林木良好的生长环境。

绿色经济的发展是传统经济模式的改变及发展。传统的经济模式是，人类从自然界获取大量的原始资源，同时经过加工和利用，不采取任何措施向自然界排放污染废物。生态环境恶化的残酷事实迫使人类深刻反思传统经济发展模式对自然环境的冲击和破坏，重新审视经济快速发展带来的环境问题，并进行探索解决环境问题的途径。绿色经济的概念可以实现社会、经济和资源的可持续发展。绿色经济模式强调经济、社会和环境的融合。循环经济、低碳经济和生态经济是应对经济衰退和环境恶化的重要对策。它不仅能够引导优胜劣汰的产业结构，刺激就业、促进经济，而且有利于环境保护和可持续发展。可见，绿色经济是将许多有益于环境的技术转化为生产力，并通过经济活动而不与环境对抗，从而实现长期稳定的经济增长。从传统经济模式向绿色经济模式的转变意味着生产方式和生产技术的转变，绿色经济的生产方式主要是解决传统经济模式下经济、人口、环境、资源之间的矛盾，从而衍生绿色产业。

绿地是构成城市环境的基础。中国绿色发展的基本宗旨是提高绿地质量，增加绿地数量。2011年2月，联合国环境规划署在理事会暨全球部长级环境论坛开幕式上发布《迈向绿色经济——通向可持续发展和消除贫困之路》报告，确定了对绿色经济全球化至关重要的10个经济部门，包括农业、建筑业、能源供应、渔业、林业、工业、旅游业、运输业、废物管理和水资源。可见，绿色产业的出现并非一片空白，而是恰逢其时，与区域绿色产业发展有关的绿色经济能够适应产业类别，都是绿色产业，其中典型的产业是农林业等具有绿色经济特点的产业[1]。特别是城市林业，对于增加就业、物

---

① 李兴军、孙雯：《浅析绿色经济背景下林业发展的机遇与挑战》，《林业经济》2015年9月25日。

质生产、发展城市旅游等，能提供多方面的社会经济效益。有广泛的产业化发展基础，有利于应用高新技术和便利的市场条件，发展现代林业生产力。

三、提高城市林业管理水平

城市林业建设在城市化进程中发挥着不可替代的作用。为了建设具有现代气息的现代化城市，适应人类居住和宜人的气候，必须使人类活动与城市森林和谐共处。城市林业管理水平的核心是如何评价生态功能的价值和生态资本的积累，任何产业项目、产品的开发，必须在国土保安、环境保护的框架下进行，不能以牺牲森林环境资源作为代价。特别是在一些地区盲目追求房地产业的发展，造成大量林地被征用的情况，日益成为绿色经济发展的障碍和瓶颈。如果林业要想在其中独善其身，就需要牢牢坚守和践行绿色发展的理念，充分发挥其智慧，协调各方面的利益，寻求利益博弈的平衡点，这对广大林业管理者和从业人员来说是一个巨大的挑战。

完善"林长制"，建立统一的管理制度。林业管理部门、绿化管理部门和绿化委员会是城市绿化管理的三个主要部门。城市园林绿化一体化的前提是要协调好三个管理部门，科学有序地实施"林长制"，科学管理城市林业发展，积极绿化城市，推进清洁卫生生产。以科学的制度和先进的经验协调城市绿化，提高城市景观绿化质量，为城市居民提供接近自然生态的居住环境。

要提高市民绿化意识，实现精细化管理。城市林业应根据地理位置和树种的不同，在制定病虫害防治、树干修理和浇灌方案中体现精细化管理。有关部门应当组织专职人员维护，进行技术普及指导，提高国民对现代城市林业总体重要性的认识，不仅要有意识地认识城市林业，而且要掌握城市林业发展的相关知识和技术，全面普及城市林业知识，通过人与人之间的互动交流，全面提高公民的绿化意识。全民造林，建立植树造林周。培养城市林业相关人才，建立绿化专家队伍，开发新技术，引进新设备，规划城市林业发展趋势，创建风景秀丽的现代化城市。

第三节 林粮结合兴节田产业

土壤与人类生活息息相关，是农业赖以生存的基础。地球在其形成的早期，其表面被裸露的岩石覆盖，只是经过数亿年后被腐蚀的岩石、矿物质、有机物、微生物等混合才形成了供我们耕作的土壤。根据科学研究，只有一厘米厚的土壤需要 20 到 1000 年的时间才能形成。非常可惜的是，这种宝贵和有限的资源被过度灌溉、施肥和放牧侵蚀，最终导致沙漠化，耕地面积逐年减少。专家估计，耕地使用限额不能超过 15% 的耕地面积，而当前是 12%，预计 2050 年将达到极限[①]。林粮结合、节约耕地、增加食物有效供给将是林业的一个重大使命。

一、发挥林业增粮作用

中国用占世界 7% 的土地，解决了占全世界 22% 人口的粮食问题，这一人类社会历史上的奇迹发生与林业产业的发展密切相关。中国"三北"防护林工程建设，提高了耕地保护功能，单单小麦年产量增 80 多亿斤。中国现有木本粮食种植面积 266.7 万公顷，年产量 17 亿公斤。全国木本粮油、野生植物淀粉、森林水果、蔬菜和食用菌总产量折合成粮食可达 200 亿公斤，相当于 5.3 万公顷耕地的产出。中国高档餐桌上食用的人工驯化野味（动物类食品）近 90 种，食用菌 60 多种，野生蔬菜 110 多种。森林资源中的叶、皮、根、花、种子等，进行加工处理后的饲料，其营养价值不低于饲料粮，为我国畜牧业发展提供了大量优质饲料[②]。

随着水果在人类日常生活中的消费需求量越来越大，人们对水果品种的数量需求和质量品质也越来越高。由于水果甜美可口、营养丰富、药用保健，已成为人类发展不可缺少的营养素，特别是水果中的维生素 C 含量与任何种类的食物都是不可比拟的。在西方发达国家，人均水果每年人均消费量高达 150 公斤，人均每年消费 65 公斤水果，目前我国人均水果消费量仅为 50 多公斤。国外酿造工业的原料大部分来自由林业提供的干果和浆果。

森林是确保粮食稳产高产的生态屏障。从当年稳产保收的角度看，林粮间作对产量保护起着重要作用。全国近 900 个平原县实现了农田林网化，使

---

① 尹希成：《从"人类世"概念看人与地球的共生、共存和共荣》，《当代世界与社会主义》2011 年 2 月 20 日。

② 孙兴志：《林业产业的社会地位与可持续发展（一）》，http://blog.sina.com。

粮食增产 15%—20%，而且增加了 1 亿立方米木材的年产量。从长远高产优质高效的角度看，林粮间作是改善田间小气候、促进林果生产、收获粮食的二维种植结构。它采用立体种植，充分利用空间；植物生长周期长，充分利用自然资源；根系分布在不同土层，充分利用不同土壤养分。因此具有良好的生态优势。林粮间作的形式和效果因树种而异，但其共同特点是：林粮同地生存，能够实现优势互补、互利共赢。生产实践证明，林粮间作生态效益明显高于其他防护林。森林果树在提高作物产量方面的主要作用是为作物创造良好的生长环境。因此，一般作物的产量增加了 10%—20%，同时林果的生长环境得到改善，从而加快了树木的生长速度，提高了果树的产量。

二、发掘林业节田潜力

林业蕴含的农业生产潜力巨大。森林、野生动植物、湿地和沙漠这四大由林业所管辖的资源，占国土面积的 51%；全国 2.86 亿公顷林地、0.53 亿公顷可治理的沙地、近 0.4 亿公顷湿地，合计是我国耕地总面积的 3 倍多。充分开发适合种植木本粮油树种的土地，可使木本粮油年产量增加 250 亿公斤。茶油是我国特有的木本粮油，被国际粮农组织列为高档保健食用油。2020 年，我国茶油年产量将达到 250 万吨，占食用植物油总产量的 20% 以上。目前，中国 60% 的食用植物油是从国外进口的。如果种植和改造 9000 万亩高产油茶林，就可年产茶油 450 多万吨，不仅可以使我国食用植物油进口量减少 50% 左右，还可腾出 1 亿亩种植油菜的耕地来种植粮食。[①]

我国有木本植物 8000 多种，陆生野生动物 2400 种，野生植物 30000 种，还有 1000 多个经济价值较高的树种。积极有效的开发每一个物种，都可能办成一个以上的产业。例如开发杜仲至少可以办成中药材和养猪两大产业。杜仲是一种名贵的中草药材，杜仲皮、叶、果及雄花中含有活性成分数量多达 400 种，主要是黄酮类、杜仲胶，还有酚类化合物、微量元素及脂肪酸等成分，杜仲添加到猪饲料中可促进生长，增强免疫功能，还可改善肉质，是一种极具开发价值的中草药饲料添加剂。据专家介绍，中国生物多样性的显性价值是 7 万亿元，具有不可估量的潜在价值。森林中蕴藏着丰富的遗传资

---

① 　郭晓敏：《福建省森林资源与低碳经济问题研究》，《发展研究》2011 年 2 月 20 日。

源，包括现有的农作物、家禽野生近缘种（如原生稻等），以及能在将来创造出许多新生物品种的、各种性状的基因遗传材料[①]。

生态林业是发掘山区节田潜力，增加农业生产的根本途径，关键在于处理好农林等各产业之间的关系，出路在于改善农村生态环境。要实现农业的高产稳产，必须有优化而完整的农村产业结构，有良好而稳定的农业生态环境。现代农业是大农业的概念，粮食是一个广义的范畴，不仅包括传统意义上的五谷杂粮，还包括鲜干果和木本粮油。发展山区生态林业可以为当地居民提供木本粮油，为粮食生产创造良好的生态环境，促进农业结构的调整和优化。因此，山区发展生态林业同农业生产是相互促进、相互统一的。

三、巩固绿色产能基础

森林属世界上最具生产力的陆地生态系统，对维系地球生命至关重要。世界上有近40亿公顷的森林，占国土面积的30%，这是人类福祉、可持续发展和全球健康必不可少的。世界上大约四分之一的人口（大约16亿）依赖于森林的食物、生计、就业和收入。《联合国森林战略规划(2017—2030年)》为各层级可持续管理所有类型森林和森林以外树木，停止毁林和森林退化提供了全球框架，旨在促进林业为推动落实《2030年可持续发展议程》、气候变化《巴黎协定》、《联合国生物多样性公约》《联合国防治荒漠化公约》、《联合国森林文书》和其他涉林国际文书、进程、承诺和目标作出贡献。

尽管森林为地球上的生命和人类福祉作出了至关重要的贡献，但由于对木材、食物、燃料和纤维的需求，毁林和森林退化仍在许多地区持续发生。毁林的根本原因在于社会与经济问题，而非林业本身，包括贫困、城市发展，以及农业、能源、矿产和交通运输等产出更高、收益更快的土地利用政策。2050年，世界人口预计将达到96亿，为满足未来对林产品和服务的需求，各层级应立即采取行动，加强跨部门政策协调，实施森林可持续管理，

---

① 贾治邦：《拓展三大功能构建三大体系——论推进现代林业建设》，《林业经济》2007年8月15日。

包括保护森林、恢复森林和扩大森林面积。具体包括减少/停止毁林、减少/停止森林退化、维护和改进森林健康、造林和再造林、森林景观恢复、天然林更新、森林为减缓与适应气候变化作出贡献、减缓/遏制森林生物多样性损失、减少外来物种入侵的影响、林火控制与管理、加强森林在防治土地退化和荒漠化中的作用、应对沙尘暴、动植物保护与管理、以创新手段可持续管理天然林与人工林、通过森林减少灾害风险、控制森林内及周边地区采矿作业、林业防治空气、水和土壤污染。

根据联合国粮农组织研究报告，到21世纪中叶，生物质能占全球能源消费总量将达到50%以上。中国现有森林可用于每年约3亿吨生物质能源的开发，相当于约2亿吨标准煤；还可培育2亿亩能源林，生产近4亿吨木质燃料，相当于约2.7亿吨标准煤。中国有154种种子植物含油量为40%以上，开发生物柴油的潜力巨大。以资源和环境为例：①再生资源利用率应低于再生率，森林砍伐率应低于森林生长率。目前，森林面积，特别是热带雨林面积逐年减少。②不可再生资源的利用率应低于可再生资源的替代率。专家预测，到2050年，全球石油将耗尽，可再生能源和新型环保燃料直到2140年才会在世界上广泛使用。③污染物排放量应小于环境吸收率，转化为无害物质。每个人在社会中的实际食物、衣服、住所和交通影响着自然资源的实际开发和利用。不同物质消费模式会给生态环境带来不同的结果。人们必须改变奢侈的物质生活方式，提倡以较少的物质消耗、低能耗和有利的环境进行绿色消费，以利于生态环境的改善。

第四节　林旅融合创康养产业

产业融合是指具有紧密联系的产业或产业内部的不同行业之间融合形成新的产业。林业产业融合形成一个新的横向产业结构，使原有的产业边界模糊甚至消失，从而集聚和释放林业产业的潜力。其中，大力推进林业旅游与休闲产业的融合，实现林业产业化是最好的例证。《联合国森林战略规划（2017—2030年）》已将发展生态旅游、森林景观恢复作为重要的专题领域列入其中。随着中国林业现代化的不断推进，林业突破了传统的第一产业提供基础原料的范畴，正在迅速向二、三产业特别是旅游业发展。

一、增强林旅融合的驱动力

中国森林旅游资源十分丰富，发展森林旅游业，是保护森林、保护生态的有效形式，也是发展山区、沙区、平原、林区经济，提高林业经济效益的有效渠道，更是进行生态知识教育、提高公众生态文明水平的有效手段。2016 年我国森林旅游人数已经突破了 26 亿人次，森林旅游业产值已占到林业总产值的 20%。林业和其他产业加速融合的趋势已经出现，并且集中表现为森林、湿地、荒漠生态系统和生物多样性是生态产品的主要生产者，这对于确保每个人的健康和长寿是极其重要的。要把林旅发展融合康养业作为林业产业体系建设的重要支撑。以森林资源为依托的森林旅游业已形成，但景区、景线、景区服务设施缺乏配套，应加大必要的资金投入、布局调整。国家重点旅游网络建设应尽可能包括森林公园；重点生态区应以长期保护的自然林为依托，不断建设大型森林公园或自然保护区；将森林公园、自然保护区的道路纳入总体规划；加强对森林公园、自然保护区基础设施、教育设施和服务设施建设，以优美的景观、优良的条件、优质的服务吸引旅游者[①]。

林业产业是基础性产业。对林产品的需求来自社会的许多部门和行业，特别是森林、湿地、沙漠和生物多样性，它们通过有效发挥功能生产生态产品，保护人类的生存和发展，保障人们的健康和长寿。江西大觉山、福建武夷山等地，每立方厘米空气中负氧离子高达 8 万个，从而成为著名的休闲保健胜地。这些生态功能和产品不仅可以改善人们的生活环境，而且还能调节人们的生理功能，促进人们的身心健康。长白山森林中药材丰富，现已发现药用植物有 2000 多种。到目前为止，中草药仍然是中国医疗保健的主要原料。

产业关联性与效率最大化追求是产业融合的内在动力。林业产业是特别相关的，它不仅与传统的第一产业，二次产业有着密切的关系，而且与旅游业、金融业、物流业、建筑业、零售业和咨询业密切相关。同时，林业是一个高度复杂的产业，涉及伐木、运输、仓储、配送、流通、加工等环节，即

---

① 孙兴志：《林业产业的社会地位与可持续发展（四）》，http://blog.sina.com。

林业内部系统的构成、部分关系也非常密切，它们之间要协调发展，整个林业产业才能协调发展。可以说，这些特点使得林业产业需要自然整合和发展。"宁可食无肉，不可居无竹"是人类文化建设不可缺少的载体，对创造生态文化产品、丰富人们的文化生活具有重要意义。

二、增强林业供给侧改革效应

新中国林业发展史是一部林业管制逐步放开的历史。根据经济规制理论，自然垄断产业具有巨大的沉没成本，大规模重复投资会导致消费性竞争或破坏性竞争，导致低效率的生产和资源配置。为了保证自然垄断产业的效率，有必要建立进入自然垄断产业的政策壁垒。然而，在林业产业实践中，信息技术、生物技术、工程技术、基因技术、物流技术等技术创新在林业产业间的不断扩散，导致了林业技术的集成。技术一体化逐步消除了林业产业进入的技术壁垒，进入的技术壁垒也逐渐消失。随着国内外林产品市场需求的不断扩大，政府逐渐放松了对林业的经济控制。因此，其他行业的一些企业开始涌入原来受管制的林业产业，使得产业间的传统边界模糊，最终形成了产业间的融合。

在产业融合过程中，林业、旅游、物流等产业固有的商业边界和市场边界随着产业部门的交叉和渗透而逐渐消失。这样，产业间的关系将从非竞争性转变为竞争性，而且在新的产业形成过程中，将有大量来自其他产业的新参与者加入，从而改变了原有的竞争范围，促进了更大范围的竞争，使竞争程度进一步加剧。另一方面，在信息技术、工程技术和遗传技术与传统林业生产、运输、仓储、包装、流通和加工、信息管理等服务和生产行为有效结合的过程中传统林业企业与信息、工程、基因技术及其业务的界限模糊，有利于促进企业间的横向并购或混合并购，提高林业产业的市场集中度，使相关企业获得更大的市场份额、稀缺的资源和更大的市场发展空间。

在高科技和信息技术的背景下，人们对美好生活的迫切需要是回归自然，崇尚生命。这是森林健康保护的新机遇。研究数据显示，中国主流城市白领工人的 76% 是亚健康的，近 60% 的人工作过度。生活在城市里的人们从来没有像今天这样渴望回到大自然，进入森林。2016 年 1 月，国家林业局发布了《森林体验与森林保护与发展》的通知，将森林体验和森林保护作为森林旅游的重要方向。随后，国家森林经验基地和国家森林保护基地试点建设进行了试点工作，其中包括北京、四川、广西、广东、浙江、湖南等省。吉林、福建、贵州等地开展了森林健康旅游目的地建设的有益探索。我国森林公园发展养生旅游，应坚持公园资源化、资源产品化、产品市场化、市场品牌化、品牌效益化的开发思路。具体而言，就是要提高公园的可达性，设计优质的森林健康旅游产品，开展森林健康旅游产品的品牌管理，实现森林健康旅游效益最大化。下一阶段要注重顶层设计发展规划，出台一系列政策，建立一套标准，推进基地建设，建立森林解说及养生疗养师认证体系，建立专家库并加快信息化建设[①]。

三、增强康养产业的有序度

中国林业发展改革要坚持以林业供给侧为主线，加快发展林木培育、木本粮油、林木经济、苗木花卉种植。绿色、富饶的产业如植物，不仅增加了森林资源的消耗，而且保证了绿色优质林产品的供应。然而，对林业子系统相关性的进一步分析表明，经济子系统与社会子系统的当前关系是单向弱协同，林业还依赖于传统的加工制造业，而不是借助第三产业——休闲服务业的发展共同实现林业经济增长。林业第三产业可以更广泛地吸收社会劳动力的就业，与信息、金融、保险、卫生等行业的联合发展相结合。未来林业产业结构的改善和稳定增长将取决于第三产业的快速增长，林业经济子系统与社会子系统之间的相关性则可以提高。

林业康养产业是在充分利用现有森林环境、地形、气候、动物等所形成的自然景观，充分开发具有健康、观光、旅游价值的林业资源的前提下，将林业与旅游业结合起来的一种交叉融合的产业。林业康养产业集产品生产、旅游、休闲、医疗、科普知识于一体，它不仅可以直接从保健产业销售优质林产品获得收入，而且可以通过游憩业的发展和经营可以促进其他相关产业的发展，如基础设施建设、食品加工、旅游工艺品加工、餐饮服务、交通运输和商业贸易，这些产业不仅可以吸收更多的劳动力就业，直接增加农民收入，促进旅游业发展，而且旅游市场的拓展、产品的多样化，旅游线路网络

---

① 《新时代：林业发展的新机遇新使命新征程》，《国土绿化》2017 年 12 月 20 日。

布局的改善，促进了特色林业的发展。康养产业不仅拓展了旅游业的产业边界，同时也充分地利用林业资源，改变单一的林业结构，开辟了一条发展高效林业的新途径。

森林是人类文明的摇篮。森林文化是人类文明的重要组成部分，是继承历史文化遗产、建设生态文明社会的重要组成部分，是林旅融合创造康养产业的黏合剂。充分发挥森林的文化功能，有利于增强人们的生态意识，调节和改善人们的身心健康。大力弘扬森林旅游文化、树木文化、花文化、竹文化、茶文化等，构建历史文化与现代文明交相辉映的新型绿色生态文化，更是森林旅游休闲业建设的重要内容。虽然目前森林文化建设在生态教育基地、森林公园、生态林业知识宣传等方面都取得了长足的进步，但与人们的生态文化需求相比仍有很大差距。要保证中国林业现代化的又好又快发展，就必须依靠中国深厚的历史文化底蕴和丰富的旅游资源为依托，融入多功能现代林业和生态文明的理念，通过加快自然保护区、森林公园及城乡人居森林建设，繁荣森林与生态文化，为满足人民的精神文化需求提供优质服务。森林旅游一体化包括生态、经济、社会三个子系统，相互制约，相互制约。在协同过程中，形成完整的系统结构和功能特性体系的系统。森林旅游休闲产业的发展主要取决于社会经济水平发达国家或国家和地区对生态环境建设的重视程度，主要依靠建设稳定、良好的生态环境。

第五节　林水相依建生态林业

林与水的关系十分密切，更为复杂。"林水一家，有水才有林，有林则有水"，简单而又辩证地说明了这一现象。林业介于水源和空气之间，在工业发展的现代社会中，各种污染气体和物质导致的水和空气双重污染，林水之间的关系出现新的变化，水污染因素的出现，造成林业发展受阻，林业发展萧条也影响水源。日后在建设林业时，必须将山水林田湖草生命共同体建设作为原则，从不同空间、时间尺度，多个方面完成林业的持续发展。

一、牢固林业生态功能核心战略

森林是陆地面积最大、生物多样性最丰富的生态系统。森林绝不是单一的林木，更不仅仅是树。它是以乔木为主，包括灌木、草本、藤本、苔藓等植物，鸟兽、昆虫等动物和微生物，以及所在地的气候、温度、湿度、土壤、水分等非生物因素共同组成的自然生态系统。该系统具有特殊的功能和巨大的效益。在森林的生态、经济和社会效益中，生态效益是不可替代的。森林被称为大自然的主要调节者，并保持全球生态平衡。森林在调节生物圈、大气圈、水圈和土壤圈的动态平衡方面起着基础和关键性的作用；在生物世界和非生物世界的能量和物质交换中扮演着主要角色，对保持全球生态系统整体功能起着中枢和杠杆作用。森林作为再生的、绿色的资源库和能源库，必将在缓解气候变化、保障生态安全、减少族群冲突、转变发展方式、改善林区民生和促进地区稳定方面作出积极贡献。

开发林业多功能要在林业发展规划、森林经营利用过程中，从局部、区域、国家到全球的角度，依据社会经济和自然条件正确选择一个或多个主导功能利用并不危及生态系统的条件下，合理保护、不断提升和持续利用客观存在林地的生态、经济、社会和文化等功能，最大限度地持久发挥林业在生态文明建设中的支持作用。中国地域辽阔、各地自然条件大不相同，如何从国情、林情出发，最大限度地把森林经营成为功能最多、效用最好的生态系统，是林业产业发展中都要高度重视的问题。比如，森林面积、蓄积的增加是林业发展的基础性目标，十分重要，这是无可置疑的，但是必须考虑在扩展同样面积、增加同样蓄积条件下森林功能的完备和森林生态系统的形成。要注重避免或缓解在不同的时空尺度上森林多功能之间的冲突。

从整体角度分析，现阶段我国林业生态建设管理制度并不成熟，仍旧受到诸多因素的影响。当前我国各个地区的林业工程在投资方面由多个部门进行管理，不仅协调能力比较差，并且长此以往会与工程资金、质量管理脱节；因受到相关因素的影响，国家投资计划下达的时间比较晚，没有真正保证投资的即时性，如此一来，则在一定程度上影响了工程的积极性；很多相关配套资金并没有得到落实；在整个林业工程建设中，主要采取报账制度与监理制度，这两种制度在整个运行过程中大打折扣，没有从实际角度出发，未发挥应用的作用。林业的发展对我国生态环境具有十分重要的影响，但是由于受到相关因素的影响，在市场经济条件下林业生态效益并没有得到实现，无法从根本上保证林业资源的供给，对林业的可持续发展造成影响。在此发展趋势下，则需要积极构建完善的森林生态补偿机制，要制定完善的管理体制，并要试行绿色 GDP 核算；要进一步改革绿色税制度；要根据实际的发展情况制定切实有效的生态补偿转移支付专项基金；要加强财政转移支付制度；得到国际补偿。①

二、重视流域森林在淡水安全中的重要作用

我国在缓解流域环境压力、减轻水旱灾害等方面在很大程度上依赖于森林及其环境系统。这是因为森林有调节径流的作用，流域总径流分为地表流、壤中流和地下流。从地表流看，当下雨时，茂密的森林就像无数的伞，有效地阻挡或减弱了雨滴对土地的直接影响。雨水穿过森林时重新分布：部分直接落到地面上，部分被树冠截留。被截留的雨水被树木吸收、蒸腾，或者沿枝干慢慢下流入地。从壤中流看，丰富的林下植被和腐殖质层像海绵一样减缓地表径流速度，使降水缓慢渗入土壤，有效地延缓了洪水的形成，削减了洪峰，减少了洪水的发生。森林在调节径流方面的巨大作用是延长流域水资源的滞留时间，大大提高水资源的利用效率，从而被誉为"无形的绿色水库"。

中国森林涵养的水资源相当于中国水库总库容的 75%。根据科学家的说法，一棵 25 年的天然树每小时可以吸收 150 毫米的雨。22 年生人工林木每小时可吸收 300 毫米雨。相比之下，裸露地的降雨量仅为每小时 5 毫米。林地降水的 65% 是冠层截留或蒸发，35% 变为地下水。在裸露地面，约 55% 的降水变成地表水流失，40% 被暂时保留或蒸发，只有 5% 渗入土壤。林地水土保持能力是裸地的 7 倍。根据我国森林生态区位监测结果，4 种气候带 54 个森林的平均降水蓄积量为 103.40 毫米。以此来计算，1 公顷森林涵蓄降水 1000 吨，10 万公顷森林就是个 1 亿立方米的天然水库。正如农谚所说："山上多栽树，等于修水库。" 1997 年，美国纽约市为保证饮用水供给，决定投资 15 亿美元用于该市集水区森林的经营和管理，以取代原准备投资 80 亿美元建设新水利工程的方案②。生物措施是有效防治水土流

---

① 夏万由：《生态文明与林业可持续发展研究》，《中国林业产业》2016 年 9 月 25 日。

② 杨继平：《充分认识林业的生态作用》，《中国教育报》2003 年 7 月 18 日。

失的根本措施。只要有 1 厘米厚的枯枝落叶层，泥沙损失可减少 94%。年降雨量为 340 毫米时，每亩林地土壤侵蚀量为 60 千克，而裸地土壤侵蚀量为 6750 千克，是林地土壤侵蚀量的 110 倍。森林达到一定数量后还可以促进水分循环和影响大气环流，增加降水，起"空中水库"的作用。森林植被影响云的形成和降雨，是人类解决干旱问题主观能动性的基本形式。简单地说，降雨的过程之一是要求大量的水汽在地面上升起，这与地面反射率密切相关。森林植被积累了大量的太阳辐射，造成较高的积温，再加上森林蒸腾，使大量的水汽上升，从而促进冷热空气的垂直运动，使水汽在高空和冷空气中流动，相遇形成云滴。其次，云层中应存在凝结结核。森林植被产生的大量腐殖颗粒随水汽上升。这些特殊的粒子是一种生物核，是云滴形成雨滴的最重要的凝结结核。人工降雨的原理是在有降雨条件的云层上散布干冰以提供大量的凝结结核。在实践中，有大量的证据表明森林植被的增加和降雨的增加。

因此，对现有的森林和新森林要有针对性地采取措施，提高森林质量。一方面，现有的森林要提高质量。许多地方天然林采伐过度、防护林老化、人工林功能单一，应采取积极的管理措施，加强森林培育，尽快提高森林质量。另一方面，新增加的森林应从数量和质量两方面入手，要着眼长远，抓好基础工作。森林质量建设要适应当地经济、社会和自然环境对森林主导功能的需求。不同的地理区域和不同的自然条件在森林中扮演着不同的角色。要提高森林质量，就必须充分发挥当地条件下森林的主导作用。例如，南方和北方、山区和沙地、流域中上游和下游森林的主导功能不同，相应的质量建设标准也不同。人工林和天然林经营管理应以生态建设为导向，树种分类应以树龄为依据，幼树实行封山育林管理，以抚育时间和强度为依据间断式清林和采集，伐木的主要对象为成熟林，并做好林木续存工作。兼用林木的目标在于实现经济以及生态效益之间的统筹规划，不仅属于生态经营管理范畴，同时属于经济经营管理范畴，以资源差异状态为出发点，并与经营性质相结合，对其开展特殊管理。构建人工林可以为天然林的更新提供促进作用，可以实现森林物种结构的调整，为混合式造林提供支持，但也应注意择伐有序，并遵循渐伐有度原则，对幼树予以保留，并做好母树的管护，为生态平衡发展体系建设起到促进作用[1]。

三、把水源涵养林摆上突出位置

水源涵养林是水土保持林的一种特殊类型，是一种复杂的森林生态系统，具有森林一般所具有的生态、经济和社会效益，最重要的是具有涵养保护水源、调洪削峰、防治土壤侵蚀、净化水质和气候调节等生态服务功能。水源涵养林是生物圈中最活跃的生物地理群落之一，它通过内部调节功能和各种生态功能，如转化、促进、淘汰、恢复等，维持生态系统的平衡。不同森林类型具有不同的结构和功能特征。当森林植被动态变化时，森林植被的整体功能输出相应变化。森林的水文分布过程包括降雨、降雨截留、干流、蒸散和地表径流等水分分配和运动过程，构成了森林的水文过程。水资源短缺，尤其是中国北部地区，是中国可持续发展的主要问题，水源涵养林是关系到国家生态文明建设的战略问题。

建设水源涵养林是一个系统工程，包括增加河流源头径流的森林、维持冰雪线的森林、在山区捕集降水的森林、在河流和水库中保持水土的森林，等等。确保城镇供水和水净化以及改善湿地功能的森林。如果这些森林具有良好的森林组成，在水源地占有一定的面积，则可用于节约水资源、水土保持、调蓄洪峰、减少泥沙入库或淤积。在森林多功能经营过程中，要科学合理确定时空尺度，最大限度地协调功能之间的冲突，突出发挥森林的主导作用。如果主导功能是保护区的生态效益，破坏后难以恢复，则应视为绝对主导功能。例如，一些生态位极为重要但生态环境脆弱的地区，其主要功能是节约用水和水土保持。不同森林类型具有不同的结构和功能特征。当森林植被动态变化时，森林植被的整体功能输出相应变化。这是一个复杂的过程，降水再分配在四个森林作用层：乔木层、灌草层、枯枝落叶层和土壤层。

人们越来越认识到林业对保护地表水资源的重要性，把水作为林业的重要产品之一。饮用水源管理越来越受到全人类的关注，世界各国政府不仅自然资源部门、水利部门，而且林业部门也高度重视。确保饮用水源安全是林业部门的一项重要职责。各国的决策和科研部门也日益认识到森林在提供清

---

[1]　邹林田：《我国林业产业现代化的战略体系研究》，《农业开发与装备》2017 年 4 月 28 日。

洁饮用水中的重要作用，高度重视水源地的森林管理。加强农业生产区森林管理，努力保持林地和林缘，具有重大的现实意义和长远意义，涉及各方面，强调加强地方林业机构和林业的管理和保护。在防护林体系建设和退耕还林工作中，应优先重视"库周防护林"和河段森林质量建设。加快江河湖泊建设，确保江河湖泊和水利设施稳定，有效减少洪涝灾害。城市集水区森林是保证城市水源和水质的基础。城市林业建设不仅要重视绿化美化森林、防风固沙林，还要重视流域水土保持林的建设。天然林有许多人工林所没有的优势。例如，天然林具有复杂多样的森林植被，丰富的树种组成，一般形成多层混交林，是一种非常稳定的森林群落。森林类型和森林成分的多样性决定了生境的多样性，具有较强的自我恢复能力和生存环境。适应性和抗御自然灾害的能力，同时更好地节约用水、水土保持、调节气候、保护生态环境、改善生物多样性。最终的目标是保持经济和社会的长期发展，满足人类对森林的需求。

第四篇　田管理权变

农田是人类最早创造的人工生态系统，农业是人类文明社会进步的起始发端。由此引发农田归属与管理的历史轨迹，田的所有权基本上属"公"有，但田的管理权千变万化，并同时构成农村生产关系的核心内容，尤其伴随科学技术的进步和人口数量的增多，农业发展对田的管理权要求也是因时而变，以不变应万变。纵观新中国成立以来的田管理权变历程，已经历了土地改革、农业合作化、人民公社、家庭承包制四次大规模的制度变迁过程，而实质性变革仅有两次，即1949—1953年仅存续四年的土地私有制和1953年至今的土地集体所有制。现如今在新时代全面深化改革和统筹城乡社会经济发展的潮流中，要在稳定现有土地承包关系并坚持长久不变的前提下，构建含有土地所有权、承包使用权、经营权、抵押权和其他多项权利的大权利束，其中每一项权利都可以通过界定被分割、细化，衔接好山水林田湖草生态保护修复与"四荒"的相互关系，"权"衡所要管理的不同土地资源，从田管理权变的产权属性、功能属性、供求关系等维度构建田地治权结构，在建设生命共同体目标下形成一个完整的体系，建立归属清晰、权责明确、保护严格、流转顺畅的现代市场化的产权制度。

第一章　田管理权变的理论创新

根据现代产权理论的定义，产权既是安排确定每个人相应于物时的行为规范，也是人们对财产使用的一束权利，具有排他性、可分割性、可转让性等属性的权利特征。20 世纪 70 年代管理权变理论认为组织结构是变化的，组织形态只是其与环境匹配的状态。如果环境发生变化，组织形式保持不变，组织绩效会长期低效甚至组织解体。农业经营组织也不例外。从纵向上看，时代的发展和进步引起农业环境条件和管理对象的变化，从而导致了管理方法的变化。

第一节　田管理权变的理论基础

在西方产权理论产生以前，马克思在其经济学著作中就对产权做了系统的研究和分析。马克思认为产权并非是从人类一开始就有的，产权的产生是随着社会生产力的提高和社会文明的发展而逐渐形成的。马克思从生产力和生产关系入手，界定和详细阐述了公有产权和私有产权，并明确提出土地产权是包含了土地所有权、占有权、使用权、收益权和不可侵犯权等于一身的一系列权利的特性。马克思的土地产权理论是一个科学的理论体系，是指导当代中国田管理权变的理论基础。

一、共同体土地公有制理论

马克思、恩格斯是共同体土地公有制理论的奠基人，他们对资本主义社会之前的各种土地所有制形式都做了比较详细的描述和评析。马克思指出："孤立的个人是完全不可能有土地财产的，就像他不可能会说话一样。诚然，他能够像动物一样，把土地作为实体来维持自己的生存。把土地当作财产，这种关系总是要以处在或多或少自然形成的或历史地发展了的形式中的部落或公社占领土地(和平地或暴力地）为中介。"人类社会产权制度变迁史表明，土地财产权实际上是一种客观存在的社会经济关系。马克思在考察亚细亚的土地产权制度时又指出，"第一个前提首先是自然形成的共同体。家庭和扩大成为部落的家庭，或通过家庭之间互相通婚而组成的部落，或部落的联合。……部落共同体，即天然的共同体，并不是共同占有（暂时的）和利用土地的结果，而是其前提"。此时，"劳动的主要客观条件本身并不是劳动的产物，而是已经存在的自然。一方面，是活的个人，另一方面，是作为个人再生产的客观条件的土地"。"土地是一个大实验场，是一个武库，既提供劳动资料，又提供劳动材料，还提供共同体居住的地方，即共同体的基础。人类素朴天真地把土地当作共同体的财产，而且是在活劳动中生产并再生产自身的共同体的财产。每一个单个的人，只有作为这个共同体的一个肢体，作为这个共同体的成员，才能把自己看成所有者或占有者。"马克思指出："土地所有权的前提是，一些人垄断一定量的土地，把它作为排斥其他一切人的只服从自己个人意志的领域。"他又指出："土地所有权即不同的人借以独占一定部分土地的法律虚构。"在这里，马克思既对土地所有制和土地所有权分别作了规定，又指出土地所有制是土地所有权的前提。这就是说，土地所有制是土地所有权的经济内容，土地所有权是土地所有制的法律形式。马克思指出："用这些人利用或滥用一定量土地的法律权力来说明，是什么问题也解决不了的。这种权力的利用，完全取决于不以他们的意志为转移的经济条件。法律观念本身只是说明，土地所有者可以象每个商品所有者处理自己的商品一样去处理土地。"

马克思对土地产权的研究是广泛而深入的，不仅突出了土地所有权，还研究了土地占有权、使用权、支配权、经营权、处分权等，马克思指出："土地所有权的正当性，和一定生产方式下的一切其他所有权形式的正当性一样，要由生产方式本身具有的历史的暂时的必然性来说明，因而也要由那些由此产生的生产关系和交换关系具有的历史的暂时的必然性来说明。"在资本主义社会里，土地所有者完全脱离了土地经营，土地所有权取得了纯粹的经济内容。土地作为生产要素同所有者分离成为吸收资本的条件。马克思指出，"小块土地所有制按其性质来说排斥社会劳动生产力的发展、劳动的社会形式、资本的社会积聚、大规模的畜牧和对科学的累进的应用"。恩格斯强调，"我们对于小农的任务，首先是把他们的私人生产和私人占有变为合作社的生产和占有"。马克思指出："在大多数亚细亚的基本形式中，凌驾于所有这一切小的共同体之上的总合的统一体表现为更高的所有者或唯一的所有者，实际的公社却只不过表现为世袭的占有者。""在公社内部，单个的人则同自己的家庭一起，独立地在分配给他的份地上从事劳动"，"剩余产品"不言而喻地属于这个最高的统一体。这个作为个人而存在的总合统一体就是东方的专制国王。不难看出，在古代东方的奴隶社会中，总合的统一体即专制国王拥有土地所有权，成为唯一的土地所有者，总合统一体内部的小共同体即公社拥有土地占有权，成为世袭的土地占有者。至于公社内部的个人及其家庭只能在一定的地块上进行奴隶式劳动。在封建主土地私有制中，地主拥有土地所有权，把土地租给农民耕种，但在土地出租期间没有占有权；农民没有土地所有权，从地主那里租来土地耕种，但在租约期内拥有土地占有权。地主凭借土地所有权向租地农民收取地租。马克思指出："在劳动地租、产品地租、货币地租这一切地租形式上，支付地租的人都被假定是土地的实际耕作者和占有者，他们的无酬劳动直接落入土地所有者手里。"当封建国家成为土地所有权主体时，土地的全部权利也不是由国家统一行使，仍然存在土地权利分离和其他土地权利主体。马克思指出："如果不是私有土地的所有者，而象在亚洲那样，国家既作为土地所有者，同时又作为主权者而同直接生产者相对立，那么，地租和赋税就会合为一体，或者不如说，不会再有什么同这个地租形式不同的赋税。"在这里，国家就是最高的地主。在这里，主权就是在全国范围内集中的土地所有权。但因此那时也就没有私有土地的所有权，虽然存在着对土地的私人的和共同的占有权和使用权。这表明，当土地归封建国家所有时，不存在个人的私人所有权，但占有权、使用权可以分离出来，因而存在私人的或共同的占有权和使用权[1]。

恩格斯在《反杜林论》中指出："一切文明民族都是从土地公有制开始的。在已经越过某一原始阶段的一切民族那里，这种公有制在农业的发展进程中变成生产的桎梏。它被废除，被否定，经过了或短或长的中间阶段之后转变为私有制。但是，在土地私有制本身所导致的较高的农业发展阶段上，私有制又反过来成为生产的桎梏——目前无论小地产还是大地产方面的情况都是

---

① 刘洪银:《中国新生代农民工市民化：模式与治理》，《学术论文联合比对库》2014年2月24日。

这样。因此就必然地产生出把私有制同样地加以否定并把它重新变为公有制的要求。但是，这一要求并不是要重新建立原始的公有制，而是要建立高级得多、发达得多的共同占有形式，这种占有形式决不会成为生产的束缚，恰恰相反，它会使生产摆脱束缚，并且会使现代的化学发现和机械发明在生产中得到充分的利用。"马克思在《论土地国有化》一文中又指出："土地只能是国家的财产"，"土地国有化将彻底改变劳动和资本的关系，并最终消灭工业和农业中的资本主义生产方式"。马克思在《资本论》中进一步指出："从一个较高级的经济的社会形态的角度来看，个别人对土地的私有权，和一个人对另一个人的私有权一样，是十分荒谬的。甚至整个社会，一个民族，以至一切同时存在的社会加在一起，都不是土地的所有者。他们只是土地的占有者，土地的受益者，并且他们应当作为好家长把经过改良的土地传给后代。"马克思"所有制"的观点，是社会法律规定的术语。"所有制"中的"所有权"，表现为"实际产权占有关系"。所有权是最高权能，其余权能在所有权之下，所有权派生经营权（支配权、使用权、收益权）。现实社会司法规定，也是按照马克思产权理论实践的。

二、农村土地集体所有制理论

土地集体所有制是土地利用满足社会利益和社会需要的制度基础。制度一般指人们相互遵守的行为规则。制度不是一成不变而且是多样的。深刻理解马克思关于各种土地所有制形式产权理论，了解土地产权制度的演进规律，对于正确认识现阶段实行农村土地集体所有制的历史必然性，深化农村土地制度改革，重构集体土地产权制度意义深远。新中国成立以来，我国根据社会发展的需要和不同历史阶段的特点，对农地制度进行了多次改革与调适。我国农村土地制度的改革分为两个阶段：改革开放前，主要是农村土地所有制的改革；改革开放后，主要是农村土地经营制度的改革。从 1953 年到 1978 年，中国实行高度集中的计划经济。在计划经济实施初期，农民个体土地所有制通过农业合作方式转变为农民集体土地所有权。在计划经济的实施中后期，虽然人民公社制度严重破坏了农村经济，但并未从根本上动摇农民集体土地所有权。1978 年底，农村经济体制改革开始。在坚持农民集体土地所有权的前提下，实行土地家庭承包经营制度。在以所有权和农民分开为主体的土地管理体制下，集体所有权加强对农民承包地的管理和监督。农村土地集体所有制符合农村生产力发展的实际情况和悠久的文化传统。2014年中央明确"落实集体所有权、稳定农户承包权、放活土地经营权"即"三权分置"政策以来，理论和实践都有了较为明朗的政策导向和明晰的法律规范，认为"三权分置"是中国特色土地制度的再创新，是家庭承包责任制的适应性调整，是农村生产力发展的必然结果。从历史的角度看，改革开放后的集体所有制与人民公社时期的集体所有制完全不同，这次新土改后的集体所有制也与现行的集体所有制有所不同，"经过20世纪80年代前期家庭联产承包责任制改革和90年代中期乡镇企业改制，以及后来的农村税费体制、'四荒'拍卖、草原承包制度、集体林权制度、小型农田水利体制等一系列改革，农村集体所有制的存在范围、实现形式乃至集体所有制下的产权结构都发生了深刻变化（国务院发展研究中心农村经济研究部，2015）"。

《中华人民共和国宪法》（1982）第十条规定："城市的土地属于国家所有。农村和城市郊区的土地，除由法律规定属于国家所有的以外，属于集体所有；宅基地和自留地、自留山，也属于集体所有。"《中华人民共和国土地管理法》规定得更清楚，第二条规定："中华人民共和国实行土地的社会主义公有制，即全民所有制和劳动群众集体所有制。""全民所有，即国家所有土地的所有权由国务院代表国家行使。"1983年10月12日，中共中央、国务院《关于实行政社分开建立乡政府的通知》颁布后，全国各地普遍变更人民公社为乡政府，原来的生产大队变更为村民委员会并行使行政和经济两项职能，除了农耕地以外，村集体还拥有村庄界内的自然资源和其他公共资源：荒山、水利和池塘等。农民确定承包土地的数量、土地的等级、承包的期限、农民的义务和责任等具体条款以后，要同村集体签订承包合约，从经济关系上确立以农民家庭为单位的经济组织与村一级的经济组织之间的关系。村集体作为生产要素的所有者并不直接组织生产活动，而是将它的生产要素以承包的形式租赁给农民家庭，这时的土地集体所有制是我国土地制度的一种特殊形式，基本上适应了我国目前的社会生产方式和基本国情。首先，在法律上明确和确定土地所有者的权利和义务，集体组织可以对个人土地使用行为进行更直接的监督，避免在土地私有制条件下，业主为了个人利益而掠夺有限的土地资源，避免所有权垄断引起的所有制与社会需要的对抗；农村基础设施建设对土地使用行为的影响，包括道路、水利、电力、电信、农田基础设施和公共服务在内的建设。共同福利事业主要依靠集体组织自身的力量，土地集体所有制使集体组织更容易调整土地利用结构。在坚持土地集体所有制的前提下，完善土地使用管理制度，通过经营、参股、租赁、抵押等方式实现所有权，优化土地资源配置。

在农村土地所有制改革问题上，曾有少数学者主张实行国有化。在国家取得所有权的同时，给予农民永久租赁权，以保证农民获得长期稳定的土地权利[①]。但我国农业社会化程度不高。过早实行农用地国有化，不仅违背了生产关系必须适合生产力发展的原则，而且混淆了国家所有制和集体所有制的界限，最终可能会导致生产力的破坏。"一大二公"的人民公社就是最有代表性失败典型。中国农业发展缺乏以国有化为基础的社会经济条件。即使在社会化生产程度比较高的国家，国有化的实施也得不到充分合理。至于土地全面国有化便于统一规划和管理的主张，问题在于没有抓住事物的本质，混淆了国家作为社会管理者的职能和所有者的职能。它无论什么样的所有权制度，都必须履行其职能。根据我国的实际情况，合理的土地所有权应是对农民承包经营权的补充，为农民分权经营提供服务、规范和管理的所有权。作为组成国家的个体成员——农户才是农地真正的使用者。农地国有化后，国家不可能自己经营农地。远离农地和农民的国家能否为社区集体提供同等的服务，是一个值得怀疑的问题。即使在土地国有化之后，原有的集体组织仍在管理土地，很难保证在没有土地所有权的情况下，社区集体能做得比现在更好。特别是农村现有的耕地，是农民在入社时带来的或者由集体开垦的，如果被无偿剥夺，农民将非常不满。如果国家通过购买土地实行国有化，不仅政府财政将无力承担，而且也不能太具体地满足农地使用者个体的种种需求，因而也就难以优化农地资源的利用。

从历史上看，土地所有者不一定是土地使用者。如果土地是自己使用的，它将体现土地所有权和使用权的统一。如果其他人使用土地，土地使用

---

① 汪安亚：《我国农村集体建设用地使用权制度研究》，《学术论文联合比对库》2014 年 10 月 8 日。

者就需要向土地所有者支付一定的土地使用费（租金），既可使土地所有者获得土地所有权的租金收入，又可使土地使用者实现土地使用的耕作收益。历史上的"田底权"与"田面权"就是最好的例证，"田底权"与"田面权"各自有一套独立的运行体系，流转有序，对维护所有者和耕作者的权益发挥了显著的作用。土地所有权归集体所有，土地使用权归农民所有，很多的土地使用权遵循着习惯上的分配。因此，尽管我国农村土地制度存在很多不规范之处，在未来的发展中需要不断地规范化、体系化，但现代的产权理论的吸收和应用，无疑有利于其自身制度建设。可以说，现代产权理论为我国农地使用权保障制度提供了一种研究思路，使其内部的权利体系不断精细化以适应现代市场经济发展的需要。

三、农村土地家庭承包经营制度

农户或家庭是土地使用权的主体。纵览我国几千年农耕史，以农户家庭为生产经营单位一直是最主要的农业组织形式。新中国成立时，中国共产党和人民政府响应亿万农民的期盼，实行土地改革，把土地分给千家万户的农民，使广大农户实现了"耕者有其田"的梦想。为完成生产资料的社会主义改造，随后又将农民的土地归入高级社，从而建立了农村土地集体所有制。而后历经人民公社时期，直至农村改革开放，实行家庭承包经营制度，按照"一方水土养一方人"将特定的农民群体安置在特定的土地范围内，维持其衣食住行、繁衍生息。农村改革开放后，家庭承包经营制度这种田管理权变方式并没有辜负农村经济发展的预期，打破了农村土地集体所有制和人民公社时期普遍存在的平均主义分配观念，改变了农业生产效率低下的体制，激发了农民的生产积极性，提高了农村土地生产力，解决了粮食短缺和农业问题。尽管在许多地方为了保持农民承包地的公平分配，承包期一般在两三年或三五年内调整；但从总体上看，这种田管理权变方式成功地提高了农村土地利用效率。为了保住农户主体地位，甚至将"统分结合的家庭承包制度"写入宪法。党和国家农村土地法规制度的构建是在以提高土地利用效率为标准的政策指导下，按照稳定农民土地使用权、增强农民对土地的信心、激发农民生产积极性的目标，促进土地资源的持续高效利用和农业生产的可持续发展。

　　当然，还有不少学者从理论上论证了我国农村高度分散的小规模农民生产与社会化大生产之间的矛盾，认为农地如果属于农民私人所有，那么就能保证农民对土地拥有排他性的产权，就能造就农民对农业进行长期投入的内在动力机制；使农民在城市拥有与国有企业职工同产权的土地，珍惜土地及其附属房屋和苗圃，努力提高投入产出率，提高资产价值；农民有土地及其附属设施的价值，具备市场交易条件，包括在农民总资产中，国家可以制定和颁布新的土地管理法律，对市场化交易进行监督管理，以实现近百年来农业集约化、规模化的梦想；土地私有制有助于国家摆脱既当"裁判员"又当"运动员"的尴尬的双重角色困境，与政府有着共同经济利益的开发商只能按照法律和市场经济的要求进行土地交易，从而避免了潜在规则的出现。赞成土地私有化的学者希望引用西方现代产权理论在未来农村土地使用权保障体系建设中的思想和主张。农民家庭作为市场经济的主体，应当被允许对土地享有不动产权利，不受时间和空间的限制，不受转让、出租、受让和出售的限制，实现农民在农业用地中的私人权利，这将会促进农业生产力的持续发展。

　　我国农村土地制度存在很多不规范的问题，西方现代产权理论的引入有一定的指导和借鉴意义，使得土地制度内部权利体系更加精细化以适应现代市场经济发展的需要。但是，农地自身具有独特的属性，土地边际递减规律对我国耕地使用权制度设计的影响及农村土地现状对我国耕地使用权制度设计的影响，农地制度变迁中的路径依赖。这些决定了西方现代产权理论模型无法全部适用。因此，我国城镇化发展的历史背景下农地私有化行不通，土地私有化不利于我国社会转型时期的社会经济稳定发展，农地的利用规律决定了不适用农地的私有化。我国在私有制的深化有许多障碍。因此，在土地发展史上，我国现行的农村土地产权模式是建立在既不是"私有"也不是"公有"的产权制度基础上的。与西方的私有土地产权相比，我国分业所有制模式的每一次变化都充满了大规模的政治协商，产权界定的成本变得非常高。但与此同时，我们可以看到，在早期的亚细亚模式中，大量最终所有权作为"公共"资源得以保留。由于"公共"资源巨大，"私有化"定义的成本远高于分居状态下产权定义的成本。最后，通常是国家秩序的确定降低了交易成本，稳定了个人期望，平衡了社会。虽然产权分离在历史上曾一度阻碍我国的经济发展，但它确实是集体行动或阶级斗争的结果。要理解这一问题，必须深入理解马克思主义土地理论中的所有权分离理论和土地改革理论。固然，中国的经济史并不完全符合马克思所论述的亚细亚模式，但在中国传统的土地产权制度中，国家、村落、宗族、家庭等充满原始遗物的不同组织对私有化的反应是不容忽视的。这是我国土地产权的次亚细亚特性[①]。

因此，实行田管理权变是农村经济社会发展到一定阶段的必然选择，是顺应土地关系变革的现实需要，符合产权激励作用的内在要求，其改革方向遵循了我国农村土地产权制度变迁的路径依赖性，并充分考虑了制度变迁非正式规则的客观影响，在坚持了兼顾效率与公平、坚持渐进而行、实现发展农民土地权利与社会限制结合的基本原则条件下，做出对我国农村土地产权制度的合理化探索。

第二节　田管理权变的基本特点

根据马克思产权理论及其理解以及对农户承包权与土地经营权的界定，在我国农村土地集体所有制的产权结构中，存在以集体土地所有权、土地承包经营权、住宅用地使用权、自留地、自留山使用权和农业用地债权为基础农业土地使用权制度构架。同时，集体土地所有权产生的征地补偿权、农民社会保障权、成员权和土地开发权是实现各类耕地权利的保障。土地权属是指土地产权的归属，是存在与土地之中的排他性完全权利。土地权利除所有权外，还有使用权、抵押权等物权及租赁债权，还应当包括地役权，是一束权利的集合。土地所有权人和使用权人享有的土地权利受法律保障，达到了我国《物权法》"物权"保护之高度。

一、田管理权变的渐进性

地权是一个复杂而处于不断变化之中的结构，除了地面、地上和地下以

---

① 　石莹：《从马克思主义土地所有权分离理论看中国农村土地产权之争——对土地"公有"还是"私有"的经济史分析》，《全国高校社会主义经济理论与实践研讨会第20次会议论文集（第一册）》2006年10月22日。

及种植等权利的划分以外，其社会功能包括所有权、占有权、处分权、使用权、经营权和收益权等多项权能。产权是可以扩展的，产权的价值是可以创造的。所有权的形式和程度，不只是由测度与控制交易的成本决定，也由创造价值的能力决定的。所有这些决定了产权等正式制度，作为人类行为最基本的游戏规则，除了战争、革命等引起的巨变，一般需要 10 年到 100 年的时间才会产生变化。这一方面说明正式制度的改变所面临的成本会非常大，另一方面也反映正式制度变化的频率很低。对就"三权分置"这一田管理权变方式来说，作为一种土地制度创新途径，在世界范围内没有现成的经验可循。世界上的农村土地要么是私有制，要么是其他所有制。只有中国结合本国政治、经济和社会发展的具体情况，在坚持农村土地集体所有制的基础上，不断调整农村土地产权结构实现田管理权变，从制度的角度促进我国农村发展观念的转变，同时打破土地使用制度中土地承包经营权单行开发的长期限制，促进各类农业土地使用权的共同开发。我国农地制度的整合，正如伯尔曼教授所言："任何重新整合过去时代的努力都可能根据现行的范畴和概念加以理解和判断……如果没有一种对于过去的重新整合，那么，既不能回溯我们过去的足迹，也不能找到未来的指导路线。"在经济落后的传统农村，劳动力尤其男丁是每个家庭的固定收入和固定支出项目，集体组织必须无条件地分配给每一个劳动力所需的生产资源，任何集体成员都与其他村民享有平等的土地权利，农民们把成员权规则理解为一种公平的表达。身份管理权的转让是由亲属关系、互惠关系和互助关系所决定的。其中大部分是口头协议，转移期限灵活。有的则在权威资源的领导下进行管理权的转移，表现出农村政治、基层权威导向的特点。

显然，田管理权变不能是制度演进历史的随便分离，而只能是制度演进逻辑的自我完善。农村社会的人从地上生活，生产生活紧密结合，成员相对稳定，集体所有制的物质基础是农业用地，它符合农业、农村和农民的有关要求，其制度安排遵循生命共同体思路。农业用地不同于可以自由流转的商品，不能直接用普通产权和功能逻辑来分析；农业用地在交易关系中的出现是不正常的，农业用地集体所有制的安排不应遵循完全意义上的交易。对于半自给自足的农民来说，由于生产条件和交换条件的限制，他们在市场资源的有效配置上往往会出现普遍的失败，因此他们往往依靠农村传统习俗来纠正市场偏差。到目前为止，概括农村土地权利基本内容，有集体所有权、农户承包经营权、宅基地使用权、地役权、招标等方式取得之荒地承包经营权的抵押权等五种农村土地权利。以"三权分置"为例，田管理权变的基本要求之一是多项权利制衡、对抗，形成围绕农村土地权益相互衔接、相对平衡、平等保护的土地产权结构。集体所有权的核心是要有充分体现的处分权能，在农村土地的发包、收回、调整、监督使用等方面，有能力控制和约束农户承包权和土地经营权的行使。农户承包权的核心是维护农户的承包土地法定主体地位及财产性收益权，其权利行使体现在土地承包的实现、退出等方面，以实现现有土地承包关系保持稳定并长久不变。目前禁止承包权流转是一种过渡性政策，从长远的战略趋向看，承包权不可能让农民永远带进城市不变，当中国城镇化进程基本完成时承包权最终可以流转。土地经营权的核心是维护土地经营权人的经营收益权能，充分利用农村土地的使用价值和交换价值。然而，农地经营权并不是一个单一的权利，而是可以表达为对经营权的主体选择、权利限制以及享益权分配等各种权利（权利束），因而经营权的分离及其流转就可以有不同的类型与形式，随着社会经济的发展还可能演变出新的权能，实行"四权分置"甚至"五权分置"。

在我国农村税费改革之前，农民承包经营土地要负担相应的费用，方式主要有收取"三提五统"、征收农业税和按一事一议筹资筹劳兴办公益事业等，因而农民耕种的土地面积越多所承担的税费也就越重，所以在这种条件下农民的种田积极性普遍不高，一些耕地面积较多的农户以及外出打工者通过自行流转一部分土地的方式来减轻负担。2006年以后，由于国家实行免征农业税、对农民实行粮食直补等惠农政策，使得农民承包经营土地的费用负担日益减少直至免除，各种补贴和收益逐步提高，伴随而来的是土地价值不断上升，一些原来流转了土地的农户开始要回自己的土地。在我国广大农村，由于区域发展的不平衡性，国家政策和法律的规定能否考虑到区域发展的特殊性，突出了一般性和个别性的问题。田管理权变的顶层设计既要符合土地关系改革的实际需要和产权激励的内在要求，顺应我国农村土地产权制度变迁的路径依赖，坚持兼顾制度变迁非正式规则的客观影响，充分考虑社会主义的公平性；又要跟上社会经济发展的步伐，把适度规模经营作为农业发展的方向，通过市场配置管理农业土地资源，发挥对城镇化、工业化和经济快速增长的重要支撑作用；更要充分发挥土地的内在价值，增加生产投入，提高生产效率，克服不同地区的资源禀赋、人口、生产方式等因素的差异，避免"一刀切"。中国的"一元多层次"政策体系，是由"统一"的政治格局和区域多样性的复杂性所决定的，可以更好地解决这一问题。全国不仅要维护中央政策的统一和权威，还要探索如何合理划分中央权威和地方的利益。

二、田管理权变的灵活性

美国著名新制度经济学家巴泽尔所著《产权的经济分析》提出"变化性是责任的一个必要条件"，当一方承担更大部分的变化性时，该方就成为更大的剩余索取者的产权理论。该理论的核心和关键是基于服务流、收入流和变化性等概念，强调"变化性的配置决定权利是否得到明晰界定"的同时，认为"如果权利得到充分界定，造成变化性的人就必须承担他行为的全部影响"[1]，这就是把变化性及其配置和掌控等作为产权界定和归属的关键。农业生产必须依赖于土地，但是土地生产率的提高并不是取决于土地面积的大小，而是由土壤质量、栽培技术、种子种苗、植保与田间管理，特别是灌溉条件等多种要素共同构成的生产函数。当一项资源不是独立地被利用，而是与多项资源配置时，产权制度由最关键资源的特性决定。不同特性的资源的相互配置，无疑会决定经营组织形式。

原则性是前提。如"三权分置"，要坚持在集体土地所有权与土地承包经营权分离的前提下，依法将土地承包经营权进一步划分为承包经营权和经营权的法律地位。农村集体经济组织成员有权依法承包农民集体所有的土地，实现土地承包经营权与土地承包经营权分离。鉴于土地承包经营权是由承包经营权和经营权构成的混合体，在没有人口流动和土地流转的情况下，这两种不同的权利是可以整合和安全的。但是，在承包农户外出务工数量不断增加、土地流转速度加快、土地融资需求扩大的新形势下，要建立土地承包经营权流转机制。在坚持土地集体所有制，不改变农业用地的前提下，承包人在承包期内可以依法对承包标的物进行分包、转让、交换和分成。当今

---

① 巴泽尔：《产权的经济分析》，1997 年版，第 75 页。

田管理权变的主要目的是为了加强承包地流转，而通过推行"三权分置"土地经营权独立后，在不影响土地承包权的前提下，还可以设定土地经营权抵押，为农业农村发展提供资金服务支持。

灵活性有量度。田管理权变要有合理、明晰、稳定、公平、协调等可度量的数量指标。比如，合理反映政策的现实情况要有数量规定；明晰政策目标的科学性要有数量标准；稳定衡量政策演变和时间可持续性要有数量界限；公平性反映不同群体利益分配的公平程度要有数量结构；协调政策与法律、政策和政策之间的一致程度要有数量平衡。田管理权变最突出的问题是"协调"，政策目标太多，功能过重，无法在实施中启动。田管理权变涉及中央政府、地方政府、发包方、承包方、经营者等多个主体，不同主体对政策执行的目标、态度和影响是不同的。中央政府赋予政策两种职能，即经济职能（通过经营权的转移增加农民收入），稳定职能（确保国家粮食安全）。经济功能是中央政府的核心目标，稳定功能是中央政府的基本目标；地方政府既希望通过有好的政策发展农村经济，增加农民收入，更多的是考虑最大限度地增加地方财政收入；发包方追求的是使土地资源配置能够将该地区的经济增长与上级政府的评估目标结合起来，产生绩效职能；承包方提供政策收入职能和安全职能。一方面通过经营权的转让增加家庭收入，另一方面依靠合同权利的稳定性实现土地使用、生活保障等功能。经营者希望政策能够相对稳定，依靠政策实现营业收入，保护经营者利益，发挥经营权抵押担保功能。所有这些职能的实现都需要结合当地实际不断丰富灵活性。

灵活性有准则。农地权利的核心是耕作权。万变不离其宗，一定要让耕种土地的人珍惜土地，有稳定的预期，愿意投资于土地。农业用地的主要功能是生产农产品。土地利用控制的目的是保护耕地的这种功能。不允许土地所有者坐等升值或追求资本收益的最大化，种植户也必须对土地有获得感。否则，农民只能通过持有土地来消极对待土地。现阶段实行田管理权变要更加注重农业资源的优化配置，通过经营权的流转，提高土地生产力、资源利用率和劳动生产率，特别是必须与市场化交易紧密结合。处于市场经济环境下，多元权利中的权利主体必然从各自利益出发，为追逐自身利益最大化而不断博弈。而权利主体为获得更多的经济效益，更加重视经营权的权利实现，从而忽视所有权与承包权，容易造成经营权吃掉所有权和承包权，影响田管理权变灵活性的实现效果。由于种植经济作物的收益往往大于种植粮食作物的收益，作为理性经济人的农业经营主体极有可能选择大规模生产经营经济作物，从而降低粮食作物的种植面积，造成农地的"非粮化"；同时也不排除有部分经营主体在利益驱使下改变农地用途，造成农地的"非农化"威胁不可小觑[1]。要支持以耕地收益权为核心的制度建设，必须对耕地"确认权"的政策有明确的产权界定，为实现农民土地产权提供前提；对耕地收益权的促进政策要落地。

三、田管理权变的包容性

产权的管理学分析，强调以组织单元为基本单位，以组织拓展为最大化为目标，集中于组织包容、合作和创新，力求把"蛋糕"做大。基于土地产权研究视角的确立，与自给自足时代的村落不同，现在乡镇住区土地产权结构已经发生了明显变化，包括公有产权、共有产权和个人所有产权；与自耕农时代的农民不同，现在的农民不仅包括拥有承包权并继续从事农业生产的原集体成员，还包括从村民手中转移土地的村民，以及从村里转移土地到村外的村民管理者。不同的农民获得农权的方式不同，权利安排不同，权利实施的政策也不同，需要从上到下的中央政府、省政府、市、县政府、乡政府、村集体经济组织五个层次，相关田管理权变政策才能实现。

要尊重传统规制与管理方式。中国是一个历史悠久的农业大国，土地管理权制度的构建特别不应忽视其历史传承和渊源。农村根深蒂固的习惯支配着经济活动中资源的配置和流动，各具特色的村规民约代代相传。农村税费改革前，不少农户由于外出务工或者户口迁移等原因，主动向村委会申请放弃承包地，村委会为了不至于使土地荒芜，就将农民放弃的土地收回重新分配，转包给其他农户耕种，但没有及时变更登记。还有一种情形是，许多农户由于法律意识淡薄，在外出务工或者户口迁移时，既不向村委会申请放弃，又不将土地流转给其他农户耕种，直接造成土地撂荒，

---

[1]　陈金涛、刘文君：《农村土地"三权分置"的制度设计与实现路径探析》，《求实》2016年1月10日。

村委会为了保护利用耕地，在没有征得撂荒农户同意的情况下，私自做主将撂荒土地转包给其他农户耕种。同样，随着国家惠农政策的进一步落实和土地增值，具有弃耕撂荒情形的农户面对土地收益所带来的利益诱惑，或结束打工，或迁回户口，纷纷向村委会提出收回土地承包经营权的要求。此时，弃耕撂荒的土地早已经由同村其他农户耕种，但是土地经营权证书上的权利人仍然是弃耕撂荒土地的农户，而现耕种土地的农户又不愿将土地交出，从而引发纠纷。

要构建利益协调机制。土地流转是农民土地产权资本化的关键，不仅要考虑制度演进的内在逻辑，还要考虑外部环境的影响。更需包容的还有理论困惑——分离后承包权、经营权的属性和权能确定问题凸显；政策两难——承包农户与经营者的利益关系两难关系需要理顺；路径制约——土地流转的具体方式对经营权抵押的影响需要多方位考量；经济风险——鼓励土地经营权流转抵押与可能出现的新问题全面评估。我国现行的粮食直接补贴、农业物资综合补贴等政策，最初是为了激发农民对粮食生产的积极性。但是，在"三权分置"的制度设计下，耕地经营权的流转将越来越多。接受补助的主体未明确是农村土地承包经营权主体还是实际经营的农村土地经营权主体。可能出现的情况是，不仅补助金没有真正分配给农民，而且还有可能诱导部分有转让意愿的农户放弃土地流转的现象，其激励作用必将难以实现，该补贴政策也就失去了意义，所有这些目前的缺憾，均须认真研讨解决方案。国家在提出"三权分置"制度设计时虽然明确农村土地经营权可以抵押，但在实践过程中由于缺乏专业的机构和手段，致使运作过程存在诸多困难，经营权流转抵押过程中急需的信息咨询、纠纷处理、交易指导等服务十分匮乏，社会相关服务体系不完善，尚未形成保障经营权顺利实现的协调支撑机制。

要建立农地流转市场的保护机制。在市场经济条件下，土地作为一种资源也必须要流动和优化配置，其权属的变更应该是有偿的。即农地的使用权同其他商品一样，可以在产权市场上买卖，农民在土地上的投资及所形成的价值也都具有商品的属性，可以有偿转让。鉴于任何流转（交换和转让除外），承包权始终掌握在原集体组织成员承包农民手中。在承包阶段，有身份限制的土地承包权足以适当地保护成员。在农地流转阶段，考虑到市场经济中市场参与者的平等性，应当平等保护村集体组织成员和非成员的权益。在实践中，将耕地转移到集体经济组织成员以外的新型经营主体，有利于创新农业经营组织模式，克服土地分割现象，实现农业适度规模经营，确保农业可持续发展。

第三节　田管理权变的公共领域

在制度经济学的主要代表人物诺斯看来，国家的存在是经济增长的关键[①]。巴泽尔产权经济分析则提出"公共领域"和"公共财产"普遍存在以及需要组织约束和控制的理论观点。要明确所有权规定的权利边界、权利内容和责任、合同权利和占有、使用、收益和处分的管理权，研究制定土地管理权政策法规，探讨土地管理权的性质和功能，确认和登记土地管理权的方式，土地经营权的流转方式，土地经营者的权利和义务，经营主体获得土地经营权的相关权利义务、土地经营权抵押评估和处置等相关政策法规，确保田管理权变实施，充分发挥农地产权在农业模式、农民身份、农村治理等转型中的重要作用。

一、优化田管理权变的制度环境

实行田管理权变是在明确和确认土地所有权的基础上，科学利用田管理权利束，优化农业资源配置。做到权属合法、界址清楚、面积准确、资料齐全、无争议。要向农民发放土地承包合同，让他们吃"定心丸"，敢于把土地作为资产，并根据他们的人力资本质量结构作出相应安排，使资产回报最大化。必须颁发经营权证书，使土地规模管理主体能够在政府设立的出让平台上大胆出让更多土地、转让或融资。建立畅通的流转制度，严格保护土地经营权市场交易制度，引导土地经营权在公开市场上流通。只要从事农业生产经营，遵守土地管理法，不改变农业用地用途，就可以成为土地经营权转让的主体，也可以满足"创新农业经营组织"的要求。除了转让须"经发包

[①]　道格拉斯·C. 诺斯：《经济史中的结构与变迁》，陈郁译，上海三联书店、上海人民出版社 1994 年版，第 20 页。

方同意"，其他方式的流转并无此限制，但这并不意味着只要达成协议就能让其他主体成为经营权人，还须从源头上进行风险控制，对经营主体的准入资格进行审核。在防范大量工商资本下乡参与流转而引发农地"非农化"方面，注重农地流转前后的审查，即在流转前加强工商资本的农业生产经营资质审查；在流转后则进行非农化的监管，及时查处农地经营者的相关违法违规行为。

完善流转监管制度。耕地转让后，应防止合同违约风险和土地过度集中。禁止一些地方为了获得耕地流转的增值效益，片面追求耕地流转规模，强行推动耕地流转，侵犯农民土地权益的行为。在探索农业管理体制改革的过程中，如果我们重视新的农业经营者的需求，给予他们资源、政策、利益等，而不是关注分散的普通农民的需求，我们可能会进一步削弱目前提供的最低限度的生产服务。因此，有必要确保作为承包方的农民能够更稳定地从农田转移或农田管理中获得利益。由于土地具有社区特征，它还具有保障后代农民生存权的功能。损害农民生存权的物质基础是损害农民在社区自身的生存权。当农民的生存和发展需要不能在社会保障和就业中得到满足时，流转带来的土地过度集中必然会损害农民的生存权。我们既要充分考虑到有利于新型经营主体发展的制度机制建设，还要考虑普通农户的利益，切实维护农户土地承包权，不得让农民以短期利益轻易丧失土地。

建立防风险机制。为了防止流转后农业用地变化带来的"非粮化"风险，要尝试完善引入新的补贴试点，以农机具购置补贴为重点，增加农业生产者补贴试点，进行农产品目标价和农业保险试点，并试点营销贷款，引导合理的土地流转价格，从而降低粮食生产成本，让农地经营权受让主体在粮食规模化生产中多获利。切实保障土地流转方（即农户）的利益，既包括防范进入农村参与农业土地流转的工商资本处于强势地位，容易挤压农民利益的倾向；也包括杜绝一旦土地流入方因经营不善而陷入长期亏损或破产的局面，可能无法支付土地出让金的现象；更要避免农民无法获得转移资金，甚至无法承担将土地整理或建设成原样费用的后果。为防止因流入方经营不善、履约能力不足而导致土地流转费用不能及时到位损害农民土地权益的风险，政府应建立农地流转风险保障金制度。农地流转风险保障金由风险补助金、风险准备金和流转保证金三部分组成，分别由县乡两级财政、村集体和农地流入方承担。其中，为了防范流入方改变农地用途或者因经营不善等原因无法向农户支付流转费等风险，在农地流转合同签订后，强制经营业主（流入方）要向流转中心缴纳一定比例的农地流转风险保证金。当流转到期或合同解除时，流入方若无过错则可领回风险保证金。

二、创造田管理权变的政策条件

中国改革开放的宏观政策，引起了农村土地产权制度的深刻变化，即由以集体产权（共有产权）为中心过渡到以土地承包权（私有产权）为中心。这场由农民发起的自下而上的产权制度变迁，进一步明晰了土地产权关系。但市场经济体制的建立和社会经济的进一步发展，使这种产权制度安排的局限性日益凸显。21世纪以来全国工业化、城镇化、信息化、绿色化和农业现代化"五化同步"，不仅是农地产权变革的政策环境，也是农业变革的方向。既要通过农地确权不断提升农民对土地的产权强度，又要通过加大支持力度推进农地的流转与集中，改善农地规模经济性，推进农业经营方式转型。在有关农地利用的市场机制并没有完全有效地建立和运行起来的情况下，国家出台宏观经济政策进行调控，对于农地资源的高效利用是相对有益的。

借鉴国内外扶持农业经营组织体系结构转型的经验。外部强制性制度干预是发达国家促进本国新型农业经营主体发展的普遍做法，目前我国的关键问题是要更好地细化扶持政策。当然，土地公有制性质不改变、耕地红线不突破、农民利益不受损是我国农村土地法制变革的三条底线[1]。在这三条底线之下，"土地承包权的新制度安排是为了农村剩余劳动力的利益服务的，或者说就是为农民工的利益服务的"[2]。同时，新型农业经营主体的形成表明，尽管外部政策制度起到了很大的促进作用，但新型农业经营主体的内生性发展要求才是其成长的关键因素。既要按照农业产业化的思路推广和普及生产经营标准化，建立标准化蔬菜基地、标准化果品基地等；又

---

① 韩俊：《农村土地制度改革须守住三条底线》，《人民日报》2015年1月29日。

② 张守夫、张少亭：《"三权分置"下农村土地承包权制度改革的战略思考》，《农业经济问题》2017年第2期，第9—15页。

要促进生态农业和循环经济发展。实施订单农业，建立农产品物流配送中心和展销中心，发展农超（市）对接和直销，建立农产品销售专业合作社，注册自己的商标，创造自己的品牌，优化农业的生产结构，创新农业生产的经营方式。

国家要出台密集政策措施支持各类新型农业经营主体使其进入新的发展轨道。从金融信贷、项目扶持、科技服务、农业配套设施用地、农业保险等方面来完善新型农业经营主体的扶持政策。重点培育适度规模经营的家庭农场。帮助普通新型农业经营主体提高农业经营专业化、组织化、集约化水平，通过承包土地等方式参与农业产业化。鼓励工商资本投资土地整理和高标准农田建设，参与适合企业经营管理的现代育种环节，修复山、水、林、田、湖、草生态资源。既要突破农户经营土地细碎分散的限制，形成成百上千甚至数万亩的专业化生产基地，提供产前、产中和产后服务；又要发展科学种田，增加科技投入，在加强对当地农民工进行技术培训、提高农民文化素质和技术能力、培养自己的技术人员和管理人员的同时，引进农业技术和管理专家，指导当地农业先进技术应用以及设施农业和工厂化生产，走上集约化、产业化和标准化的发展道路。

三、注重田管理权变与法律衔接

任何一种完全意义上的田管理权都已表明，不同利益相关者的合理性和有效性可以通过法律的公正性和权威性得到保障。田管理权变等农地制度创新的关键是建立农民土地权益的法律保障体系，防止各种不合理不规范现象产生，依法保护农民的承包土地长期使用权。各级政府和组织不得侵犯和干涉农民依法行使权利，要使农民对土地承包经营权有长远的预期，鼓励和支持土地流转的形式，保障和促进生产力的发展。影响农地制度创新的外部设计因素很多，在制度安排中应充分考虑制约条件。例如，农地开发权（土地的发展权）既关系到农地资源和农民利益的保护，也关系到区域生态环境的改善和资源利用效益的提高，所以无论是在农业农村领域，还是在城镇发展规划领域，或是在生态环境保护领域，都引起了高度的重视。农地开发权作为一项产权的设置，虽然国内还没有制订正式的法律，但实践中已经开始有农地发展权及其交易的尝试。立法者必须使用清晰、科学的概念将其规范化，完善政策转化为立法的过程，并将之纳入既有的法律体系。

科学理性调整农业土地政策。这是实现农业土地流转法律保护的重要前提，当然，最终还要通过法律确认和法律规范的方式予以巩固。法制化的突破在于在实践中判断农业土地政策的实际规范效果及其制定时的目标和愿景，决定是否立法以及如何立法。政策转化为法律无须寻求政策语言与法律规范术语的一一对应，但必须保证概念的统一和规范、法律与政策本意的契合。2007 年 10 月实施的《物权法》第一条规定："为了维护国家的基本经济制度，维护社会主义市场经济秩序，明确财产所有权，充分发挥财产的效用，根据宪法，制定本法。"保护债权人的财产权利。第二条规定："财产所有权和使用权的民事关系，适用本法。"显然，我国《物权法》前两条强调界定了财产所有权与财产效用（使用）的关系，并根据"财产所有权—财产使用权"的法律逻辑，确立了财产所有权即财产权。《物权法》第五章、第十一章首次确定了农村土地集体所有制和农民土地承包经营权，构建了农村土地"集体所有制承包经营权"的二元产权结构。新中国成立 70 年来，中国农村以土地产权为中心的社会经济结构发生了巨大的变迁，并且是在一种特殊的历史环境中进行的，许多政策措施是在政府、集体和农户的反复博弈中，吸取教训，顺势而为，不断改进的结果。因此，与其他国家的同类事物或者本国的其他方面相比较，中国的田管理权变有着自己的特点。只有深入到变迁实践中去进行长期观察和冷静思考，才有可能认识、理解和把握这一过程。

目前适应农业发展现实需要的土地使用权、承包权和经营权分离的立法也已经正式实施。关键是土地承包经营权与土地经营权的分离，依法确定和规范土地经营权与物权的转让方式，理顺各种转让方式之间的差异和局限。在完善具有物权性质的农地经营权法律制度的基础上，规范现行土地承包经营权依法转让模式的转让、抵押、股权等具体法律制度内容，同时，提出物权法的法律原则。法律明确规定土地承包经营权出让方式，即依法规范土地承包经营权出让方式的类型和内容。由于农地权利确认涉及政府、集体、社区和农民的多利益诉求和利益分配的矛盾与协调，要在农地权利确认制度安排下实施农地权利确认登记认证，符合现代物权法中"产权估价"的发展趋势。同时也要看到，许多欠发达地区的家庭联产承包制度，依然存在着许多自身的局限性。获得土地承包经营权的个体农民缺乏必要的资金、技术和销售渠道，因而需要建立与新的土地制度相适应的社会化服务体系。当然，要在制度上合理界定"权变"内涵的难度很大，要妥善处理所有权和管理权之间的关系也决非易事。只有通过多学科、多部门的共同努力，才能探索创新农村土地集体所有制的有效形式，发挥市场在农业土地资源配置中的决定性作用，培育多种经营主体和经营方式，为农村土地制度改革提供最有效的依据、保障和规范。

第二章　"四荒"权变的历史借鉴

在漫长的中华文明发展史中，垦荒活动可以说是缔造文明、积累财富的原生性活动。"荒"是不生的意思，也可说是生而不合的意思。用现代生态文明思想来审视，是山水林田湖草处于一种尚未协调发展形成生命共同体的状态。荒地资源包括生荒地和熟荒地。前者指从未进行过垦殖的土地，也称处女地。后者又称撂荒地，指曾经开垦种植，但由于土地利用措施不当以致土地生产力严重衰退，或因受自然灾害等原因而荒废达3年以上的土地，不包括为恢复地力而在轮作周期中有意安排的休闲地。随着我国田（地）管理权变功能作用的显现、权能划分与制度构建的完善，"荒山、荒沟、荒丘、荒滩"（以下简称"四荒"）等资源的开发占有越来越重要的地位。尤其伴随人们对生态农产品需求的增加，围绕"四荒"开发治理实践探索出的承包、租赁、股份合作等多种产权制度模式日益丰富。在土地公有制条件下，能否合理划分"四荒"的各种产权边界，理顺所有权与使用权的关系，规范产权主体行为，直接影响"四荒"的合理利用和利用效率。

第一节　"四荒"多元化产权类型

"四荒"的确定必须通过政府相关管理部门规划。"四荒"地作为未利用地，主要是指农村集体经济组织所有的荒山、荒沟、荒丘、荒滩，也包括一些荒地、荒坡、荒沙、荒草、荒水资源，产权安排必须考虑资源特性与行为主体能力之间的关系。不同阶段的不同影响与当时的经济社会条件有关，也反映了制度安排的多样化。我国"四荒"的开发与管理经历了多个不同的发展阶段，但一般不会偏离便于管理的要求和林地、草地、荒山等边界不易界定的特点，划归村集体所有，包括原来乡镇办果园、林场、草场等，其土地所有权都归乡镇集体所有；根据土地位置和利用条件已形成使用权承包、出租、拍卖等多种具体方式。特别是随着村民自治程度的提高和民主开放程度的提高，缺乏监督所造成的不足逐步得到解决，农民对治山理水的积极性也不断提高。

一、承包

承包作为治理开发农村集体"四荒"资源的一种方式，像实行耕地家庭承包责任制一样，其基本内容是在坚持"四荒"资源集体所有的前提下，实现"四荒"资源的使用权和所有权的分离。并将使用权分配到农户，所有权仍属于农村集体所有。与承包耕地进行比较的不同之处是，虽然使用权与所有权分离，并以形式移交给农民，但在经营过程和效果上存在的差异很大。改革初期，农民家庭的收入积累再生产水平很低，往往将有限的人力、物力投入到回报较高的耕地上，因而在承包耕地时又强烈要求平分质量好的耕地使用权，其结果是绝大多数地方高产田和低产田搭配；而对于交通不便、自然条件差、所需投入多、开发难度大、近期效益又不明显的"四荒"一般无人问津。究其原因，主要是当时耕地调整比较频繁，合同面积和期限的不确定性，加剧了投资收益的不确定性。"四荒"使用权范围界定就更谈不上明确，因而"四荒"承包经营者所具有的投资激励功能和收益保险功能脆弱，自然资源增值和可持续利用的目标模糊。

随着家庭承包经营责任制的完善和发展，农业生产水平的提高和农村剩余劳动力的出现，进入 20 世纪 80 年代中期特别是 90 年代以后，农民积极在耕地经营以外开辟新的生产门路。其中，开发利用"四荒"资源，成为农民追求增加收入的重要选择。针对"四荒"开发利用存在的弊端，重点保障"四荒"开发利用的基本权益，对原有的合同制度进行改革和完善，稳定农民经营预期,"四荒"资源所有者与使用权所有者关系发生明显变化,并适当延长了合同期限,集体经济组织和承包人逐步开始签订更加全面的合同,允许合同管理权依法继承和转让。开发"四荒"资源打破了"四荒"使用权均分的做法,并通过"招标"方式向农民承包,按照"谁治理、谁管护、谁受益"的原则稳定了从事"四荒"开发的经营预期,对明确用户与业主之间的权责关系起到了积极的作用。当然,这些承包关系的变化离用市场配置资源的要求还很远。

在取得"四荒"承包合同权后,承包人可以凭"四荒"承包合同办理水面经营权证、林权证或者土地承包经营权证等。在取得承包经营权证后,承包人可以对"四荒"进行招标、拍卖、公开协商等各种形式的流转。与耕地承包经营比较,农村"四荒"土地承包允许非集体经济组织成员进入,承包期限可以由双方协商确定,而且相继在《农村土地承包经营管理办法》等法规中明确了"四荒"承包经营权转让的有关规定,既可采用转让、转包、租赁、交换等方式,也可通过抵押或股权等方式处分权利,使"四荒"承包方享有更多的独立处置权,促进"四荒"承包经营权的更充分转让和效率目标的实现。1993年11月,中共中央、国务院发布了《关于当前农业和农村经济发展的若干政策措施》,赋予开发人长期有保障的合法权益,明确从事开发性生产的开垦荒地、营造林地、治沙改土等,承包期可以比30年的耕地承包期更长。用科斯定理解释,他指出资源配置的最终状态与产权配置的初始状态无关,而禀赋效应则表明当个人一旦拥有某项物品,那么他对该物品的估值要比未拥有之前大大增加,这一效应的存在会导致资源配置比科斯预测的更有"黏性"。20世纪90年代以来,一些欧美学者开始从心理学的角度,探讨所有权的产生和影响,提出了从禀赋效应等衍生出来的"心理所有权"概念,并认为心理所有权是一种心理状态,即个体感觉物体好像是他的一样。心理层面上的所有权是一种占有感,它使得人们把占有物视为自我的延伸,影响着人类的态度、动机和行为产生,进而决定着资源的配置。从农民的产权意识看,"包"的时间越长越能解决农户承包"四荒"的安定感和归属感问题,这种安定感和归属感对"四荒"治理尤为重要,需要大量的投资、长期的发展和艰苦的管理才能取得成效。

二、租赁

租赁是指出租人通过收取一定的租金，将物的使用权在约定的时期内转让给承租人，并实现所有者的有关权益；承租人定期按合同依规支付约定的租金，自主决定开发利用的经营决策。"四荒"资源按农村集体经济组织确定的原则和方向，并取得相应的收益。租赁"四荒"的途径除少数是直接和各家各户农民签订流转合同外，大多数是由村组织提供土地信息平台，发挥农户和企业之间桥梁和纽带的作用。在"四荒"资源比较丰富和劳动力流出较多的农区，很多涉农企业进入农村，大面积租赁"四荒"，少则几千亩，多则几万亩，除了合理的租金条件外还要依靠村组织的说服示范，先将承包给农户的"四荒"集中，再由企业与村组织签订"四荒"租赁合同。这些企业一般将地租交给村集体组织，在村组织自身留部分作为公共使用外，再将一部分地租发放到各承包农户。

随着社会经济环境的发展变化，"四荒"承租者的形成主要有五种类型。第一类是城市工商企业建立原料基地或开辟新型产业领域，"四荒"所有人向企业法人、业主等出租，出租方按照相应的规定，得到一定数额的租金。第二类是一直在农村从事农业生产，代外出打工的亲戚、邻居看管"四荒"数年后获得转包信任，逐渐扩大种养殖规模而形成。第三类是因社会资源匮乏无法在城市获得体面工作，又不愿外出务工的复员转业等返乡人员，返乡务农。与传统农民相比，这些人具有一定的知识和文化，年纪轻，比传统农户接受新事物很快，能够承受一定的经营风险。第四类是从外出经商或工作并返回家乡的农民演变而来的。他们往往思想开明，见多识广，掌握了一定的农业生产技术，积累了一定的原始资金，利用农村闲置荒地，逐步扩大农业经营规模。第五类是村干部，熟悉政府的农业政策，了解当地情况，人际关系比较广泛，有丰富的农业生产经验。一旦他们认为条件对他们自己更有利，规模经营有利可图的，就会享受政策红利，走上专业大户规模经营之路。

从各地实践看，"四荒"租赁通常有年租、短租、长期租赁等，多数出让年期为 50—70 年，是一种土地长期租赁行为，交易对象是土地使用权，这是土地租赁关系的基本特征；将"四荒"使用权租赁引入市场机制，主要通过竞标招拍方式，打破所有权和地域的限制，不对土地使用权人的身份作出特别的限制，鼓励农村集体经济组织、企事业单位、社会团体、外商投资企业和其他经济组织的成员通过"四荒"招标参与生态管理；强调"四荒"与集体承包土地（耕地、林地、牧草地等）不同，租赁者不具有福利保障性质，从而使影响集体承包土地价格（租金）的各种非市场因素不会对"四荒"使用权流转价格发生影响。"四荒"市场尤其是流转市场的建立和完善，在推动"四荒"产权深化改革的同时，需要考察多重转型含义的内涵，在具体方向与路径中要特别注意模式、原则与推动力量的选择，尤其不能把"四荒"流转规模作为后续"四荒"产权市场化改革的唯一目标。

然而，由于这种制度和产权安排形式给予承租者更多的充分使用权，可以根据利润最大化的原则，生产经营一般不受社区集体的行政干预，在决策中作出独立的经营决策。此外，租赁模式不仅比一般承包模式更有利于根据资源特点进行合理规划、优化资源配置、提高"四荒"资源利用效率，而且更有利于拓展规模经济、提高投资效率、稳定经营者对"四荒"开发的收入预期。但是，"四荒"租赁在性质上是生产要素的交易，并没有满足租赁方作为人格化财产主体对土地经营的在位控制。依附于土地承包权的经营权出租，决定了一个基本的事实，即土地租约具有明显的不完全性。土地租约几乎不可能对"四荒"利用的质量维度（例如土壤肥力、植被层次、森林覆盖等）进行可度量的约定，"四荒"承租者可能会利用"四荒"质量信息的不可观察性与不可考核性，采用过度利用的掠夺性经营行为。特别是由于合约的短期性以及预期不足，"四荒"承租者为了避免投资锁定与套牢，一般会尽量减少专用性投资、更多种植经营周期较短的农作物，从而加剧短期行为。

我国"四荒"绝大多数集中在边远贫困地区，当地农民普遍以"四荒"为主要谋生手段。这就要求拍卖"四荒"必须与当地农民脱贫致富、吸纳富余劳动力相结合。现在，各地从吸收社会资金、动员社会力量投资开发"四荒"的角度，把"四荒"的租赁主体扩大到社区外的农民、机关、团体、工人和国家机关工作人员。虽然这种跨社区、跨所有制的租赁政策可以利用社会人力、物力和技术促进"四荒"的开发利用，但其可能存在的问题不容忽视。因为中国对农村土地产权制度的改革要注重社会主义国家"公平"问题，而不能完全像资本主义国家那样，重点在于促进土地产权市场的发展，即比较注重"效率"问题。如果只顾公平，对土地进行不断的调整和细分，则土地的可持续性就无法实现。同样如果只顾效率，对农民的"成员权"则必然会出现分配不公。

三、股份合作制

股份合作制是开发利用"四荒"的产权制度模式，是股份制与合作制相结合形成的一种新型产权组织形式。农民入股意愿的逻辑起点是预期入股后的收益要高于入股前，否则，其入股的意愿将不会高。一般来说，在对集体经济组织的"四荒"资源评价、参与"四荒"投资开发、资金和技术以及社区农民劳动等进行量化的基础上，按照自愿合作、民主管理的前提，组建股份合作组织。按一定标准将"四荒"纳入一定份额，凡投入资金、技术、劳动、土地的单位或个人均为股东，实行同股同权，股东享有相同的权利和股份，由股东组成股东大会共同决定"四荒"的开发利用，并分享相应的效益。"四荒"土地使用权自愿入股是激活土地产权、实现"四荒"资产动态优化配置的重要形式，更容易实现基于效率和效益的产权转让。产权作为主体间对资源竞争使用的一种行为准则，不同界定程度的产权状态就预示了不同的产权内含和行为标准，当资源价值发生变化时，各主体行为就有了改变行为准则的激励，要求权益获取的保障，乃至权益格局的重新确定。

从理论上讲，由以"四荒"使用权为中心形成的股份合作经营实体，是指"四荒"使用权人采用股份合作制的方式，将"四荒"使用权折股并与技术、资本、劳动力等生产要素相结合开展"四荒"开发管理；与社区股份合作组织不同，以这种方式成立的土地合资企业实体应完全自愿，合资期限应由合资各方协商确定，分配的形式可以多种多样。无论"四荒"使用权是通过承包、租赁，还是拍卖等方式取得的，都只能在合同约定期间折价入股。股份合作经营单位所有的"四荒"权利都没有永久的"四荒"使用权，股东和"四荒"原所有人的权利和责任可以通过"四荒"使用权或"四荒"使用权转让，保证了"四荒"资源所有权和使用权的有效分离从而形成合理的产权结构，有助于理顺所有者、经营者之间的关系，生产要素的集聚依靠要素所有人的平等协商和自由交易，使内部成员的责任、权利和利益高度相关，发挥协同作用的优势形成新的生产力。

科学界定农村集体土地所有权的主要范围，确定集体成员的界限，是"四荒"股份合作制制度安排的关键环节之一。根据集体土地的管辖权和户籍关系，在社区集体组织内按人口界定和分配土地共享权，体现农民对同一地区土地享有平等、合法的权益。要根据人口增长和减少情况，定期调整农民土地占有率，确保新增人口有就业保障，享受土地带来的社会福利。推进按劳分配与按股分红相结合，实现同股同权、同股同利、风险共担、利益共享。现在农民集体对"四荒"土地所有权的被动享有，流转制度的未尽完善不能很好地平衡和保护各方当事人利益。在"公共利益"优先前提下，应实现农村"四荒"土地所有权与国家土地所有权的平等设置，明确"四荒"土地抵押制度的基本架构与核心内容，进一步完善"四荒"土地使用权制度设置，以更高效实现"四荒"土地综合效益目标。

如何更好地协调农村"四荒"土地的配置、合理利用，充分发挥其综合效益和价值，是山水林田湖草生命共同体建设的重要问题。为了提高农村"四荒"管理权变的科学性，具体来说，目前农村"四荒"合同管理权至少应包括以下内容：（一）合同权利。农村集体经济组织的成员，只要愿意，符合有关规定，就有资格承包土地。非集体经济组织成员在集体经济组织成员放弃承包地的条件下，应当根据请求和三分之二的集体经济组织成员的同意，取得承包权。（二）占有权。承包人有权对集体所有的农业用地进行管理。（三）经营权。土地经营权是土地经营者根据土地的自然特性和约定用途使用农用地，是承包经营所有人的权利。（四）受益权。土地承包经营权人取得土地收益的权利。土地承包经营权人取得农业生产经营用地时，其土地产品归其所有。（五）转包、转让权利。农地承包经营所有人在经营期间按照协议或者法律规定无偿或者有偿将部分或者全部土地经营权出让或者转让给他人，是土地承包经营主体的财产权。（六）抵押权。土地承包经营权人有权在法律允许的范围内，以土地承包经营权作为抵押担保，并承诺对不履行合同约定义务的土地出让或者补偿。（七）继承权。继承人或者受遗赠人有权继承农用地承包经营权。

第二节　"四荒"使用权拍卖

按照科斯定理，不同的产权安排隐含着不同的交易成本，因而根据交易成本的大小用一种安排替代另一种安排也是恰当的。然而，在产权已经界定的情形下，随着时间的推移，由于学习机制的作用与环境条件的变化，人们会发现原有的产权安排可能存在尚未实现的潜在利益，或者可能隐含着非常高的交易成本，从而陷入"两难"选择，即维护原有安排则牺牲潜在收益，变更产权会引发预期不稳定性。拍卖作为继承包之后出现的一种"四荒"产权实现形式，是指代表所属社区的农村集体经济组织的全体成员，长期使用"四荒"资源的权利通过拍卖的方式转让给社会内外的公民、法人，并在期满时返还给集体经济组织。拍卖是仅次于承包的"四荒"资源管理权变的主要方式，也是从政策上着手治理开发"四荒"资源的一种制度安排。

一、"四荒"产权拍卖的形成

按照经济学的观点和产权的经济分析，"随着交易价值的增加，限制条款也将增多，为执行这种限制所投入的资源也将增大"[①]，会产生不断增大的消极作用，要付的代价会越来越大，因此就要考虑如何降低"限制"所产生的代价，这就需要进行管理学的分析，提出管理学的产权改进措施。20世纪80年代初，随着农村经营机制发生革命性变化，"四荒"开发也出现了"户包小流域治理"，即把集体的"四荒"地按流域承包给农户治理，出现了一些小流域治理典型。但是，多年来在许多地方，"四荒"资源开发中都运用了农地承包经营的经验，而效果却不如农地承包经营。有的地方"四荒"使用权的承包程序不规范，随意性大；有的地方追求直接经济利益，破坏森林、草地植被，破坏生态环境；有的地方把林地、耕地和国有土地及权属有争议的土地当作"四荒"；有的地方监督管理不力，出现了"包而不治"的情况。除"四荒"与耕地不同的发展特点外，造成这种情况的主要原因是农民对"四荒"的权力不足。

经济学关于产权界定、交易、侵占和限制的观点，只是反映以个人最

[①]　巴泽尔：《产权的经济分析》，上海人民出版社1997年版，第123页。

大化为基础的契约相关性。其实，产权也反映和体现以相关性为基础的自主性。"人们获得、保持及放弃权利，是一个选择问题"[1]，而"选择"是一种自主性，但自主性程度有高低，它既可以直接和狭义的经济利益为标准的选择，也可以长期和综合的效用最大化为标准的选择。20 世纪 90 年代以来的"四荒"治理开发进入了一个新阶段。针对"四荒"开发合同使用权稳定性较差，合同约定使用权不完整，缺乏必要法律程序和法律保护手段等问题，中共中央国务院明确了以放活"四荒"使用权为核心的政策措施。党的十五届三中全会《关于农业和农村工作若干重大问题的决定》中明确指出"制定鼓励政策，推进荒山荒沟荒丘荒滩使用权的承包、租赁和拍卖，加快开发和治理，切实保障开发者的合法权益"，《国务院办公厅关于治理开发农村"四荒"资源进一步加强水土保持工作的通知》强调指出，对"四荒"使用权承包等必须严格按程序规范进行，并切实保护治理开发者的合法权益。

经过新中国成立后七十年特别是改革开放以来的发展，农村的经济生态环境变化深刻，经济的快速发展打破了城乡之间的壁垒，越来越多的农民进城务工，社会面貌发生了翻天覆地的变化。但还有不少地区农业生产存在"人种天养"的情况，由于比较经济效益低，农民种田积极性减弱，生活依然处于贫困状态；特别是一些贫困山区群众在享受易地扶贫搬迁政策后，从山上搬到山下的集中安置点，远离了自己的生产资料，加之基本农田又较零碎，索性抛荒了之，由此产生的非农、非粮问题越来越严重，导致部分耕地内部理化性质发生变化，生物群的贫瘠和功能衰退，实际上已变成了非耕地（荒山、荒沟、荒丘、荒滩等），其外部迹象是沙漠化、盐碱化、污染和土壤贫瘠。受损农田生态系统的恢复已成为可持续经济发展乃至人类可持续发展的关键。在恢复技术研究方兴未艾的同时，对相应的产权变迁也有了新的需求。厘清山水林田湖草修复与"四荒"地产权政策的相同性，解决和耕地等农用地承包经营制度的差异性，才有可能为下一步山水林田湖草生命共同体的构建提供相对清晰的政策路径。"可以预期，资产属性的所有权往往落入那些最倾向影响资产属性所能产生的收入流的人的手中"[2]，这类最倾向影响

---

① 巴泽尔：《产权的经济分析》，上海人民出版社 1997 年版，第 89 页。

② 巴泽尔：《产权的经济分析》，上海人民出版社 1997 年版，第 10 页。

资产属性所能产生的收入流的人是有强烈动机和自主性很强的人，"最倾向影响"是一种积极主动的态度和行为。"为了使资产的产权完全，或者被完整地界定，资产的所有者和对它有潜在兴趣的其他个人必须对它有价值的各种特性有充分认识"①，这种认识是自主性的重要内容和条件，而且其内涵和外延是无限的。"一旦个人发现权利界定的现有水平不能令人满意，他们就会对它进行修改，直到满意为止"②，不只如此，还可以是对未来的价值及权利有更大期望的人和组织，对产权制度进行预先的谋划和安排。因为经济是即时或现时的，而管理是可以预先的。管理是指同别人一起，或通过别人使活动完成得更有效的过程。这过程的含义表示管理者发挥的职能或从事的主要活动，这些职能可以概括为计划、组织、领导和控制，而效率是指输入与输出的关系。管理就是要使资源成本最小化，以实现预定目标的最大化。

二、"四荒"拍卖制度运行特征

相对于"四荒"规范，中国始终把耕地视为全国最稀缺的土地资源，贯彻"珍惜和合理利用每一寸土地，切实保护耕地"的基本国策，实行最严格的耕地保护法律制度，高度重视"四荒"及其属性、耕地之间存在的根本性差异。由于前者不承担太多的政治、经济目标和农民生存保障的巨大压力，其承包经营权的任何转让和变更都不能产生像家庭承包土地权转让那样的巨大叠加效应。因此，在"四荒"地承包经营权设计之时，发挥和重视了竞争性市场机制的导向作用，与当时家庭承包经营权相比，荒地承包经营权流转在流转条件、产权变动方式、主体范围和流转要求等方面存在较大差异。在承包权与经营权分离的情况下，承包权应体现在承包人转让经营权取得的财产收益、征地拆迁后的财产补偿、承包地的继承权等方面，经营权是承包人的财产所有权、承包土地的独立生产经营权、经营权抵押权、承包土地的分成权。买方对"四荒"拥有长期使用权，从 30 年、50 年到 80 年不等。当然，即使拍卖，也是国家或集体所有制对"四荒"经营权的转让，绝对没有所有权的替代。

---

① 巴泽尔：《产权的经济分析》，上海人民出版社 1997 年版，第 3 页。
② 巴泽尔：《产权的经济分析》，上海人民出版社 1997 年版，第 101 页。

从地租理论的角度看"四荒"拍卖的实质。在我国实行家庭联产承包责任制以来，生产单位或农民在成为土地使用权执行者或使用者的同时，必须将其部分土地使用收入交给土地所有者即集体，实现土地集体所有，费用是绝对租金。生产单位或者农户以出让方式将其使用的土地转让给第三人的，第三人作为受让人向土地所有者支付绝对租金和差额租金，同时向土地出让人支付差额租金作为补偿。拥有土地使用权的单位或者个人以出让方式向第三人转让土地时，土地使用权受让人必须支付该土地的价款，该价款不是土地购买价款，而是土地租赁价款。"四荒"拍卖实现的桥梁就是租金，这里的租金就是实质上的地租，是"四荒"经营者为取得经营权而付出的代价。因此"四荒"资源开发在制度安排上的一个突出特征是使用权的有价转让——拍卖，在此期限内购买者在"四荒"上拥有充分的权利，相对于为了出售而持有的其他物品，其禀赋效应会更高。当然，对发包者来说，"四荒"拍卖也意味着对其实际使用的控制权掌握在他人手中，并有可能导致土地质量、形状、用途等发生改变。当承包者重新收回经营权时，处置权的强度有可能已经弱化。

"四荒"开发治理单位或个人以购买荒地的形式取得"四荒"使用权，不仅打破了所有制的界限，而且打破了行政区划的界限。在实践中，在许多地方往往是由农村社区以外的投资者购买"四荒"经营权，近期投入多，远期收益大，必须充分考证反映集体成员共同所有制性质的"四荒"用益权的配置问题。不少当地无力购买"四荒"的农民眼看土地资源升值和开发效益提高，深知未来利益的分配格局将把自己抛到一边，给制度运行带来难以估计的交易成本，使"四荒"使用权拍卖这一产权制度的绩效大打折扣。尤其是在偏远贫困山区拍卖"四荒"经营权，有可能导致没有其他致富门路的贫困农户因缺乏资金而丧失脱贫致富的机会，其结果很可能是随着"四荒"资源真实价值的日渐显现引发新的社会矛盾。特别是随着农村土地流转到新型农业经营者的总量不断提高，"四荒"流转也要平衡承包者与实际经营者间的权益，调适好"四荒"承包户与实际经营主体的利益。现实中一些"四荒"承包户单方毁约的情况时有发生，"四荒"流转双方违约的主要原因之一便是程序规范性的缺失。在未来的实践中，要弥补"四荒"使用权拍卖的这些缺陷，提高流转双方的契约意识、法治观念，完善国家法律规范，健全土地流转市场的实施细则，保护"四荒"经营者的权力。

三、"四荒"产权制度创新形式及规范

"四荒"产权制度的创新要以增强集体土地的要素作用，促进"四荒"产权流动为基本目的；要顺应产权制度创新的自身规律，在原有的变迁路径基础上，改善"四荒"产权流动的环境。对集体土地产权进行权利种类、范围、大小以及限期等的界定，然后建立集体土地产权流动的渠道。"四荒"属性特点决定了其暂时收效低，风险大，重在持久地治理开发。一直以来，为了调动公众开发治理"四荒"的积极性，防治水土流失和土地荒漠化，改善生态环境和农业生产条件，国家都有政策和法律引导。针对实践中暴露出的一些问题，如产权界定、产权保护、产权交易以及"四荒"开发利用的具体运作方式等，加强提高"四荒"利用效率的制度建设，不仅规定了以市场为导向取得"四荒"管理权的途径，而且通过招标、投标或支付一定数额的合同费用等方式取得了管理权合同。双方当事人登记后，承包人按照产权处置方式取得的荒地经营权可以转让和继承。

《中华人民共和国水土保持法》第二十六条规定：对荒山、荒沟、荒丘、荒滩治理实行承包的，应当签订水土保持承包治理合同，按照谁承包治理谁受益的原则，承包经营增加的土地由承包人使用，承包经营种植的林木及其果实归承包人所有。这一条款的规定无疑极大地调动了公众参与水土保持的积极性。除了将所有利润返还给林农之外，政府还资助在果园和茶园种植常绿树木和青草，并实施高效节水灌溉。经济效益吸引了一批企业加入水土治理行列。《土地管理法》第三十八条规定，国家鼓励单位和个人在保护和改善生态环境、防治水土流失和土地荒漠化的前提下，开发未利用的土地，依法保护开发单位的合法权益。《土地承包法》《物权法》明确规定农村"四荒"通过招标、拍卖、公开协商等方式承包。承包费用由双方通过公开招标、投标或协议约定，通过履行法定程序和签订合同取得荒地承包经营权。农村土地承包经营权可以转让、出租、入股、抵押或者以其他方式转让[①]。

---

① 黄静：《"三权分置"下农村土地承包经营权流转规范问题研究》，《河南财经政法大学学报》2015 年 7 月 5 日。

鉴于农村"四荒"的土地性质和主要社会效用价值，国家高度重视发挥市场机制作用，运用经济规律，促进土地资源开发管理。尽管中央和政府制定了诸多的法律法规，但"四荒"产权的保护仍然不尽如人意。有关"四荒"产权的买卖以及地役的界定和实施规则，就没有相应的法律法规。要根据资源条件和开发利用方向，建立科学的评估机构，配备专业的评估人员，构建一套科学的"四荒"价值评估体系，克服由于制度的不完备而导致的"外部性"问题。随着人们对生态产品需求的旺盛和耕地资源潜力的逐步开发，越来越重视治理开发"四荒"的巨大生态社会经济效益。要用社会主义市场经济理论的创新成果、改革政策的市场化和农业发展的生态导向，引导激发人们创新"四荒"产权制度的积极性，将开发利用农村集体"四荒"资源的租赁、拍卖、股份合作这些产权制度模式提高到一个新的层次。

第三节 "四荒"使用权抵押

抵押是指债务人不改变对财产的占有，仅以该财产作为债权担保的法律设置。农村"四荒"土地抵押的标的物是土地使用权，只作为抵押物来获得贷款，不转移对"四荒"土地占有的一种经济行为。如果抵押人不能按约履行偿债义务，金融机构可再将"四荒"使用权进行转让或租赁。要在充分考虑土地承包经营权抵押试点实践和"四荒"流转抵押成功经验的基础上，构建土地承包经营权抵押的法律制度。农户作为我国农村的基本经济单位，在设立抵押时，农户理应是抵押人，以户为单位明确具体家庭成员。

一、"四荒"使用权抵押的制度基础

在农村土地承包经营权抵押问题上，有关法律曾规定，以家庭承包方式取得的农地抵押是禁止的，而以招标、拍卖、协商方式取得的"四荒"的抵押是可以的。但"四荒"作为抵押品还受多方面因素制约，例如借款人自身资金实力、抵押品价值和贷款机构特征等。在这些因素的影响下，"四荒"抵押受益最大的潜在主体不是普通农户，而是资金实力较弱、经营规模较大的营利性经营主体。随着农业新型经营主体的不断壮大，受益"四荒"抵押的群体数量会更多。当然，现实中"四荒"使用权抵押面临着自然灾害风险、

市场风险和融资风险等多重考验。要顺利推广"四荒"抵押贷款，必须在制度和机制设计上让"四荒"这一抵押品具备合法性、价值合理性和公允性、流动性和变现性，迫切需要以化解金融机构、农民和土地流转企业的风险为基础，建立科学有效的金融风险补偿机制。

尽管我国法律对农村土地承包经营权采取了双重制度，但"四荒"使用权抵押仍然具有抵押的可行性。尽管立法者禁止以家庭承包方式取得的农地抵押，但许多地方都在积极探索"四荒"使用权抵押创新模式。"四荒"使用权抵押存在一定的风险，但可通过建立"四荒"使用权评估中介机构、地方政府出台相应激励政策、取得集体组织同意农户抵押的声明、农地登记、签订农地转让合同等制度设计来防范风险。在现实生活中，"四荒"使用权在农民财产中占有一定比例，农民对"四荒"使用权的抵押有强烈的欲望，希望通过抵押给金融机构以获得融资，得到足够的资金组织生产，提高农业生产力水平，实现农民的最佳利益，满足农业可持续发展的需要。"四荒"使用权抵押权补贴不仅提高了土地大规模经营的水平，而且深化了农村体制改革，打破了城乡二元结构，可以使部分农村富余劳动力进城务工，加快农业现代化和农村城镇化进程。

根据我国法规政策文件的要求，"四荒"管理权变的制度化和法制化必须遵循循序渐进的特点。一是设立风险补偿基金。加强对"四荒"抵押过程中自然灾害造成的损失的补偿，为金融机构的贷款提供保障，对支持"四荒"抵押的金融机构造成的坏账损失进行处理。为金融机构融资提供抵押担保，从根本上防范风险。二是出台优惠政策。对涉及"四荒"抵押的金融机构给予减免税等优惠待遇，鼓励金融机构加大对土地出让的支持力度。三是优化保险制度。以"四荒"开发促进土地流转为基础，完善土地经营权出让担保保险制度，加大土地出让风险防控力度。

二、"四荒"使用权抵押的运行机制

"四荒"使用权抵押属于二级流转。基于农村"四荒"土地农用用途的限定，其抵押权与一般国有土地使用权相比，应具有土地使用限制的要求。需要专门机构对其抵押价格进行系统、科学的评估。目前，农村"四荒"抵押价格基本上是以村小组对土地抵押价格的定价为基础，再组织抵押双方确定最终价格和抵押权。金融机构为尽量获得更大收益而竞相降低土地价格，集体土地所有者更多只是考虑税费成本，多方博弈过程中，抵押人面对的是势力强大的农村集体和金融机构，农民合理权益难以保障。

在农村发展欠发达的历史时期，农民主要还是依靠发挥土地的财产属性，获得发展农业生产所需要的资金，其中抵押贷款是一种融资方式。因此早在2015年8月，国务院发布了《关于农村承包地抵押贷款和农民住房产权试点的指导意见》，明确该工作所指农村承包土地为耕地（包括"四荒"），并赋予该承包土地经营权以抵押担保权能。农民到期不还贷款也不危及合同权利，这将对农村承包地制度改革产生有利推动。尤其有利于排除"四荒"土地使用权抵押的运行障碍，有效解决抵押估价程序不透明问题，杜绝任意贬值土地价格导致抵押权人利益损失现象。

根据现行国家政策要求，"农村土地所有权分离"中的土地承包权只属于农民，这不仅是稳定农村基层管理基础的客观必然性，也是保护农民生存权益的客观必要性。在建立农村土地承包经营权和申请荒山承包过程中，要以"家庭"为成员单位，分别申请"农民家庭"和"家庭"等集体利益分配。根据集体成员自然形成、同质性和同一性等特点，更好地保障每个个体的权益，使集体的公平性、保障性得以体现，发挥社会主义公有制的优越性。

三、"四荒"经营权抵押的政策内涵

我国对土地承包经营权中的土地经营权，已经有明确的现行法律制度规定，农民依法有权设定抵押权。因此，对"四荒"经营权抵押来说，实际上不存在政策障碍。关键是要依法构建包括"四荒"土地使用权抵押主体、明确抵押含义、对象和内容，取得抵押权的必备条件，规范抵押方法和程序，"四荒"土地使用权价格评估机制科学合理，"四荒"使用权取得、变更、消灭等全方位登记制度健全，抵押权变更过程中的权利归属、对"四荒"使用权变更全过程监督到位的"四荒"抵押制度，确保项目顺利进行。

"四荒"抵押权的主要内容。"四荒"抵押权的法律性质是权利抵押。"四荒"抵押权的对象是指通过承包、租赁、拍卖等方式取得的土地使用权和收益权。其中包括"四荒"地上动植物与建筑物等抵押权客体。土地使用权抵押不转移对"四荒"土地的占有，包括对土地上动植物的占有，这既是"四

荒"治理生态价值追求的有力体现，也有利于防止他人毁林破坏生态系统。还有"四荒"土地与尚未收获的动植物，即法律明确规定的地上物或固定物，在物理上是一体的。关于"四荒"地上的建筑。《城市房地产管理法》中关于土地使用权和地上房屋同时转让的有关规定已经明确，"四荒"地与地上的建筑物一起抵押，抵押权人有权同时使用"四荒"地和地上建筑物。

"四荒"土地抵押权人的权利义务。抵押人的主要权利如下：（一）取得相应抵押贷款的权利。（二）抵押的"四荒"土地的占有权。（三）依法使用权，是指依法对抵押的"四荒"地进行开发利用并获得收益的权利。（四）在一定范围内的处分权。（五）救济权。抵押人的义务主要包括：（一）严格按照规定的用途开发、管理"四荒"的义务。（二）保护"四荒"及其生态价值的义务。（三）到期还款的义务。（四）通知的义务。即"四荒"在使用期内重新流转，或发生影响抵押权人利益的重大事项时，应及时通知抵押权人。

"四荒"土地抵押权的监管。建立统一的农村集体土地使用权抵押登记机构，完善登记效力制度。目前，我国《担保法》对抵押登记机关的规定，根据抵押登记机关是否有附随物的理由而有所不同。要完善《担保法》关于土地使用权抵押权登记的规定，"四荒"所有权变更的全过程都应在主管部门的监督下进行，有利于土地的统一管理和当事人权利的保护。由于"四荒"使用权突破了集体成员的身份性而存在流入市场的可能性，国家为了防止流转土地"非农化"而强调设立"承包权"。这一法律规定使得"承包权"成为牵在农村集体组织手里的一根线，无论"经营权"流转到何方，土地使用权都能收得回来。

"四荒"土地抵押权的创新。为了更充分地调动"四荒"使用权人更好地实现"四荒"的价值开发积极性，国家应鼓励新型农业经营主体依法开垦"四荒"、新型农业经营主体可以通过国家授权或集体转让等方式取得"四荒"的所有权，并在法律上明确规定。特别是"四荒"现有经济价值并不高，投入产出周期很长，仅仅授予新型农业经营主体土地使用权是不充分的。"四荒"最适宜采取拍卖的形式转让土地所有权，新型农业经营主体拥有土地经营权后将享有完整的土地权利；国家将获得预期的生态效益和土地流转税收益。这不仅是因为我国耕地总量较小，而且草原、林地、滩涂、水面等非耕地数量远大于耕地数量；也由于农村人口大量流往城市、局部地区工业发展引起耕地污染、地力下降而导致土地闲置撂荒等问题突出。从本质而言，"四荒"地也属于宝贵的土地资源，随着社会发展和资源匮乏加剧，"四荒"将有巨大的价值空间。这些荒地属性特点决定了"四荒"产权制度是以"四荒"为对象的社会各种权利的安排和规定，能够影响和激励人们的行为。

"四荒"管理权变的实践表明，产权的初始界定是市场经济运行的基础，市场经济与环境的发展也反过来影响着产权的进一步界定。根据新制度经济学的产权理论，可以说产权的界定与明晰主要是由国家管制程度、资源属性维度和各主体可行为能力等三个主要因素决定[①]。首先，当既有的农地产权管制逐渐放松或者农地权利重新界定后，最先是农产品交换的范围开始扩大。根据斯密定理，农产品市场的扩大会导致农业主体的劳动分工和专业化程度加深。而市场作为发现信息的竞争过程[②]，也将同时促进有价值属性的显化和相关技术的创新与发展，使得农地资源、资产、生态等不同产品价值的属性不断被人所识和界定，从而减轻因资源属性界定问题导致的农地产权模糊，推动包括占有、使用、收益和处分等在内的不同农地产权权能的分解与拓展，进一步将市场层次从农产品市场推进到农地要素流转市场。

第三章 "三权分置"的当代特征

农地"三权分置"理论是习近平总书记"三农"思想的重要组成部分。2013 年 7 月，习近平总书记考察武汉农村产权交易所时提出，农地所有权、承包权、经营权三者之间的关系值得好好研究。我国现行农地制度的基本框架是"集体所有，按户承包"。在产权安排方面，土地所有权属于村组集体经济组织，承包经营权属于本集体经济组织的农户；在微观经营组织构建方面，以农户家庭为基本经营单位，培育专业合作社、家庭农场等新型经营主

---

① 〔美〕埃里克·弗鲁博顿、〔德〕道夫·芮切特：《新制度经济学：一个交易费用分析范式》，姜建强、罗长远译，上海人民出版社 2010 年版。

② 〔奥〕F. A. 哈耶克：《致命的自负：社会主义的谬误》，冯克利、胡晋华译，中国社会科学出版社 2013 年版。

体，初步形成了具有中国特色的农地制度。特别是随着农村市场经济和家庭承包经济的发展明确了农地流转的政策，即以家庭作为单位取得的土地承包经营权，可以依法出租、转包、互换、转让等形式实施农地流转。"三权分置"，就是在"两权分离"——集体所有权和集体成员承包经营权基础上，在农村人口与土地不断分离的新情况下，将承包经营权进一步分置为集体成员"承包权"与耕作者"经营权"。这是我国田管理权变演进史上翻开的最新一页，必将对山水林田湖草生命共同体建设进程产生积极的影响。

第一节　"三权分置"的主要内容

"三权分置"改革是中国共产党执政 70 多年来革新农地制度政治智慧的集中展现。即在尽量不触动已有制度格局的基础上，引入新制度因子实行增量改革。2014 年中央 1 号文件作出"三权分置"部署，在坚持集体所有权不变的前提下，打破原有的承包经营权均衡，以规范而迅速发展的土地流转和规模经营，把承包经营权分为承包权和经营权，使农村的地权结构形成了所有权、承包权和经营权"三权分置"的形态，逐步建立了新的制度均衡。2018 年 12 月十三届全国人大常委会第七次会议审议通过《中华人民共和国农村土地承包法》的修改，进一步确立了农村土地集体所有权、集体成员承包经营权、耕作者经营权分置的法律地位，坚持守住土地公有制不变，以确保社会主义的经济制度的基础；稳住土地承包权长久不变，以提供失业失地农民工的退路；激活土地经营权，以实现现代农业生产。

一、落实集体所有权

"所有权"是田管理权变的基础和根源。中国农村的土地只有不到 10% 是国家的，主要是国有农垦；90% 的农村土地是农民集体所有，是以土地集体所有制为主。农村土地属于农民集体所有，集体土地所有权人依法对集体土地享有占有、使用、收益和处分的权利。如果从层次来说，村级所有集体土地约占 40%，村民小组所有集体土地约占 60%。农村改革开放初期形成的这种土地集体所有制格局，实行农村承包经营制度，实行土地所有权与承包经营、集体所有制和承包经营相分离。现阶段，深化农村土地制度改革，符合农民保留土地承包经营权和转让土地经营权的意愿。土地承包经营权分为经营权和合同权，并将合同权、所有权分为承包经营权和合同制。权利和管理权是分离的、平行的。从本质上看，"三权分置"旨在重构集体所有制下的土地产权结构，不断促进公平与效率的有机统一和螺旋式互动增进。在"三权分置"的土地产权结构中，存在双层"基础权利与派生权利""母权与子权"的产权关系。从实践中看，要坚持实行集体所有制，稳定农民承包经营权，放开土地经营权的基本取向。其中，集体所有制的实施是前提，农民承包经营权的稳定是基础，土地经营权的放活是核心。"三权分置"是农村基本管理制度的自我完善，符合生产关系适应生产力发展的客观规律，体现了农村基本管理制度的持久生命力，有助于明晰土地产权关系，更好地保障农民集体、承包农户和经营主体的权益，促进土地资源的合理利用，为山水林田湖草生命共同体建设奠定基础。

"落实集体所有权"是农村土地"三权分置"的首要前提。农民集体所有制的主体是一定范围内的乡镇、村或者村民小组的农民集体。尽管不同时期党和国家的大政方针都一再强调要坚持农村土地集体所有制，并在物权法、民法通则、农村土地承包法、土地管理法等法律中明确规定了集体土地所有权制度，但农村集体土地所有权基本上被民众认为是"大锅饭"、平均主义和效率低下的代名词，而"两权分离"后土地承包经营权制度发挥了很高的效率，使集体土地所有权制度被立法机关和民法界忽视，集体土地所有权制度在法律规范层面沦为坚持农村土地集体所有制的一个符号，并没有发挥其作为财产权基础的所有权的制度功能。集体所有制中部分权能的虚化体现在发包权、经营权、收益权、收回权、监督权和制止权等方面。比如，《农村土地承包法》第十三条赋予了农民集体发包方发包权、收回权、监督权和制止权，但发包权虚拟，农民集体无力影响发包主体、发包内容、发包期限和发包租金。针对传统农区种粮收益低而出现的土地抛荒现象，农民集体也难以制止或收回土地，虽《土地管理法》第三十七条规定连续两年弃耕抛荒的，原发包单位应当终止承包合同，收回承包地，但农民集体一旦行使该项权利则意味着侵犯农户的土地承包经营权。特别是"三提（公积金、公益金、管理费）五统（教育附加费、计划生育费、民兵训练费、民政优抚费、民办交通费）"随税费改革取消后，集体所有制收入权丧失，集体成为空壳，无法提供公共服务和产品，只能依靠转移支付。

落实集体所有权，关键是通过集体成员权制度实现农村集体产权主体的清晰，使集体成员有更加明晰的知情权、决策权、监督权，形成有效维护农村集体经济组织成员权利的治理体系。集体成员权是集体成员与集体成员之间法律关系的纽带，集体所有权和集体成员权的终极价值目标是一致的，即最终实现和保障集体成员的个人权益。因此，可以说，集体成员权制度的提出是农民集体所有权制度的升华。一方面坚持了社会主义农民集体所有制的大前提，夯实了社会主义公有制的基础。另一方面突出了集体成员权利的主体地位，有利于保护集体成员的个人权益。但是，集体所有权不是以少数人为主体的权利，也不是集体组织的所有权，而是村社全体成员集合的所有权。不应以发展集体经济的名义削弱、侵犯、剥夺农民的土地权利，不应以集体所有权的名义壮大集体组织对村社土地的支配权，不应以创新农业经营方式（如专业社、家庭农场、股份合作社、公司等）的名义造成农户承包权的减少和丧失，明确集体公共部分的土地和资产也是集体成员共同财产，这些资产的所有权和收益也必须属于农民集体所有和共享。在完善"三权分置"的过程中，要充分保障农民集体承包、调整、监督和收回承包土地的权利和职能，充分发挥集体所有制的优势和作用。土地的所有权通过建立和完善集体经济组织民主协商机制，有效保障集体成员的知情权、决策权和监督权，有效发挥集体农民集体土地所有权；同时防止少数人私相授受、谋取私利。任何组织和个人不得非法干预，农民集体有权依法发包集体土地。在自然灾害严重破坏等特殊情况下，有权依法调整承包地。有权对承包的农民和经营主体使用承包地的行为进行监督，采取措施防止和纠正长期抛荒、毁损土地、非法改变土地用途等行为。承包农民转让土地承包权的，应当在集体经济组织内部进行，并经农民集体同意。流转土地经营权的，应当向农民集体书面申请备案。集体土地被征收的，农民集体有权对征地补偿安置方案提出意见，依法取得补偿[1]。

---

[1]　中共中央办公厅国务院办公厅印发《关于完善农村土地所有权承包权经营权分置办法的意见》，2016 年 11 月 8 日。

二、稳定农户承包权

中央深化农村改革综合实施计划，再次指出在农业经营中应坚持家庭经营的基础性地位，家庭承包经营具有巨大的发展潜力和广阔的发展前景。即便是目前我国为了实现土地的适度规模经营而着力搭建新型农业经营体系，家庭承包经营的基本地位也是不可改变的，这就需要农户承包权的长期稳定。在中国社会主义公有制背景下，基于土地管理者、农户和农民集体之间的复杂关系，以及农村土地独特的权利结构，对稳定农民家庭承包经营权具有更深刻的内涵。中国在集体土地所有权的基础上实行家庭承包经营。一是不搞土地私有制。二是不改变家庭承包经营。这就是中国特色的农业。家庭承包经营的核心是土地承包关系。土地集体所有制为家庭承包经营的前提条件。承包经营集体土地的农民家庭，由过去单纯的消费组织变成了生产和经营组织，进而成为市场经济的主体。因此，土地家庭承包经营，既坚持了土地集体所有制，又把农民家庭变成市场经济主体，从而成为集体所有制与市场经济有机结合的根本途径。

但是，我国农村土地承包经营权制度依然存在两个突出问题：一个是土地承包经营权承载着表征和维持社会公平、支持和落实地方行政管理、实现乡村治理、推行和发挥基层民主等政治治理、经济效用和社会保障等涵盖面极为广泛的多种制度功能，存在功能超载的现象；另一个是土地承包经营权所承载的社会保障功能与经济效用功能之间存在难以调和的严重冲突，两者难以兼容。一方面，社会保障功能要求土地承包经营权实现"限制性市场流转"和"集体经济组织成员人人有份、均等享有"，以追求社会公平；另一方面，经济效用功能要求土地承包经营权实现"自由性市场流转"和承包地的"适度规模经营"，以提高经济效率。显然，在价值取向、权利基础和基本规则等方面两者都是相互对立的，而我国相关法律和现行关于农村土地承包经营权的相关政策规定，有些侧重于社会保障功能的确保，有些则侧重于经济效用功能的发挥。这意味着现行的各项法律和政策规定之间存在着或明或暗、或直接或间接的矛盾与冲突。这使得土地承包经营权的社会保障功能和经济效用功能在实践中难以有效实现。

目前，尽管我国农村劳动力转移渠道已经有效拓宽，独立于土地的城乡一体化社会保障体系正在建立完善，农业转移人口城镇化的体制机制不断创新，但在未来一段时期内，农村土地，特别是承包地仍将是农村劳动力实现就业和社会保障的首要物质基础，仍然担负着农民生存和发展、提高农业经济效益的使命和任务。这使得农村土地制度改革的下一步不仅要实现农村土地的优化配置和充分利用，还要实现农民的充分就业和社会保障的最大化。为了稳定土地承包经营权，国家将土地承包经营权界定为"长久不变"。从表面上看，承包权已成为农民永续享有的永佃权利，但在政策实施中也存在风险。农民对集体土地成员权、均等化认知，赋予土地生存保障的作用，进而产生了"人人有份，人人有饭"的理念和诉求，但随着农村集体成员因迁入、迁出、出生、死亡等数量变化以及生存需求、公平追求与"长久不变""增人不增地、减人不减地"冲突的产生，人地矛盾加剧，在实践中，尽管法律和政策一再重申，除少数自然灾害严重破坏承包地外，不允许进行任何形式的土地调整，但在实际上承包地调整仍然是中国土地政策在村级执行的重要特征。

土地承包权仅是一个管理概念，实质上是不完全的土地使用权。所以在进行集体土地产权制度创新时，完全可以土地使用权为目标进行调整和完善，将现行集体所有制所有权和承包经营权为基础的农地权利体系演变为与土地所有权、承包权与经营权并行的农地权利体系，促进农村集体成员与土地分离，开放和保障新型经营主体进入和成长土地权利，为中国农业现代化和农业发展方式转变提供了制度基础。农户享有土地承包经营权，是农村基本管理制度的基础。稳定现有土地承包关系，长期保持不变。土地承包人依法享有承包土地使用权、使用权和受益权（其他物权、用益物权）。农村集体土地由作为集体经济组织成员的农民承包，即使经营权转让，集体土地承包权还是属于农民。任何组织和个人都不能取代农民家庭的土地承包地位，不得非法剥夺和限制农民的土地承包权。在完善"三权分置"的过程中，要充分维护承包农户使用、流转、抵押、退出承包地等各项权能。承包农户有权占有、使用承包地，依法依规建设必要的农业生产、附属、配套设施，自主组织生产经营和处置产品并获得收益。有权通过转让、互换、出租（转包）、入股或其他方式流转承包地并获得收益，任何组织和个人不得强迫或限制其流转土地。有权依法依规就承包土地经营权设定抵押、自愿有偿退出承包地，具备条件的可以因保护承包地获得相关补贴。承包土地被征收的，承包农户有权依法获得相应补偿，符合条件的有权获得社会保障费用等。不得违法调整农户承包地，不得以退出土地承包权作为农民进城落户的条件。

三、放活土地经营权

在农地所有权、承包权、经营权分置的格局下，由于农村土地集体所有权不得动摇，农户承包权必须保持长久稳定，创新农业经营方式的关键就在于进一步放活土地经营权。"承包方承包土地后，享有土地承包经营权，可以自己经营，也可以保留土地承包权，流转其承包地的土地经营权，由他人经营。"新修改的农村土地承包法增加的这一条款，必将有力推动越来越多的农民和承包地分离。实际上，在新农村土地承包法出台之前，一些地区和农民已开始自发地寻求土地承包权和经营权分离的最佳途径。据农业农村部统计，2017年全国农户家庭承包地流转面积达5.12亿亩，占农户家庭承包地面积的37%，流转出承包地的农户达7071万户，占承包农户总数的31.2%。上海、江苏、北京的土地流转比重分别达到75.4%、61.5%和63.2%。有理由相信，新修改的农村土地承包法已于2019年1月1日正式颁布实施后，农村土地经营权的流转将更加普遍；"放活土地经营权"意味着农村土地经营主体将更加多元化，农户可以较为自由地将土地流转给更多元的土地经营主体，包括集体组织内的农户，也可以是本集体组织外的其他新型农业经营主体，这意味着土地承包户对外流转经营权更加便捷，土地经营权的权能更加灵活；土地经营权不仅限于农户以家庭承包的方式对土地进行经营，农民合作社、家庭农场等新型农业经营主体也可以通过土地流转直接参与土地经营。

从权利来源的角度来看，经营权是承包经营权获得者通过合约方式转租出来的，但从制度要求和权利设定的角度来看，土地经营权是经营者依法在一定期限内对流转土地享有占有、耕作和获得相应收益的权利，符合用益物权的特点。

从权利性质的角度来看，土地经营权应具有以下特征：①权利取得的平等性和身份性。土地经营权的取得不再把集体经济组织成员身份作为特定要求。②独立性。土地经营权一经设定就具有物权效力，可以对抗包括土地承包经营权人在内的所有人。土地承包经营权的变动不影响土地经营权的存续。③排他性。土地管理权的行使不受他人干涉,当受到他人阻挠时,权利人可以通过行使物权请求权获得救济。④可处分性。土地经营权变动依合约实现,无须经过土地承包经营权人的同意;转让人具有转让的自由,转让人享有选择受让人的完整权利;在土地经营权存续期间,土地经营权具有完全的可继承性,经营权人可以在土地经营权上设立担保物权,以此实现融资目的①。经营者的耕作权受法律的同等保护,经营者的权利与承包权、所有权一样,是农地权利体系的重要组成部分。农地流转关系趋于稳定,土地经营权人追加农业生产投资、提高农业生产效率就有了制度保障②。不过,经营者通过合约获得的土地经营权,要受到合约约束,不能想干什么就干什么。农地"三权分置"改革的重心在于加强土地经营权,通过多元化主体和权能灵活的土地经营权实现土地的规模经营,从而释放农村土地蕴藏的巨大财富,增加农民的财产收入。因此,土地经营权的权能注定将会更加丰富,赋予承包经营权流转权能、入股权能、担保权能和抵押权能;对经营权的权能进行了更加全面设计,规定土地经营权的权能主要有:占有权能、收益权能、耕作权能、抵押权能、优先续租权能、再流转权能等,既落实了"三权分置"政策要求,也加强了对农民土地权益的切实保护。

放活土地经营权的目标能否实现,取决于改革的实施,而实施的关键在能否善待第一轮农地改革分到 13 亿多亩耕地的小农户。第一轮农地改革通过赋予集体制下的农户承包经营权的方式,调动几亿农民的积极性,解决了粮食安全和农产品供应问题。这一轮农地改革决不能以任何理由和任何方式为了新型经营主体的经营权而造成农户地权的被削弱、被侵犯甚至丧失。因此,在实施农地"三权分置"的过程中,必须非常认真地对待农民的土地权利。只有解决农民土地权问题,才能促进经营权的转移和农业现代化。农民合同权利的安排不完善,承包经营权所衍生的经营权能的设置和赋权就没有权利来源;若农民的承包权不能得到充分保障,农民就不会轻易将经营权流

---

① 蔡立东、姜楠:《承包权与经营权分置的法构造》,《法学研究》2015 年 5 月 23 日。

② 原松华:《2017 年农业供给侧改革重点:"一调一稳三推进"》,《中国发展观察》2017 年 2 月 5 日。

转出来，经营权的设权赋权就难以有效推进。因此，必须通过"三权分置"的改革，使农民的土地承包权更加完整。在原有农民土地使用权、收益权和流转权的基础上，赋予农民土地继承权、抵押权和更充分的转让权，确保农民在行使承包经营权中的自主权和选择权。无论经营权是设权还是赋权，它都源于承包经营权。是以享有承包经营权的农户与取得经营权的经营主体之间的合约为基础的。这是经营权设权赋权的权利基础。在实行"三权分置"的过程中，经营权的权能必须以承包经营权的权能为基础；必须明确经营权流转的收益归承包农户。集体所有制代理人不得自行将已授予承包人的权利自行转让给新的经营主体，也不得擅自将集体公共资源权转让给其他经营主体[①]。

放活土地经营权并非将原有的土地承包经营权简单切割成承包权和经营权两种新的权利，其实质上是重构农民集体经济的实现途径，从而实现集体利益与成员个人利益的双赢。其特点是在权力属性上保留村民集体土地所有权，废除了过去由村集体直接发包给农户的发包制，将过去以农户为单位的农地承包权改进为集体成员所占有农村集体土地份额的权利，土地的实际经营者不仅可以是专业合作社，也可以是具有土地经营权的公司甚至农户。而土地的实际经营者不再与农户直接发生权利义务，经营者向村集体给付土地使用费，而集体则在扣除必要的开支后，按照农户土地所有权的份额进行分配。从法理而言，土地经营权设置除了对农民土地承包经营权加以改造，摒弃了旧有的农民集体所有权体制，从而实现农民的土地权利与社会规制的融通。

显而易见，土地经营权设置最重要的功用便是将原来并无经济属性的土地承包权价值化，将具有身份属性的土地承包权转化为所占有集体所有权份额的权利。土地经营权设置的制度安排让农民作为土地所有者的收益权利得以体现，从而将农民从土地的束缚中解放出来。从制度内涵而言，土地经营权设置构成了对农民集体所有权的权能再造。长期以来，农民集体所有在现实中的表现是经由家庭联产承包而达致"实物"分配，每个成员依据"份额"取得土地的支配性权利。在这种情况下，承包经营权以土

---

① 《光明日报》:《农地三权分置与深化农村改革》，http://news.gmw.cn/2。

地使用权的方式落到了实处。在历经放活土地经营权的改造后，原有的土地使用权转换成为具有财产价值的收益分配，农民让渡了土地的使用权，而土地则通过集体配置给实质经营者统一运营。从理论而言，土地经营权设置后兼有了对土地占有、使用和收益的权利，成为真正的法律意义上的用益物权。

从历史的角度看，中国农村几乎所有的重大社会变革都是从土地改革开始的。一旦社会变革成功，土地领域就会积累新的问题，产生一系列矛盾，培育新的社会变革动力。权变即权衡、改变，实际就是随机应变。正如在马克思理论中明确指出的土地产权属于生产关系中的一种表现形式，不同的历史时期，其表现形式是不一样的。特别是当今土地问题既是制约现代农业发展的根本问题之一，也是破解工业化、城镇化、信息化和农业现代化同步发展的关键，指导和扶持适应我国农村发展的田管理权变特别是"三权分置"，必须把城乡结构转变进程中的山水林田湖草生命共同体建设作为重要内容。市场经济条件下，农户的内外部环境经常处于动态的变化之中。农户所处的具体环境及环境的变化对不同的农民是不同的，即使采用相同的管理原则和方法，他们的做法和结果不可能相同，就是同一农户在不同的时期运用同一种方法也不会有相同的效果，这就决定了田管理权变的复杂性。因此，田管理权变不能形而上学，生搬硬套，而应富于创新性、创造性。推进"三权分置"改革应该在基本认识达成一致的前提下实现"三权分置"的制度化，"三权分置"的制度创新需要重点界定好农户承包权与土地承包经营权的关系；对农村集体土地所有权、农户承包权、土地经营权的权能进行科学划分；更需要明确土地经营权的性质。要通过实践探索和理论创新，逐步完善"三权"关系，为实施"三权分置"提供有力支撑。

第二节　"三权分置"与城镇化

产权界定和产权清晰是发展转型的动力源泉，农地的非农开发是城镇化的基础，是具有显著经济效益的自然资源利用行为。"动地先动人"，只有实现了人的城镇化，才能为城市发展提供空间，为工业化提供人力资源，同时实现农地资源整合，为农业现代化创造条件。将"三权分置"政策置于这一宏观背景下，其实质就在于动员部分农业人口放弃农业经营，进入城市生活、就业。进城务工的实践已经使农民意识到非农就业比农业生产能获得更高收入，兼业的农民以土地作为非农就业的风险保障，不愿将土地经营权流转出去。现在已经明确农民土地经营权流转后仍能够保障其基本社会保障权益，打消了进城农民的后顾之忧，引导农民"离土进城"的可能完全有条件变为现实。

一、"三权分置"促进城镇化

改革开放以来，中央政府就将城镇化作为宏观政策重点战略之一，相继制定并推出了新型城镇化规划和城镇化改革蓝图，通过城镇化促进城乡要素流通，拉动经济增长，而"三权分置"为推动城镇化进程创造了良好的空间支撑和劳动力资源，可建立一套适应农村劳动力向城市转移、人地分离，以小农为基础的乡土中国，向城乡中国转变背景下的土地权利体系，为我国的城乡融合和农业现代化提供可持续的制度基础[①]。

首先，"三权分置"可以为农村城镇化提供土地条件。农业产业的适度规模、农业就业人口的逐步减少和非农业人口占社会总人口的比重增加是城市化的重要标志。在这一过程中，一方面有必要使真正需要转移承包地的农民在城镇就业时转移承包地，以实现承包地的财产价值；另一方面，也应该确保真正需要耕种土地的农民有土地耕作。目前，国家土地供应计划严格控制耕地转为城市建设用地的土地供应。在经济发达地区，特别是东南沿海和城乡接合部，这些地区人均耕地较少，土地供给难以满足用地需求。如果通过出让、转让、租赁或股份合作等方式流转并利用闲置或低效土地，对缓解城市化建设中土地供求矛盾具有重要的作用。特别是"三权分置"可以使已破产或面临破产的企业、已经撤并的事业单位、居民闲置的宅基地、闲置或者低效利用的土地，通过出租、转让、出让、股份合作、联营等方式流转，为急需用地的企事业单位或者城市基础设施建设和公共设施建设提供供给。

其次，"三权分置"可以为农村城镇化建设提供资金支持。新《土地管理法》修改前，一方面农村企业进城建厂需要由国家征用农村集体土地的方

---

① 刘守英：《以"三权分置"重构农地权利体系》，http://china.caixin。

式，将其转化为国有土地，然后通过国有土地再转让的方式取得土地。其成本往往高于直接承租或购买农村集体土地的成本。另一方面，由于农村土地闲置或使用效率低下，不仅不能给占有者带来利益，而且占有者还须要支付各种管理和占用成本。现在保持土地所有权性质不变的前提下，这些闲置或低效的土地可以通过一定的方式转让，农村企业占用不仅不需要支付各种费用，而且可以获得可观的经济收入，或将其中部分资金用于新的城市建设项目。现在，对城市房地产管理法中原有的关于城市规划区内的集体土地必须先征收为国有后才能出让的规定已经删除，并与土地管理法相衔接。对经依法登记为集体建设用地，又在土地利用总体规划中确定为工商业等经营性用途的，允许土地所有权人通过出让、出租等方式交由单位或者个人使用。

第三，"三权分置"可以促进产业聚集与结构升级。"三权分置"可以使土地利用效率差的企业通过出让土地等方式实现收购、兼并、联营、合作，使原有土地得到合理、高效的利用，对企业的人员、设备、产业发展方向进行重组，促进产业结构升级，为城镇居民和企业的生产发展提供充足的生活保障和原材料供应。同时也延伸农业产业链，促进龙头企业的成长和进步，拓宽农村劳动力转移的渠道和领域，推动农业实现规模化经营，提升机械化水平，确保农民增收，缩小城乡差距。

随着经济的不断发展，工业在国民经济中的比重不断增加，农业和农村的常住人口正在减少，农民就业和收入非农化，"村庄空心化、农业兼业化、农民老龄化"的势头不可逆转。为适应我国农村社会自身发展和实现城镇化的现实需要，"三权分置"特别强调不允许以土地承包权的退出作为农民进城定居的条件。这无疑为我国新型城镇化建设提供"保护伞"，是解决农民进城的内心忧患的有力制度保障。新农村土地承包法删除"特定情况下要求进城农户交回承包地、不交回就收回"的规定，进一步明确了国家保护进城农户土地承包经营权的法律依据。承包农户进城落户的，既可以引导支持其按照自愿有偿原则依法流转土地经营权，也可以鼓励其在本集体经济组织内转让土地承包经营权或者将承包地交回发包方。不得以退出土地承包经营权作为农户进城落户的条件。随着"三权分置，两权抵押"改革方略的深入，农村土地流转必将进入加速期，稳妥、有序地推进农村土地流转对我国未来城镇化建设具有深远影响。

二、城镇化对"三权分置"的拉动作用

随着全面小康进程的加快，我国新型城镇化进程也取得了良好的快速发展势头，特别是中西部地区呈现几何倍数增长，越来越多的进城农民享受到了新型城镇化的福利和改革发展的红利。城镇化能够创造出比较多的就业机会，大量吸收农村剩余人口，劳动力从第一产业向第二产业、第三产业逐渐转移。城市化进程也能有效地带动广大农村地区的发展，有利于改善区域产业结构。城镇化率越高，现代化程度越高。随着工业生产和城市建设规模的扩大，带动了增加相应的土地供应，促进了土地的流转，也为新增的城市人口提供居住空间创造了条件。因而《国家新型城镇化规划（2014—2020年）》突出推进"人"的城镇化，构建城乡统一一体化发展机制，期望以合理的城市化来改善环境，使环境改善人民生活水平，促进社会发展方向的转变，减轻人类活动对环境的压力。城镇作为区域发展的经济中心，可以促进区域经济的发展。区域经济水平的提高可以促进城市的发展和生产方式的转变、聚落形式、生活方式、价值观等方面的变化，大量使用土地也成为必不可少的条件，催热"三权分置"。

根据《土地管理法》第四十七条的规定，农民集体土地转化为城市建设用地后补偿标准最高不超出土地被征收前3年年均产值的30倍，同时，《土地管理法》授权国务院根据经济社会发展水平和不同地区的不同情况，决定是否提高补偿标准，补偿标准由省级人民政府执行。补偿不足，可以从当地政府获得的土地出让金纯收益中提取。目前，许多大中型城市的补偿标准已超过30倍[①]。事实上，在我国城市化进程中，房地产业的发展已成为郊区土地兼并的重要原因之一。许多大农场主通过各种关系尽力购买农村土地，形成了对农地期货投资的土地价值追求。这说明城市的发展不仅需要大量的农业用地转为工业用地，而且农民本身也非常热衷于把农业用地转为工业用地，以获得巨大的经济效益。目前，根据我国的实际情况，工业用地边际产量与农业用地的比例大于70。农业用地与工业用地之间严重的产量差异已成为大量农业用地转为工业用地的重要原因。

---

① 《中农办负责人详解十八届三中全会农村改革亮点》，《农民科技培训》2013年12月1日。

　　预计到 2020 年，我国常住人口城镇化率将达到 60%，农村人口市民化潜在规模将稳定扩大。农业转移人口市民化是城镇化成功的重要标志。在各种原因的影响下，农村剩余劳动力纷纷涌向城市，推动了农业用地的转让和出租。许多农民正在进城，或犹豫是否要放弃他们世代耕种的土地。即使他们不能进城，农民也希望通过教育培养让他们的孩子进入城市。这预示着农民的顺利转型是未来城市化发展的重要基础，要注意从"空间城市化"转变为"人口城市化"。即以人为本的城镇化，最根本的是保证农村土地能够安居乐业，在城镇也能安心就业、衣食无忧。同时，必须保证粮食产量和质量总体安全，保证耕地面积。能否实现这样一个乡村振兴的前景，不仅取决于城镇和工业发展提供的就业机会，还取决于农村工业化水平的提高，农村工业化才能带来大规模种植、高水平精耕细作，增加农民收入。

三、"三权分置"对乡村振兴的推动作用

　　从总体上看，我国农业现代化产业化规模化是农业发展的必然趋势。但全国大部分农村地区仍然实行的是一家一户的小农户经营，劳动效率、产出率相对都比较低，造成农民收入很难提高也是客观现实。多年来大部分年轻农民常年打工，家里承包地留给老人照管，甚至是举家进城务工，大量土地抛荒撂荒的现象一时难以改变。因此，党的十九大提出实施乡村振兴战略，包括"产业兴旺、生态宜居、乡村文明、治理有效、生活富裕"等复杂而艰巨、综合施策的系统工程，但万变不离其"土"即离不开土地，许多措施最终都要回归到土地利用上。要在推进农村土地所有权、承包权、经营权"三权分置"改革的同时，重塑城乡土地权利关系，以超越农村土地静态管理局限为突破，通过田管理权变内在机制的完善，继续在土地的有偿使用、有偿腾退、适度流转之间架起自由转换、相对平衡的制度通道。

　　巩固乡村振兴的土地基础。土地是农业的生命线，是农民安身立命的"法宝"。乡村振兴战略实施对农业现代化建设用地规模有了明显增加。由于农户自身本质条件的不同，使得其对农地资源利用的效率也有高低之分。农户将自己承包的农地出租给土地边际产出较高的农户，这样可以扩大农地利用高效农户的经营规模，从而可以在整体上提高集体农地利用的绩效。这是一个正和博弈：一方面，转让农地的农户通过扩大经营面积可以获得更高的

收益。另一方面，转出农地的农户不仅可以获得农地流转的收入，也可以因此而从事其他更能发挥自身特长的生产经营活动以获取额外的收益。有些地方出现了种、储、产、加、销服务一条龙的农业产业化龙头企业，需要增加土地用于建种植基地、加工车间、包装仓库、销售网点。还有道路扩建改造、村民广场、幼儿园、养老院等农村基础和公共设施建设，都需要增加新的建设用地。农村土地流转制度改革应首先考虑这些农村现实需要和未来发展空间。

增强农民土地财产权利。农地产权作为农民最重要的财产权利，是其进入现代社会最为重要的先天禀赋，能够提供其融入市民社会的初始资本。但应当看到，农业是比较效益低、自然灾害风险大、收入不可能有很大增长的薄利产业。相比而言农民就没有多少财产性收入，基本上没有像城镇居民能使价格翻好几倍的房子交易，收入也就很难与城镇居民相应增长。因此，要真正落实好农民增收的根本途径，就要逐步实现城乡平等，给增加农民财产性收入的政策渠道。对绝大多数农民来说，最大的财产也无疑是房屋。必须在落实集体土地所有权、界定农民资格权、构建"一地三权"关系等方面予以明确，并且建立宅基地"三权分置"的配套制度体系，如建立宅基地产权明晰制度、宅基地自愿有偿退出机制、赋予宅基地抵押担保权等，完善宅基地使用权流转的社会服务，严格监控和管理宅基地的流转，确保农房使用权交易的市场化和公平性，规范宅基地和农房使用权流转行为。

优化乡村土地资源配置。农户农地使用权的流转使得农地资源的优化配置得以逐步实现。由农地流转交易带来的投资效应，可增加土地投资的价值，从而提高农民进行土地投资的积极性。党的十八大以来，我国有8000多万农业转移人口成为城镇居民，进城农民的土地和集体经济权益如何保护，资源如何更好流动，还需改革导引；在全面实施乡村振兴战略的进程中，如何为乡村找到真正的内生动力一直是重大的现实问题，激活主体、激活要素、激活市场，对提升农村发展动能大有裨益。出路在于通过土地开发、土地复垦等措施，补充耕地数量；通过高标准基本农田建设，提高耕地质量；通过地块整合、土地平整配合新农村建设，建设相对集中的农户居住区；通过开展土壤修复改良，采取工程、生物等措施，有效控制土地退化，减轻水土流失，提高生态涵养能力。

第三节 "三权分置"与农业现代化

农村现代化水平持续提高的前提之一，必须不断提高农业现代化水平。农地流转是传统农业向现代农业转型的具体要求，两者存在内容上的协调，农地流转的整体态势与传统农业向现代农业转型过程密切互动。农地流转影响和决定了传统农业向现代农业转型的方向和整体战略布局。现代农业生产要素主要包括土地、设备、技术、资金等，其中最显著的特点，是在我国现行土地制度下实现农业生产规模化，提高生产要素利用率、土地资源利用集约化水平。要通过农村土地实行"三权分置"，推动传统农业向现代农业转变，建立发达的农业、建设富庶的农村和创造良好的环境，把农业建立在现代科学的基础上。

一、"三权分置"是农业现代化的基础

农业现代化是一个涉及广泛的综合技术改造和经济发展的历史过程，关键在于要有一个"化"字，推进农业生产管理方式的变化，最起码要保证规模种植和精耕细作水平的提高，还要保证每亩产量和农产品质量的提升。尤其在粮食主产区，种田能手成为种粮大户是生产力发展的必然选择。现代农业必须实现社会分工和专业生产。这不能在一个家庭里完成，一个家庭只有自然分工，没有社会分工；土地流转和规模经营之后，社会分工和专业生产发展起来，也为推动现代农业发展奠定制度基础。人口流动，特别是中青年劳动力，具有明显的职业选择性。也就是说，在他们的选择能力范围内，他们倾向于选择能够获得更大利益的区域迁移。在大量农业人口向二、三产业转移和老龄化的现实背景下，提高农地利用效率，发展规模经营，是解决问题的必然选择。有利于解决我国农业经营规模小、竞争力不强、现代因素引入不足等问题。目前，中国的现代农业发展很快，但仍然存在很多障碍性因素。我国农业的问题从上游生产，到下游流通盘根错节，互相影响。就上游而言，原有土地制度最大的问题是，由于人均土地面积太小，导致生产者较为分散。上游生产者的分散导致了一系列问题，比如说，人均耕地面积小，导致机械化程度较低，难以产生规模经济和产品标准化，想推进"三品一标"产品，可谓难上加难。相比之下，欧美发达国家农业之所以强大，一个很重

要的原因，就是上游的农场规模较大，机械化程度很高，能够实现规模经济，产品标准化也较为容易。尤其在农田水利建设方面，"三权分置"改革出现的新型农业经营主体改变了"两权分离"时期小型农田水利治理主体格局，新型农业经营主体成为主要的占用者和提供者，重新调整了所有权、管理权和使用权的产权结构。土地流转程度越高的地区，新型农业经营主体在占用者组合中主导能力越强，小型农田水利治理绩效越好。

按照田管理权变理论，土地经营权是经营者通过市场流转土地而取得的直接占有农村土地、自主从事农业生产并获得经营性收益的权利。土地经营权具有排他性和独立性。土地经营权一经设立，即具有物权效力，能够抵抗包括承包农民在内的一切人，土地经营权在约定期限内的存续不受圆满的土地承包经营权变更的影响。有权利必有救济。土地经营权的行使受到他人妨害时，土地经营权人可以通过行使物权请求获得救济。土地经营权人在取得土地经营权时具有非身份性和平等性。他们不再局限于集体经济组织的成员，种养大户、家庭农场、农民专业合作社和农业企业都可以是管理者。土地所有者可以利用土地管理权设定抵押、担保，以实现融资目的。因为一个产业要想实施产融结合的思路做大做强，受制于土地制度，农业产业和金融被天然分割。不能实现产融结合，我国农业就很难真正强大起来。资金是生产要素的黏合剂。只有农村金融市场的繁荣，才能带动现代农业的更好发展。既改变一家一户分散经营的状况，增强农业生产的组织化程度；又促进农业产业结构调整，加强农业经营机制创新，培育龙头企业、农业合作社和广大农户，促进农业现代化发展。

在保障农户承包权益的基础上，可以将土地作为生产要素流动，促进土地资源在更大范围内的优化配置，减少了农业科技和现代机械引入的障碍，有利于推进农业现代化，进而解决农业领域出现的一系列突出矛盾，例如，资源环境压力大、农产品供求结构失衡、资源配置不合理、农民收入持续增长乏力等问题仍然突出，如国内外价格倒挂、增加产量与提升品质、库存高企与销售不畅、成本攀升与价格低迷、小生产与大市场等。在乡村振兴的新时代，一方面，农业适度规模经营成为可能，而且发展要求刻不容缓；另一方面，承包地的就业保障功能虽有所弱化但仍发挥着重要托底的后盾作用。深化农村土地制度改革，既要注重效率，又要注重公平；既要考虑农业问题，又要关心农民问题。着力推进农业现代化，优化农业土地资源配置，促进适度规模经营的发展。在保护农民合同权益的基础上，运用"三权分置"将赋予新型经营主体更多的土地权利和功能，有助于在更大范围内促进土地经营权的优化配置。这将为提高土地产出率、劳动生产率和资源利用率起到促进作用，从而加快现代农业建设，走出一条中国特色新型农业现代化道路开辟了新的路径。[1]

二、现代农业与"三权分置"相互促进

国家统计资料显示，我国农业产值占国内生产总值的比例已从 1978 年的 28.2% 下降到 2012 年的 10.1%。根据发达国家的经验，农业份额下降至 10% 左右时农业模式就会开始出现重大转型，这标志着我国农业已经进入了从自给自足的传统农业向现代农业转型的关键时期。农地制度的变革和农地关系的演变往往是社会关系重构和革命动因。农地流转带来的产权结构和生产方式改变必然带来深远的社会变革。农村人口除了向城市迁移外，还要分为以下几类地区进行流动。经济发展潜力较大的地区由于具有较好农村经济发展区位和资源条件，可以吸引农村人口积极聚集，包括留住一些青壮年；经济发展潜力相对较小的地区，这类地区由于各方面条件劣于经济发展潜力相对较大的地区，农村人口外流的可能性较大，未来农村人口留存率较低；生态敏感度高的地区，这些地区应逐步实行生态移民，对农村人口进行疏散，保护生态环境；对于发展条件较好、能够获得更多发展机会的其他农村地区也是其流动的重要方向。针对以上不同类型地区土地流转的特点，因地制宜实施"三权分置"，在土地集体所有制和农民承包经营权不变的情况下，大力鼓励和推动土地流转，促进农村土地集中连片、规模经营。农民在保留承包经营权的同时，通过将经营权与承包经营权分离，为现代规模农业的实施创造条件。

从我国农业农村现代化的大局出发，考虑农业经营模式不仅要保持经济效益水平，而且要保持社会效益水平，有利于维护农村社会稳定，甚至有利

---

[1]　中共中央办公厅、国务院办公厅：《关于完善农村土地所有权承包权经营权分置办法的意见》，2014 年 12 月。

于国家稳定。对国家政策来说,应当保障农民进城务工自由、返乡务农自由;对进城农民来说,在农村保留承包地和宅基地有利于他们进退自如;对广大农村来说,对在进城后一段时间内,既有城镇居民身份同时又保留土地承包权益部分农户,整体上不妨宽容一点,要从保持我国农村繁荣、土地制度的灵活性和农业的吸收能力以适应人口发展的高度出发。不要一看到农户进城,就急急忙忙把承包地收回来;对新型农业经营主体来说,要确保稳定的规模效益,避免因生产经营失误导致土地流失和农民失业,"城里进不去、农村回不了";对城市下乡工商资本来说,要防止长时间、大面积直接租种农户承包地而产生大规模的、激进的、不可逆的土地承包经营权流转,从而危及农民的生存发展和全社会的稳定;对家庭农场来说,因流入的是进城务工的亲朋好友的土地,能够有条件地将土地返还。这种可逆的土地流转有利于抵御经济波动带来的社会动荡,有利于为农民工留下一条出路从而保持社会稳定与秩序;对普通农户家庭来说,自己承包的土地由他人租用规模经营,改变了分散经营小块土地的局面,效率、投入产出比和劳动生产率将促进农业向高产、优质、高效的方向发展。特别是家庭农场以家庭成员为主要劳动力,经营规模限制在一个家庭可以考虑的范围内,可以从事更高程度的集约经营,实现规模经营与精细经营的有机结合,提高劳动生产率和土地产出率。

现代农业规模经营需要高效配置的自由流动产权,必定是与特定身份不具依附性的明晰财产权利。因为只有财产性质的权利,在自由移动的情况下才能实现要素边际产出的拉平效应①。这无疑将推动土地权利向财产属性权利的变革,而具有明晰结构的土地财产权利,又将反过来降低农地自由交易的成本,提高配置的效率,并诱导调节新型权利关系组织结构的出现。伴随土地流转和规模经营的发展,农村商品市场和要素市场也将不断形成和扩展。在土地规模流转的情况下,农业内部的劳动力市场也形成了,农户既可以选择在当地的农业企业中就业,也可以选择到外面的企业中就业。与"三权分置"政策的实施配套,可将小型农田水利设施产权格局分解为所有权、管理权和使用权。实践中,小型农田水利的所有权归政府和村集体所有,管

---

① 姚洋:《中国农地制度:一个分析框架》,《中国社会科学》2000年第2期。

理权掌握在村集体手中，使用权由小农户和新主体共同享有，各治理主体之间的权、责、利关系相对明晰。总之，"三权分置"等新制度安排的落地，将增强经营主体对长期发展的信心，增加投资发展规模农业，提高土地产出率和资源利用率。各级农业农村主管部门要把农村土地确权登记落实到每个农户，真正做到"确实权、颁铁证"，转化为土地流转行为，为农村土地承包经营权的长期稳定和农民承包权的严格保护奠定基础。

三、国家主导"三权分置"制度创新

土地产权关系问题是整个土地制度改革最基础、最核心的理论问题。中国的农村土地在新中国成立以来的制度安排上长期存在着效率优先于公平的价值取向。以家庭联产承包责任制为核心的"两权分离"为代表的既往农地法律制度建构，着重"分"而忽略"统"，在发展中与宪法预设的轨道出现了偏差。在此背景下，旨在回应现实需求、推进农地流转的"三权分置"改革应时而出。"三权分置"的制度设计中，其最重要的核心功能是将农地承包权转化为个体所占有集体所有权份额的权利。农地"三权分置"的试点实践中，出现了诸多现实难题。未来的制度设计中，应警惕"日本陷阱"①，在宪法和法律框架内落实土地集体所有权，满足兼顾公平与效率、能够有效地克服外部性、能够有效地克服"搭便车"行为、能够有效地克服短期行为和投机行为等要求。明晰和规范农地的所有权、向以效率为中心的农地制度过渡、赋予农民长期而有保障的土地使用权、建立和完善农地流转制度、尽快建立现代农地制度的法律法规体系。

---

①　日本在 20 世纪 70 年代步入发达国家后，迅速推进农村土地制度的改革，将土地所有权与使用权分离以扩大经营规模；创设了旨在解决农民养老问题的农业人养老金制度，奠定了农业土地流转的经济政治基础，将农民作为独立的土地权利主体来推进土地流转市场化。在一系列的改革措施后，历史上长期实行的"耕者有其田"的自耕农制度走向消解，土地使用权流转成了日本农地产权制度及农业经营制度的根本。日本的改革策略是让土地不再承担农民就业与社会保障的功能，同时国家投入大量财政资金推进土地使用权流转。然而，农村土地的分散化现状给土地连片流转造成了困难。究其根源，日本实行的是土地私有权制度，在农村人口基本实现了非农转移的前提下，脱离农业生产的农户依然享有小块土地的所有权，严重制约了日本的农业现代化。这种土地流转中出现的"日本陷阱"，也是所有实行土地私有的小农经济国家土地改革的必然结果。

　　《宪法》是一切土地制度体系的出发点，既然作为最高法、根本法的《宪法》已经明确规定了国家土地制度的基本框架，那么按照物权导向推进的土地改革则必须在宪法规定的限度内展开，所有关涉土地制度变革的问题均需回溯《宪法》规定的"社会主义公有制"检视，只有经过宪法检视的变革方具备制度合法性。在国家层面的"三权分置"意见出台后，需在法律、法规以及实施办法上进一步做出细化，健全农村土地产权制度，以化解"三权分置"在实施中出现的诸多实践难题。目前，经营权制度已经立法，相应的性质和规范设计已经确定。农业用地"三权分置"和土地集中到农业经营主体，对农业生产设施和条件提出了新的要求。现阶段，最突出的需求是解决基础设施建设用地。政府部门有责任尽快为新的农业经营者解决必要的配套建设用地，结合高标准粮田建设，为规模经营创造条件。改革农业补贴制度，优化农业补贴结构，提高农业金融服务水平，为农业经营主体增加新的融资渠道。

　　要进一步规范土地流转管理制度。田权变管理要通过大量细致的调查和全面深入的科学分析，不是凭土地流转管理部门的主观感觉对土地所处的环境进行主观判断，而是要把握独立环境变量与从属管理变量关系的本质，正确认识和把握环境变量，确定有效的管理思路和方法。明确国家政策、法律等宏观措施，分析把握农户内部经营体系、生产体系和管理体系的现状；坚持和完善农民委托村组土地流转的方式和制度，运用市场和经济手段鼓励农民特别是老年农民流出土地，在法律咨询、信息发布、权益评估、产权交易、抵押融资等方面为流转双方提供服务。加强土地出让合同管理、转让合同期限管理、农村土地承包经营权纠纷仲裁制度建设，有效解决农村土地承包经营权社会保障功能与经济效用功能的矛盾和冲突，有效维护各权利主体的合法权益，从制度上清晰构建从农民集体到承包农户、从承包农户到农业经营主体之间的土地产权关系，并且建构一种农村土地集体所有制的具体实现形式，在明确农村土地集体所有制、农民社会保障与土地产权权益关系、农村土地产权市场化改革的基础上，有切实可行的安排。

　　土地作为生产要素，只有合理的土地流动才能提高使用效益，才能真正反映生产要素的性质。农村土地流转的实质是农村土地使用权的流转。需要权变管理在保持农村土地所有权和农用地性质不变的情况下，将土地使用权

（经营权）与承包经营权分离，转让给其他经营者。权变管理从系统的角度审视组织（农村集体），这与系统管理理论密切相关。其理论核心是将组织视为一个"开放的系统"，而不是一个孤立的活动，因为管理者在特定的文化价值观和体系内管理组织并做出决策。因此，管理具有"开放系统"的特点。管理者会影响他们的环境，反过来也会影响他们。权变管理理论通过分析各子系统与组织环境之间的相互关系，确定各变量之间的关系类型和结构类型。权变管理理论强调管理者在实践中应根据具体的环境，采用相应的管理理论、方法和技术。适应新时代发展需要的"三权分置"是推动我国土地制度完善，优化我国社会经济制度的必然要求。经济基础决定上层建筑。我国经济基础、政治环境、国际地位的巨大变化，要求农村土地制度的改革必须与时俱进，利于顺应我国经济社会发展的要求，要求农村土地管理权方式不断变化，利于保持社会经济制度的时代性。同样，我国与土地相关的法律、法规、政策等随之改变，利于优化我国的制度环境，为建设社会主义现代化经济体系助力，全面提升我国综合国力。

第五篇　湖畔聚落圈

　　湖畔聚落是人类为了满足较高层次生产和生活需要的聚集定居场所。根据湖畔聚落的形成过程和规模层次的不同，通常可以分为农村湖畔聚落和城镇湖畔聚落。聚落的形成和发展是自然、经济、社会和历史条件的产物，其中与水的关系最为密切，受河流、水系的影响尤其显著，而湖泊（水库）的作用日趋加大。因为人类扩散到新的区域时，往往选择可靠的水源、适宜的气候、丰富的日照、平坦的地形和肥沃的土壤，并通过聚落的整体形态直观地反映聚落对自然环境的适应性。湖畔聚落圈是指人类环绕湖泊（水库）周边生活的空间场所，即湖畔人居环境。山区水库、高原湖泊是山地高原环境中人类生存和生活不可缺少的环境因子，是维持和发展人居环境的物质基础，也是流域聚落周边居民生产生活用水、生态景观等的核心资源，其地位和价值显著。对其深入研究更是推进山水林田湖草生命共同体建设、实现经济社会与环境相协调、可持续发展的必然要求。

第一章　聚落与环境的关联性

聚落环境是指由聚落周围空间中与其有关联和反馈效应的各要素组成的外部系统。根据聚落环境构成要素的性质和内在规律，聚落周边环境可分为自然环境和社会经济环境。自然环境包括气候、水源、地形等，社会经济环境主要有工农业的生产方式、企业的规划、交通、人口、血缘、宗教等方面。聚落的形态正是这种自然和社会地理环境的外在反映，正是这些千变万化、错综复杂的因素影响，才产生了各具特色、丰富多彩的聚落。通过对聚落与环境及其相互作用机理分析，可揭示物质、能量、信息等之间的关系，为研究聚落环境提供科学依据。

第一节　水资源分布与聚落的关系

聚落是人类居住和开展各种活动场所的属性决定了会影响甚至改变着周围环境的特点。尤其是乡村聚落在形成和发展过程中，自然环境的影响几乎无处不在。纵观聚落悠久的发展历史可知，地质条件是乡村聚落形成的地基基础，乡村聚落的分布与水源密切相关，而交通和社会经济条件亦有影响，社会风俗习惯和文化属性也影响着乡村聚落的发展。从某种程度上说，湖畔聚落的形成发展主要是人们长期适应当地水土资源等条件的结果。

一、我国聚落"生存线"

早在 1935 年，我国地理学家胡焕庸先生在其论文"中国人口之分布"中，按北东—南西向直线画出了一条"黑龙江瑷珲—云南腾冲线"，将全国分为两大板块：人口密集的东南部和人口稀疏的西北部[1]，东南部居住着全国96%的人口，西北部只有4%。80 多年来，东西两侧不仅人口比重大体上保

---

[1]　丁金宏、何书金：《中国人口地理格局与城市化未来——纪念胡焕庸线发现 80 周年》，《地理学报》2015 年 12 月 15 日。

持在94%和6%；而且东南侧的国内生产总值占比也一直保持在94%以上。这是我国20世纪有关人类活动最为生动的空间描述，正因为如此，"胡焕庸线"被称为近百年中国地理最重要的发现之一。从国土空间角度看，这条线深刻揭示了长期历史发展过程中土地开发与人类活动的空间集聚性与非均衡性规律，是研究和探讨湖畔聚落圈理论不可回避的现实。其根本依据在于水资源（包含直接降水、河流径流量、湖泊蓄水、地下水）的多寡对于人口分布有直接而重要的影响。在其他自然条件大致相同的情况下，一定限度内，地区水资源越丰富，越有利于发展农业和畜牧业，环境承载力得到提升，人口分布也更加稠密。

在科学欠发达的年代，古人依靠长期的经验积累，总结出了"天人合一"的聚落选址标准和空间形态理论，即"风水理论"。尽管传统的风水概念中，聚落选址的理想地点是"负阴抱阳"的山水结合之处，但河湖地区的聚落位势平坦，少有山峦，聚落的选择往往更倾向于水的环抱之势。其中，最受推崇的是村落选址以水为生命线，将水引入村落，修建池塘和沟渠，形成一个完整的聚落水系，构建水与宅相结合的环境特征。根据现有的考古发掘研究，史前中国的聚落分布具有以下特点：①靠近水源，既方便取水，又有利于农业生产活动；②位于河流交汇处，便于交通运输；③位于河流阶地上，不仅有肥沃的耕作土壤，而且可以避免洪水；④若位于山坡上，则主要位于阳坡上；⑤从地貌类型上看，经历了从山前丘陵到山谷丘陵再到河流阶地平原的发展过程。

湖泊是大自然赋予人类水体利用、水量供给等多种需要的独特环境因素。相对稳定的水面孕育了丰富的生态系统，它在支持经济社会发展方面具有独特优势，已成为人类文明的重要发祥地，人类利用丰富的湖泊资源创造了灿烂的湖滨文明。中国人民世代依湖而居，见证了人类由筑巢而居、穴居、逐水草而居到定居，由散居到聚居，以及由村落发展成为城市的发展与变化的历史。随着人类利用和改造自然的能力不断提高，不仅与水密不可分，而且向湖靠近的趋势明显，特别是为了满足城市的生存发展需求以及维持社会经济活动的正常运行而对水资源产生的数量上的增加，导致湖泊规模大小与自然条件、人口规模、经济总量、经济结构、开发利用模式、管理水平等有着直接或间接的关系。湖畔聚落主要通过田地转换而来，其扩张方式大致可分为三类：第一类是分散扩展，其特点是新聚落与原有聚落之间存在一定的空隙；第二类是带状扩展，主要沿交通路线或河流向两侧或其中一侧扩展；第三类是块状扩展，主要是沿着原有的居民点斑块向四周扩展。因而创造出各种形式的湖畔聚落环境。伴随聚落生产生活方式发生的一系列变化，区域社会经济和文化催生出的聚落形态与居住形式因此具有了鲜明的区域特征。参照《中国历史地图集》，结合考古发现和历史文献长江平原地区DEM 高程图上不同时期行政建设的变化，可以大致反映长江流域的开发进程，并能清晰地反映出聚落分布的空间演进和地貌的关系。如在西汉司马相如所称的"九百里"云梦泽水体退却、江汉平原成陆的过程中，同时已被零星的湖泊所取代。到南宋后期，人们开始兴修垸田发展农业经济，最终推动了云梦泽的消失和江汉平原的形成。聚落的分布与扩张几乎同步推进——从50 米等高线的边缘向腹部中心推进，最终覆盖整个平原。由此可见，无论是在历史时期还是在当代县级行政建置的治所都没有低于25 米等高线。然而，明清时期，垸田开发和堤垸建设最终突破了25 米的等高线限制，使乡村聚落广泛分布在河湖洼地。

在营建民居方面，从理想的建屋目标到具体的施工方法都与自然环境和资源密切相关。也就是说，要把人们生存的内部空间从外部环境中分隔出来，必须处理好地形、气候等自然环境条件，必须要采自所处自然环境中的建造资源。从宏观上看，在长江流域湖区垸田开发、地区堤垸兴筑、水神民间信仰文化以及商贸文化兴盛的诸多背景下，河湖地区的聚落形态区域分布呈现出河湖环境中的堤垸格局为基本地理格局特征。从中观层面看，城市、集镇和农村聚落的形态特征是不同的。河湖地区县乡治所城市聚落为主要探讨对象的城市聚落，其城市空间是由"城 + 市"模型构成的，这与宇宙模式和有机体模式折中的混合形态相符；沿河两岸形成的集镇主要受河流影响和制约，通常主要街道与湖泊平行或重屯、向河岸倾斜，主要表现为沿河两岸延伸的外部形态特征，而在堤垸体系中形成的水利关系已成为长江流域湖区农村聚落中最重要的社会关系类型，围绕水利关系衍生出的以"垸"为中心的社会形态成为这一地区乡村聚落形成与发展的深层结构，并最终促成了乡村聚落"垸"为中心的形态特征。从微观上看，居住形态与聚落居民主体的关系最为密切。居住形态反映了一定的地域适应性和文化特征。船居是一种较原始的生活方式，得益于河湖环境中丰富的水资源，而芰簰水居和吊脚楼是河湖地区生活方式中应对水患的特殊形式。此外，湖区乡村聚落中的住民在民居建造过程中也形成了一系列适应堤垸环境和应对水患的建设策略。

显然，水是人类生存不可缺少的物质，因此定居的位置必须首先由水来保证。在我国广大干旱半干旱地区，居住区的分布与水源关系十分明显。西北干旱气候和缺水的客观环境增强了人们对水的珍视。在有水资源可利用的地方，人们喜欢近水而居。在被戈壁沙漠环绕的新疆，维吾尔族人民利用天山融雪水形成的河流、沟渠发明了"坎儿井"引水灌溉，在发展绿洲农业的同时，依托水资源条件建设庭院和聚落。喀什地区水系沿分水岭向下，房屋则依势建房于两侧，构成喀什市巷的自然曲折，小巷密集而幽深，街巷两旁杨树参天而立，柳树婆娑，流水潺潺，高低起伏，绵绵不绝。西北地区不仅水资源短缺，而且年流量和雨季分布不均。在雨季，人们的家园经常受到洪水的威胁。因此，禁止在河流附近或易受洪水侵袭的峡谷地带修建定居点。喜水而近，惧水而远，因地制宜，这在一定程度上反映了人类适应自然环境、善用自然环境的智慧和能力。如前所述，即使在东南季风区，聚落的分布也明显受到用水量的影响。一般来说，在水资源丰富的江南平原，居民获取生活用水方便，聚落分布可以较分散。华北平原河流稀少，聚落大而集中，密度稀。在江南的丘陵山区，除个别孤立村落外，村落一般分布在山麓和开阔的河谷平原地带。这与居民用水和靠近耕作区有关。山上孤立的村庄及过去的寺院大多建在泉水出露处。[①]

二、湖畔聚落"生态线"

城市是人类社会发展到一定阶段后非农业人口居住生活的地方。它伴随着私有制和国家的出现特别是生产力的提高和生产关系的转变而发展。从我国"长三角"城市的发展历史看，与湖区的开发和治理密切关联。远在奴隶制时代，城市的发展已初具规模，随着湖泊的演变和生产力的不断提高而逐步展开，城市聚落一直是社会经济发展的动力。同时，从"渔猎山伐"和"火耕水耨"的原始阶段，垦殖滨湖的平原沃壤到逐步改造成为"鱼米之乡""锦

---

① 林丽艳、卜风贤：《浅谈传统乡村聚落和自然环境的关系》，《北京农业》2011年2月25日。

绣天堂"的经济富庶阶段，使湖区发展至今以物华天宝、人杰地灵而名扬天下。在区域经济发展的长期过程中，经过艰苦创业、垦殖洲滩、兴办水利，农业的持续发展，带动了工商业的发展，促进了社会经济的日益繁荣。湖泊作为一种特殊的水环境形式，由于其湖泊的不同而具有不同的特征。随着经济发展和人口的增加，人水争地矛盾愈来愈突出，湖泊自然带受到人为干扰，湖滨带人为侵蚀现象严重。沿湖区段建设了很多居民房，工业园是在湖滨，生活污水和工业废水直接进入湖泊；沿湖许多农田农药和肥料直接进入湖泊，没有相应的缓冲区拦截，对水和土壤的影响更大。酒店等污水通过简单的微动力和化粪池也直接排入湖中，湖滨带缓冲区的缓冲能力降低，结果导致许多湖泊萎缩，水质盐碱化，一些湖泊变成沼泽甚至消亡。

从湖泊学的角度看，湖泊是有生命的。如果没有人为干扰，整个湖泊是从大到小、从深到浅，然后是沼泽，最后消失。为什么湖存在？浙江省杭州西湖附近原来有许多湖泊，这些湖泊消失了，为什么西湖会留下来？这是因为人类的干扰。西湖曾经是一个海湾。海湾被来自长江的沉积物慢慢阻塞变成了潟湖。但潟湖的水是咸水，而不是淡水，因为它与大海相连，经过很长一段时间，它逐渐将潟湖的河口封闭成一个天然湖泊，因为上游的河流流入，它的水逐渐淡化。到公元8世纪，人们慢慢地搬到了西湖的边缘，现在是杭州市的所在地。唐初，杭州的户籍超过了10万，聚落向今市区的城市发展并与西湖有了联系。出现了西湖为城市解决给水的记载，不仅包括通过瓦管或竹筒从西湖引水至"六井（蓄水池）"等内容，而且可以证明"六井（蓄水池）"及西湖在杭州城市发展特别是防治洪涝灾害中的重大作用。可见西湖与杭州市的关系，与其说西湖已成为杭州市不可分割的一部分，倒不如说城市的不断发展巩固了西湖的存在。到了南宋，杭州成为国家的首都，从12世纪30年代到13世纪70年代，长达140年之久，城市人口急剧增加，乾道年代(1165—1173)人口增加到50多万，到南宋末期，人口超过100万，成为当时全国最大的城市[1]。湖畔聚落一般选择有山、林、田、水相对封闭的地理环境，大多位于土地肥沃、人身安全、生活方便、风光优美之所，既是一个由人群、住所、公共场所等诸多要素组合在一起的地域共同体，也是

---

[1]　浮萍：《西湖历史演变》，http://blog.sina.com。

一个基于自然地理环境基础，融物质设施与精神观念为一体的人造环境系统。但到了现代，西湖人口拥挤和产业超载的问题带来严重而复杂的水问题，城市滨水空间与聚落面临新的挑战。城市扩张导致土地开发建设占用水域空间，城市土地硬化加剧，江河湖泊湿地萎缩，雨水调蓄能力下降；大量新旧城区滨水空间都要防治过度开发情况，甚至城郊水域空间储备也要防治侵占开发，而防洪、治涝或者建设城市生态景观廊道，都需要一定的水域空间；城市水调节不当将破坏城市水系，甚至破坏整个城市的社会经济文化运行体系；江湖湿地是城市重要景观类型，具有丰富的文化内涵、审美启蒙的文化功能和历史遗产，迫切需要水文化服务传承。

根据生态系统完整性、生态系统服务功能和生态过程可持续性的要求，湖泊生态系统红线界定了不同类型重要和脆弱区域的空间范围和最小保护面积。与我国 18 亿亩耕地红线一样，制定大湖生态"红线"。只有在重要区域生态中先界定湖泊生态"红线"的战略地位，污染防治和破坏防护的现状才能得到遏制，控制技术措施的作用才能真正发挥。在建立包括绿化、水域、施工等生态控制"红线"的同时，建立生态核心区，减少人为等外部干扰对核心区的影响，禁止对水有污染的开发利用活动，保护湖泊的生物多样性。在核心区外应设置缓冲区，在缓冲区以外的区域，还应制定综合规划来阐明如何保护、发展和治理。相对集中湖泊行政执法权，协调各部门涉湖执法力量，使红线真正"带电"。从水资源保护、水污染防治、水域岸线管护、水生态恢复、水环境治理等方面强化湖泊生态"红线"对各级政府的考核标准，结合湖河长考核和要求，主要从城镇饮用水水源地水质达标率、湖区富营养化指数、流域面上的控制断面水质达标率及城市黑臭水体治理率等方面进行考核。

生态红线区并非绝对不可开发利用，只要红线保护区的性质不变，生态功能不降低，面积不减少，就能得到合理的开发利用。一些规划指导意见进一步将生态红线区域划分为禁止开发区和限制开发区，反映了这一理念。湖畔聚落作为一个人工的生态系统，它需要不断输入食物与能量，输出废水、废渣及垃圾以维持其发展。但作为生态系统，其物流、能流都过于单一，且太依赖于周边环境。因而，建设湖畔聚落的生态空间必须基于生态理念的指导，以改变其物流、能流及信息流的途径，提高生态流的利用效率，争取减少废物排量，促进循环使用。湖畔聚落建设中应提高对地方材料的高效和重复利用，做到适当利用和物尽其用，免除远距离运输的成本外也相应地减少了能源的消耗。聚落的建设不可避免—对原有生态系统造成破坏，但在建造和使用过程中尽量调节自然—人工的生态平衡，避免无限制地占用湖泊农田和持续性建设。

三、一湖一策"保障线"

制度保障是生态红线生成的根本。生态红线得以持久延续并蓬勃发展，关键在于要"有章可循、有法可依"。生态红线建设首先应倡导"以人为本"的管理理念，让湖畔聚落真正成为群众安居乐业、人与人和谐相处的乐园。同时，不能让规章制度和行为条例成为束缚人的绳索，而是成为扶持人、帮助人、服务人的支柱。同时，还应当把环境管理的原则纳入湖畔聚落的管理过程之中，减少湖畔聚落的环境影响，真正实践可持续发展的理念和原则。湖畔是城乡发展建设的重要空间资源和生态景观要素，不论是居民点聚落还是旅游聚落都越来越多；无论是旅游用地还是居民点都会产生各种各样的污染对湖泊（水库）的水质及其周围的生态环境造成影响，湖泊（水库）作为饮用水源还需要采取有效措施确保饮用水源的水质。湖泊及其流域是一个特殊的环境区，每个湖泊都有不同的生态环境和经济社会服务功能，其管理应因其功能不同而不同。为了使"重病"湖泊重现秀丽容颜，地方政府付出了艰辛的努力。但巨额投资并没有真正带来预期的效果。一个重要原因便是长期以来湖泊承担的主导功能不明、管理和保护策略的针对性不强。淡水湖泊的成因各异，周边生态环境状况、所在流域经济发展方式和区域产业结构特征迥异，受污染的种类和程度也各不相同。即使是在同一个湖泊中，就湖泊所承担的供水、休闲旅游和生物多样性保护等主导功能而言，各主导功能的重要性顺序和不同湖区所承担的主导功能也会大不相同。要根据湖泊承载极限等因素，实行一湖一功能的定位。

流域治理。我国最新一轮湖泊治理规划的基本特征是"全流域综合治理"，从流域层面协调防洪蓄水工程的布局、生态保护和改善水质要求，研究江湖、河湖关系的演变；从湖泊水文特征出发研究水流、水量、水位和水质的内在联系和响应关系，闸坝调度优化和水文要素调节，发挥水流自净作用；从时空尺度研究污染分布、结构特征及迁移变化，将源头减排、过程净化和末端扩张并举①。系统整治江河流域，保护和恢复江河生态系统及功能。针对湖畔面临的发展需求和保护压力，围绕保护、治理与发展任务，突出水质、水量、水流要素，加强城镇生活和工业生产中的污水处理和严格的环境准入，系统完成流域、分区、单元的环境容量增减方法。推进水库保护边界线、水库管理边界线、水库滨水建设控制线划定，形成"多规合一""一库一策"，确定生态服务功能区、生态敏感区和禁止开发区，引导流域和区域经济社会发展、水环境与水生态保护以及日常监督管理。

江湖连通。无论是城市、集镇还是乡村，河湖地区聚落主要采用堤防的形式来抵御洪水对聚落的侵袭。沿江河修筑的堤防是聚落的第一道防洪屏障。这些沿江河堤防中有相当部分是因保护两岸农田而兴筑的垸堤，它们不仅有顺水归槽的作用，亦是两岸农田水利系统中的组成部分。后期因人地关系紧张，住民与水争地，开始向湖面围垦，形成围垸。这种盲目围垦水体的垸田垦殖形式，尽管亦是为了保护其中的农田，但它严重阻碍了湖水泄洪和河道行洪的作用。要在科学制定退垸还湖系统规划的基础上，严格按照总体规划分类分批实施，恢复连通水系，促进还湖工作顺利有序进行。退垸还湖工作涉及多方利益的调整，首先要出台湖区移民安置政策，解决移民的生计问题。要参照生态扶贫搬迁的政策标准，采用项目建设管理模式。涉及占用耕地和基本农田的，不纳入耕地总量动态平衡的目标，作为改善生态环境和建设用地。同时要加大补偿安置资金的安排和统筹规划，充分考虑基本农田补偿调整、就业指导、移民搬迁、失地农民养老保险等方面的政策衔接，以确保退得出、留得住、不反弹、有发展。

海陆统筹。我国的海成湖主要分布在滨海冲积平原区，它是由冲积平原和海湾沙洲的封闭海岸海湾形成的湖泊，台湾西南沿海的高雄港就是典型的海成潟湖，湖岸曲折而海岸平直，湖的长轴沿海岸线延伸。这类湖泊在广西、广东、山东和河北等沿海均有分布，但规模较小。中国最主要的海洋湖泊是海湾与河流相互作用形成的古潟湖。太湖也是如此形成的。还有前文所说的风景如画的杭州西湖，数千年前还是一个与钱塘江相连的浅水湾。后来

---

① 《治理这么久》中国"五大湖"生态仍隐忧重重，http://news.ifeng.co。

由于潮汐和河流携带的泥沙沉积在海湾口附近，海湾内的海水逐渐与大海分离，同时接纳地表、地下径流，逐渐淡化，方形成今天的西湖。《全国国土规划纲要（2016—2030 年)》推进空间布局、海岸带、海域开发、生态环境等重点领域的协同发展，对形成海陆一体、互促和谐的统筹开发格局、沿海湖畔聚落建设意义重大。港珠澳大桥等重大项目落成启用，粤港澳大湾区有望建成"一小时城轨交通圈"，经济结构与发展模式将进一步跃升，高端服务业比重将继续上升，数字经济、生命科学、航空航天、新能源等战略性新兴产业规模和国际影响力持续扩大。助推港澳搭上国家发展快车，加快融入国家发展大局。媲美旧金山、纽约、东京等成熟的世界级海湾区，并有望成为全球经济总量最大的海湾区。

第二节　地形地貌与聚落的关系

地形地貌直接影响聚落的布局及形态。聚落作为人地关系相互作用的重要载体与空间分布类型，其时空特征能很好地表征人类聚落发展的演变规律。因而自古以来把土地作为聚落建设的基础，在聚落设计中首先要充分考虑土地的有效利用，适应地形地貌的特点确定聚落的布局和形态，营建出"人之居处，宜以大地山河为主"的聚落。乡村聚落的位置和空间分布受自然因素和人文因素的影响。通常山区和丘陵地区受自然地理因素（海拔、坡度、坡向等）的影响很大，平原绿洲地区更依赖于交通、渠系、耕地等人文因素。因此，营建聚落环境的关键是择地，尽量与自然和人文环境相适应，追求"以山水为血脉，以草木为毛发，以烟云为神采"的境界。

一、解析易旱易涝聚落困局

我国农村聚落与水土资源具有高度的空间耦合关系。山地与平原、山坡与冲积扇的接触带往往成为聚落集中区。这与我国人多地少，尽可能节约平地用于农业的想法有关。在全国各地，几乎都是如此。在我国东部冲积平原，聚落多分布在山麓冲积平原与山体交界处；在我国西南部，聚落并非在平坝和河川两岸，大部分房屋集中在山麓阶地上；在我国东南沿海岛屿上，由于平原地区非常有限，秉承住宅尽量不去占用平地是营建聚落的重要原则，所以几乎所有的大小村镇都位于平原和山区接触之处。这样尽管做到既便于用水又不易受河流决堤、洪水泛滥之害，但聚落易旱易涝问题的另一面也暴露出来了。我国缺水的类型主要分为资源性缺水、工程性缺水、结构性缺水、水质性缺水。其中，资源性缺水属于自然原因。所谓工程性缺水，是指特殊的地理、地质环境不能蓄水，缺乏水利设施留不住水。鉴于这种情况，地区水资源总量并不短缺，但是由于工程建设不足造成供水不足。这种情况主要分布在长江、珠江、松花江流域、西南流域和南部沿海地区，特别是西南省份较严重。工程性缺水存在的主要问题是指，既没有水库、灌渠等骨干水利工程，也没有能力将水引到一家一户的田间，即"最后一公里"没有水利设施工程。还有南方喀斯特地貌的特殊性，山上坡度越陡，土壤越薄，蓄水能力越差，天然的雨水不是顺着山的裂缝漏进地下暗河，就是顺着山体流进地势深陷的河谷。即使是地处河畔的山村聚落也难免有"地下水滚滚流、地表水贵如油"的境况。如何使地下水进村、地表水留住，是解决缺水难题的关键。这个问题解决不好，就出现干旱。因而在我国四类气象灾害中，第一号灾害是干旱，下面是洪涝，紧接着是热浪，此外还有低温灾害。由于其隐蔽性、潜伏期和不确定性，干旱容易导致人们冒险和被动地等待。一旦它成为一场严重的灾难，后果很难挽回。一方面，造成与乡村聚落建设密切相关的耕地、森林、草地等资源极度短缺，聚落空间形态、群系空间结构不能满足现代农村主体综合化、多样化发展需求。另一方面，人类只能向少数边远地区拓展，使得传统乡村聚落、人口高度分散，农业生产方式落后，大多数乡村聚落空间发展都出现对稀缺自然资源的不合理利用。这些尖锐问题的解决，必须在顺应新型城镇化的发展趋势，通过国土空间和城乡一体化发展规划，积极推进农村聚落空间转型，实现城镇化目标的同时，最大限度地满足和支持农村产业经济和社会文化的快速发展，有效调整现有形式，弥补农村聚落空间结构缺陷，逐步消除薄弱经济、社会、生态基础之间的矛盾和对立，改善农村人居环境。

"有水则成绿洲，无水则成荒漠"是干旱绿洲地区的真实写照，"以水定地，以水定人"亦是其可持续发展遵循的原则。水资源量将影响供水能力，从而决定绿洲耕地的面积。耕地面积也会影响土地资源的人力开发强度和土地本身的生产能力，土地生产力影响人口承载力，进而影响绿洲人口聚集的实际载体聚落。因此，水土资源已成为制约绿洲人口和聚落生存和发展的主要因素，人—水—土系统具有高度的相互依存和共生关系。干旱因其自身的特点，在很大程度上造成了巨大的破坏。首先从空间上看，干旱的危害范围远大于地震、火山爆发、洪水等其他呈点线状散布的灾害。但有两种流行的理论需要进一步解释。一是通常所谓"水灾一条线，旱灾一大片"。应该说，对于以丘陵为主的长江流域等地，这一说法自然更为适用，但对于华北黄淮海平原，无论水灾、旱灾，都会造成大面积的危害。二是所谓的"南涝北旱"。从历史上看，北方有大旱，也有大涝，旱涝并存；南方大涝居多，但大旱灾也时常发生，一旦发生，也会造成严重后果。其次就时间而言，瞬时性爆发式灾害，总是在极短或较短的时间内，或几分钟，或几小时，或几天，释放出巨大的破坏能量，造成大量的人员伤亡，惊天动地，骇人心魄，但相对而言，这也是因为它们的时间短、灾害范围有限，即使次数频频，人口损失反而不是十分突出。而干旱是一个长期的过程，通常持续数月甚至数年，有的地方虽不构成对人类生命直接威胁，但因灾害面广对农作物破坏要比其他灾害严重得多。也就是说，它更重要的是切断维持人类生命的能源补给线，造成饥荒或由饥荒引发瘟疫，从而摧残人类的生命[①]。

水患是江河湖水对聚落生存发展具有破坏性环境影响的剧烈表现特征形式。所以在江河滨湖地区，洪水对当地的灾难性影响一直受到关注与重视。洪水容易引起农业灾害导致经济衰退，财力资源薄弱聚落建筑萧条，群体凝聚力衰落表现出相当初级的建筑层次和单调的风格，容易以新的形式进行更新。研究湖区乡村聚落历史特征的保存不足是一个普遍的逻辑判断。然而，随着对湖区调查的深入挖掘，不难发现，应在主线上增加至少一些其他细节，以展示该地区环境恶化后聚落格局下降的真正原因。衡量洪灾社会影响的主要指标包括死亡、位移和失业。影响洪灾人员伤亡的主要因素有：生活条件、洪涝预警、防洪和转移系统；应急救援措施；卫生防疫措施；灾后社会救助；灾民经济实力。洪水风险信息和防汛知识普及。生活条件的改善可以显著减少由于洪水和排水造成的直接伤亡。近年来，随着经济的发展，

---

① 夏明方：《历史上的旱灾：最厉害的天灾》，《时代青年（视点）》2014 年 8 月 21 日。

经济发达地区的居住条件有了很大的改善，土坯和木屋被砖混结构迅速取代。即使在经济欠发达的滨湖地区，一般洪水袭击建筑物基本上可以保证不会倒塌，成为洪水风险地区居民的安全避洪港。但是，水是生态系统的控制要素，湖是生态空间的重要组成，聚落是人类各种形式的居住场所。通过对我国聚落的起源和演变特征的分析，以及对聚落发展趋势的预测，可以看出低洼平原地区遭受洪涝灾害的频次多而聚落分布往往具有不稳定性，易受水淹的河流两岸受到洪水威胁较多的地方已经移民搬迁高处集中聚居，湖滨滩地或盆地中心洼地往往一直成为聚落空白地区；与平原（或低地）聚落相比，山区聚落尤其是偏远山区聚落往往表现出聚落规模小、聚落封闭以及聚落对当地食物和能源的高度依赖性等特点，移民经常搬迁到靠近河流又相对集中的城镇；江河不仅为城市发展提供了不可或缺的水资源，而且也为城市发展带来了某些洪水隐患，而湖泊则相对起着蓄洪防汛和维持生态的重要作用；多年来城市建设中老河道填埋较多，之前的地下管径标准较低，强排能力不足，迫切需要建设景观优美、临水便利、排蓄顺畅的"不淹不涝"城市；人口流动引导空间优化，构建以湖泊（水库）为中心的湖畔聚落圈，必将成为现代社会中湖泊发展和山水林田湖生命共同体建设的重点。

应当指出，旱涝灾害，特别是极端干旱的周期性爆发，往往不是孤立现象，而与其他重大灾害一样，一方面是蝗灾、瘟疫等次生灾害，另一方面是一系列灾害，如地震，造成洪水、干旱、寒冷、风灾和流行病等灾害同时或相继发生，甚至多灾合一大规模爆发，进一步加重了人类社会的危害。这种灾难并不是唯一的，国内灾害学术界称之为"灾害群发期"。明崇祯末年大旱、清光绪初年华北大饥荒等，是中国当代自然科学家发现的两大灾害的高峰期——"明清宇宙期"和"清末灾害群发期"的巅峰阶段。灾害爆发的周期性特征，当然表明了自然界异常变动的力量在灾害形成中的重要作用，但这并不意味着灾害的形成纯粹是自然界，也不意味着仅仅改变人类生存的物质条件就可以减轻甚至消除灾害。对于某一特定国家或地区而言，自然变异对人类社会的影响和破坏程度不仅取决于各种自然系统变化的性质和强度，还取决于人类系统内的条件和变化状况。它既是自然变异过程与社会变化过程相互作用的产物，也是该地区自然环境与人类社会对自然变异的承受能力的综合反映。因此，自然变异与灾害形成之间存在着一个复杂的演化过程。在这一过程中，自然变化强度与灾害规模之间没有直接的因果关系。换句话说，自然变化(干旱)并不意味着灾难(旱灾)，也不一定会导致饥荒(旱荒)，饥荒不一定会导致整个社会的动荡和聚落的毁灭。

水库建设的灵魂是因地制宜地进行合理的规划设计，不仅要使水库工程能够发挥调节水源、防洪防旱的作用，而且能够最大限度上发挥大坝自身文化景观旅游等作用。由于水资源的时空分布不均，用水库蓄水调节水资源的时空分布矛盾，是解决水资源问题的重要措施。水库的规划设计要遵循水资源的充分有效保护和利用，水安全、水环境、水景观的统筹协调等基本原则，贯彻生态工程整体性、协调性和良性循环等原理，以实现水生态平衡和资源利用可持续。适应库区气候环境条件的改善变化，促进社会快速发展和经济水平不断提高，带动周边土地资源开发，提高农业生产、村镇建设、工商、旅游业等水平，形成不同于天然湖畔的聚落。聚落空间从原来的分散状态到不断整合集中，从无序发展到有序发展演变，减少分散的农村聚落，提高农村土地利用效率，促进土地集约利用，优化农村聚落空间布局，实现村庄规模集聚效应，提高基础设施改善程度和公共享有率，为农村城镇化发展做好准备。

二、利用地形地貌建水库（湖塘）聚居

当然，乡村聚落的分布与水源密切相关的规律始终不会改变。改革开放前，特别是新中国成立前，干旱地区的生活用水主要是沟中的流水，条件较好的地方可以饮用沟底的泉水，使人们在修建定居点时尽量靠近水源。改革开放后，农村经济发展迅速，人民生活用水基本解决，大部分家庭使用自来水，减少了水源对新聚落的影响。但总体而言，水资源仍然制约着乡村聚落的分布和发展。从城市聚落发展的趋势看，人工湖（水库）以其独特的景观和优良的生态功能，越来越受到人们的普遍欢迎，成为城市新区聚落的首选。从城乡一体化水平比较高的地方看，已从过去追求传统的"前有照(水)、后有靠（山）"到向往现代化的山水林田湖草生命共同体聚落。显然，新聚落生活一定不是旧聚落的克隆，而是具有新时代气息和自身生活特点的新个体。真实的历史是连续的，试图完全保存"古代特征"而忽视居民的现实生活需要是反历史的。传统民居反映了各个时代建筑的水平，显示了不同时代

人们在特定的经济、文化和环境背景下对建筑的理解。当代设计师应创造出符合现代人要求的建筑艺术和湖滨聚落，在满足现代城市居民高绿地率和低容积率等需求的同时，在新的物质条件和新的文化环境中反映时代特征，满足人们追求高品质生活休闲环境的需求。

地形地貌是选择聚落位置和布局的决定性因素。而选择营建聚落的前提是适宜建设的场地。研究发现，无论是山区还是平原，营建聚落都尽量选择在相对高处，并确保周围有水源。力争形成景观丰富、功能合理的聚落点环境，而通过修建水库工程留住"地表水"、用上"地下水"、蓄积"天上水"增加水源，始终是聚落生存发展的重中之重。尤其要发展现代的动力工业，不建水库是不可思议的。利用水坝上的水力发电机来产生电力、成为运河系统的一部分、对库区和下游进行径流调节、发展渔业等产业，还有建设抽水蓄能电站、火电厂和核电站都需要水库。在世界许多国家，水电站建设是解决水资源综合利用问题的前提和基础。没有水库调度的水电站因为不能利用汛期径流，径流利用率很低，经济效益也低。因此，建设水库降低天然径流的非均质性是合理利用水资源的前提。径流调节可以提高水电站的装机容量，增加发电量，提高径流发电的利用率，经常提升水电站自身的经济效益。通常，在河流上兴建的是梯级水库，而不仅是单个水库。它们之间既通过电力联系，又通过水力联系。调节水库的建设可以增加水库下游所有水电站的发电量，因此水库水电站具有许多优点。随着社会经济的发展，水资源短缺问题日益突出。为了满足聚落的用水需求，单纯依靠地下水和未经调节的地表水越来越困难[1]。为了给聚落提供自来水及灌溉用水，最普遍的就是在一些河流、山区建立河坝，进行人工蓄水，从而形成水库。当然，由于我国地形复杂，山地较多，存在许多天然的蓄水场所，还有一种就是，在通过在地下透水层修建出坚固的截出墙面，从而透过隔水渗透，形成蓄水场所，主要收集的是地表水和降雨。

库区建筑要以营造天时、地利、人和的空间氛围为目标在注意自然景观整合的同时，使聚落具有与自然景观相适应的人文景观。利用建筑改造环境，既防止建筑物与库区景观的冲突，又利用优美的自然环境来丰富住宅建

---

① 徐礼华、刘素梅：《水库及其环境影响》，《工程力学》2007 年 12 月 25 日。

筑的外部空间。在人多地少、耕地资源紧张、生态条件脆弱库区，通过聚落空间后靠上移、水平迁移和垂直下移，聚落空间集聚效应明显，聚居区的迅速扩张导致人口拥挤和生计问题、传统文化保护等问题都得到不同程度的解决。当然，也频频出现移民新村形式与城镇相雷同，千村一面的风貌、原有肌理被破坏、新建村落与周围环境不协调等问题。移民前老村的原始村落风貌已经遗失，与周围环境和谐共融的文化已经在移民新村的规划中丢失，造成"不城不乡"的现状。总体上缺乏民族风格特色，具有水库聚落特征的乡村情境日益稀缺，无法实现"看得见山水，记得住乡愁"的基本要求。有的村民不再满足于过去的居住方式，在盲目追求时髦气派的过程中，使整个环境格外突兀。

农村聚落空间规划是实现乡村振兴发展的重要途径，其本质是生活空间、产业空间和生态空间的同步优化改造过程。随着农村社会经济的逐步调整和对外开放政策的大力推进，村庄的功能组合、布局模式、空间规模和所处环境越来越多样化，迫切需要高度灵活的规划实施机制与之承接呼应。在现代的人居建筑中，要注意建筑区地理特征，注重利用建筑群体的开合，在设计中针对地理特点，丰富建筑单体的形式，扬长避短，寻求适应当地地理特点的建筑。对受地质灾害严重威胁、不宜采取工程措施治理的居民点，应结合生态移民和扶贫搬迁的任务，积极规避和搬迁。由地震或冰川、泥石流引起的山崩滑坡物质堵塞河床而形成的堰塞湖，必须坚持以地质环境效应为基础，逐步提高地质环境质量，不断减少和控制灾害的发生和发展。在长江三角洲、华北平原、汾渭盆地等地面沉降、地裂缝灾害严重的地区，对地下水超采区进行综合治理，严格控制地下水开采，实现地面沉降风险可控，优化地下水的合理开发利用，确保聚落安全。

三、水库水资源与聚落匹配

水库（人工湖）作为改善人类居住环境的水利工程设施，在水域日益萎缩的今天越来越重要。尤其在现代城市建设、新型社区建设以及大面积的公共绿地建设中，构建人工湖泊已被越来越多的人所推崇。水库不仅是山区丘陵地区居民生存发展的物质基础，利用绿水青山的经济优势为脱贫致富创造条件；而且因其生态价值显著为山地丘陵环境中的居民提供水、生态、景观等核心资源，成为维持城乡人居环境特有的且不可或缺的环境要素。库区人居环境景观格局的空间分布是该特殊地理环境下人类生产生活、自然气候条件变化、政治文化等因素综合影响的结果。库区人居环境景观格局受高程、坡度影响明显，受坡向的影响不明显。人工干扰性弱的集中分布在海拔高、坡度大的地区，干扰性强的农业景观和人工建设区景观集中分布于库区，这种人居环境景观格局是经过长期的自然适应过程形成的，因而将形成人类生活区域和库区均处在彼此的核心影响范围内，库区周围的人居空间较易形成以线穿点的发展模式，且聚落的大小差异明显等特征，库区人居环境景观格局由于政策的原因和特殊的自然环境的原因容易产生较大的差异性。

要把生态环境保护和聚落可持续发展统筹考虑。在享受水库工程带来的经济效益和社会效益的同时，要注意对河流生态系统的前所未有的压力，保证水库开发建设既起到维护生态系统的稳定和生物多样性的生态平衡作用，又能满足人类的社会需要。然而，传统水库水资源的利用方式更多的是注重水库的社会经济功能，而对库区和水库下游的生态环境问题重视不够。因而有关科技工作者对水库的构建技术进行不断创新，但主要集中于工程较大的水库等的建造以及防渗技术方面，对水库景观设计及后期管理等方面的技术创新不足，导致有的水库起不到生态景观方面的功能。事实上，许多国家通过改变水库运行模式，保护流域生态系统的健康，克服了水库对河流生态系统的不利影响，实现了水库的社会经济效益和生态效益最大化。从生态学的角度和国内现实来说，水库就是小型生态系统，增强其自我修复能力既有必要，也有可能。

当然，水库的生态效益往往受到其社会效益和经济效益的制约。因此，生态调控的本质是促进生态与社会经济利益相互优化，确保在一定时期内的相对平衡。统筹水库生态系统、协调各种盈利要素，在保障河流生态健康的条件下，促进人水和谐，实现水库以防洪为约束、河流健康为目标的平衡优化运行。水库是一个蓄水的容器，所以其容量是有限的。人类通过在山地周边修建水坝、进行蓄水、形成水库，建立具有调蓄功能的大中型骨干控制性水利工程，增加水资源调蓄量。在此过程中上游的陆地随着库区水的不断增多变化水域，河坝四周和流向受到影响进而产生流向变化，下游的水受到堤坝拦截造成水流阻断。整个水源生态系统发生变化，水库不断蓄水，使得水资源增多，调控性因而增强，可调控发展农业、林业、渔牧业等，水库周围水源地因而容易吸引人类活动，形成新的聚落。开发湖畔聚落的目的在于实现人与自然的和谐，实现发展过程中环境优化与物质文明的同步，创造出建立在可持续发展的人地关系基础上的山水林田湖草生命共同体。

　　由于水库水文环境的自然优势，历史上的河流湖泊被称为"民足鱼鳖之饶"，渔业也处于相对繁荣的状态。河湖地区很早就有类似渔民水上船居的记载。水库河湖地区土著聚落中到目前仍以捕鱼为业。这种以舟船、木筏为居的聚落形式曾在赣南山区部分水库出现，渔民在船上的居留一直存在。即使在今天，仍然有这种栖息在水上的船只。在湖泊数量和面积很大的湖区，至今仍是这类居于船上的渔民聚落的主要聚集区，而在今天的江汉平原上，有渔民的住宅，里面有混凝土船体和砖墙。显然，这种船屋不能出去钓鱼，而是给渔民提供比木船更坚固的船庇护所。这就需要对原有的聚落环境和新的聚落环境进行研究。在库区移民建设过程中，有必要对移民安置区的环境人口容量和安置生态条件进行研究。从重庆三峡库区特殊地区农村聚落的影响而言，自然环境因素（地形、地貌、气候、地理位置等）和人为因素（人口、区位、产业、政策等）严重影响农村聚落的空间演变，其中数百万库区移民对农村聚落空间演变有着前所未有的影响。在国家政策的支持下，三峡库区生态脆弱区实施"退耕还林、还草"政策，分散的村落就近搬迁，融入条件较好的村落，或迁移到地势平坦、交通便利、基础设施完善，生态环境质量高的生态移民新村落。库区生态移民工程促进了分散农村聚落的空间整合，并趋于相对集中。移民后的聚落呈现出沿交通线集聚、聚落分布空间密度减小和聚落规模逐渐增大的趋势[①]。

第三节　气候条件与聚落的关系

　　我国濒临世界最大的海洋——太平洋，又位于世界最大的大陆——亚洲大陆的东南部，南北跨约有五十个纬度，加上各全国地区地形复杂，距离海

[①]　冯敏、李孝坤：《移民背景下的重庆三峡库区乡村聚落空间演变分析》，《湖北农业科学》2014年4月20日。

洋远近差异较大，因此，我国是个具有多样气候特征的国家，并且气候受季风的影响明显。就全国范围来看，广东的雷州半岛以南，台湾和云南南部，终年都长夏无冬，树木常青，一派热带风光；东北的黑龙江则是全年无夏，入冬以后，千里冰封，万里雪飘；江淮流域中下游气候温暖湿润，四季分明；西北一带的大陆性气候地区，寒暑变化很大，西南的云贵高原，则夏无酷暑，冬无严寒，有的地方是"四季如春"。青藏高原西部则是终年积雪。其气候环境特征有：从南到北跨越热带、亚热带、暖温带、中温带和亚寒带五大气候带。气候对于水利最直接的影响是雨量的分布。我国从东南沿海向西北内陆，每年平均降雨量分布大致由 1500 毫米以上逐渐减少到 50 毫米以下，显示出随着与海洋的距离加大而逐渐减少的明显特征。中国的地貌以山地和高原为主，形成了巨大的地形阶梯。这些地貌特征以及由此诱发的东亚季风和南亚季风气候决定了我国湖泊和聚落的空间分布，呈现出具有区域特征的分层格局。

一、气候条件与人类生存的关系

气候条件是人类赖以生存的自然环境和自然资源的重要组成部分。气候条件与人类生存发展和社会活动的密切关系进一步说明，气候条件是人民生活和生产的基本条件，也是聚落发展的背景条件。地质研究证明，在"新冰期"之后，由于气候变暖和冰雪融化，地球遭受了全球范围的洪涝灾害。在这方面，犹太、印度和希腊的神话中都有关于洪水的记述[1]。中国著名学者竺可桢先生在经过大量科学研究之后，得出了这样的结论：中国在 5000 年前的从仰韶到 3000 年前的殷商时期，气温比今天高 2℃左右。黄河流域的气候比现在温暖湿润，河流径流量和洼地蓄水面积都远比现在大。亚热带的雨水偏多造成了这一地区洪涝灾害频发，于是便有了尧舜时期"汤汤洪水方割，荡荡怀山襄陵，浩浩滔天，下民其咨"（《尚书·尧典》）的记载[2]。现在气候变暖对人类生活的水环境产生了巨大的影响，如全球水资源分布改变、极端自

---

① 梁述杰：《大禹文化研究思考》，《山西水利》2011 年 1 月 31 日。

② 李德民：《水：神话中的精神化石》，《西北农林科技大学学报（社会科学版）》2010 年 3 月 10 日。

然灾害频繁发生、海平面上升以及淡水资源短缺等。全球降水分布发生了变化，亚洲、拉丁美洲和北美的大部分地区变得更加潮湿，非洲和东南亚地区变得更加干旱。气候模型预测多雨地区（至少 5 毫米／天）降水量增加，干旱地区（3—13 毫米／天）降水量减少，进而导致旱区更旱、涝区更涝[①]。

全球气候异常变化是客观原因。以云南省为例，2009 年以来持续干旱受大气环流异常、海洋温度异常等多种因素的影响干旱期间的每个时段造成降水偏少的主要因子均有所不同，但综合起来，最主要原因是由于各种环流异常和外部强迫因素异常引起的沉降气流发散长期控制着云南地区，这种下沉辐散气流不仅会引起水汽输送路径和冷空气活动路径的异常变化，还会抑制云南地区对流的发展，进而导致云南地区降水量持续减少。进入 21 世纪初的前 10 年，雨季是云南省降水偏少幅度最大的时段。干旱发生在主要汛期作物最需水的关键时期。发生在水库蓄水的重要增长期，不仅严重影响作物的正常生长，而且导致水库蓄水严重不足。

在几千年的中国古代社会中，以阴阳五行学说为基础的"灾异遣告论"或"灾异论"理论在先秦时期萌芽并在两汉时期基本定型。邓拓称之为"天命主义的禳弥论"。尽管从先秦到明清，从荀子、王充到王安石等学者，从自然变化的角度解释灾害成因的思想家并不缺乏，但他们的观点并没有从根本上动摇前者。晚清以来，在与西方现代文明碰撞的过程中，越来越多的学者开始运用现代科学知识来解释灾害的成因，并逐渐形成了以竺可桢气候变迁理论为代表的新"灾害观"。毫无疑问，这种"灾害观"赖以抗击"天命主义禳弥论"的思想武器是现代科学。然而，必须强调的是，这样一个史诗般的、成功的科学发展过程，用马克斯·韦伯的话来说，就是一种将人类从自然中解放出来的"脱魅"的过程，只是为人类减少灾害的发生、切断由灾而荒的链条提供了必要的前提和可能的条件，如何将这种条件转化成直接的抗灾救灾能力还是一个值得思考的问题；人类也必须正视这条科学发展的光辉之路，正视它所推动的经济发展进程，以及其自身孕育着的另一种逆向变动潜能与效应，以致在自然灾害之上叠加以环境破坏的危机，并使自然灾害

---

① 徐世晓、赵新全、孙平：《人类不合理活动对全球气候变暖的影响》，《生态经济》2001 年 6 月 26 日。

更多地掺杂进人为的因素；我们应该警惕一种"唯科学论"或"唯科学主义"，这种取向把自然科学抬到了无以复加的地位，忽视了人类在环境变化中的重要作用①。

人类聚落环境的城市化，对大气环境、水环境和生物环境产生了很大的影响。城市化对大气的影响改变了下垫面的组成和性质，用砖、水泥、沥青、玻璃、金属等人工表面取代了土壤、草地、森林等天然地面，改变了反射和辐射表面的性质，改变了地表的粗糙度。从而影响了近地表层的热交换和大气的物理状况。城市需要消耗大量的能源，释放大量的热能，部分城市大气环境接受的人工热能接近甚至超过了太阳辐射能的接受程度。城市温度高于周围郊区的温度，经常形成热岛。城市排放大量的气体和颗粒物，极大地改变了城市大气的组成。除气温升高外，市区云雾、烟尘、氮氧化物、硫氧化物、碳氧化物、多环芳烃等物质含量增加。由于城市的温度高于周边郊区，城区受污染的暖空气上升向周边地区上升和扩散，而郊区的冷空气则由下向城区流动，形成局部环流。这加强了城市与郊区之间的气体交换，但在一定程度上，污染物在城市上空形成了一道帷幕，不容易扩散到更大范围。因此，一些大城市多次发生空气污染事件②。

二、气候变迁与聚落演变的关系

人类进行聚落的目的是为了给自己的生活营造一个适合居住的环境，聚落适应气候才是良好居住环境的先决条件。例如，在西北部，并不是所有地方都能择水而居。由于气候干旱，气温寒冷，风沙频繁，人们只能根据山势选择聚落的位置，确定房屋的朝向，以便在寒冷的季节里充分利用太阳能取暖并有效避免风沙侵袭。新疆策勒县自建立以来，先后三次因风沙所迫迁徙，备受风沙侵袭的人们就此总结出适合当地特点的选址模式，即在地势较高的坡地为天然屏障盖房，住宅后面居高可抵御风沙，在低洼地带设置庭院和果园，互相支撑。宁夏西海固地区山势起伏，沟壑纵横。当地人倾向于选择背靠西山或北山能够挡风采光的地带或西面山峰环围的向阳地带修建房

---

① 《中国历史上的旱灾：死亡人数处于诸灾之首》，http://history.peopl。
② 《聚落环境》，http://8.80008.cn/80。

舍，这往往与汉人风水学中的"背山面水，左右护工"的居住观相吻合。因此，在某些自然力的作用下，通过人类活动在自然界形成的空间形态内包含着寻求人与自然平衡的努力①。长期探索发现气温对于聚落的分布格局具有显著影响，在热量较高的地理区域范围，一般农村聚落间的土地资源分割单元细化，以较小规模的土地资源支持较高的聚落密度。气候变化导致生态环境发生变化，如气温、降水、海岸变化等，进而致使本区域人类活动范围发生变化，而新的地域活动又将产生聚落位置的更移和新的生产生活方式，引起聚落的变更。因此，气候变化已成为聚落变化的重要激发因素，对聚落的分布、扩大和演变具有重要影响。传统聚落在长期自然选择和进化中，形成了很多气候适应性的经验、方法和智慧。由于各地降水量大小的区别很大，决定了我国乡村聚落有农民聚落、牧民聚落、渔民聚落等类型，现在人们都往杭州西湖这样的地方聚居，是因为这里的气候条件好，"湖泊效应"显著。

气候适应性是指人类在适应气候的生存过程中，所发生的生理变化，通常包括住区对气候的适应和建筑物对气候的适应。外部环境小气候的影响因素包括地形地貌、林草、水体等多个层次，室内小气候的影响因素有建筑材料、空间结构和单体形态等。湖泊等水体是聚落小气候最重要的影响因素之一。太阳辐射主要使水体表面温度升高，水体的密度随温度而变化，在对流循环达到的深度以上水温趋于一致。湖水的温度具有一定的日变化和年变化，在湖水表层这种变化最为明显，随深度的增加而减小。湖水的冻结也与风力有关。在相同的气候条件下，湖泊的不同部分或不同的湖泊不会同时出现结冰现象②。我国农村有"四旁植树"的优良传统，主要是树林可对聚落小气候的调节起遮西晒、升降温度、调节湿度、挡风、导风等作用。草与聚落的位置关系一般是草分布在聚落的周边，也有采用建草坪的方式分布在聚落内部，一般和树木、花草结合，对聚落的小气候影响效果较小。

城市热岛是城市发展到一定规模之后，由于人口相对集中，城市的建筑物密集，化学燃料使用比较多，比如家庭取暖、家庭做饭、汽车燃油，还有

---

① 马宗保、马晓琴：《人居空间与自然环境的和谐共生——西北少数民族聚落生态文化浅析》，《黑龙江民族丛刊》2007 年 8 月 15 日。

② 《湖泊》，http://www.hudong.co。

一些工厂能源消耗量大等原因，使得城市地表和周边的郊区地表的物理性质不一样，由于这两个原因会使城市的气温高于周围郊区，这叫热岛。但是热岛是有条件的，由于人类活动毕竟还是局部的，热岛表现是在大气环流系统的影响相对小的时候这个热岛效应才比较突出。城市湖泊的高热容性对城市热岛效应的减弱具有明显作用，城市湖泊水的流动性以及湖泊风的流畅性，水面蒸发也会带走一些热量，尤其是在夏季，开阔的湖面便于空气流通，湖面带着水分和凉意的清风，吹拂到人身上，让人暑意顿消，爽身惬意。城市湖泊水吸收太阳能并获得热量，但热量可以通过对流换热、有效辐射和蒸发等方式流失。湖泊的传热与交换可以用湖泊的热平衡方程来表示和计算。由于湖泊蒸发速率等湖泊热平衡要素难以准确测量，因此通常采用水温表示湖泊的热动态，可知城市湖泊具有消除城市热岛的效应。

三、气候变化与湖畔聚落的关系

气候是聚落选址的重要因素。在传统聚落的建设中，首先应充分考虑气候因素的影响，既要适应大气候特点，又要产生良好的小气候。在较大的尺度上，地形、太阳辐射和风相结合，形成小气候，这种小气候增强了区域气候的某些特征，与其他依赖气候和季节的地方相比，它可以使地形范围内的一些地方更加令人满意。因此，建筑群的位置可以提高舒适性和适用性效率，改变采暖或制冷季节的长度，从而降低采暖和制冷能耗[①]。由于湖泊（水库）水体的存在，当地的气候与周围的土地不同，其特点是由于湖（库）水对太阳辐射的反射率小，水体比热大，蒸发耗热量大，使湖面上气温变化与周围陆地相比较为和缓，夜暖昼凉，冬暖夏凉。由于湖泊的存在使夜间和冬季近地气层不稳定，白天和夏季则气层稳定，因此湖面上日雨量减少，雷暴多发生于夜间。由于白天和夏季雨量较少，使年总降水量偏少，但夜间和冬季湖区降水量反可比陆地多。由于湖泊和陆地之间的温差，形成以一昼夜为周期的湖陆风，白天风从湖吹向陆，夜间风从陆吹向湖。由于湖风的调节，湖滨地区冬季白天气温偏高，夏季偏低。湖（库）的影响可以扩散到一定距

①　G.Z.布朗、马克·德凯：《太阳辐射·风·自然光建筑设计策略》（原著第二版），中国建筑工业出版社 2008 年版，第61—62 页。

离附近的土地上，使其具有一定的湖（库）气候特征。湖（库）面积愈大，湖水愈深，湖泊气候的特点及其对周围陆地的影响愈明显，形成湖畔聚落的条件就更优越。

所以，我国城市聚落发展比农村快，城中湖畔聚落发展比陆地缺水聚落快，沿海城市聚落发展比内陆城市聚落快。因而在发达的沿海地区人口有从市中心流向郊区的趋势。城市居民陆续迁入郊区，形成了白天在城市工作，晚上或节假日返回郊区休息的生活方式。但是，在湖畔聚落与环境系统关系的演变过程中，每一种结构对满足人类社会可持续发展都有一定的局限性，需要形成其独特的适应特点。近年来，人们对不同社会经济背景和不同地貌类型特别是对水乡湖畔聚落分布格局和演变的影响进行了更多的研究。分析了我国湖畔聚落密度、规模、空间分布的演变特征。如苏州市郊的村镇分布具有明显的水乡特色，河流湖泊对其形态、规模和发展都有很大的影响。湖畔聚落不仅代表了传统时期湖区人类聚落的典型特征，而且揭示了现代社会条件下水网与聚落关系应遵循的自然规律。在当今的城市化时代，土地高度开发使水网发生了巨大的变化，河流被阻塞，河流密度突然下降，水质变得不适合人类健康居住。这些现象促使我们对湖畔聚落营造模式的时代性、地域性以及可持续性进行深刻的反思。从生态系统的完整性看，聚落发展要求协调各要素，形成以水为关键生态因子的有机生态环境；从聚落演变的历史足迹看，中国改变缺水的现状能够找到解决的办法，湖畔聚落建设也可开辟新的天地。仅从气候角度看，既可以引青藏高原的水将新疆干涸的湖泊、河流注满，也可以在东部尤其是华北平原到西部建设人工湖，利用丰水年注水，形成东南季风的循环链；还可以在青藏高原靠东边一带建人工湖，形成一个围青藏高原的湖泊链，那太平洋的东南季风与印度洋的西南季风包括大西洋的暖湿气流都能够到达这里，会日益形成良性的大气循环，三股气流汇集到这里，会形成一股强大的吸引力，会带来三大洋的水降落到这里[1]。

研究和发掘全国传统聚落所蕴含的可持续发展理念和可持续建设手段，不是回归历史发展模式，而是弘扬自然环境和谐统一的理念。人类在传统聚

---

[1]　《青藏高原湖泊为何会变大你或许没想到》，http://blog.sina.com。

落中的体现，包括从自然环境到社会组织，从生产活动到生活功能，从建筑材料到结构、空间形象，从普通建筑作品到深层概念的综合思考与实践，深刻地反映了当时的人地关系。对传统民居建筑的保护与更新，应被看作是古代文明与现代生活的一种共生。随着人们对周围环境认识的加深和环境局限性的突破，聚落景观要素及其功能将不断再分配调整，使其更方便于日常生产和生活。

第二章　聚落与环境的适应性

自然环境是人们获取生存资源和建立庇护所空间的基础。各种资源的条件有助于该地区人类和文化的形成和发展。尽管自然环境条件和资源条件不是区域发展的唯一决定因素，但不可否认，它们起着中心决定作用。传统聚落的形成和发展，必须依靠其适应性及生存背景的生态环境，保持聚落生存系统的动态平衡、协调和共存，并且始终坚持环境变异程度不超越系统适应性的范围，使传统聚落的设计不仅在表面迎合风水要义，而且在实质反映对自然地理要素的生态适应。在人类追求生态系统完整性的长期生存实践中，逐渐形成什么样的环境是不利于人类生存和发展的凶险环境，什么样的环境是有利于人类生存和发展的吉祥环境等观念和经验。

第一节　聚落的自然适应性

聚落是一种以人类生产生活行为占主导，以自然生态环境和物质资源流动为生命线的人工复杂生态系统。聚落的形成与发展离不开自然环境，自然环境对聚落形态的影响也往往是多方面的。农村聚落自然生态系统主要包括土地、植被、空气、水等自然资源，以及在此基础上赋予人类的农田、水系、林地等及其生态环境。作为自然生态的一个子系统，农村聚落自然生态系统创造了独特的社会生活组织方式和乡村聚落农业生产模式，也为经济生产和社会生活子系统提供了必要的物质基础和发展空间。从聚落元素的形态特征到聚落布局及其发展演变，都受到自然环境的制约和影响。无论是哪一个民族或他们从事的任何类型的经济活动，他们都非常重视定居地的选择。传统聚落实质体现了其对自然地理要素及生态系统完整性的适应。在聚落选址布局上，试图将山、河、路、池等具体化为"藏风聚气"的环境因素，形成适应环境的理想聚落模式。传统聚落营建风水林、池塘以弥补原自然环境的不足，这不仅起到了构成一个完整的生态系统维持生物多样性的作用，而且发挥了人类构建山水林田湖草生命共同体的功效。在房屋形式的选择上，传统聚落建筑具有丰富的地域特色，体现了对自然的尊重和适应。

一、湖畔聚落生态特征

自然生态是聚落形成和发展最直接的物质基础和根本标志。依托池塘、湖泊、江河、溪流傍水建房结村是传统聚落生态适应性的通常做法。传统聚落多为溪流环绕，使传统聚落环境与自然生态和谐相处。不仅为生产生活提供水源，方便日常洗衣和淘米，保障农田灌溉，同时在雨季便于防洪排涝，在夏季还可成为天然空调，具有改善大气微循环的作用。许多传统聚落门前有种植莲藕的传统习惯，既能养鱼吃浮游微生物减少二次污染，又能利用莲藕吸收污水达到净化水质的目的。从生态系统完整性的角度来看，"背有靠，前有照，负阴抱阳，明堂如龟盖，南水环抱如弓"。门前有池塘、沟渠弯曲、潺潺水流，村前良田千顷、稻浪滚滚、瓜果飘香，还有远处低矮的小山朝拱，到处青山绿水，村庄周围有山体护卫，山脉是一个具有良好防御功能的生态屏障。

人类活动影响湖畔聚落是一个动态的循环系统。聚落内部以人为核心，民居建筑、水、湖、田、草、林、山等自然要素由内向外呈不规则的同心圆分布，使其生态系统的空间构成就保持了良好的物质循环，保证了各组成部分之间能量流动的充分性。为了规避环境对人类的负面影响，从不同角度努力在自然环境条件下形成的类型多样的湖畔聚落。①自然河湖型聚落。自然河湖型聚落的建设是以自然的河湖生态为基础建立的，这种聚落的建设有较高的规划和管理要求，因为其必须保证自然环境不受污染的前提下进行。②河湖聚落城市型。城市型聚落是一种具有防洪以及供水等重要用途，同时又与城市景观相结合，是城市美化，增强城市环境良好的一种重要方式。③水库型聚落。水库型是依靠人工水利工程实现的，其整体具有气势恢宏、科技含量高以及人文景观丰富和观赏性较强的特点，同时由于是与水利工程、移民搬迁相结合产生的，所以其聚落内可以增加一定的人工工程建设和绿化改造，从而能够形成交通便利、供水供电便利以及一系列的良好的生活基础设施。水库型与其他类型最鲜明的特征就是在该类型湖畔聚落内部存在着大量的人工建筑的同时，具有较强的文化代表性和观赏性。同时在对于该类型的规划和建设中可以将水力资源比较主要的媒介性、视觉性以及景观性进行充分的展示，从而使得库内的水力资源得到充分的利用，这赋予了水库型在聚落的功能规划、管理以及旅游市场定位方面具有了更多的发展空间，使得水库型聚落不仅是一种亲水资源储备的方式，同样也是旅游娱乐的载体，为水库水力资源保护和开发、湖（库）畔聚落建设带来了巨大的机遇。

自然景观包括文化景观。研究湖畔聚落数量、面积的增加，以及聚落等级的明显变化结果表明，湖泊对研究区聚落空间分布具有重要的指导作用。其原因包括三点：一是湖泊、水塘附近的聚落发展迅速；二是人们建房时，选择靠近湖泊、水塘的地方；三是许多农村公路和村道的建设，以及相关公共基础设施的改善，使得聚落靠近了池塘、湖泊。当然，还有植树造林建设可以防止水土流失，弥补原有自然环境的不足，绿化也是构成传统聚落人文景观的重要物质。风水树广泛种植在传统聚落中，不仅能够保持自然与人体的和谐，而且具有防风蔽日、保持生物多样性的功能，形成一个生生不息的有机整体。从生态适应性的角度看，创造了舒适的小气候。建筑布局和空间构成的结合，表现出一种和谐共存的美感，不仅有效地节约了土地，而且体现了建筑与自然"共生"的理想。

二、河湖流域聚落环境

聚落是人类对自然环境适应的基础上形成的，因此在聚落环境的形成和发展中，自然环境的影响几乎无处不在。从有史以来河湖流域内河流的主要作用不是作为交通枢纽，就是为生活用水和工用水进行供给可知，聚落分布对河流的影响是无时不在。在世界工业化进程中被打破原有生态环境平衡的国家与区域，也首推集约化发展的湖泊流域。如进入19世纪中期的我国太湖平原水网，由于上海城市的崛起原有的水乡聚落环境变化迅速，不仅河道和村庄的迅速消失，而且各种水环境问题，包括水生态链急剧变化、水质黑臭、太湖蓝藻泛滥等也随之而来。随着生产力的不断提高和人类对大自然的索取越来越多，大自然接着以山洪等方式报复人类程度也越来越严重。尽管我国已经有了人类发展与生态环境协调的经验和教训，但人们还必须认识到，人类对繁荣的追求必然使生态环境不能恢复到原来的状态，人类需要重建生态环境的新平衡。人与自然用宏观的角度来看，在社会发展的任何时期，人类都要依靠自然生存和发展，始终考虑如何与自然和谐相处。

人与自然是在统一中走向分裂，而在分裂中又重新走向统一。这一对人与自然关系相互协调可持续发展的重要理论，对于湖畔聚落发展过程中处理人地关系有极大帮助，有利于形成长期有效的人与地理环境之间协调发展的内在机制，并且以人水和谐为基本原则，实现湖（库）区开发与管理过程中的可持续发展。在当今无论是"向湖海要土地"还是"划分生态红线"，人类的每一个抉择，都在为周边环境的改变按下启动键的历史时期，人类的智慧在于适应自然的本质，巧妙地运用自然的力量，以更低的成本实现最大可能的效率。湖泊管理要抓住限制人类在流域内的经济和社会活动中不损害湖泊功能的可持续利用这一本质。湖泊的自然特性是制定污染控制措施的重要非决定因素。湖泊水体的功能被破坏，不仅存在于水体中，也存在于整个流域中，是流域诸多胁迫的集中体现，单一技术和管理措施往往难以奏效。因此，湖泊管理应实施生态—经济—水文—环境协同管理战略，即制定水环境经济制度以建立湖泊保护修复的激励和约束机制，构建生态健康评价体系以实施适应性管理，实施流域经济社会活动的系统控制，改变经济发展方式、改变居民生活方式、调整社会发展布局，实施生态水文工程以恢复自然水文体制，在湖泊及其流域实施环境工程以控制入湖污染，实施生态修复工程以增强生物自净能力，包括加强项目污染控制等。根据各湖泊在维持生态平衡、支持经济社会方面的不同功能，制定各湖泊的具体管理措施。

自然环境制约和塑造人类及其文化，人的主观能动性和创造性反过来影响自然。湖畔聚落尽管湖泊污染比较严重，但在长期的历史实践中，居住在这里的人们可以充分利用生态智慧和有利条件，总是能达到与湖泊的适应与和谐相处。人类活动与自然环境系统相互关联，形成一个有机整体。自然环境系统不仅是人类生存和发展的基本条件，而且也是经济与社会可持续发展的基础。日益增长的经济对生态资源供给的有限性与自然需求的无限性之间构成了一对矛盾。不合理的人类活动必然导致经济发展与生态环境的严重对抗，最终反过来制约经济发展；而适当合理的人类活动有利于建立经济发展与自然环境系统的协调机制，有利于经济效益和生态效益的统一。由于生态系统结构决定了其功能，湖泊生态恢复是通过改变生态系统结构，使其功能发生相应变化来实现的。如果水体的功能是作为饮用水的来源，则希望生产力低、营养水平低、水质透明。如果将其用于水产养殖，人们希望水生生态系统的生产力会更高，这将提高水的营养水平，改变生态系统的结构。要根据湖泊对经济和社会的支撑作用，把握湖泊污染控制措施取决于人为干扰的强度和流域的发展趋势，维持自然条件、保障优质水源功能、限制人为干扰、维持综合功能、保持景观生态功能，调整整个流域不合理、无序的开发布局，兼顾国家和地区生态环境的总体平衡，科学调整湖泊功能，实现平衡。在继续推进的过程中，既要体现其阶段性，又要考虑其前瞻性，还要注意持续性。改变居民的消费方式，形成生态环境的文化底蕴。根据湖泊的不同功能，采取点源控制、非点源控制、截污、污水处理与控制、集中地面清理、水质净化等措施，促进生态系统全面恢复。

三、湖畔聚落生态机制

传统聚落中的农业经济在一定时空范围内实现了生态自循环，如传统建筑院落前后的绿化、鸡犬家禽的自由放养，既构成了良好的生态循环系统，又维持了生态的稳定与发展，并且周而复始支撑着整个中国社会经济。人们吃食物、蔬菜、鱼，最后变成粪便，回到田地为农作物提供肥料，然后新的稻谷就长出来了。在竹园养鸡不仅可以吃鸡肉和鸡蛋，还可以吃竹笋，又是环境绿化，而鸡粪则为竹子施肥。同时，对传统聚落水系进行改造利用，不仅可以储备丰富的水资源，并能防止洪水泛滥，以便修建排灌渠，方便耕作，开挖水圳、池塘，积累地表水或利用地下水，利用莲藕吸收污泥，养海龟吃浮游微生物，保留许多湿地吸收有毒物质、净化水质、降低生活污水排放与污染，同时也解决日常生活给水、洗涤用水。水圳、水塘的水可以用来预防火灾，改善聚落局部小气候。聚落给水系统与排水系统分开，形成管网。特别是生活污水，采用生物净化处理的方法，通过各自的污水通道将污水排入局部水圳或村外农田。不仅提高了水的重复利用率，而且还减少了对环境和生态的污染。体现生态平衡理念的聚落园林建设，体现了传统聚落类型生态技术的具体应用①。

湖泊生态修复中的常用的办法有修复、恢复、重建等。其中修复一般是指在现有生态系统基础上，通过外部环境应力的减压，恢复部分受损的生态系统结构和功能；恢复通常是指在群落和生态系统层面上对生态系统结构或其原始生态功能的再现；重建是指已经不可能或不需要再现生态系统原始结构的情况下，所重新构建的一个不完全等同于过去的甚至是全新的生态系统。其中水生生态系统恢复是指通过一系列措施将退化的水生生态系统恢复或恢复到原来的水平，使水生生态系统具有较高的生态耐受性。水生生态系统恢复的最终目标是通过一系列措施，创造一个可自我调节的、自然的、与区域完全整合的系统，以最大限度地减少水生生态系统的退化，使系统长期恢复或修复到可接受、自我维持和稳定的状态水平。通常通过人工干预，包括调节水和土壤环境的化学条件、重建干扰前的物理环境条件、原位处理（采取生物修复或生物调控的措施）、减轻生态系统的环境压力（减少营养盐或污染物的负荷），包括重新引进已经消失的土著的动物、植物区系、尽可能地保护水生生态系统中尚未退化的组成部分等。这里强调通过减轻外部环境压力或改善环境条件来实现生态恢复。通过生态系统的恢复，提高其抵御外部环境变化和自我修复的能力。由此可见，在许多湖泊中种植水生植物的工作，远不是通过修复生态修复所倡导的群落或系统层面上的通过对丧失的物种进行修补，从而使生态系统结构恢复到受损前的状态。虽然采用群落镶嵌等人工种植方式构建了一个与自然状态相似的生态系统，因为它不是一个与环境相互作用中生长的自然生态系统，缺乏长期稳定性②。

为了恢复生态系统，仅仅在社区或系统层面上运行还不够。无论是从操作的角度，还是从实践的需要出发，都应该在改变外部环境的前提下，

---

① 王小斌：《结合地区传统聚落空间生态环境技术的规划设计思考》，《多元与包容——2012中国城市规划年会论文集（11. 小城镇与村庄规划）》，2012 年 10 月 17 日。

② 秦伯强：《湖泊生态恢复的基本原理与实现》，《生态学报》2007 年 11 月 15 日。

才能实现生态系统的变化。只有改变决定生态系统结构的外部环境条件，才能改变生态系统的结构，改变生态系统的功能，实现生态系统的服务功能。然而，一旦生态系统实现演替，它将反过来影响环境条件。中全新世的湿润气候极大地扩展了非洲撒哈拉和萨赫勒地区的植被。下垫植被的变化也通过地表反射率的变化增强了湿润气候。在湖泊生态恢复过程中，一旦水生植物恢复成功，将有效抑制悬浮泥沙的内源释放，提高水体透明度，有利于水生植物的生长。因此，我国正在进行湖泊生态恢复，通过恢复水生植物，特别是那些以严重污染和富营养化的湖泊，来改善水质，这些湖泊主要是利用水生植物和草原生态系统。一旦恢复，它可以反馈到环境条件，即抵抗外部污染压力，吸收和消化一些污染物。然而，生态系统的恢复或改善可以影响周围环境或改善周围环境，但其作用十分有限，无法根本改变周围环境。

　　人类赖以生存的自然环境是由岩石圈、生物圈、大气圈和水圈四层相互依存的巨系统，即地球生态系统。但是作为地球的薄层，它不仅与深层岩石圈、上层大气紧密相连，而且与外部天文宇宙系统紧密相连。因此，系统内部及其外部环境的任何变化和变化，一旦超过特定的阈值，将对人类和人类社会造成严重损害。在历史时期的自然灾害中，地震、滑坡、台风、海啸、火山爆发、水灾、旱灾、急性传染病等更可能引起人们的关注，而生态环境污染等渐进性灾害往往被忽视。立足传统社会背景下我国城乡聚落生态适应性的各种特点，明确良好的生态适应机制是聚落系统获得生态平衡的基本保证，重新建立生态适应体制走向新的生态平衡，是新时代传统聚落获得新生的必然出路。人们应该走出强化的人类中心主义。弱化了的人类中心主义把人类生存和发展的需要作为人类实践的终极价值尺度，这是基本合理的。人与自然密切相关，应该以一种相对多变的方式看待人与自然的关系。自然的有效维护不是放弃人的主观能动性。开放的环境伦理应该包括人类中心主义、生物中心主义和生态中心主义。人类是地球自然世界的一部分，只有基于全球利益的环境保护才能更加安全和包容。只有在尊重自然规律及其内在价值的基础上，不断改善建成环境的生活条件，规范人类在聚落不断发展演变中的具体实践，才能构建新时代聚落文明的发展模式。

第二节　聚落的社会适应性

聚落泛指人口聚居的社会性空间，是乡土社会的基本单元。其社会属性与自然属性相结合构成聚落生态空间。地形条件和自然及人工自然的生态景观在塑造聚落形态过程中起着重要的作用，形成聚落空间独特的构成形态，如高低起伏的地形、蜿蜒广阔的水面、丰富多彩的植被；同时，人是聚落社会文化活动的主体，其社会文化属性使聚落空间的外在表现与内部体验之间也具有一定的联系，因而聚落空间形态又具有明显的社会属性。河湖地区乡村聚落依赖堤垸水利格局，因合力筑堤围垦的需要，在生产劳动过程中，人们在堤防农田水利关系的基础上，将制度、经济、信仰、宗族等社会关系整合起来，形成以垸为中心的复杂社会环境，超越了以宗族制度为主的传统农村社会结构。在聚落发展过程中，形成了一种与传统农业聚落不同的、具有共同利益和共同劳作的复杂的地缘社会格局。

一、聚落社会的生活特征

乡村聚落社会生活是一个系统，主要包括农民、旅游者和各类非农社会群体，又可归类为人力资源和社会组织两大部分。人力资源是指具有一定劳动力数量和劳动力质量的劳动人口。劳动力素质可以体现为劳动力受教育程度等；社会组织是指发挥特定社会功能的意图而有意识组合起来实现特定社会目标的社会群体。社会生活系统通过人的生命活动占据生态空间，消耗自然资源，改变自然环境的生态景观，通过劳动力配置、社会组织和社会制度的变化影响经济系统的各种生产活动。乡村聚落经济系统主要包括农业等多种经济活动。中国的乡村聚落可以分为种植业、畜牧业、林业、渔业、手工业、乡村工业、旅游业和服务业等多种类型。经济生产系统通过农业和非农业活动改变生态系统的空间多样性和生物多样性，其产品直接服务于社会生活系统。

传统聚落既是地方人民生活方式、风俗观念的载体，也是人的生活方式与自然环境和谐统一的结果。人类经过渔猎的蒙昧时代以后，进入了农业文明时代。随着后冰川时代的到来，人类社会迅速发展，从旧石器时代到新石器时代。随着生产力的发展，出现了在相对固定的土地上获取生产资料的生产方式——农耕与饲养。距今 9000 年到 7000 年前，农业出现了。由于作物从种植到收获需要很多过程，与狩猎工具相比，农业所需的石器不仅种类多、数量大，而且重量大。因此，从事农业的人们逐渐考虑建造永久庇护所。因此，在母系氏族社会中，随着原始农业的诞生，按照氏族血缘关系组织起来的"聚"相对稳定。"聚"是原始自然经济生产与生活相结合的社会组织的基本单位。随着农业的发展，人口不断增加，聚落不断扩大。几千年来，血族联系的族类聚居在自然选择的地方相对稳定。①。一般说来，聚落百分比值较大和密度值高的地区都是平原地区，聚落密度和面积的空间分布和变化基本一致。聚落增加主要是由耕地转换而来，聚落扩展方式和空间形态多样。河流对聚落分布的影响逐渐减弱，道路对聚落分布的影响越来越大。

从社会学的角度看，传统聚落是古代人类根据自然、地理、气候等因素建立起来的，以适应这样一个场所的生存空间。传统聚落包括古镇、古城、古村落。传统聚落已经成为一个相对封闭的社会单元，有一个宗族，通常是一个村庄、一个姓氏或许多村庄。他们有悠久的历史，仍然从事农业生产。受历史条件和社会因素的影响，传统聚落布局所显示的内向性特征非常明显。由于传统的中国文化，强调血缘关系和宗族聚落观念，传统聚落往往以宗祠为中心进行布局，按照村规民约和尊重人的原则，在宗祠周围聚落空间逐层展开。尤其是村民的归属感和秩序感在建筑布局中显现出来。进入这样的建筑文化环境，不难获得传统文化、社会关系和建筑行为准则的约束力。如果从居住安全和自身防御的角度来看，聚落布局呈现出封闭性的特点更为显著。

中国传统聚落生活与生产活动的有机结合，反映了一定社会生产力的发展水平。由于传统农业社会生产力的局限，农业生产长期处于"日出而作、日落而息""刀耕火种"的状态。在农业生产过程中，它更多地依靠劳动力和牲畜，而不是今天的机械化。因此，在聚落空间布局中，客观上要求住宅与耕地之间应有适当的空间距离。如果我们超过这个合适的出行距离，人们将很难方便地出行和返回，并有效地耕种。道路是评价一个地区是否发展的

---

① 李红：《聚落的起源与演变》，《长春师范学院学报（自然科学版）》2010 年 6 月 20 日。

最重要和最明显的指标之一。聚落的形成结构、居民的生活方式、商业贸易也会影响交通的结构变化。通常，人们选择聚集在出行方便的区域，这主要是由于交通条件制约着人们获取和传输信息、材料以及其他外部通达性。河流可以为人们的生产和生活提供必要的水资源，如饮用水和灌溉水，但过多的水资源也会给人类带来巨大的灾害，如洪涝灾害等。因此，住宅与生产活动的密切关系是当时生产力发展的必然要求。

传统农业社会的生产力决定着生产关系的特征，这种特征不仅反映在住房与农业生产的空间距离上，也反映在其他生活中。例如，墓地的选择也是位于一个可以被接受的范围内。它必须离开住宅集中的区域，但又不能太远。作为生活的重要组成部分，人们需要在特殊的日子祭奠死去的亲人。在没有机动车的时代，与定居生活相关的所有重要功能都必须在适当的空间距离半径内。如果超越这个范围，人们很难在心理上形成对它的日常感知，最终将被放弃。因此，劳动力与牲畜的合理往返距离、重要的生产功能与生活功能的联系以及人与人之间形成的其他社会联系，都受传统农业社会生产力水平的制约。在水环境中修建堤坝，起初是为保护人民的生命和财产不受洪水对城市房屋和设施的破坏。此后，随着聚落空间的扩大，堤防建设一方面为住民聚居的空间挡水，一方面已成为城市聚落交通延伸的重要手段。在传统聚落中，以特定生产力为基础的生产关系反映了特定历史阶段社会生活关系的结构特征，从而形成了诠释传统聚落空间整体特征的社会发展逻辑[1]。

二、公共中心场所的标识

聚落休闲广场等公共中心场所，无论是过去还是现在，无论大小，都是居住环境不可缺少的一部分。从构成上看，既包括公共绿地，也包括休闲、观光和娱乐场所；从功能上看，既可满足居住区居民的休闲、锻炼、交流和组织集体文化体育活动的需求，也可以其独特的品位吸引游客，发挥聚落旅游中心的作用。现代聚落中的许多广场景观不仅反映了聚落的精神文化品位，而且在公共休闲娱乐、亲近自然、改善人居环境等方面发挥着重要作

---

[1]　杨贵庆：《我国传统聚落空间整体性特征及其社会学意义》，《同济大学学报（社会科学版）》2014 年 7 月 11 日。

用。当然，首先取决于聚落休闲广场的塑造过程，如景观规划、绿地系统规划和配套设施设计等。事实上，许多地方在竖立标志之前都是先建广场的，在整体计划和设计中，凸显广场的功能发挥，增强集市管理和市容美化的规范、完整和合理性，实现聚落休闲广场标志引导系统的专业化、一体化和人文化，提高标识导向系统的指向性和欣赏性。

在传统聚落空间的内部，公共场所的识别是一个重要的整体特征。农业景观的发展主要受土地资源利用和农业人口迁移聚集的影响。到今天为止，几乎所有的传统定居点都有村民的公开集会。公共中心区一般不同于住宅建筑的外部空间结构。它们往往有一定规模的空间，并配备有特殊而重要的公共建筑，如寺庙、鼓楼、舞台、池塘等。一般来说，这些公共建筑位于传统聚落土地的几何中心。由于其突出的地理位置和特殊的建筑功能类型，以及这些建筑的突出高度和风格，它们具有明显的识别性。还有一些传统的定居点。由于地形的原因，公共中心场地和公共建筑不在定居点的几何中心，但由于它们控制了建筑物的地形和高度，它们仍然成为居住区的活动中心。湖泊、池塘是聚落的显著标识和活动中心之一，许多地方鼓楼、宗庙等已损毁，但湖塘历经沧桑而不变。

虽然聚落的要素通常随着时代的进步而演变，但就传统聚落而言，主要包括住房、防御设施、经济生产设施等。姓氏家族是构成聚落居住区的核心要素。我国传统聚落建筑群体空间形态学显示的聚集表现背后是家族关系的表现，家族关系与亲属关系密切相关。一般来说，由于各种原因，早期祖先迁徙后，传统聚落得以发展和扩展。由于洪水频繁，湖区居民的生产和生活受到严重破坏。沿湖居住的居民经常因洪水对河道进行一定的改造，或者筑坝保水，或者扩大河道行洪。然而，由于缺乏系统规划，上下游、左右岸之间经常发生利益纠纷，导致水利关系引起的利益纠纷。聚落，特别是那些依靠堤防抵御水患和山脊农业的农村聚落，已逐渐从以血缘和宗族关系为主的传统社会关系结构，转变为由水情引发的复杂的地缘社会关系结构，并与当地宗族组织相结合。在中国长期的封建社会中，青年女子在聚落中出嫁，而成年男子往往与外氏女子结婚，如此传承延续下去。长期以来，居住区内大多数居民之间存在着一定的血缘和亲缘关系，形成了较为清晰的族谱结构。在后代的再生产和继承过程中，长者和家庭对其后代成年已婚家庭的关怀，往往表现为在相邻土地上继承房屋或新建房屋。因此，相邻的建房方式一方面使家庭的日常生活和交往更加方便，另一方面使家庭与血缘关系更加密切和牢固。

传统聚落空间的聚合性特征，突出反映了传统聚落社会控制的过程，是通过在公共中心场地、祖堂或宗族祠堂举办族人的公共活动来完成的，例如族人议事、婚丧娶嫁乃至惩戒不轨行为等。除了对其内部社会关系起到积极的聚合作用之外，它对于外族的社会意义也同样重要。在自由开放的社会和文化环境中，聚落空间的聚合性对外展示了本聚落社会力量的强大程度。在湖区每年都要争相举办龙舟大赛，你追我赶，争强好胜，充分体现了湖区聚落文化的特征。靠近河流的江河湖泊是重要的移民聚居的中转地，对区域间民间信仰文化的传播起着重要的作用。传统社会不仅在观念上崇拜和尊重水神，而且在建造水神庙的过程中提供了一个祭祀和祈祷的场所。中国古代社会到处都有寺庙，传统社会的居民经常选择靠近河岸的地区建造供奉水神的寺庙，它们统称为水神庙。传统时期的民间信仰既是社会结构的稳定者，又是社会生活的调节者。作为社会控制的重要组成部分，民间信仰往往以神圣权威的形象支撑着村领导和行政机关的权力和运行。它还依赖于那些无法控制自己命运的人们的无助和希望，为村里的成员提供了超自然的神圣力量，使他们能够获得心灵的安宁和慰藉。因此，集体祭祀神灵的行为具有公众狂欢和精神调节的双重作用①。新中国成立后特别是"文化大革命"破除封建迷信文化之后，许多地方往往在村中湖塘旁边安装广播喇叭，直至现在的视频宣传党的方针政策、村务公开等，因此，民间信仰是村庄整合的重要资源，对村庄关系整合有着不容忽视的积极影响。同时也体现了聚落的标识性。

同样，中国有许多著名的文化城市。风景名胜区吸引了世界各地的游客。这种中国风格的特殊环境赋予人们丰富的资源气候、文化意识、人情信仰等人文感受力和想象力。表达了不同时代的景观特征和形象，一个好的景观标识是特定环境的标志，必须考虑其地域性和文脉延续性，将文化内涵和

---

① 方盈：《堤垸格局与河湖环境中的聚落与民居形态研究》，华中科技大学博士论文，2016年6月1日。

鲜明特征形象化，把标识系统作为精神传播的载体，实现标志与环境的共同繁荣。特别是在城市化和国际化的进程中，建立一个既体现中国特色又符合国际标准的无国界视觉环境，使人们能自由便利地进入城市活动，提高国际交往能力。要利用计算机网络技术、通信技术和现场总线控制技术，将网络化、数字化、信息化、智能化融入人们的生活。充分利用通信网络系统和信息网络系统，将休闲广场提升为具有景观特色和形象特征的空间，使居住在城市中的公民和外国游客能够从自己的兴趣中形成记忆，使景观延续城市的传统文化，从而使现代城市更好地提供现代生活环境。

三、社会控制的核心价值

我国传统聚落空间内部公共中心不仅是景观视觉的中心，也是精神生活的重要载体。它的位置、高度和布局的特殊性在表达社会控制中起着重要作用。在我国几千年的漫长社会历史中，聚落空间的布局和建设受到自然力和社会力的双重影响。在自然力方面，由于人们控制洪水、干旱等自然灾害的能力较低，世代先民无法抵御强大的自然灾害，认为自然灾害是由神控制与操纵。从社会控制的功利目的出发，每当发生重大洪涝或干旱灾害时，只有向上天表达他们的忏悔和屈服。不论是民间还是朝廷，都要举行祭祀龙王和水神的活动，官方的如汉武帝在进行黄河瓠子堵口时，亲自到决口处沉白马、玉璧祭祀河神。民间的如风行全国各地的祈雨活动，传递了中华民族宗教对水崇拜的原始文化形态。导致中华传统文化中对龙王等超自然水神的崇拜，以及由此而形成的中国特有的"龙"文化观念至今深深扎根于中华人民的心中。由此可见，水和治水活动本身具有重要的文化意义和价值，在社会政治稳定和经济、文化发展中具有重要作用，并在更高层次上、更广范围内、持续不断地参与着中华文明的创造。

农田耕种的收成受到自然灾害的严重影响。因此，祖先们非常重视尊重自然，祈祷好天气，庆祝丰收，这成为日常生活的重要组成部分。例如，鼓楼及其广场，祈祷保护天地之神的庙宇，它建在公共中心或一些传统定居点的重要地方。鼓楼和广场经常用来庆祝丰收。在社会权力方面，聚落的空间分布受到封建社会等级制度和宗法制度的影响。宗祠是聚落社会生活中精神的象征。一般来说，这些建筑都位于一个非常突出的位置，它们的高度和形式往往不同于普通的住宅建筑。但值得注意的是，江湖地区的宗法组织尚未形成以血缘关系为主要社会关系的典型聚落类型。水利益在支持该地区农村居民点生存和发展方面具有更大的核心价值，并且往往处于激烈的利益斗争状态。因此，水事关系形成的利益集团在水事纠纷形成的一定地理空间中成为最具凝聚力的利益集团湖滨聚落圈和社会组织。社会结构构成了人们生活和交流的社会圈，它是指各种社会活动所形成的满足圈内成员身份的有形或无形空间。社会群体是社会构成的基本单位。根据维持群体社会关系的性质，社会群体分为血缘群体、地理群体和产业群体。与血缘关系和地域关系相比，中国传统农村社会的主要社会组织是血缘关系和地域组织，构成了传统农村社会的背景。血缘和地缘政治团体是按一定的组织来组织的模式形成不同的居住特征。

在江湖地区的农村聚落中，圩田生产是最重要、最常见的农业生产方式。一方面，农田水利的性质决定了聚落生产活动必须包括一定的水利关系；另一方面，圩田范围广，兴修和围护难度大，也决定了水利关系在聚落生产活动中的重要性。在滨湖地区，"圩"不仅是由圩堤、涵闸、渠系组成的地理单元，而且是农田水利设施。现在，地理空间上有比较完整的"圩"，农村聚落也有相应的社会结构和组织。由于它作为广大湖区人民生活的中心，公共中心的身份仍然突出。它以一种向心的方式表达了家庭等级制度和社会控制的力量。显然，聚落的社会控制表现为空间秩序，这反映了空间的社会学意义和构建湖滨聚落圈的历史文化基础。集体住宅，即居住区，可以更好地传达文化和绿色技术，既保护原有的风貌和生活方式，又改善基础设施和生活条件。

第三节　聚落的人文适应性

中华民族历史悠久，地理资源丰富，孕育了灿烂的聚落文化。创造良好的人文环境是聚落的要义，也是建筑研究的终极目标。在漫长的历史长河中，建筑技术与民居文化持续渗透与融合，不同的地理气候环境和社会经济制度形成了不同区域文化，反过来，一定的文化意识又影响了建筑的设计与营造技术，形成了哲学观、环境观等，而哲学观、环境观又反过来体现在民居的生态绿色建造技术上[①]。表现出先民对人与自然关系的强烈关注。为当今城乡建设和人类住区环境的创造提供了重要的启示和借鉴。

一、湖畔聚落文化

在我国，不同地区的湖泊名称各不相同，湖泊的称谓也多种多样。这些湖泊称谓具有明显的地域分布特征。汉族称之为湖；蒙古族称之为诺尔等，而汉民族又因地区和方言不同，对湖泊有不同的称谓。江苏、浙江和上海人称之为荡、漾；山东人称之为泊，河北人称之为淀，四川人称之为海子。一个普通的名字包含着非常丰富的民族文化内涵。湖泊具有特殊的价值，是生命之源，是农业的生命线，是工业的生命线。它是一个独特而重要的生态系统，有沼泽、海岸海滩、鱼塘和水利设施。湖泊是湿地系统的重要组成部分，它孕育着地球上最早的生命、最古老的文化。

湖区居民家庭在长期生活中一代又一代地利用当地资源，逐渐形成独特的文化信仰，形成了许多不同于草原和森林的风俗，集中表现在他们对湖泊有着强烈的精神依恋。江湖地区商业文化的兴起与繁荣，主要与流域内河道的繁荣有关。流水携带着物质流动，为江湖商品贸易带来了繁荣。由于河道的繁荣，沿江有许多码头和商品交易市场，随着人口的聚集和对物质交换需求的增加，形成了集镇市场。位于这些地方的一些带有公共、文化性质的建筑物如湖塘、祠堂等都包含在聚落范围内，形成了以水文化为中心的湖畔聚落特色文化。在漫长的历史进程中，随着人类的发展和对自然的认识，水文化从物质层面升华为精神层面，生活在湖畔的居民则创造出独特而又丰富的湖泊文化。

同样，人们在保护湖泊文化的同时，要提倡珍惜水库文化、保护和发展水库文化。大量的水库区调查表明，一些传统民居聚落随着社会经济发展，其独特的文化形态与现代文明形成一些对立与冲突。绝大多数村干部和村民专业人士认为，库区最大的资源是"文化"，最缺乏的是"文化"。在移民新村建设过程中忽略了文化方面，体现最为明显的就是少数民族传统文化的流失，这与我国对传统民族文化保护的重视是不一致的。自移民

---

① 陈昌曙：《技术哲学引论》，科学出版社 2011 年版，第 23—24 页。

到库区以来，居民吃饭没有问题。主要是由于生活压力，村民们放弃了一些传统的文化娱乐活动。虽然村里有时会组织一些文化体育活动，但缺乏民族传统文化特色的现象依然比较严重，水库库区的现代文化发展也显得比较落后。在调查中我们得知库区的一些农民甚至看不到或使用电视。如果农民连党的声音都听不到，怎么能理解和吸收其他科学文明知识呢？如果先进文化不能进入，落后文化就会泛滥；如果文化产业不能发展，落后产业就会取而代之。因此，在聚落发展中，要在不断提高库区人民包括移民的生活质量的基础上，加大文化投入，加快文化产业发展，调整产业结构布局，降低一般工业和传统农业比重，提高第三产业发展的速度和规模，保证稳定就业和发展。使他们能够更加自觉地保护库区生态环境，加快库区生态文明发展目标的实现。

二、聚落人居生态文化

人类聚居点是由各种自然和人文场所组成的生态文化系统。制度以自律、和谐、平衡的特殊力量保持这种文化持续发展。聚落生态文化以其独特的形式反映自然地理、地貌和人文背景，以及相应的空间布局、建筑形式等景观特点。聚落空间发展是一个在较长历史时期内循序渐进的过程，反映出不同时期、不同背景下不同阶段的特点，因而对聚落生态文化的影响也有着明显的差异。聚居点内的不同群体也表现出相对性和多样性的共存。就总体建筑而言，不同的聚居点有不同的施工方法和规则。这些独特的建筑工艺反映了劳动人民的高度智慧，其美学和景观价值是不言而喻的。由于人文条件和自然条件的千差万别，不同区域居住小区建筑在表面结构和色彩上都有各自的特点。这些独特的地表特征在长期的生态选择中具有明显的景观特征。聚落生态文化的生态特征也反映在其内部文化因素生态位潜力的差异上。最明显的是地域差异，尤其是聚落生态文化与现代城市文明的差异，已成为文化生态旅游的最大动力。其景观价值和社会效益的存在，带来了明显的经济效益，其社会效益也是巨大的。特别是对世界人类住区文化的研究具有不可估量的价值，不仅形成人类聚居环境发展的产物，构成人类文化生态的重要组成部分，而且奠定了研究人类历史和人与自然关系的重要历史基础。科学开发利用和建设文化遗产，保持整个人类文化生态的平衡和健康发展，使其成为子孙后代的永久财富人类与自然相互适应的建筑理念，是在中国传统民居住宅建筑的长期发展演变中形成的。其最显著的特点是聚落在环境中诞生并融入环境，既表现出高度的文化自觉，又体现出较强的技术适应性，特别是风水学的概念上，并具有明显的生态文化特征。像植物生态群一样，聚落在各种人为和自然条件的限制下，选择了合适的地方，从小到大，它形成了今天布局的规模和形状。它经历了漫长的历史，记录和包容了历史和人性的变化，以及人类改造和利用自然的斗争，这也是现有聚落空间的魅力所在。聚落空间文化使聚落与人类活动的主体和自然空间有机结合、融为一体，成为一个区域居住生态系统。人类、定居点和自然空间之间的互动有很多方面。自然环境为人类提供了生存空间和物质条件。人类按照维持生态链平衡的自然规律塑造自己的生活方式和文化，改造自然和适度发展使人类从自然中受益，因而人类也热爱自然。因此，在中国传统村镇聚落发展中，始终体现着"天人合一"的这种和谐关系。历史文化崇拜源于长期以来形成的深厚积淀。聚落文化的形成就像一棵千年老树，就像变化无穷的地质景观。

聚落背山面水，负阴抱阳。例如贵州雷山郎德上寨选址于群山环抱、寨前溪水绕流的福地。村寨依山就势，灵活布局。村前溪水上架有标志性的风雨桥，设寨门三处，寨内道路随地形弯曲延伸，大小广场和水塘形成村寨的活动中心，其中以最大的芦笙场作为全寨民族节日活动场所。民居随地形变化自由组合成大小不一，形式各异的组团空间，并以吊脚楼的形式创造出相互渗透的空间关系，全寨宅田相融，构建出一幅绿色田园村寨的景象。通过以上分析可以看出，传统聚落环境空间建设具有明确的概念、指导思想、规划意图、原则和规章。注重环境空间结构中生态空间、物质空间和精神空间内在机制的理性关系，更强调各系统间的沟通和联系，从而形成古朴生动、充满自然生机和人性情感的绿色田园式居家环境[①]。交通区位不便的特色聚落，不适应做大规模的现代化、城市化改造。传统农耕文明刀耕火种，聚落群体可以相对地保持自己独立的文化，同时利用自己所处复杂有天险或难以

---

① 业祖润：《传统聚落环境空间结构探析》，《建筑学报》2001 年 12 月 20 日。

到达的地域，来构筑他们的家园文化与建筑，并且这些建筑是经过二代人到三代人的长期营建，因此其建筑的精致度更好一些。这些聚落可以作为历史文化名村，来拓展旅游业，通过旅游、健康养生产业来发展其经济，从而较完整保留特色民族村寨的"非物质文化与有形的物质文化"，这也是当今很多偏僻的聚落越能很好地保留自身文化特色的客观原因[①]。

三、安土重迁永恒文化

中国自古以来就是以农业为基础的农业大国。在中国传统文化中，它一直以农业文明著称。绝大多数人口依靠土地从事农业生产，农民视"土地山川"为神。特别是湖畔聚落居民在敬仰水神的同时，也建立土地庙朝拜土地神的"社"和谷神的"稷"。"社稷"成为"天下"的代名词又使土地成为国家政治生活中社会权力的象征。"得地则生，失地则亡。""人非土不立，非谷不食。"人们只要能生存，即使遭受自然灾害背井离乡，也要千方百计回到自己出生时的那片土地。由于人类理想和现实的要求，使人们自觉形成保护土地资源的意识，始终保持人类与土地不可分割的联系。并且尊重利用土地，在土地上生活、耕种和繁殖，不仅使土地为人类生存提供了食物，而且始终保持人与地之间和谐统一的关系。

在古代中国，绝大多数的人"日出而作，日落而息"，终生固守在自己的土地上。所谓"在家千日好、出门一朝难"，已成这数千年来中华民族一贯的心理定式；直到近现代，还是许多中国农民所追求的生活理想。还有安土重迁、以耕读传家等体现中国人对安宁稳定生活追求的传统文化流传至今。当然，一种聚落文化在流传过程中，文化主题和核心内容具有较强的稳定性，不会随着时间的推移和社会的发展而发生大的变异。而有的文化故事则随着时间的推移、民族的迁徙、文化的传播和社会的变迁而发生变异，有的甚至脱离了原来的主题和内容而重新进行加工与演绎，其内容和情节多已面目全非。另一方面，文化故事在长期的流传过程中，由于民族的发展与分化，各民族文化价值取向的不同，其文化内容也会产生某种借代、移植、交

---

① 王小斌：《结合地区传统聚落空间生态环境技术的规划设计思考》，《多元与包容——2012中国城市规划年会论文集（11. 小城镇与村庄规划）》，2012 年 10 月 17 日。

叉、混杂、转套的现象①。这就需要人们认真地加以分析和探讨，分清本与末或源与流，还其本来的面目。

"永恒文化村"一词最早于1978年出现在澳大利亚。提出永恒文化村建设的目的是建立生态人居环境和粮食生产体系。永恒文化村和生态村一样，也是寻求可持续土地利用和社区建设的运动。目的是将人类住区、小气候、动植物、土壤和水资源整合到稳定有效的社区中。"永恒文化村"最初的主题是设计生态农业景观，强调作物的综合利用，开发有利于环境的地方知识。随后，生态定居点建设（节能建筑、污水处理、废料回收、土壤环境保护）和社会经济等方面逐渐成为其追求的目标。与其他农业系统（包括有机农业、可持续农业、生态农业和生物动力农业）不同，永恒文化村包含着与人和地球生活的伦理。这些伦理观表现在：①关心地球。包括地球上所有有生命和无生命的东西，如动植物、土地、水和空气。②关心他人。强调依靠自己，同时承担社区职责。③对人口增长和过度消费加以限制。放弃多余的东西，将多余的时间、劳动、资金、信息和能量贡献给地球和他人。④尊重生命伦理，承认所有生物内在的价值。"永恒文化村"设计原理包括能源高效与循环利用，尽可能使用生物资源，强调植被的自然演替和物种的多样性等②。这对后工程时代库区经济社会发展和湖滨居住区建设具有重要意义。一方面可以重塑水库移民的灵魂和气质，增强移民安置点的凝聚力和向心力，增强居民对移民安置点的归属感和自豪感，有利于构建和谐社会；另一方面，能够增强聚落的个性及特色，以提高聚落的社会知名度、美誉度和聚落的核心竞争力，进而促进旅游业及相关产业的发展③。

湖畔聚落建设必须坚持以湖泊（水库）安全为前提、社会利益优先于经济利益、水库生态效益占主导地位的原则，把工程建设管理和旅游开发作为一个整体来考虑。突出解决好湖泊聚落开发面临的主要问题，既要执

---

① 蓝阳春：《伏羲神话、女娲神话与盘古神话是三个不同的神话谱系——盘古神话来源问题研究之七》，《广西民族研究》2007年9月20日。

② 陈勇：《国内外乡村聚落生态研究》，《农村生态环境》2005年8月30日。

③ 毛长义、张述林：《三峡库区移民新城文化建设与区域旅游业发展》，《商业研究》2010年9月10日。

行好国家关于饮用水源的强制性规定，又要充分发挥滨水生产生活具有无可比拟的优势，保护传承与创新发展各种各样的历史文物、人类遗址等文化遗产。要在满足工程建设和运营管理的前提下，利用日照、水源、地理位置等优势条件，为水库居住圈提供必要的基础开发条件。开发要以水体保护等生态涵养为前提，以建设观赏游憩休闲娱乐等功能为带动，形成相对完备的岸线利用总体发展思路。巧妙地利用丘陵地貌、布局建筑聚落，科学利用气候和植被创建梯田农业，突出利用生物多样性构建相应的农业生态循环体系；保持自然生态系统稳定与平衡，从人与自然和谐发展中建立文化生态适应的机制。

第三章　湖畔与聚落的发展性

聚落是不同时代不同生产力下产生的，表现了人的生产、生活和环境的统一。人类社会的生产方式发生了巨大的变化，原有的生活条件难以满足现代居民的需要，经济发展带来了家庭制度、生活习俗、交通方式等方面的变化，最终导致传统聚落空间形式的变化，希望由水旁到湖畔，由乡村到城市，建设更加适宜人类生活的城镇居住圈，最为令人神往的是像地处沿海发达省份浙江杭州西湖这样的"天堂"。湖泊是人类生存和发展的重要依托，作为城市水域的重要空间资源，不仅可以提升和重建城市形象，而且为高附加值的土地开发提供了机会。水域生态作为广域环境的重要组成部分，维护着湖畔聚落的生态安全，服务于城市居住圈的生产和生活。

第一节　时代聚落变迁的原因

聚落作为人类生活和生产的场所，它的布局、形成及规模，要与周围的自然环境相适应，使得便利于生产生活，同时还要受到社会经济环境的影响，聚落是这些因素的产物。乡村聚落是在特定的自然地理环境并在社会地理的影响下逐渐形成。乡村聚落的形态和景观是这种自然环境和社会地理环境的外在表现。正是这些复杂多变的因素造就了丰富多彩、各具特色的乡村聚落。城市时代城市化进程快速推进，使乡村地区人口快速向城镇流动，同时存在乡村地区之间人口的相互流动，这种快速复杂的人口流动对聚落空间造成了深远影响。

一、聚落供水安全形势逼人

随着流域工业化和城镇化持续快速发展，人口持续稳定增长，经济社会水平不断提高，水资源需求呈现出逐步增长的趋势，这也使得水安全问题日益突出。由于水资源时空分布不均、供水工程能力不足、供水设施建设滞后、水污染等原因，部分地区和城市定居点的供应面临更大的压力。长江流域三分之一的城市存在不同程度和类型的缺水问题。四川盆地腹地、滇中高原、贵州、湖南、赣南老区、鄂北丘陵区，水资源短缺。由于污染严重，长三角、滇池、巢湖地区的水质达不到安全供水的要求，对居民的健康构成威胁。在一些农村地区，人畜饮水仍然困难。由于部分供水水库蓄水能力不足，部分提水工程设备老化、无法修复，部分地区供水能力不足，污水排放控制不严，地下水和地表水水质恶化。在一些地区，工矿企业的生产在水资源短缺的高峰期经常受到限制或停止，严重影响了城市工矿企业的正常生产。

我国山区山地面积大于平原，丘陵地区地形复杂，取水困难，缺乏供水基础设施。在传统的自立生产经营模式下，生产条件比平原地区困难得多，许多聚落已成为贫困地区。尤其是生态环境脆落的高原山区，多为江河源头分水岭的径流产出区，由于长期的水土流失得不到科学治理，土壤中可溶性矿质营养物质和有限而又宝贵的降水付诸东流。导致该地区的农田因为侵蚀，土壤库收缩，营养物质数量下降，逐步地成为"地瘠民贫"之区。在许多聚落，相当多的农民继续使用陈旧落后的供水方式，供水质量和保证率低，部分地区长期饮用不卫生水，肠道疾病和传染病普遍存在，农村居民的健康受到严重损害。应急供水建设滞后，供水系统应急能力不足。应对严重干旱或持续干旱和水污染突发事件的能力不足。湖泊作为相对静止的水体，水交换周期长，自净能力较弱，易受到污染。中国的湖泊大多属于浅湖，生态系统比较脆弱，人为干扰很容易使生态系统失衡。特别是在湖泊流域的过度开发，包括湖泊水体中污染物的过度接受、湖泊生物量的过度捕捞、湖滨带的开发建设等，使湖泊生态系统遭到破坏，水体的各种功能逐步丧失，许多地区的饮用水源安全受到威胁。随着人民生活水平的提高和经济社会的发展，对人民健康和人类可持续发展提出的基本要求也增多，特别是供水安全将变得越来越重要，成为聚落生存发展的决定性因素。

二、聚落空间形态剧烈变化

传统聚落空间的一个整体特征是居住空间与生产活动空间的有机结合，成为一个整体单元。在对聚落分布模式进行定性和定量分析研究发现，空间分布分析应首先确定聚集、均匀、分散等聚落分布规律，然后进一步分析原因、位置、大小等聚落空间分布特征。传统聚落演变特征表明，在传统农耕时期生产力条件下，由于生产资料、交通运输、生活方式甚至文化因素的限制，传统聚落中的起居室、厅堂、厨房等生活空间以及重要的公共空间得以延续。由于生活的原因，如公祠、公墓、池塘等，都与农田有关。河岸、石桥和集市等生产活动空间非常接近。从土地利用布局来看，传统聚落的生活空间和生产活动空间形成了相对独立的整体有机统一。这种多功能组合的完整性已成为传统聚落空间的典型特征。当然，在山地居多、用地紧张的少数民族区域，依托山体在垂直方向上也存在一定数量的村落，形成了特有的人居环境垂直梯度上的分布特点。

乡村聚落空间体系是千百年来在不断发展的过程中逐步形成的，其空间格局和分布形态将呈现出明显的动态特征。其驱动力主要表现在聚落内外两方面的因素，一方面是服从国家建设需要的整体搬迁或重大自然地质灾害等外力的作用，另一方面是在受到农业生产、政策习俗等方面的综合影响下，农民自觉自发的农村城镇化过程。从宏观空间分析来看，大部分农村聚落空间演变特征都较弱，其空间布局演化也显得非常缓慢，从微观空间分析来看，改革开放后的几十年还是有较为明显的演变特征。据统计，近些年我国每年约有 1500 万的农村人口进城落户，农村常住人口逐渐减少，乡村聚落空间的空心化已经成为农村地区普遍存在的一种现象，聚落空间空心化正逐步从村庄空心化演变而来。

农村聚落空间的自然演变是有机的，其变化离不开原有空间系统。但是改革开放以来，一些新的农民聚居地已经在农村建立起来了。据现场观察调查，新的农民聚居点大多与原有村落形成一定的空间隔离，并且与原始村落不相容，呈现出异质性趋势，集聚程度相对较低。这既有城镇强烈吸引力的导引，也有地形地貌差异造成的结果。由于地形的限制，低山丘陵区村落分布较为分散，聚落程度较低，平原区村落相对集中。此外，村庄聚落的程度也可能受到多种因素的影响，如主导产业、经济发展水平等。根据城乡一体化发展的要求，完善基本公共服务是其核心内容之一。农村是从城镇向下延伸的基本公共服务资源的主要节点。如果把基本公共服务完全覆盖现代自然村，将会造成巨大的浪费。因此，合理集聚农村聚落空间是优化的主要方向。适度地集聚更有利于土地资源的高效集约利用和农村经济的发展，有利于基本公共服务资源的优化配置。湖滨聚落布局规划应从村庄空间演变的内生动力出发，分析人口流动和集聚程度，在实施过程中加强基本公共服务等政策支持。

三、城市湖泊价值显著上升

城市湖泊是指位于大中城市或郊区的大、中、小湖泊。国内著名的城市湖泊有杭州西湖、武汉东湖、北京昆明湖、南京玄武湖、济南大明湖、合肥巢湖、南昌瑶湖等。根据功能划分，城市湖泊可分为汇水蓄洪式城市湖泊、区域水源式城市湖泊、休闲游娱式城市湖泊、生态栖息地城市湖泊；根据城市与湖泊的区位关系，可分为湖在城中，如杭州西湖；湖在城边，如武汉东湖；城在湖边，如太湖与无锡。环湖城镇或滨湖城镇，湖泊作为其中品质较高的资源，湖泊旅游对于城镇发展与城镇相互促进。城镇湖泊具有交通便利，可通达性强的特点，尤其是城市湖泊，由于交通的便利性，更是当地市民休闲游玩的首选地。许多湖泊随着城市发展阶段的推进，由城市供水、农业灌溉等最初的生产功能开始转变为休闲旅游活动等生态服务功能，湖泊价值具有多维性和动态性。尤其是环境污染和生活压力使得市民的生态休闲需求日益强烈，地方政府有责任向公众提供有质量的生态休闲服务。

城市湖泊对城市具有重要作用，表现在以下一些方面：①调节径流，防洪减灾。城市水体作为城市水利工程的重要组成部分，具有调节径流、防洪防涝、蓄水、防旱等功能。在雨季，湖泊的蓄水空间，具有一定的调度作用。②美化城市，改善城市格局。城市湖泊可提升城市环境品质，优化城市景观格局。西湖使杭州市古今沉浸在名诗名画之中，东湖使武汉三镇形成，一座瑶湖（还有城区其他水面）更让英雄城南昌成为中国水都。城市湖泊是城市山水格局的重要组成部分，优化了城市的景观格局。③城市湖泊对城市的生态作用。城市湖泊是城市生物多样性的重要基础，与整个城市生态系统密切相关。调节城市小气候（温度、湿度）。④净化环境，减少噪音。水体具有稀释和自净作用。城市湖泊区域丰富的植物能吸收有毒气体，吸附空气中的粉尘，从而净化空气。同时，城市湖泊的大面积划分了城市空间，使得空间各个部分之间有一定的宽度，从而减少了各个部分之间的噪声干扰。⑤休闲、娱乐、文化和运动功能。城市湖泊是城市重要的敞放空间，它不仅是城市的物质载体，更是城市文化灵魂根结所在之处，是具备物质和文化的双重属性，是城市极佳的休闲放松之地。⑥提升土地价值。滨水地带是世界上旅游度假和城市开发的热点区域之一。湖泊通常可以提升周边区域的土地价值。湖泊旅游与城市发展息息相关。湖泊旅游不仅美化了城市环境和景观，而且给城市发展注入了经济活力。反过来城市的发展带动了湖泊旅游的兴起，同时为湖泊旅游发展提供所需的基础设施和保障系统。

在我国水域面积较大的湖泊，即前面提到的城在湖边的情况，例如太湖，太湖沿岸的城市就有苏州、无锡、湖州等，已充分显示出湖泊与城市两者的关联动态性优势。城市知名度高，相关产业发达，则城市处于主导地位；湖泊知名度较高，城市发展较为成功，则湖泊处于主导地位；湖泊发展与城市发展相互交融，两者处于同等地位。开发城市湖泊型聚落的重点和难点是如何既保护城市湖泊脆弱的生态环境，又建设成以当地居民为主的生活场所，同时又兼顾外地游客的富有特色的旅游和休闲的目的地。要在完善公共设施、满足当地居民的日常需求、提高生活质量的同时，也为游客提供周到、优质的服务，重点是建设良好的湖泊生态环境。这是湖泊可持续发展的前提，也是湖畔聚落发展的根本。城市湖泊在发展过程中，面临的污染源更多，往往易出现污染加剧、水质下降、面积缩小、水体功能退化、水环境问题日趋严重等问题，生态环境更易遭到破坏，从而制约城市社会经济的发展。因此，城市湖泊要与城市协调发展，应将湖泊生态环境作为首要任务。

从国内外发展较好的湖泊聚落来看，旅游产品类型丰富多样化是其成功经营较为关键的因素。城镇发展与湖泊旅游开发要稳步发展,需要丰富产业内涵,构建多元化旅游产品,水上产品虽然重要,但并非景区的主打旅游产品,或者说有多种可以和水上产品抗衡的旅游产品。同时,结合城镇特色节日和文化,开发一些特色节庆,从而丰富游客的旅游体验。从国内外一些知名的湖泊案例研究中,可发现很多大湖度假区水产品种类相对较少,陆上和空中旅游产品总量远远超过水产品总量。旅游者还将重点放在湖周陆地产品上,对于湖泊只是选择远眺、湖畔散步等方式,以保持生态湖泊的宁静。旅游产品类型丰富化,可以平衡湖泊旅游发展过程中的淡旺季节。

第二节 传统聚落继承的原则

聚落是不断发展的,其个性也应不断发展,但并不否定优良传统的承继。传统聚落历经数百年甚至几千年的历史变迁,承载着浓厚的历史背景和人文积淀,其中内含着极其周密的体系,对于来自外界或者内部的任何可能对聚落共同体造成威胁的因素都能加以有效的防御。从历史到现在,再到未来,逐步演变的状态就是聚落与所处环境不断匹配与整合的经历和结果。发掘传统聚落建设中具有持久生命力的因素,并将其融入人们的现代生活,是探索适合现代人居发展模式的有效途径。

一、以水为中心的多样性原则

湖畔聚落的灵魂主题就是水,水作为湖畔聚落的核心必须作为湖畔聚落发展的立足点,并且湖畔聚落的水利资源也是吸引居民不断前往的一个重要的吸引力量,也是消费者进入湖畔聚落消费的核心要素,所以在湖畔聚落建设的过程中必须非常注意对水这一聚落主题的突出,通过对湖畔聚落的前期规划突出水资源这一鲜明的特点和文化优势,在湖畔聚落的建设过程中也必须紧紧围绕这一主题,使得在湖畔聚落的建设过程中关于水这一主题可以充分地呈现在居民面前,从而可以充分满足居民定居的初衷。湖畔聚落关于水的主题并非凭空捏造,而是需要结合湖滨聚落的自然景观资源和人力资源进行充分的设计和规划,在全面综合升华各种资源的过程中,充分突出湖滨聚落的文化积淀和水资源优势,使湖滨聚落的文化深度和内涵得以提高,在激烈的竞争中找到胜利的资本，实现可持续发展。

以水为中心原则。在传统聚落环境建设中，"中心点"常相应于风水模式中"穴"的概念。通常以水源为中心，向外以同心圆或放射状呈均衡或非均衡的方式向外拓展，构建空间系统。晋陶侃《寻找捉脉赋》中提出"穴占中央，山若作穴，水自回环"。古人认为人居天地中，是"穴"为自然之气与人之气聚集交汇，天人相交的结合点。多采取以一山、一池（湖）、一房、一树为中心的向心布局模式，组织环境空间和建筑。强调聚落环境整体结构的内向性，塑造凝聚均衡、祥和的环境氛围。用现代生态综合治理理念指导形成一个水资源管理、水污染治理和生态修复融为一体的综合治理体系。使防洪安全、雨洪利用、水量调配等水资源管理内容落实到位；使污染控制、水质提升、生态修复等水污染治理与生态修复内容显著有效；使水环境、水生态、水景观相互融合、自然与人文景观建设相互促进，提升整体统一的美观效果。

保护性开发利用原则。湖畔聚落的建设与其他以自然资源为主的布局模式有着一个相同点那就是对生态环境的保护都是聚落规划和发展的一个非常重要的原则，因为这不仅关系到湖滨聚落的建设，而且关系到我国自然资源保护的重要问题，因为许多自然资源被污染之后，再要恢复到优秀传统聚落建设初期的形式需要几十年甚至上百年的时间，有的传统聚落只要被污染之后就根本上不可能再得到恢复。所以生态环境的保护就需要湖畔聚落的规划者、建设者以及管理者非常重视。通过科学的蓝线规划保障城市水系整合、开发利用。用蓝线、绿线、灰线严格控制城市滨水空间运行有效。

岸线友好原则。湖泊滨水空间应具有良好的可达性和居住能力，包括步行和娱乐设施系统。具体包括利用相邻的水绿空间建设亲水岸线，为城市居民提供方便和舒适的滨水体验。在适当的位置设置公园节点，以"线"的形式组织空间结构脉络和空间趋势的结构方式。在传统的聚落环境空间结构中，柔性空间结构主要由自然景观的线性布局届曲组成。聚落空间的增长方向受道路延伸和聚落内部空间的增长控制骨架由街道和车道网络构成。河流趋势是影响和制约沿江河城镇聚落外部空间形态的主要因素。沿河岸延伸的城镇的主要街道大多呈与河岸平行的形状，或在重力作用下向河岸倾斜。一般的乡村集市和小城镇沿河呈直线状展开，建筑物彼此相对，在中间形成一个市场。这种单一的街道形式是城镇聚落最基本的平面形式。也有垂直于河岸的线性发展的城镇聚落，这主要是由于由城镇聚落的嵌入所形成的街道本身是本地陆路运输的重要组成部分；而交通更为便利、经济发展水平较高的集镇则在"单街"形式基础上发展出鱼骨形态或是枝杈形态街巷以及由多条街巷纵横排布的复合型平面形态。

开放性原则。湖畔空间是城市宝贵而稀缺的空间资源，它蕴含着社会公益性。因此，保证城市湖畔资源开发的开放性是一项重要原则。为了满足社会大众的功能公共性，必须确保湖畔空间的权属公共性，滨水地区公共设施布局有利于促进水系空间、滨水景观的载体向公众开放，并有利于形成社会各方面的积聚力带动城市发展。当然也不否定以"面"形态构建具有明显边界的封闭性空间。其边界界面大至山川、河流、树林，小至竹篱、围墙均按不同的功能需求构建封闭的围合空间。要在大力推进森林进城建立贯穿全城陆生森林带的同时，充分利用河流在城市空间框架中的优势，将湖泊、湿地等水生生态系统作为一个整体连接起来，并与相邻的水生和陆生生态系统有机地连接起来，使水生和陆生生态系统相互联系。系统可以相互沟通，相互依赖，形成完整的生态廊道，增加空气流动性，承担风道功能，缓解现今城市"热岛效应"等城市病症状。当然，要完成这些城市功能，必须具有前瞻性意识，确保在城市规划建设过程中，使城市主要河道与两岸绿带宽度量级可达百米，充分发挥城市湖畔水系的综合价值。

滨水景观人文化原则。以"组"形态构建具有围合关系的内向群体空间。其群体组成的因素有建筑、标志物、林木、山石等具有界面意义的物体。常以"起""延""开""合""转""渗"的结构方式组织群体空间的层次、韵律、节奏的形态变化。在聚落环境空间塑造中常以风水树、池塘、塔、庙等标志物作为起点（称水口）成为划分外界空间的标志。以路、桥、树或纪念建筑（牌坊、亭）延伸空间，以祠堂、庙宇、戏台等公共建筑和广场形成村内的开放空间，供村民聚集活动，以街、巷收敛和转折空间引向宅群。组合空间常采用灵活界面（如矮墙、竹篱、花台等隔断）创造组群空间的互相渗透。不同的组群空间组合塑造成多彩多姿的空间形象和聚落景观[1]。以大尺

----

① 业祖润：《传统聚落环境空间结构探析》，《建筑学报》2001年12月20日。

度开放空间为载体，构建形态丰富的滨水景观体系，开发价值多元的宝贵资源，挖掘历史悠久的水文化，彰显地域特色文化、展示滨水区景观文化，融合城乡聚落文脉，提供多样化的文化功能，注入时代精神，激发城乡一体化发展活力。

持续安全原则。以"凸"形态构建具有"八卦"聚落的最优形态空间。根据"中国古代城市防洪研究"的观点，当城市建在河流的凸岸上时，城市所在地受洪水的冲刷较小，因此许多聚落位于河流（河流或湖泊）的凸岸上，以避免洪水的发生。从防洪方向看，"八卦"的形态聚落与地理环境有着内在的、深层的关系。"八卦"形态是防御边长最短的形态，根据几何学分析，同样的面积，边长最短的形状是圆形。圆的周长仅为正方形周长的 88.6%。根据聚落防洪排涝的基本要求，在聚落周围修筑强有力的防洪外围墙是必要的，但首先要保证的是投入成本问题。聚落的外边长越短在防洪过程中投入的人力亦越少，越符合经济学原则。所以聚落采用了符合自然地形、与圆形较为接近的"八卦图式"形态。从排涝的角度看，"八卦"形态是最快捷的排水系统形态。聚落利用四周低、中间高的地形地貌，能建立放射形、与等高线垂直的排水系统，达到最有效、最快的疏导雨水的效果。"八卦"形态接近圆形的外围受力均衡，保持最均衡的形态而不存在任何薄弱环节，并有利于抵抗外力侵袭，在防灾救灾过程中人流、物流的聚集与疏散最有效率，即使遭受各种破坏，其损失的风险能减至最小，在受损工程抢修维修方面也较易。

显然，随着经济全球化和网络信息化的快速发展，现代生活方式的传播势在必行。同时，随着我国城市化进程的加快，一些靠近大中型城市的聚落也将参与城市化进程，包括一些低水平、简化的新村改造。建筑形式与空间结构有许多相似之处。传统村落和民居的保护是不可能完全封闭的，但科学的规划、分类指导、合理的定位和适宜的发展战略更为积极有效，从而找出符合聚落核心文化传承和发展的技术途径。它正是保护特色聚落、寻求其建筑空间特色价值的重要目标，是民族聚落建设的智慧和空间营区。建设要实现智能化发展。当代聚落空间是随着社会、经济、文化的全面发展而发展的。当代聚落的发展至少有两种趋势。第一类是在传统聚落的基础上不断发展到当代的聚落。第二类是由于社会经济与文化的综合发展，而新建的聚落与当代住区。为了更好地探求和应用聚落空间营建策略与方法，还要在聚落空间与建筑的规划设计中寻求结合实际发展的适宜途径①。

二、以湖畔聚落为中心的主题定位

我国在城镇化水平不断提高的同时，广大乡村地区的衰落及未来发展问题日益引发各界关注。在目前空间规划编制探索中，大都把国土空间分为城镇空间、农业空间和生态空间。但实际上叫农业空间是不够确切的，与城镇空间相对应的应该是乡村空间。乡村空间不仅包括农业空间，同时还包括乡镇、村庄等聚落形态，是亿万农村人口生产生活的空间。因此，我们不能把乡村空间简单地归结为农业空间。尤其是国家实施乡村振兴战略，农村一、二、三产业融合发展，农家乐广泛兴起，乡村旅游不断升温，乡村空间在功能上出现了兼具生产、生活和生态复合功能的特点，都需要我们在空间开发利用上给予重视。特别是在省级国土规划编制中，要立足城乡一体化发展的要求，按照山水林田湖草生命共同体的理念，来统筹谋划和合理引导乡村地区的发展和振兴。湖泊生态水体是湖泊经济发展的自然环境优势，但河湖环境在为城乡聚落造福的同时，却也因地区开发的推进不可避免地遭到破坏。随着流域平原区域开发进程中城镇建设的推进，河湖地区自然水体环境也更频繁地为地区聚落带去严重水患。地区内的聚落和民居也在各个层面上多种方式回应这一恶化的环境。合理利用当地水资源，有节制地利用水资源并建立一套自成体系的水循环系统才能保证水资源的长久使用。

河湖地区乡村聚落形成以"湖"为中心的结构体系，表现出多元的文化内涵。首先，以"湖"为中心的分散村落形态和深层次的社会结构，消解了传统乡村聚落中以宗族为中心的传统强中心，使在移民呈现分散的空间特征和居住环境的背景下，乡村聚落以湖区特有的农业格局发展，有一定程度的开放性。其次，"湖"的形象深深植根于人民的心中。《地方志》对湖堤的大量描述表明，"湖"不仅可以融入农村聚落的日常生活和生产，而且在地方志编纂者的重点描述中也悄然发生了变化，超越了它所形成的客观地理格

① 王小斌：《结合地区传统聚落空间生态环境技术的规划设计思考》，《多元与包容——2012中国城市规划年会论文集（11.小城镇与村庄规划）》，2012年10月17日。

局，成为地方文化。最后，以"湖"为社会结构组织中心的聚落，需要将其置于在水环境中利用水、改造水却又受制于水的人地互动的历史过程中，以"湖"为中心的聚落形态体现了从重视"土地"到"水土"并重的乡土观念转变①。

湖畔聚落开发科学规划是关键和基础。湖畔聚落的初期规划如果能够得到有效的重视，并且能够进行充分的理论和实践的论证，这就使得湖畔聚落开发在开始阶段便取得先机。但是湖畔聚落的开发是一个系统过程。我国的水利资源在部分地区非常丰富，但是在这些地区并不是所有的湖（水库）资源都可以用来进行湖畔聚落的开发建设，这就需要在湖畔聚落开发的初期做好湖畔聚落的选址工作，这对于湖畔聚落的后期发展非常重要，对于我国的水力资源的开发与保护更加具有决定性意义。

我国湖畔聚落开发面临的一个重要的问题就是交通设施的问题，这既是选址过程中的一个重要指标，也是建设过程中的一个基本项目。不管任何湖畔聚落都必须要依靠完善的交通设施，才能够使居民得到良好的居住体验，所以在规划初期就必须非常重视道路交通问题。如果该湖（水库）周围没有办法提供便利的交通环境，即使该湖畔聚落本身具有较好的开发价值，但由于其受到交通环境的制约也不能够对其进行水利资源的开发建设，以免造成资源的不必要的浪费。湖畔聚落的独特地位赋予了其与其他聚落不同的地位，湖畔聚落内部的水利工程具有非常重要的作用，所以在对聚落内部的水力资源进行开发的同时，要非常注重保证聚落水利工程在抗旱、防洪、灌溉、生态环境保护等方面的重要作用。尤其是在聚落存在大量的基础设施之后，污水处理的规划必须要走在湖畔聚落建设的前面，如果到聚落发展成一定规模时才开始注重聚落周边酒店和旅馆的污水处理问题时，湖畔聚落的水资源已经受到了严重的破坏，可能到建设者将污水处理设施建成之后，湖畔聚落的生态环境已经遭到了严重的破坏，要想聚落能够重新恢复到聚落建设初期需要花费大量的时间和金钱，恐怕到那时，湖畔聚落早已经无法跟上形势的发展，遭到了居民的放弃，毕竟在湖畔聚落已经发展到白热化的地步，任何影响湖畔聚落生态环境的问题的失误，

---

① 方盈：《民居形态研究》，《学术论文联合比对库》2016 年 6 月 12 日。

都会导致湖畔聚落的建设功亏一篑。

三、生态修复与湖畔聚落耦合发展

湖畔聚落不仅要满足经济社会发展对湖泊资源的合理需求，而且要满足维护湖泊健康的基本需要，有利于促进湖泊流域生态文明建设。湖畔聚落的生产生活方式本质上是人地关系的一种体现，在生态环境为聚落的发展提供物质和能量的同时，湖泊聚落的发展也对生态系统变化产生持续影响。其中包括湖泊聚落在生存发展过程中不断开垦土地与产生生产生活废弃物，潜移默化地干扰着自然生态系统格局，而生态环境系统又可通过物质与能量的供应等将这种影响反馈给湖泊聚落的生产和生活系统。从理论上讲，生态系统与湖泊聚落的关系应该是辩证的、和谐的，然而，由于长期过度开发利用水生生态资源，导致农药、化肥的过度使用，以及污水和生活垃圾的肆意排放，湖泊（水库）生态环境不断恶化，造成了人与自然的严重失谐，人地矛盾突出，人居环境日益恶化。人地不和谐的根本原因在于对湖滨聚落功能认识不足，缺乏对人与自然的平衡和湖滨聚落的生态功能的考虑。为了满足生产活动和经济发展的需要，倾向于重视居住区的生产功能，甚至不断地开垦和破坏森林植被。要以生态环境保护下的湖滨聚落生产为基础，调整土地利用结构，满足水土保持和生态绿化的要求，采取有利于水土保持的生产和生活方式。

借鉴国内外成功经验。由于发达国家对湖畔聚落的开发较早，具有比较成熟的管理经验和管理模式，尤其是在自然环境的保护中具有非常成熟的机制。要保障水利工程安全运行的前提下，注重对水资源和环境资源的保护。假若在湖畔聚落建设中出现了湖（水库）水质受污染等水资源破坏行为，相关责任人应该承担相应的法律责任。①界定开发范围。在明确湖畔聚落开发范围的同时，完善部门职责和保护湖（库）区水资源的政策措施。②建立湖（水库）底清淤机制。所谓湖畔聚落一般就是依靠湖（水库）而建的聚落。特别是在江河支流或干流上建立的水库，不仅库区河水的流速变慢了，而且居民生活部分垃圾和上游水体沉积物会在库区末端形成淤积。不清除这些日积月累的淤积，就会对整个湖畔的生态环境造成严重破坏，所以，完善湖畔聚落水资源保护方式的重点是实现湖（水库）底清淤的常规化。③完善污水处理设施。湖滨居民点大量的餐馆和酒店聚集在湖边居民点周围。其排放的污水是对湖滨居民点水质的严重威胁。因此，在湖滨小区规划过程中，必须重视湖滨小区污水处理设施的建立，将湖畔聚落所产生的污水都疏导到污水处理设施中，最大限度上保护湖畔聚落的水资源。④合理规划湖泊养殖。中国大部分湖泊都存在合理的湖区水产养殖业发展规划，而湖畔聚落的开发建设必须面对如何解决这一难题。所以在湖畔聚落的规划建设初期就必须及时的规划好湖畔聚落中的养殖区域和旅游区域，从而实现渔业养殖和观光旅游和谐相处的良好局面。

实现湖畔聚落的长久发展。湖畔聚落的开发要在建设初期制订详细规划的同时，做好在实际项目建设运营过程中的应急预案，要针对湖畔聚落易出现水资源污染的特点，制定好相应配套的应急措施，制定详细的湖畔聚落生态环境恢复规划。①建立生物缓冲带是防治环境污染、恢复湖畔聚落生态的有效措施，应被广泛应用于湖畔聚落的建设之中，是一个比较简单成熟的防治技术。②人工湿地建设，在我国的湖畔聚落建设中，有些湖畔聚落自身便拥有部分湿地，但有些湖畔聚落内部没有湿地，而湿地能够有效地过滤湖泊聚落水体中的营养物质，可以说湖滨水系是一个天然的水循环设施。对于缺乏湿地的湖畔聚落，要在规划中增加湿地建设内容。③加强生物防治。我国湖畔聚落水体保质的重点是采取生物防治手段治理水体的富营养化，不断增强湖畔聚落的适应能力，加强湖畔聚落内部生态系统稳定性。

聚落既是人类适应和利用自然的产物，也是人类文明的结晶。从某种程度上说，聚落形态就是在一定的社会经济发展阶段和特定的地理环境中，人类进行的各种行为活动与自然环境因素相互作用的结果。我国聚落发展在经历了农业文明、工业文明之后，现在已经进入生态文明时期，这不仅预示着人类聚落形态的变更及自然生态观的重塑，而且标志着影响聚落形态的政治、经济、文化、社会、科学技术、自然环境等因素的丰富和发展。但自然因素对聚落形态的形成和发展始终起着不可替代的作用，特别是湖畔聚落，因湖（水库）具有供水、防御、生态、文化、休闲等功能，对聚落布局、空间结构、聚落肌理等的塑造起引导作用，成为聚落生态系统的主要组成部分。聚落的外部形态和组合类型深深地印在当地的自然地理环境中。同时，聚落也是重要的文化景观，在很大程度上反映了区域经济发展水平和当地风俗习惯。当然，聚落在地理环境和人类经济活动中也扮演着重要的角色，特别是城市聚落在经济发展和分配中发挥的影响更大。

第三节 城乡聚落发展的趋势

自从人类社会出现聚居以来，一般先有乡村聚落，主要是农业活动，规模较小；然后逐步形成城市聚落，主要是非农业人口聚落、规模较大，而且是在一定地理范围内的经济、政治、文化中心。当然，也有适应工业化和城镇化需要直接建成城市聚落的，同时传统的乡村聚落逐步消失，新的乡村聚落体系逐步形成。城乡聚落千差万别，大小相差悬殊，从农村只有三五户人家的小村庄变化到有几千万人口的大城市。随着城乡基础设施和公共服务的均等化，城乡聚落差别正在不断缩小，对于具有特色资源和生态环境好的乡村聚落，市民确定为生产生活场所也成为一种时尚。

一、城市聚落发展趋势

根据中国（2016—2030）人口发展规划，常住人口的城镇化率在2030年将达到70%，这意味着随着中国城市化速度的不断加快，越来越多的人口向城市迁移，城市新区的建设现在已成为城市发展繁荣的一个重要举措。聚落作为城市中必不可少的模块，在城市新区建设的条件下将吸引更多的农民特别是精壮劳动力离开农村农业外出谋生。我国主要矛盾变化显示，农村发展不充分、农民从事农业的收入比较低和城乡不平衡成为新时代的主要矛盾，解决这一主要矛盾的焦点是提高农民的发展能力、第一选择是让农民去大城市找更多的工作机会。因此，东部沿海城市带和长江沿线大城市和珠三角城市带的发展仍将保持强劲势头，中小城市的发展速度也进入"快车道"，最终成为城市群。

随着经济的进一步发展和生态环境的要求，我国虽然采取了集约化与分散化相结合的战略，但东、中西部地区城市经济实力仍存在较大差异。相应的城市化水平也大不相同。虽然全国各地因地制宜正确选择自己的城镇化方式，如东部地区是分散的，中部地区是集中和分散的，西部地区是集中的。然而，随着城市的发展和人民生活水平的提高，"城市病"越来越严重，人们将重新审视自己的生产生活行为。城市居民区，特别是大城市，与自然高度隔绝，环境的恶化损害了身心健康。当城市的负面影响超过正面影响时，它将在一定条件下促进聚落的演变，原来的大城市聚落会放慢甚至停滞其发展，而原来发展缓慢的中小城市聚落因为污染小、生态环境好则达到较快的发展，因而出现郊区城市化。根据国际惯例，城市居民人均国内生产总值超过3000美元，将导致城市郊区化。目前，广州等中国大城市都有郊区化的趋势。正如人们想要高水平的经济生活和良好的生活环境一样，只有大城市的郊区或卫星城才能满足大多数人的需求，卫星城的发展才会更快。所以国家应重视土地实施差别化保护，鼓励发展卫星城市，建立超越城乡二元结构的区域模式进行聚落发展规划；土地空间的开发利用应与资源环境承载力相适应，以国土综合整治为主要手段，促进人地和谐，改善生态环境质量；要把构建基础设施网络和制定空间引导政策作为发挥政府作用的重点方向，加快修复和提升国土功能。

随着我国城市化的发展，城市湖畔开发已成为城市建设的热点。亚里士多德曾经说过，人们为了生活来到城市，为了更好的生活而居留于城市，城市的本质在于诗一般地栖居，加强保护和治理湖泊，促进城市的可持续发展，实现人与自然、人与城市的和谐共存，是城市湖畔聚落的共同目标和不懈追求。当经济发展水平达到发达国家水平，且技术水平很高的情况下，未来的生存空间与资源利用要向水平和垂直结合的空间发展。垂直方向意味着向空中发展的高度和向地下开拓的深度。而水平方向则意味着向海洋寻求聚居空间。除了垂直和水平，未来的聚居环境还要向太空发展。人类将会逐步朝着真正舒适宜人，社会、经济、自然整体协调而稳定有序状态的聚落方向发展，倡导健康，节约资源，保护自然生态环境，绿色、数字化建筑，控制人口增长和过度消费，关爱地球，关爱他人，尊重生命伦理，最终目标是创造一个更具特色、健康、高效、和谐、可持续发展的美丽城市，形成一个个具有山水林田湖草生命共同体全特征的湖畔聚落。

二、乡村聚落发展趋势

要深刻把握乡村聚落的空间结构及其动态变化，尊重长期人地关系演变形成的历史格局，因地制宜建立高效、可持续的人地关系。巩固农村聚落是农村的重要组成部分，是人类生产生活的基本空间和重要场所，以及维护农业发展的基础地位，深入挖掘农田、森林、草原、河流、灌渠等生态要素在传承农村文化、保护生态环境多样性、促进人类可持续发展等方面的重要价值。中国乡村聚落的出现是人类血缘关系形成的一个雏形村庄。这种按血缘关系聚族而居状态，历经奴隶社会和封建社会，至今在广大农村中还有广泛而深刻的影响。此外，一些较为稳定的家族村寨逐渐扩展为亲属村落，然后发展为多姓杂居的集镇。传统的乡村聚落大多是自发形成的，其聚落模式反映了周边环境中各种因素的影响。我国农村民居多为低矮零散的民居，周围是大片农田。人们在定居点周围种植食物，在定居点驯养牲畜。人口的增加或者减少对乡村聚落的影响是最直接的，人口的不断增加是乡村聚落的扩张和发展的基本要素，人对自己的生存空间有一种本能的占有欲，同时居住是人最基本的要求之一，使得人口的不断产生的新增人口对房屋居住要求成为聚落内部房屋建设的内驱力。无论是乡村振兴还是城市发展，都必须依托于健康发展的乡村聚落。农村聚落的发展包括农村聚落空间形态，以及经济、社会、文化和生态环境的发展，是一项涉及范围广泛、内涵丰富的系统工程。

农村的规划和发展不同于城市。要更加注重村民自下而上地参与，更加注重农村聚落混合空间的功能。农村地区有一套完整的"聚集"内部系统，并有相应的空间格局和协调性，可以保证居民的正常生产和生活。例如，在农村的大庭院里，农民不仅放置各种农具，还饲养家禽和牲畜。其中一些应该与池塘结合起来养育、洗涤，甚至成为女性的情感交流中心。农村生活与生产在土地空间利用中的结合是一种有效的存在。例如，长期以来，农村街道在平时人车混行，市场日已成为商业空间的和谐景象。严格的车道划分不适合农村地区的人性化街道。农村居民点的规模和分布与交通密切相关。在南方水网地区，在河流和道路的交会处经常形成大的聚落，沿河道会形成一些连串的集镇，山中影响较大的流域将形成整个山区的交通枢纽和集散中心。在偏僻的山区，往往形成较小的分散的乡村聚落。同样，由主要交通路线发展起来的城镇由于地形或道路的改变而趋于衰落，重要交通路线的通过也导致新的定居点。交通线路也影响着规模、速度和形状的扩展。交通型农村聚落的易变影响因素，一方面使农村繁荣衰落，另一方面又使农村成为一个可控变量，可以用来人为地控制住区的发展或抑制住区的发展。

"生态村"是发达国家在工业化进程中所创导的一个具有特色的"人居环境"，认为生态村是"一个以人类为尺度，全特征的聚落"。在聚落中，人类活动不破坏自然环境，融入自然环境，支持人类健康发展和未来可持续发展。所谓"以人类为尺度"，就是指生态村的规模不宜过大，村子里的所有人都彼此认识，社区里的所有成员都感觉到他（她）能够影响社区的发展。所谓"全特征"，就是聚落的所有主要功能（包括居住、食品供应、制造、休闲、社会生活和商业等）都完整齐全，并协调一致。在发展中国家，生态村旨在维持和重建可持续的农村社区，包括创造就业机会、减缓而不是停止城市化，以及更好地吸引人们在大城市周围的可持续生态村定居。生态村建设的重点应是具有较好发展前景的农村社区和农村道路，农村基础设施的改善，加强城市与城乡之间的联系，实现城乡一体化。要从生态移民、土地整治、空心村治理、基础设施完善、中心村建设、节约用地、保护耕地等方面，对农村聚落的空间结构进行重新安排和调整，即重建现有农村聚落的景观要素，创造人与自然和谐相处的居住环境。不再占用耕地，给子孙后代留下生存空间，实现人与自然和谐共处的目标，节约能源和资源，建设绿色建筑体系，控制垃圾和污水，改善农村卫生环境，保持生态平衡，保护水土、植树造林，发展生态农业，沿着河流（灌渠）两岸、围绕湖泊（水库）分布营建"小桥流水人家"的景观。农村发展也为城市产业和人口的扩散开辟道路。

三、湖畔聚落圈发展趋势

居住圈作为一种新型的城市居住空间系统，起源于日本的"聚落圈"和韩国的"整体居住圈"模式。日本强调大城市的住房和城市发展的密切关系，加强与卫星城的广泛合作，为整个大都市区创造一个多核心、多轨道的区域结构。另一方面，韩国启动了一项战略计划，将城市节点（城市或城镇）与周边农村相连，形成完整的生活圈。其实质是强调城乡居民点的融合。居住圈的构成以中心城市的居住区为中心。在一定的交通时间范围内，精心选择潜在的郊区农村聚落、卫星城、郊区城市、县城和城市边缘区作为居住郊区化的空间载体，通过合理的组织形成有机体系，使其在城市区域内均匀分布①。城市水域不仅满足湖畔聚落发展的战略需要，而且影响城市总体空间结构的发展方向。只有科学运用城市水域发展理论引导水域景观建设，才能创造出优美、优质的城市空间形象。要重视省域内水域特殊空间的保护和开发利用。比如江苏是水乡，水域空间特别发达，江、河、湖、海均有；江西拥有全国第一大淡水湖鄱阳湖，一万多座水库等。针对湖（水库）空间特征、区域开发利用状况、人口产业情况、存在的问题等，在省级国土规划中完全可以进行深入分析并出作安排，再配合差别化政策，引导未来开发方向。

城市中的水岸空间是弥足珍贵的资产。水岸空间不仅让人们靠近水面，为人们提供一个张弛有度、动静皆宜的城市空间，便于开展人与自然的对话；而且易于结合林地、湿地平原、滩涂与水域景观形成一个生物多样、资源持续的生态系统；更有利于将湖岸地带建成城乡居民重要的居住圈，建设城市对外形象的重要展示窗口，打造成城市重要的旅游景点。城市水岸的开发一般可以采用分区公园的模式构建水域生态系统。对于人类活动频繁、人口密度高的地区，要将沿岸景观湖泊、湿地公园、滨水广场、绿色公园、连接起来，形成带状公园贯穿全城。要以生态宜居为目标，在规划布局湖泊空间内的市政设施时，注重与周围自然、人文景观相互匹配。例如照明规划应配合湖泊建筑的规划设计，打造特色水岸亮化模式。要对湖泊及周边的市政设施进行甄选取舍，凡与湖泊保护开发存在矛盾、影响生态环境、陈旧落后的设施，要改造提升或者拆除。城市水系作为径流排放的重要通道、受纳体及调蓄空间，要遵循城市排水及水循环规律，采用海绵城市与低影响开发雨洪资源系统的基本方法，综合采取"渗、滞、蓄、净、用、排"等措施，使城市能尽量实现对水资源的吸收、储存。

聚落是人类生活、开展各种活动和劳动生产场所的特点决定了产业集聚是湖滨聚落的基础。产业集聚已成为推动我国区域经济发展的重要力量。这也是中国经济可持续发展和提升区域竞争力的迫切需要。要充分发挥湖畔的区位优势，在环湖选择若干条件成熟的区域建立承接产业转移的产业投资"飞地聚集区"，利用国内外各种资源促进湖（库）特色产业发展。①率

---

① 邹卓君：《大城市住宅郊区化的空间对策研究》，《规划师》2004 年 9 月 25 日。

先建设湖畔现代农业示范区。湖区曾是国营农场聚集区、农产品商品基地集中区，也是最应率先实行农业现代化的示范区。湖畔生态经济区应立足农业生产条件较好、耕地资源丰富的基础，率先建成农业机械化、规模化、专业化、生态化、国际化的现代农业示范区，强化重要农产品供给保障能力，打造农产品优势区。大力发展生态农业要积极建设生态农业示范区，大力发展无公害农产品、绿色产品和有机产品。②建设特色湖泊旅游产业带。将资源转化为地方经济发展的新增长点和亮点，要充分发挥湖区独特的历史文化优势、自然景观和民俗风情，创建旅游城市、精品路线、旅游景点、旅游胜地和生态旅游目的地，建好国家级大江大湖生态旅游公园和旅游度假区。大力发展休闲旅游、生态旅游、亲水旅游，把湖泊还给人们，把湖当作一种乐趣，创造一个湖泊旅游品牌。③形成湖畔特色制造业集群。发展智能制造、电子信息、游艇船舶制造、生物制药、新材料等新型产业，努力提升传统产业集群化、高端化、绿色化发展水平。优化产业结构，消除产能落后，关闭和迁移湖泊敏感地区污染企业，促进产业结构升级，优先发展高新技术产业和其他无污染产业。湖泊（水库）上游，合理配置河湖流域工业园区，鼓励企业实行清洁生产，发展循环经济。严格按规定开展河湖流域产业发展和自然资源开发利用规划的环境影响评价，以规划环评优化湖泊流域产业发展布局，以产业发展带动聚落形成。

聚落类型从简单到复杂，从低到高级。人类自诞生以来，似乎受到某种无形力量的驱动，不断创造和改变生活环境，从筑巢、洞穴住宅到草屋、砖房，再到房屋、花园，再到现代的高层建筑和庞大的城市体系。最初的动机来自哪里？杜萨迪亚斯提出的人类住区理论指出，人类住区是为了满足居住在其中的人们和其他人的需要。总的来说，人类的各种需要是人类创造和改变生存环境的动力。最后，宜居是人类住区建设的发展方向。这不仅指物质环境的舒适，还包括生态安全和回归自然，充分享受传统文化的合理成分，科学利用土地，从整个区域的角度出发，系统地构建聚落环境。未来理想的湖畔聚落圈，是人与自然和谐，人与人之间平等和谐，生活自得其乐的生命共同体。

第六篇 草生态产业

中国是一个拥有近 4 亿公顷天然草地的大草原国家；草地是森林面积的 2.5 倍、是耕地面积的 3.2 倍、占全国陆地面积的 41.7%，中国草地占全球草地面积的 13%、位居世界第一；"草"与"山、水、林、田、湖"同等地位，是生命共同体中重要的组成部分；草原与土地、森林、海洋等一样，是重要的战略资源；草业是具有生态、经济和社会多种功能、多重效益，是国民经济和社会发展的重要产业。草业发展必须服从和服务于生态建设的大局，围绕拓展草地战略空间和建设途径，引导草地发挥更多更大效益；应制定草原生态安全战略，重点保护和建设草原，围绕改良土壤耕地，突出草业推动农业结构调整和经济转型升级。尤其要适应中国食物结构中谷物性食品比重逐渐下降，动物性食品迅速增加的消费趋势；努力扩大草地农业营养体生产远比耕地农业籽实生产效益高，而且远比耕地农业更有利于生态健康的潜在优势，充分发挥现代草业在全国经济社会发展战略中的多功能作用。

第一章　草地产业生态化

草地是全球陆地生态系统的重要组成部分。草地不仅对维持全球生态平衡起着重要的生态作用，而且是人类生存发展的重要物质基础。草原是地球陆地上巨大的自然资源，它不仅是人类发展畜牧业的基础，而且是稳定地球陆地环境的重要条件。草原太阳能、风能资源丰富稳定，可再生绿色能源优势得天独厚。草地作为一种独特的自然景观，通过人与自然的长期互动和协同作用，形成了生产活动与自然生态情景交融的特有草原生活方式，这种深厚的民俗文化资源也是人类最宝贵的财富之一。如今，人类已对自然生态系统拥有巨大调控能力，在进入生态文明建设的新时代，生态产业是世界产业发展的新潮流。基于上述背景，走生态产业之路，发展我国草产业，是草业发展的客观要求。

第一节　生态先锋

草本植物是增加和发展地上绿色植物的先锋。草地是中国陆地上最大的自然生态系统，也是人类生产活动的重要可再生生态资源库。植物群落演替一般为先有草，后有灌木，再有乔木，延绵致密的草可以维持水土，为各种动植物、微生物特别是灌木和乔木的生长创造条件，草作为一种先锋植物，在生态系统中发挥着不可替代的重要作用。

一、自然草地生态系统

从自然发展史的角度来看，草地生态问题早已存在。从地球上有了草地和草食动物，也就有了草地生态系统。因为没有人为的干预，构成是一种原始的、纯自然的生态系统。当人类进入狩猎时期，开始对草食动物的猎取之后，才开始对草地生态系统产生微弱的影响。自人类开始驯养和繁殖动物以来，特别是后来又兴起了游牧畜牧业，对草地生态系统的影响才随之而加深。人类与驯化的动植物之间是一种共生关系，人类从驯养的动植物中获取食物，动植物依靠人类进行繁衍，但人类进化的速度和动植物驯化的时期是不一致的，世界上存在几个不同的人类起源和动植物驯化中心。动植物的驯化大约距今7000—11000年前，从动植物驯化的亲缘关系看，中东起源中心出现的动植物驯化最早最多，中美洲或中国中心早期驯养得很少。早期的农业技术从中东经过希腊传入欧洲，约在距今8000—8500年。从那时起有两条路线，一条向北沿地中海，最终到大西洋，另一条经过巴尔干半岛和匈牙利平原进入欧洲北部，约以每年1公里的速度向前推进。此外，也向东传播，中东驯化的基本动植物如小麦、大麦、绵羊、山羊、牛和猪，在距今3000—4000年以前进入中国的北方。

人类逐水草而居的原始草地畜牧业，其实质就是人群跟随畜群，一如其他肉食动物跟随草食动物食物源而迁徙。在被动地跟踪畜群游动过程中，逐渐将草食动物追逐水草而生的行为，升华为知识。由被动跟随畜群牧食到主动驱赶畜群的放牧行为，应是人类最早的仿生学，其含义是多方面的：学习草食动物对生存环境的物候学等生态学特征的初步认知；获得对草地品质优劣的判断知识；地上生物量的承载能力评估判断能力；积累了对畜群管理和品种选育的知识，许多地方品种由此形成。从多样化的狩猎和采集到农业的演进，可分三个时期。最早的时期——农业前的狩猎和采集，估计该时期大约从42000年前到12000年以前；第二个时期大体包括一个4000年的时期（从距今12000年到8000年），标志着从管理野生群体到管理驯化种的过渡时期；第三个时期为管理驯化种和多样性农业发展时期。农业发展的内容和速度因地而异，一些地区发展成种植业区，成为现代化的草地农业；一些地区长期停滞在游牧畜牧业阶段，游牧制现在非洲、亚洲北部干旱和半干旱地区依旧存在。停留在游牧制的地区大多人类社会和文化比较落后，缺乏科学知识，盲目地发展牲畜，超载过牧，一次又一次地给草地生态系统和人类带来灾害，人们也一次又一次地受到自然的惩罚。这些地区的草地生态系统在自我调节功能作用下，由平衡到不平衡，又由不平衡到平衡，或者严重破坏，导致系统的崩溃和演替。

草生态学通过研究草生态系统运行的科学原理，初步回答了如何解决草牧业生产、自然资源的管理和环境保护中的生态学问题。需要进一步明确的问题，什么是草类？什么是草地？什么是草区？本书使用"草区"的概念，目的是为了统一北方的草原和南方的草山草坡以及城市绿地草坪等地的草，把牧区、农区、城区草地组合成一体化的系统，把草地农业的区域扩展到整个国土资源。尽管国内外对草类、草地、草区这一客观存在事物曾有过不同的理解和解释，但比较多的和比较符合实际的认识还是比较一致的。更趋近的解释为草类是构成草地的主体，是草食动物赖以生存的条件。草地是草类和其着生的土地构成的综合自然体，草区指的是适宜发展草类及有关产业的区域，与牧区的区别在于不仅仅是放牧，还发展旅游等产业。

二、人工草地生态系统

全球约有 15%—20% 的耕地用来种植牧草，建立人工草地。在科学技术发达的许多国家，开展牧草育种，草地改良，使其草地生态系统已成为一个高效、稳定、可持续的人工生态系统。人工草地生态系统中的生产者主要为高产优质牧草，消费者主要为优良高产的家畜，加之应用草地生态学原理和现代草地培育和管理技术，物质和能量流失少，人类获得的物质和能量多。此外向系统输入营养物质和促进再生产的种质资源，并补充系统内缺乏的营养元素，加之景观生态学原理的应用，合理配置草地生态系统与陆地景观建设。这样就使草地生态系统既有很高的经济效益，又具良好的生态效益。

人工草地是指通过围栏、浅耕、灌溉、施肥等方式形成的半人工草地，或者通过人工建成的天然草地。山地草原不适合人工草地的开发，但在保护措施合理科学的前提下，低湿地退化草地可以开发人工草地，只是由于生产活动不当导致植被遭到严重破坏，只要通过封滩育草便可恢复，试验地段成功率高达 90% 以上。人工草地生态经济系统是利用草地生态系统从事放牧、饲养家畜等各种经济活动，以此获取物质和能量、食物和动力、精神享受的一种生态经济系统。

人工草地虽然内容丰富，但其主要功能无论是从历史发展的纵向角度，或是从其他国家发展的横向角度来看，都是为畜牧业提供支持和保障。其核心是在培育优良草食动物和生产大量优质牧草的同时，恢复和提高土壤肥力，促进后续种植的可持续稳定生产，这是最完整、最稳定、最具生产力、最易平衡的生态农业系统。生态系统使物质流和能量流在系统中通过代谢过程不断循环，并通过某些生物群落和无机环境的有机调节，使各组分相互协调，达到稳定状态的良性循环。草区生态农业通过种、养、加等形式，促进农业生产前、中、后形成一个相对完整的产业群。

三、修复草地生态系统

对 2015 年《国家草地生态监测报告》的分析表明，我国草地生态系统仍不稳定、脆弱，易受降水、利用方式等气候因素的影响，大量掠夺式的生产，一亩土地产草不足 100 公斤，造成草地的人为退化，每年种草破坏环境造成的损失，与生产草获得的效益无法相比。由于不合理地开发利用，90%的草地在一定程度上退化。坚持以生态安全与经济产业并重，生态安全优先，是我国草地开发的基本原则。

要把自然修复放在首位。草原生态恢复过程是一个遵循自然规律的过程。首先要对土壤结构、退化、原生动物种类、当地气候、降雨、肥力进行综合调查，根据调查结果对动植物种类和数量进行匹配。现在所拥有的必须使用，过去没有的东西必须逐步培养和补充。最关键的要许多牧草的发现和广阔的草原资源库的建立，可以激励农民、牧民和科学家一起投入繁育系统。一般过程是收获原始种子，首先制作原始种子，然后做杂交，一般约五年培育最适合的草种。其实人类吃的小麦、稻米、瓜果都是植物驯化的结果。人类要驯化草，过程并不复杂，只是一个不断实践的过程，同时走一条尊重自然的路线。在这一过程中，建立合理的机制，制定草畜平衡补偿政策，实现草畜平衡，一方面是减少畜牧业，另一方面是增加草产量。草长得多了，可以承载更多的羊。一般来说，这些草原恢复工程可在两三年内取得初步成果。

鉴于我国草地大多分布在生态环境脆弱、气候条件恶劣的地方，国家把青藏高原、岩溶地区、长江中上游、黄土高原、黄河中上游、农牧交错带、荒漠及荒漠化地区列为我国草地治理的重点地区。实施了草种基地建设项目、退牧还草工程、京津风沙源治理工程、自然保护区建设项目、西南岩溶地区草地治理试点工程，要求加快发展草牧业，开展粮改饲和种养结合模式试点，不仅恢复和保护了草原生态环境，还支持开展了草原改良、人工种草等建设工作，提高了牛羊等草食畜禽的生产能力和发展水平。

第二节　治理水土

牧草根系发达，在土壤中盘根错节，纵横穿插，不仅可以充分利用深层土壤的水分、养分，而且覆盖面积大可以防止冲刷，拦截地表径流，减少土壤侵蚀和水土流失。从草本植物具有较强分蘖能力等特点可知，只要土壤、气候条件适宜，就能立即生长恢复活力，以较快的速度形成草地植被。牧草种植是防治水土流失最有效的措施之一。

一、草生态治理机理

在人类社会出现以前，草地生态系统是以自然体存在的，只是自在之物，并不具备资源的性质，也没有农业。只有当人类对它的资源属性有所认识并加以利用以后，它才作为一种资源存在。草地资源的性质和作用随着人类科技水平、生产水平和生活水平的发展而发展。种草还有别于农作物的一大优势是管理方便，其表现为病虫害较少，不必大量使用农药，施肥很少，可减少面源污染。此外，草业还可以提高抵御干旱等灾害的能力，主要表现在作物种子发育期雨水短缺，会造成灾害，而草业只要在生长季节，少量雨水就能生长，很少有干旱造成草不能生长。

世界上栽培最早、种植最广的饲草是紫花苜蓿，简称苜蓿。被誉为"牧草之王"的苜蓿，是一种多年生深根豆科牧草，广泛分布于温带气候区，在降水量300—800毫米的温带气候区均能良好生长。紫花苜蓿是一种根深达8米的植物，种植紫花苜蓿是控制土壤侵蚀的重要生物措施。我国农业土壤由于集约化耕作和过度利用致使严重退化。20世纪70年代，美国威斯康星州的一项研究表明，连作土壤侵蚀量为每公顷561.3吨，草地和田间轮作土壤侵蚀量为每公顷1.5吨，多年生草地土壤侵蚀量为每公顷0.2吨。尽管世界各地的自然条件不同，但牧草和带状作物栽培之间观察到的土壤侵蚀的显著差异是相似的。此外，豆科牧草在一个生长季节可从大气中固定氮素150—200公斤/平方百米，种植牧草是保护和改善农业土壤资源，提高农业生态可持续性的有效措施之一。据甘肃天水水保试验站测定坡地种植紫花苜蓿，种植粮食作物与种植苜蓿相比，种植粮食作物每年流失水量是种植苜蓿的16倍，土壤冲刷量是种植苜蓿的9倍，而且种植苜蓿还能有效减缓风速，阻止风沙对农田侵袭。中科院西北水土保持研究所测定，坡度为 20°的苜蓿地比同坡度耕地种植粮食作物减少径流 88%，减少冲刷量 97.45%，增加降雨入渗量 50%；在降雨 350 毫米的年份，苜蓿地冲刷量为 930 千克 / 公顷，农田为 3570 千克 / 公顷，农闲地为 6750 千克 / 公顷；在 17°的坡度所作的粮草带状间作试验证明，苜蓿与粮食作物间作，减少径流 30.6%—46.2%，减少泥沙 97.5%。我国西北、华北不少地区把苜蓿作为轮作倒茬的主要作物①。

当前，我国的草业正经历着由落后的传统模式向集约化模式的转型。在此过程中，天然草地的合理利用是基础，人工草地建设是关键，而草地生产与生态功能的合理配置是转型成功与否的标志。在天然草地合理利用方面，目前的技术瓶颈主要有大面积退化草地如何恢复和保育，天然草地如何实现可持续合理利用？如何对家畜品种进行改良以实现传统放牧模式向集约化养殖模式的转变。在人工草地方面，要实行科技兴草，组织和推广草地围栏、牧草播种等关键实用技术，重点针对草地改良、草产品开发，开展全方位的相关技术攻关。致力于建立健全饲草料种植与加工、畜种改良、兽医卫生、产后加工流通的草牧业服务体系。旱作区是经济效益和生态恢复重建并重的落后地区。要根据生态经济学和产业经济学的原理，改变战略目标和工作思路的方向，突破仅在坡地上退耕还草的思维局限，将耕地以轮作倒茬方式纳入退耕还草范围，在旱作农区实施更大范围的退耕还草战略。一方面要引导农民退耕还草，在实现生态保护的同时，发展草产品原料生产；另一方面要引导和动员降雨量少于 400 毫米地区的农民发展苜蓿人工草地建设，发展草畜养殖，建立草地农业发展新模式。这既是草地生态修复的需要，也是社会经济发展的需要。

二、西部大开发的治理经验

回顾历史可知，2000 年 4 月 16 日的一场震惊国人的沙尘暴，推动了我国真正意义上的草业发展振兴。但 21 世纪初草地退化、频发沙尘暴不仅是

---

① 孙兆敏：《宁南旱作农区草地农业发展模式与技术体系研究》，西北农林科技大学博士论文，2005 年 5 月 1 日。

中国独有，而且也是全世界的普遍现象。撒哈拉地区和中亚地区则是沙尘暴两个最主要的发源地。中华文明的发源地黄土高原，在古代曾经是植被茂密的森林和草原，如今则是沟壑纵横、草木稀少的景象。和20世纪50年代相比，2000年的沙尘日数、扬尘数、浮尘数分别增加了24倍、45倍和9倍；全国沙化土地面积年均扩大2460平方公里，是50年代1560平方公里的158%。在涉及沙尘天气的200万平方公里区域内，京津沙尘主要来源于河北、内蒙古等约25万平方公里的退化沙化草场、草原已垦的撂荒地和一年生旱作耕地。

针对北京、天津沙尘暴的成因和影响，国家制定了西部大开发战略，启动退耕还林还草工程。恢复天然草地植被，围栏草地，草地基地建设，恢复草地和再生草地。2000—2009年间，草原建设和草地生产项目的总投资，如"天然草地植被恢复与建设""草地种子基地""草地围栏""退耕还草"等草原建设和草业生产项目投资总量达到了34亿元，相当于1978—1999年21年间投资的1.7倍。截至2016年，退牧还草工程围栏封育草原3997万公顷，禁牧休牧轮牧面积1175万公顷，累计种草保留面积2234万公顷。在草地建设方面开始逐渐打破传统草地畜牧业格局模式，探讨了牧区、农区、农牧交错区、城郊区草地牧业组建成一体化的新型草地畜牧业系统，实现产业化生产。不同类型草地畜牧业系统也采取了不同的经济体制运行模式，收到了很好的效果[1]。

放牧是草地生态系统最主要的利用方式。放牧系统单元由人居—草地—畜群三者构成。草地的持续利用，畜群的繁衍改良，游牧民族的生存繁衍，全赖放牧系统单元的结构完整与和谐运行。放牧系统单元是任何一个牧业部落所必须保有的生存条件。原始放牧畜牧业从这里创造了草原文明的本初形态。放牧优化假说认为，适度放牧强度下草地初级生产力最高，即通过优化放牧管理可以提高草地初级生产力。放牧优化理论阐明了放牧对草地生产力具有正向调节作用。然而，大量的研究表明，放牧与生态系统功能的关系还受地形因素、降水分布、放牧时间、牲畜分布、放牧系统类型（连续放牧、

---

[1] 卢欣石：《15年草业进步、15年草业未来》，《第四届中国草业大会论文集》2016年8月19日。

轮牧、延迟放牧、季节性休牧）等因素的影响。半个多世纪以来，我国广大山区特别是西部地区的干部和群众同贫瘠的山川进行了顽强的斗争，水土流失治理取得了巨大成就。然而，由于各种条件的限制，植被生长缓慢，水土流失的严重形势尚未得到根本遏制。回顾过去，虽然有很多经验，但往往忽略了草在生态建设中的地位和作用。经过几十年的发展，西部地区草地产业取得了良好的经济、生态和社会效益。特别是改革开放以来，草原的地位和影响逐渐被人们认识和重视。目前，草原产业在畜牧业发展、环境保护和可持续发展战略中发挥着越来越重要的作用。

三、种草保护水土生态平衡

草本植物具有旺盛的生命力、再生性和可更新性。特别是在水土流失地区，具有不可替代的生态治理作用。为此，国家每年花费数千亿元用于植树造林。数十年过去了，虽然取得了重大成果，但还有不少地方，效果并不明显。原因在于以往的治理措施主要是植树造林，草的作用没有得到重视。实行乔灌草相互结合，特别是被沙尘暴肆虐的干旱和半干旱的西北地区，水土保持的植物只能是强壮耐旱的草。即使在雨量充沛、温度适宜的南方林区，由于土地贫瘠，也有"远看绿油油，近看黄水流"的景象，唯有在种树的同时种上了草，可以有效地减少地表径流，更好地控制水土流失。

国家提出"退耕还林、还草"的重大战略，无疑为人工草地的发展和草原恢复的实施提供了良好的机遇和政策环境。但退耕后还林还是还草是一个十分重要的科学问题。根据天然林草的分布和生态学家的试验研究，在树木不合适的地区退耕还林，必然造成人力、财力、物力的无端浪费，最终导致失败；降雨量低于400毫米时树木无法自然生存，500毫米的降雨量是自然成林的边界。一方水土养一方人，也养一方草木。要从过去的历史资料中研究草原物种、草地生产，以此为基础进行草地育种。当然，就恢复草原而言，这个"恢复"应该是恢复生态系统，不仅仅种植树木和草地，而且包括生物、微生物和野生动物。

土壤及生态环境是人类生存发展之基。目前，人们已初步认识到保护防止土壤侵蚀对草业发展的重要性。表层土壤流失后，水分和养分的维持能力差。剩下的土壤通常有机质含量低，土壤养分无论是原有的还是施入的，都会随着土壤的流失而流失。而草的生命力极强，较易建植，且能迅速覆盖地表。

第三节　改善环境

长期以来，草地生态系统不仅为人类提供了肉、奶、皮、毛等具有直接市场价值的产品，同时具有维持大气组分、改善区域气候、保持土壤养分、降低水土流失、维系民族文化等重要服务功能。我国现阶段对草地产业的主导需求是生态环境需求，这决定了草地产业的主要矛盾是生态环境需求增长与草地落后生产力之间的矛盾。加强草原在生态环境建设中的主体作用，已成为我国经济社会发展的首要需求。

一、草地具有天然的环保作用

研究表明，草地能分解土壤中的酚、氯化物、硫化物来净化水土，使水土保持清洁，草被则可以大量吸收空气中的二氧化碳，达到净化空气的效果。牧草还可以促进有益微生物的繁殖，加速有毒有害物质的分解，化害为宝，提高生态环境质量。草地具有较强的再生能力，这也就是草地自身所具有的易恢复性，因而草地生态资源比重较大。强调草类是重点，并不是说草原上没有其他植物。有些草地经常有少量灌木或乔木散落在其中，但草仍然占主导地位。因此，草地生态环境直接关系到整个生态环境的质量。

草地植被可以调节气候和水源涵养，是一个天然的节水植被和蓄水池。通过草地生态系统的调节，大气成分可以降低二氧化硫和其他有害气体的含量，维持氧气的量以防止紫外线辐射，其中最重要的是维持二氧化碳/氧气的平衡。与裸地相比，在冬季草地可以提高温度6℃左右，在夏季草地可以降低温度5℃左右。草地植被低矮茂密，茎叶茂盛，植物的茎、叶和根能产生大量的有机质，腐烂分解后，形成的有机质颗粒和碎片分散到天空中，可在云层中形成"生态源冰核"。这些"冰核"聚集在云层中，可以促进大气降水。草地能够涵养水分，拦截降水，比裸地具有更高的渗透性。因此，草地不仅可以减少降雨过程中的地表径流，而且在干旱时可以减缓蒸发储存水分的速度，增加空气湿度，改善空气质量。

草地与人类生存的关系非常密切。据测定，草地上空的细菌含量，仅为公共场所的三万分之一；草原每天产生 600 公斤 / 公顷的氧气，并吸收 900 公斤 / 公顷的二氧化碳，大约与林地每天每公顷吸收 1 吨的二氧化碳和释放 750 公斤的氧气相同。还为人们提供旅游观光、运动及娱乐的场地，为人类保持一个良好的生存环境。

二、乔灌草结合中的草生态优势凸显

乔灌草结合是自然生态系统的内在结构，在人工植被系统中草的作用不容忽视。草原以绿色植物特别是以草为基础，形成植物、牲畜、野生动物和微生物共存于同一环境中，并相互之间进行着物质的生产、能量的流动、营养物质的循环等几个过程。近年又提出信息传递或称信息流这样一种草地生物群落和环境结合并具上述功能的综合自然体叫作草地生态系统。

由于草地比林地更容易耕作，许多不合适的草地被开发成为耕地。一方面，需要退耕还草疏松和改善土壤，增加土壤有机质和矿物质含量，形成更加稳定的草地生态系统，提高土地生产力。另一方面，需要通过恢复生物的多样性，形成稳定的自然生态系统。根据立地条件补植灌木（半灌木），营造灌木林，有效提高草地抗侵蚀能力，改善生态环境。草本植物根系集中在 0—30 厘米表土层中，根系交错发育，形成密集的草甸层，茎叶茂盛，再生能力强，能很好地覆盖地面，具有保水保肥的能力，是防治水土流失的重要生物设施。

据资料介绍，当日降雨量超过 50 毫米时，坡地已种植牧草草地的地表径流量比耕地下降 30%，地表冲刷量仅为耕地 22%，与林地相比无显著差异。地表草本植物较少的林地，冲刷量则比草地高 45%。当降雨量为 340 毫米时，每公顷坡地水土流失量为 6.75 吨，耕地为 3.57 吨，林地为 0.6 吨，而草地仅为 0.093 吨。相对而言，种草具有成本低、周期短、见效快、效果好的特点，使农民能够在将大于 25° 的坡耕地退耕后，通过发展养殖业来增加收入。

三、草业与人类生活生产的关系

草在人类生活生产中的作用巨大、关系密切，但地位却很低。当人们说

起和草有关的词语，往往是墙头草、草包、草寇等，想找一个由草组成的褒义词并不容易。因为形态上的弱小，草容易被人们轻视；因为生命力很强，在我国广大农区，草更被称为杂草、害草，是要清除的对象，并且要斩草除根。人们对草的认识不到位，对草在畜牧业发展和生态环境保护中的作用不够重视，对草在人类生存发展中所作的贡献不够尊重，但了解草的人从来都充满敬佩，《辞表》中提到"逐水草而居"，白居易说"野火烧不尽，春风吹又生"，范仲淹写道"劲草不随风偃去"。实际上，草已经在我国城乡生态环境建设中尤其是在农业农村经济发展中，发挥着重要作用。

草原是绿色生态食品的主要来源。随着消费结构的升级，对绿色生态食品的需求与日俱增。草产品作为一种资源性产品，必然会成为短缺商品。依托草地资源发展生态畜产品，培育绿色生态产业，具有广阔生态前景。目前，草地资源短缺是全球面临的共同问题。草除了可以发挥诸如水草具有净化水体等环境功能，演化成水稻、小麦、玉米、谷物和牧草等农作物外，还可以依靠高科技提取青蒿素等。随着科学技术的发展和对草地的重视，人类对草的开发利用将更加丰富多彩。

从现实的角度看，草产业是农民脱贫致富的有效途径。通过草业可以绿化草原，养牛养羊，牧民致富；调整耕作制度，改良土壤耕地，实现藏粮于地、藏粮于草；通过草牧业结构调整，农牧民可以通过服务企业或与企业合作获得更多的收入。在现代农业发展阶段，知识密集、技术密集是草业发展的依托，规模化和集成化使草业成为与生态环境协调的、与相关产业联动的资源高效利用和转化的独立产业，继续扮演更为重要的角色。

第四节　藏粮于草

相当一个历史时期内，我国农业种植比例明显偏高，种植业又以粮食占主导地位，"重粮轻草、重林轻草"等现象比较突出，用农田来种草则是很多人难以接受的事情，牧草产业的核心领域实际上是农业生产区域的边缘化和废弃区。因而在大力提高这些地区草业水平的同时，依托其他已经成为粮食作物和经济作物区的土地资源等条件，构建"藏粮于草"的生产格局，支持现代草业的专业化、集约化、规模化、标准化生产，采用比农作物更先进的节水技术、旱作技术等先进科学技术，走出一条草业振兴的发展新路。

一、草业对粮食安全的贡献

以草地农业为主要特征的现代化大农业，不仅提供满足人类需要的畜产品，而且是解决粮食安全问题的农业发展模式。从世界农业发达国家已探索的路径看，粮食安全不仅限于"谷物"，还包括矿物性食物、植物性食物和动物性食物。要大力发展草地农业，充分对生物资源、土地资源、水资源、能源资源进行综合利用，建立高投入高产出草牧业，普遍采用现代围栏、人工种草等技术，放牧与舍饲相结合，实施"粮—草"轮作、间作、套作，实现草业发展与粮食增产双赢。

草粮轮作形成"土地—植物—动物"三位一体的农业系统，建立起投资少、低能耗、高产出、品质优、效益高的有强大生命力的产业体系，把种草与养地、养畜结合起来，实现草、畜、肥、粮四要素的良性循环，最大特点在于在系统中充分调动了牧草的作用，特别是豆科牧草的作用，进一步提升草地生态功能和生产功能的巨大潜力。目前，我国草原牧区的地上生物量约为 3 亿吨，仅为农田的 1/4。通过科学配置草地的生态功能和生产功能，利用约 10% 优质草地，建立集约化人工草地，使优质饲草产量提高 10—20 倍，可以从根本上解决草畜矛盾；进而可以对 90% 的天然草地进行保护、恢复和适度利用，提升其生态功能。

要以"大粮食、大资源、集约型"理念指导草地农业发展，充分利用生态资源和土地资源，节约饲料用粮、补充口粮，逐步减少畜牧业对粮食的依赖，降低粮食需求的同时增加粮食供给。现在人们由于认识到食草动物的肉质更安全，牛羊肉和牛奶的消费者大幅增加，积极有效地促进了草牧业的发展。要树立大粮食的概念，通过牛羊将草转化为粮食，逐步增加草食畜产品在畜产品中的比重，以获得高的农业附加值，增加大农业的比较效益。要在优先发展区域，尽快建立粮经草三元种植结构，农牧结合区土地则以饲草料种植为主。围绕粮食生产抓草业，实现粮草共赢。现代草业是农业现代化的支柱。是否有强大的草区经济作为后盾，是调整粮食、饲料三元结构顺利调整的关键。只有以强大的草区经济为依托的草牧业，才能把畜牧业的发展建立在满足人类需求的绿色畜牧产品上。

二、草业对食品安全的作为

中国苜蓿网曾报道：从苜蓿中可以大批量提取食用蛋白，其营养价值与牛奶相同。从苜蓿中提取的蛋白用于食品添加剂、动物饲料、药品和化妆品。用作食品添加剂时，可增加食物的营养成分而不破坏营养平衡。目前，科学家们利用特殊的榨汁、浓缩提纯和分离技术设备，可以从1000公斤鲜苜蓿中提取3公斤以上的蛋白。按当地市场价格算，最终产品蛋白的价格比原材料的售价高出6倍以上，可见苜蓿将成为未来农业高新技术及相关轻工业发展的重要组成部分。尤其是苜蓿雄性不育系育成，三系配套的杂交优势将用于生产，含硫氨基酸转基因苜蓿已获得株系，苜蓿作为生物反应器生产珍贵物品亦有可能，现代信息技术的应用将为草业的发展提供无限的生机和活力。

牛羊是反刍动物，必须吃多纤维的饲草方能健康生存，并转化为高蛋白的牛羊肉奶。而奶牛既要食多纤维饲草，也要补充高蛋白多汁型苜蓿、胡萝卜等饲草饲料，方可产出液态型（高出本为生存所需水分20倍以上）高蛋白含量的牛奶。为了确保人们食用安全的牛奶，国家现在每年花费巨资对乳制品进行抽样检验。但这个测试是终端测试，应该从生产安全高效优质草产品的源头上解决这个问题。在绿色农畜产品的原料、生产、加工、贸易等环节确定"以草为王"的观念，一切围绕饲料的绿色有机等"生态品质"进行产业改造。科学合理制定产业发展规划，把天然草地恢复工程和建设人工、半人工种植饲料基地纳入科学规划、科学管理范畴。

草粮轮作是旱作农业系统中作物轮作制度的技术创新。它是由草田轮作制演变而来的。将人工草种纳入作物轮作体系，是调节作物分局，实现合理轮作，调节作物需水关系，提高区域水分利用效率，减轻干旱危害的一种重要手段。草粮轮作是在同一土地上不同年份交替种植作物和牧草（主要是豆科牧草）的一种耕作制度。豆科牧草一般种植在同一地块上4—6年，然后种植粮食作物3—4年，并在一定区域内形成轮换制度。这样，依靠豆科牧草生物固氮肥田，土壤有机质含量提高30%—40%。作物单产提高20%—50%。并使土地得以休养生息，不仅为牲畜提供了大量优质牧草，而且使农业生产的整体效益提高50%以上。

三、土地对草业的希望

农业生态系统退化、土地承载力下降在一定程度上影响我国农业和社会发展的可持续性。农业生态系统具有生态系统的一般特征，在人类的强烈干预下具有物质生产特征。它是自然生态系统（森林、草原等）和人工生态系统（城市等）之间的一种类型。大力发展草牧业，通过转变畜牧业生产方式、调整畜产品结构等改革措施，推行农牧结合模式，科学合理的管理将使农业生态系统低投入、高产、健康发展。

草畜系统保持土壤生态系统的稳定是通过各系统的自组织过程来完成的。特别是在我国旱作农业区，生态环境本身比较脆弱，过度耕作等不合理的自然复垦，导致农业和生态环境系统严重退化，土壤贫瘠化不断加重，加上灌溉条件差和丘陵沟壑地貌的影响，农业生产能力的减弱，再加上人口过度增长的压力，已经形成了人与土地的尖锐矛盾，造成土地承载能力降低。为了克服这些不利的因素，迫切需要转变农业发展方式，而放牧则可通过牧民对畜群的合理管理，实现草地自然资源的维护和发展。

当然，我国由于受农耕文化传统的制约，重农轻牧、重地轻草、重耕轻养的现象始终存在，垦草种粮、毁草开矿、挖草种树、压草修路、占草建房等依然普遍发生。更为主要的是，单一的农业产业结构模式，必然导致农产品不能适应市场需求等问题。在目前总供给大于总需求的新形势下，必然造成农产品因无市场实现不了价值，农民增产不增收。调整农村经济结构内容、延长生态产业开发链条、提升市场价值和竞争力、增加农民收入，是我国农业和农村经济发展的关键问题和重要任务。

第五节　产业延伸

随着我国经济社会的快速发展和草业拓展的不断深入，草业资源的内涵除了在草地资源管理系统、草原传统畜牧业生产技术和生活方式出现新的变化外，开始扩展到周边环境、气候、民情等。草地景观不仅使景观服务产业成为一种全新思维理念的草产业，而且使草原民俗民风发扬光大，草原文化传承创新，相关产业蓬勃发展，以满足人们在许多方面的需求。

一、草旅融合

草地景观是指在草原呈现的景象。这种景象反映了草原的空间和物质所构成的综合体，是复杂的自然过程和人类活动在草原上的烙印。草原与森林一样，最大限度地为人类提供了户外活动的条件和场所。在草地上游览观光、漫步爬山、参观考察、游憩疗养、开车骑乘、划船游泳、滑雪滑冰、观赏野生动物、钓鱼狩猎、探险漂流、宗教庆典等多种活动，不仅可以形成多方式、多途径地开发利用草地资源的新兴草产业从而产生经济效益，而且可以进一步充分发挥草地景观资源的美学价值从而推动草地高层次开发性活动。草地的游憩和娱乐资源丰富，全世界可供生态旅游的 667 个较大的自然保护区中，有一半是草地。亚洲青藏高寒草地的藏羚羊，非洲热带稀树草地的角马，北美普列里草地的野牛，北极冻原地区的驯鹿，它们成千上万头的大群远距离迁徙，是世界上最宏伟、最雄壮、最自然、最令人激动的现象。草地能给予人们极大的精神和物质享受的情景和财富[①]。草原旅游的基本理念是生态旅游，其核心是保持草地资源的良好状态，保持以各种植被为基础的良好生态系统是草原旅游实现可持续发展的根本保证。在草原旅游产业架构设计中，要形成多元化、和谐的草原旅游景观资源，就必须从旅游的需要出发，从审美的角度关注各种类型和内部结构的协调，开发具有草原特色景观服务产业，把握都市居民回归自然的心理。

国际视野是旅游业发展的关键。自然人文原生态，挖掘、传承和演绎主题突出，文化特色够鲜明；体验互动全方位，重视游客的亲身感受，强调参与和体验；秉承可持续开发的理念，牧场经营多统一，多以牧场形式开发草原旅游，管理统一规范；产业联动效益好，与本地牧业发展紧密结合，始终保持原生态的草原环境；社区参与程度高，围绕保持质量规范的本土化特色，加强草原旅游的整体引导、制定鼓励本土居民参与的发展规划政策；政府协会协作多，指导营销推广、组织活动等，服务配套支撑强，做到管理科学、设施完善、服务到位是美国、澳大利亚、新西兰等国草原旅游发展的经

① 胡自治：《草原的生态系统服务：Ⅱ.草原生态系统服务的项目》，《草原与草坪》2005 年 2 月 20 日。

验和做法。要借鉴发达国家经验，把我国旅游业作为一个大产业，使生态目标与经济目标并驾齐驱，尤其要把草原、草山草坡改造成为生态环境的旅游胜地。从中国草地旅游可开发地区经济较为落后，生态环境较为脆弱的国情出发，既要开发多种不破坏环境的具有草原特色的旅游产品，直至形成固定的消夏避暑游客群体；又要将旅游景观利用与保护的责任分解落实到参与旅游经营的所有单位和个人，加强对经营者兴趣和注意力的引导和规范，拓展客源；还要引导农牧户进行专业化生产经营，减少无效消耗，提高经营效益，提高旅游经营者和游客对草地生态环境保护和草原区可持续发展的认识。

放牧是草原文化产生发展的动力源泉，是草旅融合的基因载体。放牧的本质含义即是在草原上牧民牧羊。因此，放牧也可以说是草原文化的遗传基因。而放牧存在的基础是草原放牧单元，包含草原植物与土地耦合构成的草地系统、草地和草食动物构成的草畜系统、草畜与人构成的人草畜系统。在人类介入草地系统之前，草地、畜群各自层次系统形成相对稳定的能流、信息流和物质流状态的超循环，在内在能流的驱使下通过自组织过程来保持其生态系统稳定。放牧单元作为草原生态系统的子系统，其能流模式就是它存在的前提。亦即满足三者"共生"的能流时空需求。因此，放牧单元的存在必须具备时间和空间维度的特性要求。即放牧单元三个层次的系统耦合必须是空间—时间型的系统耦合[①]。围封植被，禁止放牧和割草是针对已退化草地而采取的恢复措施，它使草场得到一段恢复时间，达到逐渐复原的目的。

二、产业联盟

像现在我国绝大多数产业之间互为产业链一样，草牧业之间、同其他行业之间都已经建立了一些产业联盟，比如种草的上游是繁育草种的种子公司和以草为原料的饲料厂，中游是消耗饲料的牛羊养殖户，下游是需要牛羊的屠宰加工厂，这些都属于联盟企业。有的地下种草，空中还建有光伏电站。一块草场有了牛羊，有了养蜂的，也可以发展旅游业，这些也都有了产业联

---

① 任继周、侯扶江、胥刚：《草原文化基因传承浅论》，《中国农史》2011 年第 2 期，第 15—19 页。

盟的基础。利用草原清新空气的办养吧、舒适的气候办休闲、有机的食品办疗养、高品质特色化的资源做体验，形成生态健康的绿色牧场和心灵牧场产业链，产业联盟的范围就更为广泛。完全可以改变以前发展一个产业就需要一块土地的格局，大大降低运营成本，同时互为产品，在一块土地可以生产多种产业，并且各个产业相互链接。

草地产业联盟是各合作企业发挥各自优势为联盟贡献其核心能力，在保持竞争与合作的市场环境条件下，共同实现优势互补和利益共享，最终为实现共同目标而形成的联盟。草产业联盟超越一般分工，打破各企业原活动范围，实现运作过程中所有上下游企业的密切合作。在产业联盟共生系统的实践中，由于草业产业联盟是一个动态多变的复杂系统，在新企业不断加入供应链联盟的同时，也有企业成员退出共生系统。特别是中国广大的草原由许多牧民管理，每个牧民经营的草地都是小而分散的。企业与牧民即便都已加入联盟之中，但它们相互之间的联盟关系也是不断发展变化的。

要重视旅游业与各产业协调发展。要根据市场和资源条件适度规模经营，在协调好旅游与其他各业关系时尤其要重视处理好与农牧林业的关系，绝对不能顾此失彼，而是要相互促进。草种植业作为草地旅游的基础产业得到快速发展，必将推动生产基地的规模化，使草原观光体验游产业得到加强和延伸。但草地旅游的资源条件决定了仅依靠观光或单一项目要在大面积区域内成为支柱产业是困难的，科学的办法是要尝试推进分级分区差别管理，在大景区内部根据旅游功能划分体验区、度假区、养生区、运动区等，或根据资源禀赋和开发条件的不同划分档次旅游区，形成各具特色、重点突出又顾及整体的旅游地域网络系统。

三、草畜平衡

草畜平衡是指在草地等提供的牧草总量在一定的地区和时间内与饲养牲畜所需的牧草总量保持动态平衡。"天苍苍，野茫茫，风吹草低见牛羊"的景象，这是旅游风景线，也是草畜平衡的标志。由于草畜平衡理论兼顾了草原生态安全与相关产业可持续发展，在1985年颁布的《中华人民共和国草原法》中成为指导我国草原保护与利用的主要法律依据。但是由于草原牧区各地自然条件和社会经济发展水平不同，很难确定一个统一的标准来衡量不同地域是否真正实现了草畜平衡。对于天然草地，确定载畜量是草畜平衡的基础，但是草场的载畜量年际之间会有很大的变化。因此实际工作中常用 5 年的平均产草量来估算合理的载畜量。在自然生产力条件下的草畜平衡阶段，主要通过畜群结构的优化、划区轮牧等措施，发挥天然草地的生产潜力。在具有规模化人工草地前提下的草畜平衡阶段，主要通过"以水定草，以草定畜"，来实现新的平衡。转场就是草原牧民生产生活的一个主要特色。根据时间维度和一年四季的不同，可将牧区划分为春、夏、秋、冬季节牧场；牧民可在不同的牧场放牧牛羊，使草原生态系统达到一个新的平衡状态。

从哲学角度看，任何事物的存在都不是孤立的、静止的、僵化的；运动和平衡是分不开的。一切平衡只是暂时的和相对的。任何相对的运动都是为了建立相对平衡的一种努力。草畜平衡就是要从生态发展的不平衡中，努力建立新的、相对的（暂时的）平衡。要通过以核定草原的产草量为基础，科学合理增草添畜，从而达到适宜的载畜量，实现草畜动态平衡。同时，要加强草地建设，合理开发利用草地，严格禁止非法开垦、草原的非法侵占。坚持草原保护和建设以增加农牧民收入、促进草原地区经济发展为目标。这样，天然草地资源的开发才能够持续，农民和牧民才能真正受益于天然草地的保护。

我国草业自创建之日起，就与国家生态安全、畜产品质量安全、农业结构调整与生产方式转变、土地整治与环境管理相融合，这就要求比西方发达国家具有更高的发展目标，要在兼顾效益和利润的同时，实现草业的绿色性和公益性。要通过草产业发展，实现牛羊多起来、草原绿起来、牧民富起来；要通过草产业调整耕作制度，实现草产业升级，促进农民转型；要通过生态文明建设，全方位展示草地资源的多样性、多角度审视对草业的重视程度，使种草养畜成为农牧民和企业的自觉行为。

第二章　草原生态产业化

我国陆地边界总长 22000 多公里，与 14 个国家接壤，其中 80% 的边界处于草原地区。草原是我国少数民族世代赖以生存与繁衍的家园。我国 1.2

亿少数民族人口中，70%以上集中生活在草原区，全国659个少数民族县（旗），在西部草原地区就有597个。我国有近4亿人口生活在草原或半农半牧区，其中仅天然草原区的人口就超过了2亿人。全国以草原畜牧业为主的牧业县120个，分布在内蒙古、新疆、西藏、青海、甘肃、四川[①]。其中许多地方也是老、少、边、穷地区和生态脆弱区，发展草业关系到脱贫攻坚、民族和谐和边疆稳定。根据资源承载能力合理配置草原生态产业发展，是"三牧""三农"的重大战略任务。

第一节 生态安全与草原建设

生态安全是从人类生存发展角度看区域生态系统的状态。它包括人类生存发展需要的满足度、自然环境安全可靠程度、社会经济安全与人类可持续发展相互促进水平、实现动态平衡和协调的状态。草原生态安全就是以草原生态为基础，在自然条件和人类对生态系统的干扰下，草原生态系统服务人类活动的满意度。草地作为生态环境的重要生态屏障，其地位和作用日益突出。重视草原生态环境建设，加强人工草地建设，不仅可以改善生态环境，而且可以引导资金、技术和人才集聚，加快区域投资环境建设和社会经济发展步伐。

一、坚持科学定位和发展方向

草原生态恢复和社会经济发展是新时代研究对立而又统一的两大主要任务。要在践行山水林田湖草是一个生命共同体思想的基础上，运用生态经济学、区域经济学以及产业生态学等理论体系，解决草原生态与经济建设的协调发展问题。草地是自然生态与社会经济的多元复合体，必须首先确定草生态产业架构优化设计原则，建立以草资源为基础所架构的复合产业运行体系。

立草为业。草地农业是人类生存与发展的基础产业之一。我国草业随着

---

① 刘兴元、郭正刚、尚占环、龙瑞军：《学科建设是推动草业可持续发展的基础》，《草业科学》2010年8月15日。

科技进步和经济发展而不断壮大，"立草为业"已从口号变为现实，突出表现在组织队伍、基地建设、饲料加工、产品改进、人才培训、技术创新、提高效率等方面取得了长足的进步。草业已成为以草为基础进行保护、生产、加工、管理的生态、经济和社会产业。按照国家生态文明建设的战略要求，以退耕还林（草）的战略目标为指导，从草原"生态经济"恢复的前提出发，探索符合国家发展全局战略部署，以满足人类追求高质量生活条件为共同目标，努力建立结构合理、功能完备、运行高效的产业体系。围绕生态建设和经济发展的中心，以草地农业生产系统建设为突破口，营造良好的生态产业平台和农业生态经济的发展氛围，树立以"生态—经济"一体化的产业开发战略思维，形成草业发展区域化布局、生产专业化的格局，从而推动整个农村产业结构由传统的"粮＋经"二元结构向"粮＋经＋草"三元种植结构转化，使草业优势与自然优势实现充分结合，同时企业、科研和农民有效地建立长期的合作关系，实现草资源要素的共同开发，实现草产业化。

以水定草。根据我国草地资源的特点和农业生产条件，确定草地面积和范围。水资源是中国干旱农业区草地发展的瓶颈。发展节水型草地是该地区农业生产条件和区域资源的需要，要通过人工草地微集水栽培技术的应用，探索并建立适合于草地节水型草地农业的发展模式。破解畜产品供需矛盾、提高畜牧业比较效益、缓解草地资源环境压力等难题，大力发展人工种草，走出一条"种草养地、种草养畜、林草间作、沙固水聚"草业发展之路。在一些严重干旱半干旱地区，草地的主要功能是恢复生态、保护环境、节约水资源、恢复和发展环保型草地和林业，把环境保护和生态恢复放在首位。山水林田湖草生命共同体建设的首要任务是下大力气开展调研和作物种植制度研究，重新研究草区农业产业的定位，并以此为基础开展农业生产结构的调整。

生态草业。要按照"藏粮于草"的发展思路，积极调整产业结构，大力发展舍饲半舍饲草食畜牧业，适度利用草地资源，引草入田，草田轮作，增加饲草种植比重，要把发展生态草业作为种植业和畜牧业产业结构调整的"调节器"，在调整农业结构，转变发展方式的同时，为我国人民源源不断地提供绿色安全的畜产品。重新论证草粮轮作制度的可行性，建立适合旱作区草地农业发展的草粮轮作制度。目前，旱作农业区面临着生态恢复和经济重建的双重任务。把草地纳入本区农业生产范围，不仅要大力推进草地产业化发展，而且要在保证基本口粮生产的基础上，大力发展苜蓿人工草地，实施以苜蓿人工草地为主体的"草粮轮作"草地农业发展模式。半农半牧区应逐步由农业型向牧业型转变，发展优质牧草种植业，成为优质牧草基地、高效肉牛养羊基地、重要绿色畜产品加工基地。建设半牧区畜牧业饲料和饲料加工基地，应按照农牧业产业化的模式发展舍饲半舍饲育肥肉牛、肉羊畜牧业，将农牧交错区建成牧区冬季饲草供给基地，形成牧区和农区协同发展模式。要像重视农业一样重视草地，像重视基本农田一样重视草地，像重视猪一样重视绵羊。重视生态草原产业在保障粮食安全、食品安全和生态安全方面的重要作用，协调草原生态保护与畜牧业发展和牧民生计的关系。

国家既要给农牧民群众吃下"定心丸"，提高他们保护草原生态和发展草业经济的积极性；还要强化现有政策法规体系，完善积极扶持的具体措施，逐步把青贮玉米等优质饲草料生产纳入测土配方施肥等政策扶持范围，提高饲草料生产能力和水平；更要发挥市场在资源配置中的决定性作用，运用金融、保险等手段，提升草业经济活力和产业素质。加强草原监管体系建设，不断提高依法监管草原的能力和水平，进一步完善草原监测体系，实现草原监测专业化、制度化和科学化。

二、兼顾生态、经济、社会效益

现代草产业不仅具有较高的经济效益，而且具有巨大的生态效益和社会效益。要把三大效益都发挥好，必须使草产业在运行中成为充满活力的优势产业。作为环境治理型产业，要有突出的生态环境效益；作为社会公益型产业，其效益要有突出的易为公众认可的社会效益；作为经济利益型产业，要有突出的经济效益。但是，我国草地植被薄弱，不仅生态问题突出严重影响到临近地区，而且制约了草原区社会经济发展。作为一个草原资源大国，我国草地生产力水平还远远落后，全国平均每公顷草地产量只有 7 个畜产品单位，仅相当于澳大利亚的 1/10、美国的 1/20、荷兰的 1/50。我国天然草原理论载畜量从 2006 年的 23161.00 万羊单位增加至 2015 年的 25579.20 万羊单位，增加了 10%左右，而且 2014—2015 年出现了小幅下降。六大牧区省份及全国重点天然草场平均牲畜超载率从 2006 年的 34.0%降低到 2015 年的

13.5%，减少了 20.5 个百分点。这表明，我国草地生态恢复和生产力恢复还比较缓慢，必须加强对禁牧和草原畜牧业平衡的调控。

科学分析和清醒认识草原的优势和特色是草原发展三大效益的前提。草资源是草原人类赖以生存和发展的基础，草原生态功能反映了其与人类活动需要之间的密切关系。草原的自然牧草种类构成了当地家畜夏秋季的最佳营养组合，草原长期培育的优良家畜品种是十分宝贵的基因资源。草原上半牧半养的良种奶牛，其奶质明显优于农田喂养的牛奶，已经科学实验证实。伴随人类需求的不断改变和社会发展，人类要不断调整和发展草原生态系统的服务功能以满足人类的需求。创建草原奶牛牧养的新模式，既是发挥草原的资源优势，又是现代化农牧业创新之举。对于实施农业结构调整、提高农业比较效益、西部大开发、繁荣少数民族地区经济、扶贫开发、防治荒漠化、沙尘源治理和保护国土安全以及为社会提供可观的就业岗位方面都会起到不可估量的作用。

根据草区生态因子变化特点、物种组成及其相互关系进行生态系统设计是发展三大效益的关键。既可根据生态系统退化的成因、主要障碍类型与受损功能过程，所进行的群落尺度生态系统功能重建，根据流域不同景观单元之间的水分与养分平衡以及功能补偿效应，还包括生物过程设计、环境要素设计等，进行时空优化配置设计。考虑到市场需求，草原产品可从单纯的畜牧业扩大到有机食品产业和生态旅游与生物能源产业。关键物种替代是为增加经济效益，又不破坏草原的一种新尝试。例如，草原养鸡就是应用生态学生态位原理设计新型产业，"以禽代畜"就是实施关键物种替代进行人工生态系统设计的典型案例。这一恢复草地的创新思路科学依据是：草原上雨热同期，植物生长的季节有 3—4 个月，在牧草生长的同时放养鸡，收获牧草之前先收获鸡，同时进入市场，减少冬季食物消耗。同样在南方草区养鸡，也能充分发挥草地活动空间大、天然食物充足的优势，将杂食性家禽引入草区，适当考虑当地草鸡等种类，替代部分家畜，生产高品质的禽肉与禽蛋产品，实现生态与经济效益的双赢。

三、草原保护与开发利用相结合

要运用自然资源系统观，深入分析草原土地、生物、水、大气、太阳能、人文历史等资源，多方引入资金、技术等，使草原在生态建设与保护之中形成持续生产力。要依据我国草地生态现状，突出生态效益目标，在科技与资金上加大投入，培育草地国土生态保护产业。消除全球性环境变化趋势对草地生态经济功能恶化的驱动力。

国家对生态性、公益性的草原采取特殊保护和建设政策措施，建立国家级专署生态保护区，建立国家天然草原公园，实行长年封育恢复、长期禁牧、禁人、禁猎，实施专项投入、专人管护、专业围封的政策措施，尽快落实"土地、草场确权"和"划定生态保护红线"的政策措施要求，制定和出台划定草原生态保护"红线"和落实农村牧区土地、草场、宅基地"确权登记"，以及颁证工作的政策措施和制度；另一方面，草原地区物质装备条件十分落后，基础设施极其薄弱。全国草原围栏面积只有9%左右，人工饲草料地、家畜棚圈、防疫体系建设等方面比较落后，草原及家畜抵御自然灾害的能力极其薄弱。与其他地区相比，草原地区道路、通信、电力等基础设施的差距也很大。要用山水林田湖草是一个生命共同体的理念给予完善。

加快现代草地技术体系建设。草地农业是大农业系统中科技含量较高的一个分支，必须建立草地农业系统生态生产力技术创新体系，积极探索现代农业的多功能性要求对加强第一线生产技术推广工作的要求。苜蓿是一种消耗大量水分的作物。抽取地下水要有科学的管理办法，要严格禁止打深水井浇灌；在特殊干旱的地区、年降水量低的地方，应该学习和借鉴等日本发达国家制定法规，不允许打井，只能利用地表水。在我国北方地区干旱、半干旱的草原上，要以水定草，以草定牧。再也不能走盲目打井、滥开采、草原载畜量过大的恶性循环道路。

第二节　草区生态与经济协调

草区生态产业体系包括草业、肉奶禽业、生物产业、生态旅游业和草—牧—科—工—贸联营体，推动草业致力于国家生态安全屏障、高原特色农产品基地建设，立足资源禀赋，围绕供给侧结构性改革，以优化供给、提质增效、农牧民增收为目标，以绿色发展为导向，加快推进畜牧业转型升级。不仅要生产出高附加值的畜牧业产品，实现生态草牧业物质产品的有机结合和草原生态产品的经济转化；而且要将草区生态产品与工业、商业等行业结合，实现产业化经营产生经济社会综合效益。尤其是草原生态产品的巨大经济效益，既维持草业内部小循环较高初级生产力的特点，又显示出满足城乡消费市场外部大循环的特征。

一、产业生态学引领

产业生态学是一门研究人类社会经济活动中投资、生产、消费、调控行为的动力学机制、控制论方法和组织管理体制，以及与生态环境系统密切相关的自然资源从开发、利用到循环全过程的系统科学。因而产业生态学的思想理念与生态系统的动植物生产转化、有机物分解循环的支持系统相一致。在产业生态系统中，上、下游产业之间通过生态网链结构联系起来形成产业链，在提高系统整体价值产出的同时，提高系统的资源、能量利用效率。草区生态学是运用生态系统观的方法，以土壤生物学等为基础，与景观生态学相联系和渗透，以综合分析和解决草地农牧业生产、自然资源的管理和环境保护中的生态学问题。研究草业生态系统的功能、结构、动态、生物生产、生态调控、产业延伸，并探索其实现平衡、高效和持续发展的科学。

产业生态学具有山水林田湖草生命共同体特征与自然系统、经济社会系统的关系，类似于生态农业的"自然—社会—经济"复合系统的结构和功能。首先，产业生态学强调一种整体观，它不仅包括事物对局部或特定阶段的影响，而且强调产品或过程的整个生命周期对环境的影响。生态草业的产业化通过标准化和全过程控制，保证产品质量，减少对环境的不利影响。其次，产业生态学倡导以人类和生态系统的长远利益为目标，追求生态、经济、社会效益的统一，与生态草业产业化的目标相一致的未来观。最后，产业生态学倡导一种生态观，即必须考虑人类产业活动对地区环境和生命支持系统的重大影响，而草地生态草业产业化在提高经济效益的同时也必须兼顾产业化系统的生态影响，产业生态学从理论高度解决了草业单一注重生态效益的问题，向人们阐述了草业产业化发展的思想。

产业生态学的关键要实现水、土、草、畜等资源高效利用、各要素协调优化、功能稳定提升，突破制约草原生态和生产功能的瓶颈因素，包括草原超载过牧、草地生产力低的突出问题，草原多取少予、即使有草地直接投入也低效、退化草地自然恢复缓慢而且空间有限矛盾的瓶颈因素，草畜经营不合理、畜牧业生产—加工—销售技术落后，饲草料严重不足等家畜生产力低的问题困扰，农牧民小农经营、抗风险能力弱、应对灾害能力差的根本原因。其基本出路在于充分发挥牧草的作用，把种草与养畜结合起来，增加农业系统的多样性，建立起一个在生态上主要依靠自我维持、经济上有生命力的农业生态系统。它包括人工草地、天然草地的利用和动物生产。它的运作是以元素、能量和信息流程为框架，通过农业的社会化投入，形成自己的结构、功能与机制，保持其农业生态系统优化趋势。重点关键技术包括草畜高效经营及现代畜牧业生产—加工—销售技术，低扰动生态型退化土壤和植被快速稳定恢复技术，草原生物和非生物灾害预警和防控技术等。

二、区域经济学指导

一个区域的产业定位和经济的发展离不开经济理论的指导和科学技术的支撑。依据区域经济学理论和农业现代化要求，我国草区的资源状况决定了农业产业化和区域经济发展的定位方向。种草养畜、立草为业，大力发展和扶持苜蓿人工草地建设，带动当地具有民族特色的畜牧养殖业的发展，延伸区域产业链条，最终实现草畜产业一体化发展格局。围绕草畜产业一体化发展战略，重点扶持相关龙头企业按照"本土化"发展方式，深入草区兴办草畜产品加工基地、建立原料和有机特色农产品生产基地等，提高农业产业化能力，构建以草畜产业为主体的农业，构建规模经济发展框架，全面提升草区旱作农业市场竞争力，创建生态脆弱区高效草地农业生态经济发展模式。对草地资源植物的种质资源进行保护、引种驯化、栽培，并合理开发利用，发展具有经济效益的资源植物，以及以民族药业植物种植为主的生物产业；利用草原海拔高、风大、阳光充足等特点，发展风能、太阳能、生物质能等清洁能源，带动地方经济发展。

长期以来，我国由于水资源严重短缺，农业气候条件波动大，现代装备生产能力有限，传统农业种植业的生产一直保持在较低生产水平。特别是草原水资源的紧缺性，草原生态与环境的脆弱性，草原灾害的频发性等地域特点明显。从降水量来看，我国旱作农业区的年降水量为270—450毫米，发展旱作农业生产是可行的。但是，由于该地区土壤侵蚀严重，加之将于年内和年际间分配不均，造成农业生产长期低而不稳。在这种情况下，开辟小型灌溉，实施节水农业措施，无疑是提高旱地农业产量的重要措施。但从实际情况来看，我国旱作农业区地形复杂，集雨蓄水设施投入较大，水库泥沙淤积严重，蓄水能力很低，而且由于地形地势的复杂多样利用效率也很低。因此，在我国旱作农区开展集雨蓄水补灌工程是不现实的，也是不经济的。但是，在我国旱作农区运用旱作农业技术发展草地农业是长期的战略目标，不仅涉及生态保护问题，而且更重要的是解决人们的生存问题。

因此，面对我国旱作农业区环境与资源的现状，根据区域经济学和发展经济学的理论，必须寻找更加经济实用的区域农业经济发展途径和措施。通过大力实施退耕还林还草工程，加强以苜蓿为主体的多年生人工草地建设，不仅说明我国所构建的旱作农区草地农业发展框架符合我国旱作农区农业资源状况，而且所显示的生态效益、经济效益和社会效益也是明显的。但草地特有资源产业开发与培育，一定要以保护改善生态环境为基本原则和条件，明确农业发展的自然约束。在不掠夺资源的前提下，以农畜产品、草产品、特种小杂粮为主要方向，扩大绿色农产品基地建设，发展绿色农产品，突出农牧产品的自然和民族特色，规范生产、加工、销售等环节的监控与管理，开拓农产品质量市场。为生态农业综合发展奠定良好的基础。

三、生态经济学定位

生态经济学的兴起，标志着人类经济社会活动已经进入了更加自觉地运用自然生态规律的时代，是经济可持续发展与自然生态环境的矛盾与统一的当务之急，也是经济社会可持续发展与生态环境改善同步协调的新阶段。生态与经济的紧密联系最终促进了生态经济的一体化，形成了生态产业。草业作为生态农业最重要的标志性特征，是生态革命背景下经济升华和生态物化的产物。草业是生态脆弱的农牧交错带的战略性基础产业。草区不仅可以恢复和重建生态环境，而且可以发展草地和畜牧业及相关产业。它是生态经济理论在农业生产中的具体应用。

生态与经济的相互促进。突出表现为经济的生态化，生态与经济全面渗透并融入生态环境领域，在现代生态环境变化和发展的过程中，形成了广泛的生态经济化现象。因而运用自然生态与人类社会经济相互作用的运动规律构建生态经济系统，符合山水林田湖草生命共同体建设的客观需要。在做大做强草种业、田间生产、畜牧养殖、产品加工、草坪业等草业支柱产业的同时，积极开发和培育草地农业、生物能源、固氮培肥、文化传承、旅游休闲等多种功能，形成一批草产品、草食家畜产品等草业主导产品，打造现代化的优势产业基地，培育和强化一批起点高、动力强的龙头企业，发展生态、绿色、稀有、独特草产品，满足人民生活水平提高的需要，积极开拓国内外市场。

退耕种草是恢复植被防止土壤沙化、控制水土流失的重要手段，也是实现草畜协调平衡、发展生态经济的基本途径。如果只种草不转化，草业规模就很难扩大，稳定发展就会受到限制；退耕得不到相应经济效益，生态效益也难以发挥，社会效益更无从谈起。对农牧民而言，种草后更多的是关心实现经济效益、草转化的主要途径是发展畜牧业；对国家而言，生态经济社会效益都要兼顾，实现的主要途径是草业的产前产中产后服务。因而实现草—畜协调发展和生态经济良性循环，因当成为生态经济学理论必须解决的重大问题。伦理原则要求保持草地生态生产力的当前收益与后续收益的均衡。因此，加快草业发展，国家应该承担更多的建设责任。特别是在目前我国草区经济发展比较落后的现实情况下，国家必须实施倾斜政策，加大草业的投入力度，进一步强化草原维护国家生态安全、建设环境友好型社会的战略举措。

第三节　国家农牧民利益关系

农牧民是草原的主人，依靠农牧民才是草业发展的基础。引导农牧民根据自己的意愿合理组织和安排草业生产及经营活动，合理利用草原和保护建设草原提高草业生产效益，充分激发广大农牧民的积极性和自觉性，既离不开国家的大力支持，又要将草原承包经营的责任真正交给农牧民，完善草原承包制经营制度。

一、草原生态建设与农牧民收入同步协调

中国草地单位面积畜产品的产出率仅为世界平均水平的1/3，而当前全

国草原牧区采用的传统畜牧业模式，生产力水平低，经济和生态效益低，草原环境友好型替代产业发展缺乏，牧民增收与生态保护之间的矛盾依然存在，牧区草地实施禁牧后牲畜饲养量相应减少，牧民的生产生活方式发生转变，草原畜牧业的生产成本特别是饲草料和配套设施的投入大大增加。特别是在生态补偿不足的情况下，牧民收入的增加赶不上生活支出的增加，一个羊单位在禁牧舍饲条件下饲养成本是放牧条件下的 3.5 倍左右。牧民的生活成本相对较高，平均来看，衣、食、住、行 4 类支出分别是农区的 2.5 倍、1.4 倍、1.4 倍和 6 倍，这导致牧民的生活水平下降。维持生态生产力，经常需要采取限制牲畜数量、放牧时间、调整放牧速度、定期游牧、草地改良等措施。

　　我国草地多分布在老少边贫地区，农牧民年人均纯收入只有全国农民平均收入的 73%，592 个国家扶贫开发重点县中，70% 以上在草原分布区。多年来，党和国家对于草原生态保护的力度不断加强，实施了"京津风沙源治理""退牧还草""三江源生态保护和建设工程"等一系列生态保护和建设工程，并出台了草原生态保护补偿奖励机制，但这些工程在实施过程中仍存在一些问题。以京津沙尘源区生态保护工程为例，此项目引进大型灌溉设备进行栽培草地建设，项目结束后，项目设备每年的维持和使用费用是经济收入的一倍，农民每年亏损 50% 左右。更有在牧区的基础设施落后，尤其是水利设施建设。草原牧区气候干燥，年降水量较少，江河湖等地表水有限，地下水开采困难，不利于草原生态工程的实施①。

　　应尽快出台种植牧草、种植粮食等同等优惠政策。探索适合牧区特点的生态保护与草原开发新模式，不断完善牧草良种、牧草种植、收储加工等补贴政策；依靠科技创新促进草原畜牧业发展，提高牧区生产效率，科学合理配置草地的生态和生产功能，建立集约化栽培草地，提高优质牧草的产量，进而对天然草地进行保护、恢复和适度利用，提升天然草原的生态功能；提高区域调配草料能力，牧户在草地畜牧业和草原生态保护中要草畜调控相结合；积极发展草原环境友好型的替代产业，科学开发草地自然资源潜力，发

---

① 杨旭东、杨春、孟志兴：《我国草原生态保护现状、存在问题及建议》，《草业科学》2016年9月15日。

展草原文化旅游和草原生态旅游。

二、草业开发与经营管理体制关系和谐

世界各国经济社会及环境等各方面的条件状况不同，治理草原的模式也有很大的区别。从国际经验看，从资源分散管理向集中统一管理是最终的发展趋势，建立协调机构对多种资源进行管理和协调是基本要求。多年来，国家和地方政府在草原经济发展，如草原改良、植被恢复、植草养畜等方面做了大量的支持和有益的探索。应该说，在一些具体的项目中，政府领导支持有力、技术服务及时全面，但开发项目的管理体制和运行机制不健全，产权不清晰，责任不明确的现象依然存在。

一些地方农牧民为了眼前的经济利益以牺牲草原生态为代价。比如在我国的各大牧场偷牧现象每年发生仍然较多，这种现象危害很严重，将导致政策实施后恢复的草原生态出现反弹现象，尤其在冬季进行偷牧过牧行为，危害更严重，冬季是牧草休养生息、涵养水分的关键期。冬季牧草的利用强度越轻（30%—50%），留茬越高，茎基部就含有更多的贮藏营养物质，第二年早春牧草的生长速度就会加快；如果冬季偷牧过牧，会对牧草茎基造成很大破坏，大大减少贮藏的营养物质，致使第二年牧草生长速度变慢。这对于开春草地植被的恢复生长危害非常大。草原家庭承包经营制的落实工作还明显落后于耕地和林地。草地农业是与自然本体融合最密切农业分支，其生产活动须遵循严格"不违农时"的时序逻辑，与天时的积极配合极其重要。不同自然环境的物候学特征影响着其生产过程和市场效率。要实现生态生产力的最大化，必须使农业动植物的生育周期与当地的物候节律高度一致。

完善人工草地管理制度。高度重视人工草地建设，把改良草地、实施种草绿化战略纳入国家生态文明建设计划，全面推行草地长期到户有偿承包责任制，深入贯彻《草原法》，制止草原滥牧、滥垦、滥挖现象，建立草地管护、利用、建设制度，规范草地使用行为。逐步建立各级各类服务组织，扶持建立牧草专业合作组织，创新社会化组织的服务形式，围绕牧草生产加工基地建设开展技术服务，包括生产、技术、销售信息等系统化服务，发挥其在产销衔接等方面的作用。

三、草业企业经营与农户生产良性循环

从理论上讲，草区产业化实际上是对草业生产经营体制的一种新的制度创新，只要农民参与到草业产业化过程中来，他们在整个草业生产经营体系中的经济地位就会发生变化。草区产业化经营制度的主要功能是将草产品从初级产品到最终产品的各环节的增加值，在供给链的参与者中合理分配。建立企业与农户利益保障机制，是确保草生态产业得以顺利发展的重要条件之一。

在实际工作中，草业产业化的利益分配机制的建立不一定与产业开发的阶段相一致，应充分尊重农户和企业的意愿，因地制宜地选择利益分配模式，建立利益约束机制约束双方的行为，保障农民和企业双方的利益。在产业开发初期，企业与农户的关系处于磨合与松散状态，在这种状态下宜实行利益补偿分配机制，企业与农户之间的利益关系很简单，农民出售农产品，龙头企业购买，双方都没有形成风险分担、利益共享的经济共同体，农民和企业作为独立的资产所有者和经营者，具有自身的独立性，属于松散的联系。随着产业化经营的纵深发展，产业开发走向成熟期时，股份制或股份合作制将是产业化发展的主要形式，也是草业产业化经营的高级阶段。

草业产业化初期的利益分配机制和形式，政府可以以项目投入方式与企业签订合作协议，政府可以按照协议要求享受分红权力，农户可以以基地建设为内容与企业签订合作协议，农民按照协议规定从事农产品原料生产，并按照合同规定的农产品收购价格获得自己的经济利益，企业按照协议规定开展产品加工、贸易等，并从经济活动中获得自己的经济效益；股份制是以资本联合为特征的一种较为先进的组织形式，是在一定区域产业化经营发展到一定程度，社会经济发达、市场体系健全、产业基础良好的情况下采取的更加紧密的产业化制度形式。股份合作制是一种既有资本联结，又有劳动联合的更高级的产业化组织形式，农民既是合作者又是股东，从而与企业形成一个真正的利益共同体。

第四节　我国北方与南方草业发展特点

在我国近 4 亿公顷各类草原中，北方占 80%，南方占 20%。北方的草

地以天然草地为主，南方的草地主要是草山、草坡以及部分人工草地。北方草原地区是我国经济社会发展最脆弱、最落后的区域。无论是北方还是南方，发展草区产业都应遵循保护优先、有序发展的原则，以生态建设为核心，促进畜牧业生产方式和农牧民生活方式的转变。根据草区资源的承载能力和发展潜力，加快草地植被恢复的同时，积极稳妥地促进草地资源的开发。

一、我国南北草业的历史成因

早在2200年前，我国的《吕氏春秋》中就有记载：公元前129年，张骞从西域引进紫花苜蓿之后，就以其特异的饲料价值和改良土壤的能力，逐渐介入农业生产，形成与粮、油、棉轮作的草田轮作制度，这一制度的形成和发展是以陕西、河南及甘肃的陇东南地区开其端的，到了唐代草田轮作制度已蔚然成风。诗圣杜甫到天水的主要印象就是"秋山苜蓿多"。在西部经济社会发展相对落后的12省（区），草原面积达3.31亿公顷，占全国的84.2%。其中内蒙古、西藏两自治区，草原面积占土地面积的68.8%和68.1%，宁夏和青海分别占58.19%和51.36%。

中国南方位于秦淮河以南，包括海南、广东、广西、云南、贵州、四川、重庆、湖北、湖南、江西、浙江、福建、安徽、江苏和上海等15个省（市）。草地面积6700万公顷，占全国15个省区的25.6%，是耕地面积的1.29倍。南方水热资源条件好，70%以上的土地为山地和丘陵，适宜草牧业发展。但长期以来，我国南方的草地资源一直没有得到有效的开发和利用，还存在着将草地视为荒山荒坡的现象。根据气候顶级学说理论以及2000年巴西会议对草原在全球的分布海拔（主要在1000—2000米）和降水（年降水少量多次，降水量为250—900毫米）特点论证[①]，我国南方天然草地应该最终演替为林地，但人类活动干扰的存在决定了南方草地多数为林、灌、草镶嵌交错的分布格局，造成南方有大量草地资源广泛分布，天然草地易于改良成高产优质人工草地。南方天然草地干草产量一般为1500—2500公斤/公顷，干物

---

① Jerry L H, Rex D P, Carlton H H. Range Management-principles and practices[M]. New Jersey: Prentice Hall, Upper Saddle Rive, 2001.

质中粗蛋白含量为3.5%—10.5%，粗纤维含量为30%—50%，可实现全年放牧条件下的饲草平衡，具有促进其发展成为高效生产基地的可能。开发和有效利用这些草地就相当于一个新西兰的生产规模，年牛羊肉生产能力超过300万吨。

草原科学包含了从初级生产到次级生产的草原畜牧业与耕地农业两者的系统耦合，在中国曾经以"茶马互市"的方式，不仅使我国北方创造了巨大财富，而且是中国农业经济的重要组分。我国南方草地多与农田系统形成耦合生产，在农田生产中除了种植农作物外，还利用牧草及饲料作物参与轮作，人工草地生产利用豆科牧草根瘤菌固氮，形成"土肥草长畜多"的生产优势。但中国传统的耕地农业系统，单纯追求谷物生产，使全国的农业区（主产粮区）长期以来一直以粮猪型农业和秸秆型畜牧业为主，产业链松散，环境污染和资源浪费严重等问题突出。

二、南方营养体农业是草区的新亮点

比较我国南方和北方（淮河、秦岭为界）气候特性的差异出发，从生理生态、成本投入、产量及光能利用等方面比较，生产营养体和生产籽粒的差别，针对作物营养生长与生殖生长对光照要求的差异，并结合已有实例提出在我国南方应改变传统的种植模式大力发展营养体农业。充分利用南方的气候条件，加快南方草地生产能力的提升，形成草地发展的新亮点。

营养体农业与传统农业的区别主要在于种植制度和收获目标的不同。传统农业主要是以收获籽粒为目的，栽培作物必须完成其全生育期，籽粒产量越高越好；而营养体农业则是以收获茎叶，即营养体为目的，营养体的可利用养分越高越好，亦即在植物体纤维化和木质化之前进行收获。由于收获目的物和种植制度的不同，与传统农业相比，营养体农业具有诸如生理生态、耕作、投入和产量等诸多方面的优势。所以应利用植物的S形生长曲线，即植物生长"慢—快—慢"的特点，在其完成大生长期，亦即对数增长期时，立即刈割，作为饲料饲养草食动物，使草食直接转变为肉食。在大力发展营养体农业，以草食直接换肉食时，除了草食生产需要运用生长曲线原理，使草食营养物质的产量尽可能最高之外，动物生产也应充分利用这一原理，开

辟提高饲料利用率、生产效率和经济效率的新途径。在耕种栽培上，因营养体农业使生育期变短了，在大致相同的生长期内，可比传统农业多收获1—2次。所以在产量上，营养体农业显著高于传统农业。许多农作物诸如水稻和小麦病虫害的发生主要出现在生育后期，营养体农业还可以避开主要病虫害的发生和危害。因此，可以大大节约农药和人工等成本的投入，可以保护作物害虫的天敌，减少环境污染，可加速绿色食品的生产，确保农业的持续发展，因此具有重大的生态效益和经济效益[1]。

受中国地形、资源和降水的影响，全国畜牧业不应完全依赖内蒙古、新疆等干旱省份。这些省份重点任务是保护资源，以水定草、以草定牧，草牧并举、供草出肉，恢复生态。而一段时期，由于粮食生产连年丰收，我国南方一些省市粮食积压较多；另一方面，南方许多地方奶业生产中冬季草料严重不足，这给奶业生产带来了明显制约。如果用辩证的观点来看待农业生产中的一对重要矛盾，就可以发现一个问题的两个方面。那就是"粮食积压严重"说明当地耕地用于生产粮食的面积太大，"奶业生产中草料严重不足"说明草料在当地市场看好，可以大力开发草业市场；如果调整现有的耕作制度，完全可能通过利用这两个问题的隐性优势发展南方草业。在稳定粮食生产的同时，分流一部分土地用于发展草业。还有我国南方冬闲田面积巨大，是一项极为有用而又亟待开发的土地资源。

三、草业应实行牧区与非牧区战略并举

我国北方农牧交错区不仅是土地荒漠化发展速度较快的地区，也是生态环境人为破坏最为严重的地区。考虑到农牧交错区的特点，选择退耕还草，重点发展苜蓿草业更切合该区生态建设的实际。但当前粮草种植结构调整、牧草布局与栽培、良种引进与推广、退耕还草后饲草转化等问题依然比较突出。我国草食动物的发展应从牧区向农业半农业区转移。目前农区、半农区每年在生产粮食的同时，还提供了6亿吨秸秆资源，但如果不加以利用，而只是燃烧，就会带来一系列问题。利用好这些秸秆，满足牛

---

[1]　刘国栋、曾希柏、苍荣、刘更另：《营养体农业与我国南方草业的持续发展》，《草业学报》1999年6月30日。

羊的生理需要，是我国发展畜牧业的必由之路。要不断完善不同类型不宜耕而宜草土地资源利用技术和模式，及草畜耦合生产系统效益评价技术体系；提高舍饲半舍饲牛羊肉品质和风味技术；优化区域性优势资源与草食家畜养殖规模、畜种配置模式和关键技术；加强草畜产品溯源关键技术。现代农业是以农牧业为主体的两级农业生产，二者相互依存、相互促进，二者之间紧密联系的是草业。因此，草原已不再是现代农业的从属范畴，而是一个自成体系的草产业。正因为如此，甚至在 20 世纪上半叶，我国农业生产在生产力极度萎缩之余，一些草种像苜蓿、草木栖等介入了农业轮作，为肥田保土立下了汗马功劳。"必须生产足够的饲草饲料，种植高产饲料植物"，"在牧区要保护草原，改良和培植牧草……"等表明新中国成立以来我国党和政府十分重视种草，特别是实施西部大开发战略以来，中央多次强调要巩固和发展退耕还林还草工作，在项目、资金、产业政策等方面给予了各种支持。全国各地一些新的草种已被驯化或栽培成功。一批草牧业龙头企业迅速崛起，并在生态农业发展中发挥了重要作用。畜牧业的发展促进了草业的发展，草粮轮作的理论和实践也取得了新的进展。利用北方地区晚秋和早春的土地和光照，先后开展饲料油菜、甘蓝、燕麦、豌豆、黑麦草和小黑麦种植，生产一季粮食半季牧草；利用白蚁和天牛的生物功能，模仿生物学机理，把有益菌直接发酵秸秆饲喂草食动物，可使农作物秸秆变废为宝，或把白腐菌分解纤维的能力转基因给酵母菌或大肠杆菌，发酵提取降解秸秆，既能够生产人类所必需的营养物质，又能减少对环境的污染和破坏。

21 世纪旱作农业的技术取向将由注重单一技术为主转向以综合配套技术模式为主。依托集雨农业工程，应用现代补灌技术，结合生物、农艺和化控措施，建立高效持续的草畜产业一体化草地农业生态系统。根据我国农牧交错地带的区情以及国家重大发展战略决策实施的要求，农牧交错地带农业的发展思路上要由注重改造型开发为主，转向以改造型和适应型开发并重为主，以充分发挥农牧交错地带自然资源和生物多样性的优势；目标上由注重提高能力为主，转向以提高能力和提高效益并重为主，以加快农牧交错地带草地生态农业的发展。尤其在实施退耕还草战略中，草粮轮作制度和立草为业的草地生态农业，将成为草区农业发展的亮点。

第五节　草原文化与城镇化建设

草原文化是指祖先、部族、民族世代生活在草原地区创造的文化。这种文化不仅包括草原民族的生产方式、生活方式以及相应的风俗习惯等，而且还包括草原民族的社会制度、观念、宗教信仰、文学艺术、价值体系等内容，其最鲜明的特征是适应草原生态环境。草原文化是北方民族与中原地区不断融合，并且构成中华文化不可缺少的重要组成部分。在优秀的草原文化保护和传承中，要积极培养中华民族的社会意识，增强文化认同，努力实现草原文化的创造性转化，适应城镇化需求的创新性发展。城镇的特征主要体现在文化上，城镇是文化的容器，未来草原城镇化发展的最大潜力是文化。

一、草原文化的时代化

草原文化是中华文化的主源之一。城镇的出现是人类走向文明的标志，草原文化区域也不例外。草原是光辉中华文明源头之一，旧石器、新石器时期的历史遗存，表明了草原是人类生存发展的源泉。不管是分布有许多早期人类活动的遗迹，还是拥有可以认证中华文明起源的文化遗存，都充分证明我国北方广大地区是草原文化发祥地。草原文化使中华文化既博大精深又丰富多彩充满活力，与黄河文化、长江文化具有同等重要地位。草原游牧方式以极少的投入提高了生产力，保护了草原的持续利用与天然更新，也使原始的草原文化在有限的载畜量状况下延续了几千年。

草原文化与中原文化长期交流碰撞、吸收融合，如今已演变成以蒙古族文化为典型代表、以内蒙古为主要聚集地、特色鲜明的文化体系，与南方山地游耕文化和中部的农耕文化一起构成全国三大类型经济文化区。同时，草原文化依然保留两个显著特征：自然性和民族性。草原文化自然性的突出标志是"逐水草而居"的生产生活方式，显著特征是完全遵循自然规律。千百年来，这种草原游牧生产过程的自然性、生产形式的持续性、生产生活的随机性和复杂性，决定了游牧历史变迁的民族性。依照民族文化特点、历史特点和自然地理特点，相应的草原文化也走向多种轨道。

草原文化是中华文化发展动力的源泉之一。这种独特而伟大文化作用的内在发展机制在于其差异性、和谐性和多元性的构建。在中国历史上往往中原王朝到末期腐败萎靡和不堪一击之时，也是促使草原民族一次次戎装南下之际。北方草原民族始终保持一种向南融合发展的倾向，像在草原涓涓渗透的雪水一样，为中华民族和中华文化的发展一次次注入新鲜血液。从草原文化发展的角度看，伴随着草原文化同各个民族的文化汇聚与创新，促进了中华民族文化多元一体格局的形成。从草原文化的历史特点看，游牧民族对草原文化的影响力是永远不变的，游牧文化在草原文化中的主导地位也不会被改变，草原文化的生命力仍在延续并将长期存在，草原文化作为一种传统文化将与现代文化一起融合发展。

当然，对新型城镇化背景下的草原文化而言，还需要不断地创新发展，尤其需要大力发展草原文化创意产业。草原文化传承与创新的本质在于以人为本，要将游牧民族的才能、智慧、雄心转化为草原文化产业；将创意产业、创新活力转化为推进新型城镇化的强大动力；将草原的资本和经营管理转化为草原社会经济发展的持续发展能力。当草原文化创新融入农牧业各个环节时，不仅可以构建全新的农牧业形态，而且也可以渗透到草原城镇化中的制造业、建筑业和服务业。草原文化创新还能优化生活环境，实现人口、资源、环境、生态和文化的相互融合。

二、草原城镇化的兴起

城镇化带给人们一种全新的生活方式。城镇化在草原文化区的推进也是社会历史发展的必然趋势，由此引发了草原制度习俗文化的传承与革新的问题。蒙古族是当代我国能够代表草原文化的主体民族，始终保持着游牧生活方式，所代表的草原文化是生态文化。因而，即使是在现代城镇化的进程中也具有传承价值，这主要表现在他们所具有的物质生活方式、精神生活方式和社会交往方式各方面所具有的内在价值上。草原文化通过城镇空间表达自身，既能展现城镇景观，又能延续城镇记忆。既能影响城镇的制度规范和居民行为，又能同时在物质与精神层面保存和发展作为物质和非物质文化遗产的草原文化。通过文化产业重塑城镇空间。

牧区城镇化有其自身的特殊性。牧区城镇化的资源约束主要是水资源，以及处于干旱寒冷气候区的生产生活环境条件，难以形成畜产品集市和相关产品集聚，畜牧业以外就业机会少。由于替代生计有限，老人和儿童搬到城镇，而中青年牧民则留在草原上继续从事畜牧业。由于家庭分居城乡，生活成本翻了一番，而且几乎所有的收入仍然来自草原和畜牧业，这给草原生态带来了进一步的压力。需要以城镇化为契机推动牧区放牧权流转，即逐步为希望以公平价格离开牧场的牧民购买承包的牧场使用权，并将放牧权出租给继续从事畜牧业的牧民。要结合生态保育和生态草业发展，在现有城镇的基础上重点规划与打造生态小城镇，通过产业移民和教育移民，逐步使草原上的少量人口向城镇集中，整体提高当地居民物质与文化生活水平。

草原文化能塑造城镇。尤其要传承敬畏自然、主张人与自然和谐相处的生态文化，并赋予城镇技术密集、资源节约等特性，降低对传统能源的依赖度，创造低容积率、少废物垃圾的"城中草原"，培育草原文化产业创意人才、领军企业和产业链，进而推动城镇文化产业向价值链高端转移。

三、城镇发展生态化

从狭义上讲，生态城镇就是按照生态理念进行城镇规划建设，建立人与自然和谐共生、生产生活产业相互配套、健康可持续发展的人居环境。从广义上讲，生态城镇就是按照生态学原则，构建自然、经济、社会协调发展的新型社会关系，发展一种有效永续利用自然资源环境的方式和途径。包括将传统的生态理念与现代的绿色、节能、环保理念相结合发展草原城镇文化生态化，特别是保护和合理利用口头文学、表演艺术、手工艺、风俗习惯、传统医药等非物质文化遗产，要作为草原文化生态发展的重要途径。

要注重城镇化、工业化、信息化、农业现代化、绿色化的相互关系和发展过程中的良性互动，借助草原文化创意和科技的力量，推进城镇化，并产生新的空间，如特色文化城区以及文化社区。提高草原文化产业的创造力、传播力和竞争力，以文化产业的形式开发和利用草原文化资源；以文化事业的形式保护和传承草原文化遗产，培育地区人文精神、提高大众文化素养；发挥城市文化的辐射带动作用，加速草原文化的交流、互动、融合与进化，从物质、精神等层面构建草原文化，进而使城镇更宜居、宜业。

历史和现实都证明，生态化是草原畜牧业的根本出路。草原游牧民族既要坚持崇尚自然、顺应自然的优良传统，还要将这种特殊的生产生活方式转化为生态型文化。既要继续搞好"围封转移"、"轮牧休牧"、"生态移民"、生物多样性保护，完善保持草地生态生产力而进行种群调节措施，加强某些濒危动植物品种的保护而采取的技术政策等，使草原民族固有的先进生态理念，更彰显出新的生命力和价值。在发展现代草原畜牧业的进程中发展创造新时代草原文化，提升草牧业发展水平。

中国虽然是一个草原大国，但还不是草业经济大国。草业的发展在具备发展潜力的前提下，关键还要靠发展条件的支撑，综观我国地理环境，无论是湖河滩涂，还是高原冷地，对于种草来说，都有"用武之地"，不愁没有种草的地方；种草不像种农作物，它节省劳动力，并且季节性约束不强。发展草业，一次投入几年受益，少则受益五六年，多则七八年，而且还是大规模收获，对带动区域经济发展可起到极大的促进作用。要根据生态恢复重建和经济社会发展的要求，以解决人口对资源需求的问题为突破口，多渠道、多角度发展草地生态产业，实施草区产业化经营，走生态产业化经营道路，要基于生态建设和经济发展的需求，实施草地生态发展战略。草原要从人口、资源状况的实际出发，不仅要大力开展生态环境的恢复重建，而且也要注重区域经济的发展，走出一条城镇发展生态化新路。

第三章　草业现代化

草业是农业现代化的重要标志。在有的农业发达国家，草业经济产值占农业总产值的 60%—70%，将其看作"绿色黄金"，澳大利亚更称其为"立国之本"。然而，与西方发达国家一百多年的草业相比，我国草业不仅在产业生产能力、质量标准、资源合理利用和满足国家需求等方面仍面临巨大挑战，而且同时也拥有在山水林田湖草生命共同体建设中发展振兴的巨大历史机遇。分析未来产业发展前景，草业是一个具有战略意义的新兴产业；观察世界社会经济的产业发展趋势，草地产业将成为农业领域的第一大产业。

第一节　草种业创新驱动发展

草种业是国家基础性和战略性产业，是保障国家生态安全、促进农牧业持续稳定发展的根本。党中央、国务院高度重视现代种业发展。习近平总书记强调：一粒种子可以改变一个世界，要下决心把民族种业搞上去，真正让农业插上科技的翅膀。科技兴草，种业为先。种业是草业领域中科技含量最高的细分领域之一。激发种业的创新活力，对于我国草业发展至关重要。我国育种实践证明，一个新培育的优良牧草品种，比一般品种增产20%—40%，农作物的更新换代占粮棉增产份额的30%—40%。农业增产靠科技，科技重点在于选育优良品种。

一、草种业创新驱动的中外比较和现实需求

中国是草原大国和草种利用大国，但却是草种业弱国。良种是草业生产中的重要生产资料，是获得高产、优质的内在因素。草原生态农业的实践是一个循序渐进的过程。不同区域具有不同的生态产业发展阶段，实施该模式面临的主要问题也不同，但草种业是起点和基础。我国草业目前从种子、播种机械、灌溉设备到收获加工机械均依赖进口，草品种的选育、草的生产管理和收获加工技术还比较落后。以美洲、欧洲和澳洲为代表的草业发达国家，已经针对不同气候土壤条件和利用目的，培育出诸多专用品种，如适宜盐碱地的、适宜贫瘠地块的、适宜奶牛养殖的、适宜放牧的等。在1987年（中国开始进行牧草新品种审定工作）至2015年间，美国每年仅育成的苜蓿新品种就在30个以上，而同期我国共审定通过育成品种平均每年不到10个。我国育种技术落后，主要依靠传统的大田育种方式，能够测试的品种极其有限，育种周期长且容易受气候及环境的影响，获取优良品种的概率很低，转基因育成草品种还是空白，缺乏具有世界级水平的优良草种和育种技术。

我国的育种主要由为数不多的科研单位及院校进行，生产者基本上是在国家项目的支持下被动使用草种，创新投入的动力不足，而草种企业则大多以转买转卖型草种贸易为主，集育种、销售、服务于一体的草种产业化发展格局尚未形成，与发达国家草种产业体系比较差距很大。从整体上看，我国草业属于资源约束型产业开发地区，因此在草产业化开发的过程中，必须面

对草区自然资源禀赋优化资源配置，从大力发展草种业入手，合理开发利用特色资源。我国幅员辽阔，各地气候、降水量差异很大，各地要按照国家保护草场，保护环境，涵养水源，重视生态，恢复植被，推动草生态产业发展的要求，积极加强搞适宜当地种植的优良草种，因地制宜的发展我国草业。各地草的品种资源要做到育种与引进并重，培育适合当地种植的草种。

草种质资源是筛选、培育优良新草品种的基因源和素材，也是生物多样性的重要组成部分，对于满足生态环境治理、缓解饲料资源短缺、促进草牧业发展等意义十分重大。草原退化的突出表现是植被矮化稀疏，覆盖度下降，近地表小气候环境恶化；作为建群种的高大优质牧草在群落中趋于消退，利用价值优良的草群衰减，使植被的生物量减少；生物群落中退化演替的指示种出现，耐牧性强的劣质草种增生；随着地表裸露度加大，水文循环系统恶化，土壤侵蚀加剧，土壤沙质化、荒漠化，草原生产力也不断下降。退化草地恢复的首要条件是消除草原的过载，使其达到恢复草地的阈值。在此条件下，退化草原可恢复的原因包括植物种源未因退化而丧失，土壤种子库尚有库存，繁殖体的传播未被隔离。这样，现代草牧业持续高效发展将不可避免地依赖于人工草场的建立和天然草场补播改良。随着我国近年来出台实施"山水林田湖草生命共同体建设"战略，这无疑会加大草种的需求。特别是生态文明建设不断推进，对优良草种的需求将越来越大。

二、培育草种生产企业的育种能力

我国的草种质资源利用从初期的野生品种栽培驯化、国外引种，现已发展到常规育种、空间诱变、倍性育种、分子标记辅助选择等技术，并且育成了一批新品种。然而，我国商品种子远不能满足产业化的需要，苜蓿种子品种繁多，质量不高。利用优质苜蓿品种是生产优质苜蓿产品的前提条件之一。多年来，当地紫花苜蓿品种品系不清，往往系多个品种混杂，再加上混乱的多层次经营渠道，种子质量难以保证。在营养品质方面，当地苜蓿粗蛋白含量较低，往往达不到17%的最低草产品出口要求。要加快草种业供给侧改革，使草种供给数量充足、品种和质量契合使用者需求，优先支持紫花苜蓿、早熟禾、羊茅等草种以及草坪草种子生产。大力培育饲料用玉米、高粱、燕麦等良种，适应种植业结构调整的需要。

提高草种企业核心竞争力。通过行业整合、公司重组，形成具有商业育种能力的现代化育种企业，使规模草种企业成为草种业的主体。支持和引导草种经营企业建立研发团队，开展种质资源保护、搜集、鉴定、育种材料的创制和改良，建立种子认定体系和标签制度，确保种子的真实性和育种者权益，保证市场流通的种子可以追溯来源。坚持开展常规作物育种和无性繁殖材料选育等应用技术性、公益性研究，加强育种理论方法、分子生物技术、种子精深加工等关键领域创新；建立以企业为主体或采取与院校、科研单位联合协作等方式建立种子生产基地，按照市场化、产业化育种机制，开展品种研发，鼓励外资企业通过并购、参股等方式进入草种业，在我国从事草种研发、种子生产、经营和贸易，引进国际先进育种技术和优势种质资源，培育具有核心竞争力的"育繁推一体化"草种企业。

现在，任何国家的现代农业，都讲究的是良种化。要在未来竞争中掌握产业的制高点和全球市场，只有建立起本国强大的草种产业，才能赢得产业发展的主动权。从经济层面看，草种产业完全可以成为国民经济发展的新增长点、我国农业结构调整的亮点和充满生机的朝阳产业。要完善资金投入机制、探索草业示范区试验、改革创新管理制度，把重大工程建设的实施重点放在提升草业良种化水平、加大草业科技和政策支撑力度，推动草业生产方式逐步从粗放型向科学化、现代化、制度化转变。

三、提高中国草种业发展水平

品种要因地制宜。中国是世界的"屋脊"，全世界只有中国地跨热带、亚热带、寒带和温带。因而，没有任何一个国家的草种能够完全满足全国各地不同类型草业的需要。因此，必须高度重视对地方草品种资源的开发利用，积极培育适应各地土壤气候特点的抗逆性强、产量高、耐粗放管理的优良品种。草业不只是苜蓿，苜蓿不能代表整个草业，大草业应该包括全株玉米青贮及适宜当地生长的草类。现在世界很多国家的青贮种植量和需要量都要比苜蓿高得多。青贮玉米是饲料之王，就草食动物的营养来说，解决奶牛的能量饲料要比蛋白饲料更重要，苜蓿是蛋白饲料，青贮玉米是能量饲料，从这点上说，全株玉米青贮和南方其他的一些草类应该纳入大草业范围。像支持粮食和苜蓿那样给予青贮玉米及其他草类补贴，将奶业补贴由明补改为暗补，以有效降低奶牛饲料成本，提高我国乳品行业的竞争力。

管理要科学到位。要认真贯彻落实《种子法》和《草种管理办法》，严格草种生产、经营行政许可管理，提高违法行为处罚标准。强化品种权执法，充分发挥相关行业协会的作用，加强新品种保护和信息服务，完善新品种保护制度，规范品种区域试验、生产试验和跨区引种。牧草栽培管理也应像粮食作物一样集约农作。如果播下种子出苗后就不管不问，则会造成减产甚至没有收成。因此也要像种庄稼一样精心地进行田间管理。灌溉像其他农作物一样，水也是牧草生长发育所必不可少的。保持土壤合适的含水量十分必要。

发展要蹄疾步稳。我国草种业的发展是一个不断发展与完善的过程。要以建立开创我国特色草种业体系为目标，推动我国草种业的生产、经营与管理走向科学化、规范化和系统化。实施草业种子工程，建立优势种子生产保护区，科学规划草种生产优势区域布局，加大政策、资金、技术、人才倾斜支持力度，加强育种创新。要着眼我国草业未来发展大局，建立国家种质资源丰富、设施设备先进、人才技术聚集的创新发展平台。

第二节　草地牧草种植基础产业

草地农业是现代农业的一个重要特征。它把草地与耕地有机结合，把植物生产与动物生产有机结合，把畜牧业和草地完全纳入农业生产系统。没有草就没有草食畜牧业。牧草是草地农业的主要组成部分，是现代草食畜牧业发展的基础。通过发展牧草种植，不仅可以改变生态环境，而且可以开辟我国高效生态农业的重要途径，创新山水林田湖草生命共同体建设的有效措施。

一、国外草地农业系统的发展概况

美国是草地农业发展较早的国家之一，草产业已成为美国农业中的重要支柱产业，并形成草业科研、推广、机械、储运、加工、贸易等一体化的完整产业链，牧草种植面积保持在 4 亿亩左右，长期位列四大农作物之一，干草产量维持在年均 1.4 亿吨以上，创造产值超过 500 亿美元。在现代畜牧业强国美国，既有实力强大的草产业，也有水土流失、环境污染和"黑风暴"等的沉痛教训，更有在严峻现实面前推崇草地农业制度的成功经验。从 19 世纪 30 年代起，美国就开始在年降水量 400—750 毫米的"旱作农业区"推广保护性耕作和草粮轮作农作制度。20 世纪 70 年代以来，美国旱作农业的草粮轮作和保护性耕作制度得到大力发展，水土保持的效果显著提高。美国的草地农业实践为草地农业理论的建立作出了重要贡献。

在欧美发达国家，历史上长期占主导地位的是谷物、饲草和休闲地各占三分之一的"三田制"，但后来实际上是谷物占三分之一，其余三分之二是割草地和永久牧场。其实质是草粮轮作，其实效是农牧结合。近几年，农田种草的比例爱尔兰约是 70%，澳大利亚占 60%，荷兰占 58.8%，美国占 40%，丹麦、法国占 30%—40%，保加利亚占 25%。早在 19 世纪末，当欧洲人看到粮食产量开始下降的时候，他们就意识到没有牧场和畜牧业的农业是不完整的，所以他们开始重视牧草和饲料作物的栽培，大力促进作物轮作。后来，苏联著名农业科学家威廉姆斯明确指出，草场轮作是一个合理的耕作制度。他指出：如果没有动物饲养参加，不论从技术方面还是经济方面来看，要合理地组织植物栽培业是不可能的[①]。在学习借鉴发达国家草地农业特别是草田轮作制经验的同时，我国在传统有机农业如种植绿肥作物、施用有机肥和实行农牧结合的基础上，将土壤改良、种植业和养殖业的技术综合起来而形成一种新的草田农作制。

荷兰是世界上公认的农业发达国家，全国有 2/3 的耕地种草，发展草地畜牧业。尽管荷兰是仅有 3.7 万平方公里土地，1400 万人口的小国，但其农产品的出口量却雄居世界第二位，仅次于美国。日本是人口密度最大的国家之一，可他们并不因人多地少的矛盾尖锐而放弃在耕地上大力种草，仅 20 世纪 70 年代草地面积就增加 91%。并提出要以草保全有限的国土，用草饲养家畜。1920 年以前新西兰的草地畜牧业还是一个没有辅助谷类作物生产的独立系统，但是现在已经成为土地、饲料、动物相结合的草地农业全面发展的国家。澳大利亚只有 200 年的建国历史，人口 2000 多万，土地面积 769.2 万平方公里，是一个典型的草地农业国。澳大利亚的农业发展大致

---

① 　张明华：《略论草地农业系统》，《草地学报》1994 年 2 月 15 日。

经历了自然农业、休闲轮作制农业和粮草轮作农业三个阶段。自然农业时期，澳大利亚对土壤肥力认识不足，盲目开垦，实行以小麦为主的禾本科作物连作制度，致使土壤有机肥迅速消耗，农作物产量不断下降，导致农作物产量很低。采用休闲轮作制度以后，农民在这个阶段忽视了夏季大风、冬季雨多的自然规律，不断地耕作，在冬季多雨时，坡耕地引起冲沟，水土流失严重，破坏了土壤结构，开发的土地大量沙化。为了保护耕地的有效生产能力，澳大利亚开展了粮食与苜蓿、三叶草等的轮作种植制度的调整，在南澳广泛开展了"小麦—苜蓿（三叶草）轮作"种植制度的推广工作。通过粮食作物与豆科牧草的轮作，南澳大部分地区种植三叶草和苜蓿草，特别是在沙质土和砾质土上，经过一个时期种草后，改造成肥力高的土壤[①]。

二、我国草地农业的发展演变

我国草业科学的奠基人王栋教授 20 世纪 50 年代在其所著的《牧草学各论》扉页的次页中用中英文整页写出："无草，无畜；无畜，无肥；无肥，无农作。"说明种植业和畜牧业之间的有机联系及草地农业的重要性，把植物生产和动物生产有机结合起来，使畜牧业（畜、禽养殖）和草地（牧草、农作物生产及饲草加工调制）充分纳入农业系统。20 世纪 60 年代初，任继周教授提出了草原学的农学实质，把草原学纳入农学范畴。并提出农业与牧业、农区与牧区要相结合，在同一生境条件下的小范围内，做到"草多、畜多、粮多"。

尽管我国由于长期受农耕文化的影响，牧草产业发展一直比较缓慢。但进入 20 世纪 90 年代末和 21 世纪初以来，在牧草国际市场需求旺盛和国内农产品相对过剩的大背景下，牧草产业才出现了不断兴盛的势头，一些企业和个人开始从事牧草生产，并初步形成了牧草种子繁育、牧草种植、产品加工、贮运销售等一个相对完整的产业链条。我国草产业经过数十年历练，已经初步胜任市场对草产品的需求，到 2016 年我国自产苜蓿草捆 150 万吨，进口 150 万吨，基本满足了我国高产奶牛对苜蓿干草的需求，形成和国外进

---

① 孙兆敏：《宁南旱作农区草地农业发展模式与技术体系研究》，西北农林科技大学博士论文，2005 年 5 月 1 日。

口干草平分天下的局面。当然，我国草原面积很大，受干旱影响，真正能生产优质牧草的面积并不太多，除了新疆和北方一些降雨量少，且能引水浇灌的省份外，其他地区很难生产出优质苜蓿干草。中国人口众多，资源有限，发展畜牧业，要学会利用好国内国际两个资源，可利用美国、澳大利亚等国的土地、淡水、光照，生产优质苜蓿草，进口到国内，成本低、运费也不高，每进口1吨苜蓿干草等于进口600—1000吨淡水、光能及热量，从而减少我国的用水量。可以进口肉和牛奶，利用国外资源提高居民的生活水平。进口国外农产品，利用国外资源，有利于资源配置，不要不顾国情，总想全部自给自足，可以自己生产为主、进口为辅，利用好国内和国外两个资源，这才能有利于行业发展①。

发展现代草牧业是方向。"现代草牧业"是通过现代先进的发展理念、科技和装备实现传统草牧业的全面创新；是在传统畜牧业和草业基础上提升的新型现代化生态草畜产业。"现代草牧业"应包括牛羊等草食畜牧业、饲草料产业和草原生态保护三大部分。正确的草地农业的生产过程，应该通过3个界面和4个生产层，遵循从地境、草地、家畜、畜产品再到市场的流程，在四维结构的护持之下，自觉或不自觉地发生系统耦合，推进系统进化。保持草地健康的同时，其物质流优化而质量提高，从而使经济效益递增。为了达到上述目的，在草原牧区，应保持人居—草地—畜群放牧系统单元的完整性。在农区和半农半牧区施行草地与耕地之间，通过家畜和牧草（含饲用作物）的能流物流完成的系统耦合，取得生态和生产最大效益。要推进草业现代化，按比较优势的原则对草业进行区域优化布局，提高土地人口承载力，使之成为全国社会化大生产和生态环境建设的有机组成部分，草区实行专业化生产、一体化经营，草业与山水林田湖等其他产业联系更加密切，符合我国国情，可兼顾草地生态保护与草区社会经济发展。要增加生态畜产品供应能力，必须改造草原全面放牧，或者全面禁牧的极端做法，从发展草种业、提高天然草地生产力、建设城乡生态环境、发展区域经济开发高效养殖业和种植业等角度出发，不断丰富特色生态草业产业结构的理论体系。

---

① 牟海日、甄云兰：《中国草业发展之我见——关于草业发展的战略思考》，《中国乳业》2015年1月15日。

三、我国牧草种植业的发展路径

随着我国畜牧业生产结构的继续调整，节粮型草食畜牧业区域化的进一步发展，牧草产业将继续向区域化、规模化推进。牧草生产"两带一区"正在形成，即内蒙古西部、甘肃、宁夏、陕西为核心的苜蓿生产带，辽宁、吉林、内蒙古东部为核心的苜蓿生产带以及河北、山东和山西为核心的苜蓿生产区。在牧草加工方面，目前已基本形成了东北、华北和西北草产品加工优势产业带，青藏高原和南方草产品加工优势区。随着牧草产业的进一步发展，未来将在海河低平原、黄河沿岸、黄河三角洲、苏北沿海平原和淮北平原区的盐碱地、滩涂地等区域形成规模化、集约化和产业化的牧草生产[①]。草产品生产的区域将进一步适应自然地理条件和资源承载力。我国南方农田与草地耦合生产具备发展多功能现代化草地牧场的基础和条件，逐步形成健全、合理、平衡的草产业商品生产区域。

近年来，随着我国种植业结构的优化调整和畜牧业区域化、规模化、集约化的发展，草产品将在全国形成优质苜蓿生产区，优质羊草生产区，优质燕麦生产区，优质杂交狼尾草生产区，优质黑麦草生产区。在草种生产体系中逐步形成荒漠绿洲区苜蓿、红豆草种子生产区，青藏高原多年生栽培禾本科牧草种子生产区，半干旱地区羊草种子生产区，南方热带地区杂交狼尾草种子生产区，亚热带黑麦草种子生产区。养殖业向草业商品区调整转移，实现草畜一体化融合。我国的养殖业布局，尤其是奶牛养殖业布局将改变原来的格局，从城市郊区或农区向饲草专业生产区域转移，扭转过往的"草跟牛走"为"牛跟草走"，即在优质苜蓿专业生产区形成产业的下端产业，形成苜蓿带和奶牛带的融合。在粮改饲与草牧业试点区逐步形成"饲用玉米—肉牛育肥带"和"饲用玉米—肉羊育肥带"，在草原区形成以放牧饲养为主要方式的"人工放牧草地—架子牛、架子羊"生产饲养区。

积极推进草业经济转型升级。现代草业经济是在草原的基础上，以机械、化工、生物等为手段，发展草牧业、加工业、医药业、观光业、旅游业

---

① 杨启莲：《牧草产业发展现状及未来发展趋势分析》，《中国畜牧兽医文摘》2015 年 8 月 15 日。

和城市绿化产业（包括天然草地、专用草地等），来创造社会财富的新兴朝阳产业。其显著的产业特征是草原承包制度、草畜平衡制度等逐步推行，草原舍饲圈养、良种推广等技术措施广泛应用；科企合作产业联盟愈加成熟，科技创新能力成为企业的最强资本，联盟成员单位首先实现自身研发能力的提高和研发能力的壮大，产业化、集约化生产不断发展。特别是以草的生产田管理技术，如杂草、病虫害等的生物防治技术、合理施肥技术、不同茬次的刈割期控制，以及质量产量综合控制等技术为核心，草牧业发展显示出有很强的基础和优势，有很广阔的空间。要按照国家要求推进草牧业经济结构和发展方式的调整，大力实施创新驱动发展战略。

第三节　草业生态畜产品供需均衡

我国绿色农产品是在 20 世纪 90 年代末，基本解决了农产品供需平衡之后，人们对农产品数量要求满足的同时对质量也提出了要求，特别是随着社会经济的不断发展，人民生活水平的日益提高，人们对饮食消费提出了更高的要求。畜牧业所产出的食品，在人们的饮食结构中所占的比重也不断扩大。与人们需求的扩大化相对应的，是畜牧业生产水平不断提高。对畜产品供给提出了更高的要求，安全、优质、绿色、特色是畜牧业供给侧改革的重点和方向，要促进畜产品供给体系更好适应需求升级和需求结构的变化。只有通过畜牧业供给侧结构性改革，转变生产方式，创新运营模式，发展生态畜牧业，减少同质化低端畜牧产品供给，扩大优质高端产品供给，提高畜牧生产的效率和质量，才能满足人们日益增长的物质需求。

一、建立健全草区畜牧业科学规划

草地畜牧业的本质是蛋白质生产产业。宝贵的牧草资源是我国发展草畜蛋白产业的基础。草畜蛋白产业包括利用草地植物资源直接生产蛋白质的第一性蛋白生产和第二性蛋白生产，第一性蛋白生产就是为第二性生产和直接为人们生活服务；第二性蛋白生产就是草地动物蛋白质生产。草畜蛋白产业关键在于加强草地建设与改良，充分开发利用野生豆科牧草资源，以获得高附加值蛋白质产品，以满足人们生活对蛋白质的需求。当然，人类的需求是无止境的，但资源是有限的。因此，任何产业的发展，都必须注意资源的有效合理利用。特别是根据草牧业发展的特点和规律，更要求合理利用资源。

要从草业生态化的发展趋势对草区面临的生态问题、环保问题、疫病问题、饲料来源问题、能源问题、土地问题、水源问题、居住问题等因地制宜地进行科学规划。从具体方面科学规划基础设施建设、养殖小区布局建设，加大畜牧工程工艺模式培育力度，建立健全市场信息渠道与信息反馈机制。饲草的直接经济效益普遍较低，由分散农户组成的草业经营个体规模小，必须立足于发展现代草食畜牧业来实现种草的间接经济效益。

绿色畜产品既强调产品出自良好的生态环境，又要求对产品实行从饲养到餐桌全程质量控制。而有机畜产品是在无任何污染条件下生产的，因此其必须在空气、土壤、水源等环境指标达标地区生产。要通过降成本、去库存，在供给侧向绿色化生态型生产方式转变，加快推进现代养殖生产方式，实行线上线下渠道资源一体化、可控化、差异化经营管理，实现本土渠道资源品牌化。

二、草牧业发展的草业先行理论

国内外畜牧业发展的经验表明，单靠粮食和农作物秸秆不能建成有竞争力的草牧业，必须要有可靠的饲料基地做后盾。要以"草地农业生态系统"和"草原生态置换"理论为指导，以先进技术体系和科技创新联盟为支撑，以草牧业内涵为发展目标，改变长期以来重视农业、无视草业、重视牧业、轻视草业，以及生产与消费脱节严重，草畜结合不紧密等问题；改变畜牧领域多年来形成的"秸秆＋精料"的落后饲喂模式，特别是秸秆养畜的传统；克服草业领域单纯研究牧草的生态价值，对草产品的市场开发引起足够重视的现象；改变在现实草业生产中，对其在畜牧生产中的重要作用开发不够的问题，提高草业在经济社会中的显著地位。对于畜牧业来说，牧草是关乎其发展的最基本的因素，也是最根本的条件。

巩固草原草牧业。我国草牧业的立足点是4亿公顷草原及其相关产业，其核心是强调草畜并重、草牧结合，草业先行，实行上下游一、二、三产业的关联融合；其落脚点是将草业的植物性生产、动物性生产和后加工服务融合起来，形成完整产业链；其着力点是与草业直接相关的草食畜牧业，其支撑点是草业科学的基础理论和技术研发体系。选择生态良好、生产潜力大的区域，采取如补播、在雨季进行有机肥和微量元素添加、关键时期人工补水等多种有效措施，利用外源草种及现有的牧草植物多样性，发展多样化牧草。

发展南方草牧业。要从挖掘优质牧草资源、引入营养体产量高的饲草品种、改善和引进新的饲草资源入手，并可引入饲用灌木品种，尤其是豆科灌木这样既能增加饲料产量，又能促进水土保持，改善土壤结构。在南方这块草地上高原山区，广泛分布着三叶草中的白三叶和红三叶，以这两种苜蓿与黑麦草和鸭茅的混合播种是非常有效的。广义的草山草坡还应包括草山草坡上已被垦荒的耕地，包括田和土，因已被垦荒，其土壤状况、水分条件、肥力水平都得到了根本的改善，因而与一般的草山草坡相比，在土地生产力上要高得多。通过畜牧业和草业的合理调整，降低畜牧业生产成本，逐步实现草畜互动，使草畜平衡由低级向高级发展，从根本上解决人畜争粮的矛盾。

全面提高牧草种植水平。在草牧业发展实践中，要大力倡导种草养羊、种草养牛、种草养鱼、种草养兔和种草养鹅，甚至还要提倡种草养猪、种草养鸡和种草养鸭等。如果草畜结合得以真正实现，草产品的价值也就可以完全体现出来。传统的农业是作物一年一熟或一年两熟，其余时间耕地空闲，地力和气候资源浪费都较大。如果在农作物收割后，种植一年生牧草、豆类作物或粮草间作，不仅不影响粮食生产，而且还可以提高土壤肥力。如果采用现代农业的手段和节水灌溉技术，保证植物生长必需的肥水条件，并采取综合生物防治对策，减少病虫害造成的损失，还能促进粮食优质高产。在面积规模适度的优质土地上，进行优质饲草集约化种植和草地精细化管理，使人工草地初级生产力提高到天然草地的10—20倍。同时，引进现代化牧草收获、加工、储运大型设备，提高劳动生产效率和经济效益。大型牧场在进行规划的时候，可选择周围种植大量苜蓿、玉米青贮、饲草的地方建场。把种草与养畜结合起来，使牧草的潜在效益就地转化和增值，形成有机产业链和良性循环。

三、草牧业发展的政策指导

草地农业和我国大农业一样，一靠政策、二靠科技、三靠投入。我国农民种田由于人均耕地面积少，生产条件比较好，投入当年就可以产生经济效益。而草地生产的特点是自然条件差，基础投入大，见效周期长，当年甚至两三年没有效益，但几年以后投入少，效益高。草地的这一生产特点，影响了经济欠发达地区草地农牧知识缺乏的农牧民进行草业生产的积极性。这也决定了草区发展草业生产比其他产业更加需要一个长期稳定的社会和政策保障。

完善落实草原管理承包责任制是前提。需要落实草原管理中的"双权一制"（指草牧场的所有权、使用权和承包责任制），有和"林权证"一样法律效益的"草权证"，理顺权、责、利及人、草、畜的关系；以牧户为单位，核定每个牧户可以饲养的牲畜头数；测算牧户所承包草原的适宜（理论）载畜量，与牧户签订草畜平衡责任书。

结构重组是草牧业发展的关键。结构决定功能。这既充分说明了草牧业在"粮—经—饲"三元种植结构协调发展和促进我国农业结构战略性调整中的重要地位，又明确了农牧交错区生态环境恶化、农业生产力低下，与不合理的农业结构是紧密相连的，农牧结构调整的实质就是要压粮扩草，实行农牧结合。通过草食畜牧业的发展，反过来又能促进草业和种植业的发展。

第四节　草区龙头企业刺激经济增长

发展龙头企业既是促进草区生态建设的重要手段，也是该区域经济发展的有效途径。从产业化发展的一般特征来看，草业实行产加销一体化经营，必须有龙头企业的介入。依靠龙头企业的带动，草地畜牧业加工业是集效率优化、效益优化、资源优化和生态优化于一体的新型龙头产业。它不仅能够促进产业技术和产业的升级，而且能够丰富生态、优质、高效、安全的内在内涵，还能够促进产业链的延伸。草业应坚持"以牧为主、草业先行、多种经营、全面发展"的方针，转变传统粗放型的"小而全""小而散"经营方式，积极扶持和培育一批牧业大户、家庭牧场，逐步走出一条家庭牧场带牧户的经营路子，形成以强带弱，共同发展的现代草原畜牧业模式。

一、政府＋龙头企业＋农户

政府的参与和支持是草区农业产业化发展的促进因素和保证条件。要针对草区市场经济与环境条件较差、境外龙头企业短期内难以进入区内发展，境内"龙头企业"由于发展起步较晚，尚未形成"龙头"作用的状况，克服草区由于资金、人才和农民受教育程度低、社会发展落后等诸多因素的影响，发挥政府直接扶持龙头企业、推行"公司＋农户"模式在草原资源和社会发展条件方面的优势。这就是在草区生态农业产业化经营起步阶段，政府通过基础设施投资参与草区农业产业化，加大产业示范区建设等方面的投入，尤其要把产业示范区的建设作为草区农业产业化发展的必经阶段，将选择"政府＋龙头企业＋农户"的发展模式作为草区生态农业产业化经营的前期发展条件。作为草区农业产业化的"孵化器"，政府主要以基础设施项目投资等为主要任务，建立经济发展平台、整合资金与人力资源，加强政策引导和监督。政府加入到实质性产业开发过程中，既有利于探讨适合草区的产业开发政策和途径，也有利于增强政府的投资效能。基于草区农业产业化发展的背景，政府可以以项目资金入股或者有偿投资的方式加入到产业开发的实施过程中，政府投资可以通过企业分红的方式，从龙头企业经营利润中获得补偿，以弥补对区域发展进行再投资的资金不足，实现政府有限资金持续利用的战略目的。

企业是农业产业化经营的主要角色，之所以要政府参与，主要是要为龙头企业创造快速发展的条件，帮助产业开发初期解决缺乏足够的资金投入等问题，为它们营造一个良好的外部发展环境。在农业产业化经营发展过程中，政府要妥善处理协调好企业发展涉及的诸多部门和各个环节的经济利益关系问题。尤其是生产关系的调整和组织创新，主导产业的培育以及基地的建设，生产、加工、销售诸环节利益共同体的构建与协调，如果没有政府的调控，是不可能实现的。为确保政府项目投资能够发挥应有作用，避免政府的投资转向成为"企业利润"，要以"政府股份"入股的形式参与，这不仅有利于政府对企业项目资金使用情况的监督；而且也有利于企业探讨产业开发的政策支持，向政府提供参考；更有利于企业根据政府制定的产业发展战略、扶持方向和产业开发目标，积极参与产业开发的基础设施项目和市场体系建设，按照订单农业、委托生产等模式组织农民开展生产活动外，完善产业化发展过程中的生产、加工、销售和服务等功能，逐步形成草区农业产业化经营体系和市场框架。

新经济增长理论认为，经济增长不仅是产品数量的不断增加，而且是产品质量的持续提高；不仅是经济系统中内生因素刺激经济增长的结果，而且能对产品质量的升级和产业的发展产生促进作用。为促进乳品质量的提高，我国一些乳品企业通过打通草业、奶业产业链，构建"牛奶+"的完整生态圈，依托畜牧产业的独特优势，重点扶持和培植草区龙头企业，形成一批有特色鲜明的畜产品加工业，把专业化生产、产业化经营、市场化营销大中型畜产品精深加工企业建成草区经济的支柱产业，倡导建立牧草种植—饲草料加工—有机畜（水）产品生产—高品质食品加工（副产品加工）—贸易（物流）—休闲观光全产业链，生产体系最终达到生态、循环、有机、高效、高值的目的。

二、龙头企业 + 科技推广 + 农户

在新阶段产业化经营中的主力军应当是企业和农民。伴随草业龙头企业的发展壮大，产业发展基础设施的不断加强，市场体系的逐步完善，政府和企业的职能也要发生较大转变。特别是政府职能要从以基础设施建设为重点转为以营造宽松市场环境和制定产业政策为重点上来。解除政府在产业化发展初期的孵化器功能，按照市场经济规律退出产业开发的实质过程，将国有股份转移为现金资本，再投入到新时期产业化开发的基础设施建设中。要在全面加强草原建设的同时，通过强化基础设施和草原科技，着力提高草原物质装备水平，夯实草原生产的物质基础。围绕草业发展的重大科技问题展开联合攻关，建立支撑草业资源高效利用、合理配置、规模化、产业化生产的新型草业研发基地。

企业生存之本在质量，质量的核心是科技，高科技含量是草业在竞争中处于不败之地的保证。科研机构是产业发展的技术支撑机构，在草原等落后地区要推进农业产业化可持续发展更离不开科技创新。要尽快改变技术支持体系薄弱，缺乏必要研究机构和高层次草业科技人才的现状，集中力量解决草种单产不高，品质差等制约草产业化的突出问题。当前，草业发展中更多的是应用现有的一些外省以及国外的科技技术，针对性不强，对草区资源研究范围、研究内容仍然较少，技术贮备非常匮乏，草区建设科技贮备不足。即使现在已经形成的一些科技成果，由于资金政策等原因，未得到及时有效

的推广和应用，草业科技成果的转化率较低。要以满足近期科技需求为主，调整科技发展方向，建立技术密集型的草业专业化生产基地，推进草业科技进步贡献率的整体提高。

龙头企业要以政策为背景、以市场为导向、以产业为基础，全面担当草区农业产业化经营的龙头作用。要针对产业化经营过程中农牧民的组织难度较大的问题，从加快产业发展产生明显经济效应、让更多农民眼见为实，提高龙头企业的凝聚力入手，在新的产业开发时期大幅度提升农牧民的组织化程度。通过发展草区大户，吸引广大农户参加产业化开发，使产业参与大户在产业化经营中获得更好的经济效益，从而辐射带动其他农户的跟随和参与到产业开发过程中。草业是知识密集型产业，尤其在3000—4000公顷以上大规模、集约化经营条件下，从品种选择，耕种、播种、收获，到加工体系、销售体系、经营体系、经营管理等，都必须建立在严格的管理上才能减少消耗，降低成本。

三、龙头企业＋农牧协会＋基地＋农户

随着草地产业化的发展，草业发展的组织模式也应随之改变，龙头企业与日俱增，发展基础越来越强。与此同时，大户也逐渐增多。大多数农民参与了农业产业化的发展。产业规模突破示范户的发展模式，科技创新、产业结构优化升级已成为生态农业产业化的主要目标。在这个阶段，应该有一个新的、更先进的产业发展模式，以促进产业发展的升级。根据产业经济理论，走"龙头企业群＋农牧协会＋基地＋农户"的产业驱动发展模式是草业发展的必然要求。按照此发展模式联合各类涉农龙头企业，进行产业优化重组，组织农户组建农商会，通过中介协调企业与农户的利益，形成生产经营协调发展的格局。草原牧草加工企业、畜产品加工企业、农产品加工企业等可以联合建基地，统筹基地规模，并通过中介机构——农牧业协会的协调。还可以协调采购和储存原材料和产品。并通过大力整顿经济秩序，优化草区产业化经营环境，形成公平合理、互惠互利、平等合作、利益共担、风险共担的生态农业产业化新机制。

规模化经营是龙头企业生存发展的基础。要实现牧草产业化、区域化种植，必须推行规模化经营。只有规模化经营才能推动质量标准和专业化生

产。首先建立牧草规模化种植基地。适应农业产业化经营，中国草业发展的重要标志之一是从数量向质量、从自用向市场化的转变，与草业单独经营时期相比，小农经济、家庭副业、自种自用式的经营方式已由专业化、规模化、产业化的生产方式所替代，并且在推进现代草畜产业一体化和确保畜产品质量安全过程中发挥着重要作用，成为现代草业的重要标志。在2000年之前，草业的标准很少，甚至没有一个产品标准。但经过21世纪初的草业发展，专业化生产和质量标准水平有了很大提高。其中豆科牧草等草产品的质量标准已经与发达国家相符。依托先进的劳动手段，通过产业标准化、产业集群区和产业体系建设，我国草业已更加规范化，逐步走上了现代化的道路。

我国草业要通过构建"牛奶+"生态圈，既要把握饲草种植业和加工业的深刻关联，又要逐渐摆脱单纯追求种植面积的片面观念和曲折路线；既要发展草业、畜牧业和畜产品加工业，也要为种植业提供大量的优质肥料来源、促进循环经济发展；既要从手工镰刀进步到全产业链的机械化水平，也要保证农业的可持续发展。从种植面积来讲，要形成土地适度规模种植和区域规模种植。既要重点建设以专业户、公司和农场为基础，尽可能保持较大面积集中连片的土地适度规模种植基地；又不能忽视以农户为基础，面积虽小但积少成多的区域规模种植基地，组织千家万户进行牧草种植。在充分实现机械播种、收获、加工、储运等前提下，建立草业规模经营的集群模式。

第五节　草坪产业耦合和融合

为了研究草坪产业与相关产业之间的相互影响程度以及它们结合的最佳方式，草业经济界分析和研究了耦合原理。通过建立耦合模型来描述耦合在草业经济领域中的现象。耦合本身是一个物理概念，它描述了两个或两个以上系统或运动形式通过各种交互作用相互交互的现象。比如旅游线路的开发需要城乡绿化和美化，文化体育的场馆需要各种高标准的草坪运动场，城市环保、破土地表覆盖、公路边坡防护等对草坪产业提出的要求。因为各种产业与草业关联的方式不同，草地整合内容丰富形式也多种多样，主要包括资源、技术、功能、业务、空间、市场等整合路径。各种路径相互联系、相互促进、相互作用，共同促进草业一体化的发展，使草坪业的发展以社会日益增长的需求为基础，不断推进草坪建植工程化、配置美学化，环境生态化，实现草坪业的发展方向由单一的草坪建植内容，向多元化、综合性、适用性和前瞻性方向发展。

一、建植工程化

草坪是指天然或人工建植、管理的具有使用功能和改善生态环境作用的草本植被。从人类的起源来看，人类与草坪有着密切的关系。人类诞生于稀树草原，草坪是人类忠诚的终身伴侣，已经深入人们的生产和生活之中，对生存环境起着良好作用。当眼睛疲劳时，看一看可反射强光降低强光对人刺激的绿色草坪，就会减少疲劳，对视力有保护作用。草坪是现代人类生存环境的重要组成部分，是现代文明生活的象征。草坪建植已成为草坪业与人类社会文明之间的纽带和桥梁。

我国草坪绿化事业空前发展的主要标志，是各地草坪面积快速扩大，草坪建植工程业作为一个新兴产业逐渐形成。国家草业教育、科研、草业管理机械、草坪专用肥料等项目快速发展，与草坪建植管理相关的专业绿化公司遍布各地，显示出草坪业发展的巨大潜力。然而，我国草坪业与发达国家相比也还存在着不少问题，如草坪管理成本高、对草坪种子的进口依赖性强等等。这些问题出现的主要原因是由于缺乏专业技术人员，影响了我国草坪业的健康发展。

在全球草坪草行业中，美国杰奎琳公司是集育种、生产、加工和销售为一体的国际一流企业，大部分品种在美洲、亚洲和欧洲已被广泛使用。特别是草种育种和研发能力很强，目前已累计培育出上百个优秀品种，其中有培育成就卓越的草地早熟禾和剪股颖草品种等。他们的草坪建植管理技术先进，如草皮卷生产中的激光整地、使用专用草品种省去草坪网的使用、研制使用2米幅宽起草皮机铺植运动场草坪等，这些技术大大提高了工作效率，种植或铺植效果更佳，可以满足高端场所需求，在保持优质草坪生长、减少水肥投入，保护生态环境的同时，提高草坪草及其品种的生态适应性和抗逆性。

二、配置美学化

尽管我国在草坪建植等技术方面已接近国际先进水平，但草坪养护管理技术的成果转化远没有跟上草坪业发展的步伐，各地多注重草坪建植的数量，而忽视建坪后的管理。使不少草坪质量不佳，很快衰退甚至死亡。在草坪杂草防除方面，尤其在杂草易滋生的季节，人工除草不能解决根本问题，草坪的观赏性降低。究其原因，主要是在草坪修剪高度和频率、草坪灌溉、施肥、病虫害及草坪杂草防治等方面，没有形成一套适于当地发展的草坪管理技术规范和保障措施。

我国草种质资源十分丰富，草坪配置美学化的条件得天独厚。目前世界上流行的多年生草地早熟禾、羊茅、黑麦草、假俭草、狗牙根、结缕草等优良草种，在我国均有天然分布。世界多个优良草坪草种的辽阔草原上有大量的草坪草资源等待我们去开发利用。根据我国环境气候特点，目前引进的品种已达数百种，且每年都有优质新品种上市。近年来，中国通过对运动型草坪的管理和冷季型草坪的引种栽培，推广应用草坪直播等先进技术，形成了有中国特色的现代化草地产业，草种数量逐年快速增长。这些草皮的种植大大增加了中国城市园林绿化的面积。

因此，从长远来看，要立足于国内，既要解决草坪草种质资源的开发明显滞后于草坪业发展速度的问题，又要发挥我国幅员辽阔，各地气候等生态环境复杂多样的优势，开辟我国世界上最庞大的草坪草种子市场。随着美丽中国和乡村振兴的大力推进，在我国经济发展相对较快、城市分布密集、综合实力较强的地区，不仅以草地改良、种草养畜等为主要表现形式的农业生产型草业发展会有较大突破，而且乡村绿化型草业将更具活力。从城乡居民来说，对文化娱乐、运动休闲场地的需求越来越大，对居住环境的要求也越来越高。

三、环境生态化

草业中的生态绿化产业就是以草坪草为中介的环境美化绿化产业。草坪在城市绿化、改善生活和生态环境等方面具有其他植物难以替代的特殊作用，是有生命的绿色地毯。翠绿茵茵的草坪，能给人一个静的感觉，能开阔人的心胸，能奔放人的感情，能陶冶人的志趣。在住宅地建立草坪，能开阔空间，提高建筑物的通风透光机能，与裸地相比，草坪还能显著地增加环境的湿度和减缓地表温度的变幅，炎热的夏天，当水泥地温度高达 38℃ 时，草坪表面温度可保持在 24℃，太阳射到地面的热量，约 50% 被草坪所吸收。草坪的叶和直立茎具有良好的吸音效果，能在一定程度上吸收和减弱 125—8000 赫兹的噪音。据测定 20 米宽的草坪，可减噪音 2 分贝。草坪草能稀释、分解、吸收、固定大气中的有害、有毒气体，通过光合作用转害为利，能连续不断地接收、吸附、过滤着空气中的尘埃，能分泌一定量的杀菌素①。

维护生态环境、美化人居环境、开展户外活动是人类对草坪业的永恒要求。因此，草坪业发展的真正动力是人类社会的需求，使中国的草坪产业体系不断诞生、发展、成熟和创新。过去，铲除地上野草是打扫环境卫生的重要内容之一，但现在无论是城镇还是发达的乡村都正在种植草坪，扩大绿色覆盖防止地面暴露以达到改善环境的要求。在中国城乡发展一体化比较高的地方，如茵的绿草随处可见。在公路沿线、江河湖畔、护城（村）堤坝、公园内、风景区，人们越来越享受绿草所创造的美丽环境。当然，草坪草的常绿问题是一个值得探讨的问题。绿色是生命之颜色，人类自身想往在一年四季中都能看到绿色由来已久。在自然界中，颜色是随季节而变化，植被的季相变化是一种自然规律，通常是春季嫩绿、夏季浓绿、秋季金黄和冬季银白，如果一味地追求常绿就有悖于自然规律。草坪是一岁一枯荣的草本植被，在其季相的变化中就有枯黄的阶段。然而，当草坪枯黄的时候，其覆盖地表吸滞尘埃的生态功能仍在发挥作用，人们也应当接受黄色的草坪也是一种自然景观。

我国草坪草种质资源丰富，具有良好的育种和种子生产条件。海南岛、河西走廊、新疆等地是理想的种子生产基地。随着人们越来越重视绿化在城乡建设中的作用，提倡以乔木为主、灌木为辅，并以草坪（花卉）等地被植物全面覆盖地表。并注意避免由于大型建筑群（如居民住宅区、立交桥）的出现和乔木大量种植，使其荫蔽处大多数暖季型和冷季型草坪无法忍耐弱光

---

① 瓦庆荣：《草业在贵州省生态建设中的地位和作用》，《草业与西部大开发——草业与西部大开发学术研讨会暨中国草原学会 2000 年学术年会论文集》，2000 年 10 月 1 日。

照，覆盖度极低或生长极差，不能起到地被植物和草坪的作用等问题，注重发展建植范围广，且全年常绿；繁殖能力强，成坪速度快；治理成本低的草坪。种植既喜温又耐寒、既喜肥又耐瘠，既喜阳又耐阴、既喜湿又抗旱的生命力极强、适应性很广的地被植物，并发挥其抗逆性、生态效益和经济效益。

人类经济社会发展对草业需求的增加，决定了提高环境生态化水平是草坪业发展的永恒主题；山水林田湖草生命共同体发展的规律性，决定了草坪业稳定持续发展的基本属性。世界城市生态环境指标人均绿地为 20 平方米。适应和满足人类对草增长和提高的需求，草业功能和发展前景将十分广阔。展望未来，面对社会食物结构的改变，饲料需求快速增长，以及社会对生态文明的渴求，中国传统的耕地农业已经难以应对，草地农业回归的时机已经到来。现代草业科学必将随着现代草地农业系统在中国的成长发展而日益壮大。中国草业科学全面进入世界前列指日可待。

后　记

在新老同事朋友的一再鼓励支持下，我这本《人与自然和谐共生——山水林田湖草生命共同体建设的理论与实践》终于与读者见面了。

理论创新是我们党的根本优势，也是党的领导干部和理论工作者的职责。山水林田湖草是一个生命共同体理论不是突兀而出的，它起码同时具备以下三个条件：一是时代的需要和召唤，应势而起；二是探索实践的充分积累，水到渠成；三是领袖人物的关键作用，巨擘提升。无疑，中国历史上的历朝历代执政者都不敢小觑生态，因为稍有不慎，生态就会给执政环境带来无法挽回的灾难。但是，把生态提升到"眼睛""生命""功在当代，利在千秋""山水林田湖草是一个生命共同体""不能越雷池一步"高度的，只有习近平生态文明思想。马克思曾精辟论道："理论只要说服人，就能掌握群众；而理论只要彻底，就能说服人。所谓彻底，就是抓住事物的根本。"

本书以习近平生态文明思想为指导，力求既有历史观察也有时代关切，既有理论思考也有现实导向，让越来越多的人民理解、体验什么是山水林田湖草生命共同体，从感性到理性，从思想到体验。山水林田湖草是一个生命共同体不仅仅是旗帜，也是行动，需要身体力行的示范效应。作者的另一希望，就是在将来的适当时机，对山水林田湖草生命共同体建设的新发展，新问题深入研究的基础上，对本书进行补充、修正和更新，以便使之跟上时代前进的步伐。

刘谟炎

2019 年 6 月 18 日

责任编辑：杨瑞勇

封面设计：林芝玉

责任校对：吕　飞

图书在版编目（CIP）数据

人与自然和谐共生：山水林田湖草生命共同体建设的理论与实践 /
　刘谟炎　著．—北京：人民出版社，2019.9

ISBN 978－7－01－021179－4

I. ①人…　II. ①刘…　III. ①生态环境建设－研究－中国

IV. ① X321.2

中国版本图书馆 CIP 数据核字（2019）第 185826 号

人与自然和谐共生
REN YU ZIRAN HEXIE GONGSHENG

—— 山水林田湖草生命共同体建设的理论与实践

刘谟炎　著

人民出版社 出版发行

（100706　北京市东城区隆福寺街 99 号）

环球东方（北京）印务有限公司印刷　新华书店经销

2019 年 9 月第 1 版　2019 年 9 月北京第 1 次印刷

开本：710 毫米 ×1000 毫米 1/16　印张：24

字数：390 千字

ISBN 978－7－01－021179－4　定价：80.00 元

邮购地址 100706　北京市东城区隆福寺街 99 号

人民东方图书销售中心　电话（010）65250042　65289539